食 品 化 学

主 编　孙庆杰　青岛农业大学
　　　　陈海华　青岛农业大学
副主编　（按姓氏笔画顺序）
　　　　付晓萍　云南农业大学
　　　　任国艳　河南科技大学
　　　　毕水莲　广东药科大学
　　　　许程剑　石河子大学
　　　　闫训友　廊坊师范学院
　　　　张铁涛　海南热带海洋学院
　　　　张清峰　江西农业大学
　　　　汪开拓　重庆三峡学院
　　　　肖作为　湖南中医药大学
　　　　郭秀兰　成都大学

中南大学出版社
www.csupress.com.cn

前　言

　　食品化学是利用化学的理论和方法研究食品本质的一门科学。作为食品科学与工程、食品质量与安全、粮食工程等食品类专业的核心课程之一，食品化学依托、吸收、融汇、应用和发展着化学、生物化学、食品营养学和食品贮藏加工学等学科，从化学角度和分子水平上研究食品的化学组成、功能性质和食用安全性质，探索食品的组织结构和分子结构，认识食品在生产、加工、贮存和运销过程中的各种物理和化学变化，为改善食品品质、开发食品新资源、革新食品加工工艺和贮运技术奠定了理论基础。同时，食品化学在科学调整国民膳食结构和加强食品质量控制等方面发挥着主要作用，也对提高食品原料加工和综合利用水平具有重要的理论和现实意义。

　　本书的编写突出了实用、适用、够用和创新的特点，在内容上注重系统性和科学性，避免了与其他学科内容的重复；重点突出食品成分在食品的贮藏、加工、流通等过程中的变化、对食品品质的影响及控制措施。本书在编写过程中广泛参考了国内外经典教材和最新论著，突出食品化学的发展现状和最新研究成果。本书可作为高等学校食品科学与工程及相关学科的专业基础课教材，也可供相关专业科研及工程人员参考。

　　全书共分9章，其中孙庆杰、陈海华、肖作为编写第1章绪论和第2章水分；许程剑、郭秀兰编写第3章碳水化合物；张清峰编写第4章脂质；付晓萍和任国艳编写第5章蛋白质；汪开拓编写第6章维生素；闫训友编写第7章矿物质；毕水莲编写第8章食品色素；张铁涛编写第9章食品编写风味。全书由孙庆杰和陈海华统稿，中南大学出版社为本书的顺利出版做了大量工作。

　　由于编者水平有限，编写过程中存在不足之处，敬请诸位同仁和广大读者批评指正。

编　者
2017 年 6 月

目　录

第1章

绪 论

 本章学习目的与要求

- 了解食品化学的概念、发展简史和食品化学研究的内容以及食品化学在食品工业科技发展中的重要作用。
- 掌握食品中主要的化学变化以及对食品品质和食品安全性的影响。
- 熟悉食品化学的一般研究方法。

1.1 食品化学的概念和研究内容

食物(foodstuff)是指含有营养素的可食性物料。人类的食物绝大多数都是经过加工后才食用的，经过加工的食物称为食品(food)，但通常也泛指一切食物为食品。

食品的化学组成如下：

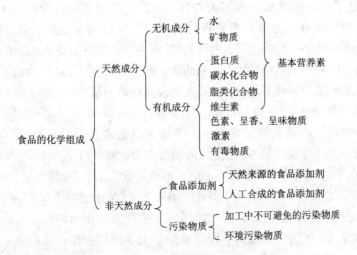

化学(chemistry)：是研究原子、分子、离子层次范畴内物质的组成、结构、性质和化学变化规律以及变化过程中能量关系的科学，一般可分为无机化学、有机化学、分析化学、物理化学等基础学科。

食品化学(food chemistry)：是从化学角度和分子水平上研究食品的化学组成、结构、理化性质、营养和安全性质，以及它们在生产、加工、贮存和运销过程中的变化及其对食品品质和食品安全性影响的科学；是为改善食品品质、开发食品新资源、革新食品加工工艺和贮运技术、科学调整膳食结构、改进食品包装、加强食品质量控制及提高食品原料加工和综合利用水平奠定理论基础的学科。

因此，食品化学的主要研究内容，就是从化学角度和分子水平上研究食品中的营养成分，呈色、香、味成分和有害成分以及生理活性物质的化学组成、性质、结构和功能以及新的分析技术；阐明食品成分之间在生产、加工、贮存、运销中的变化，即化学反应历程、中间产物和最终产物的结构及其对食品的品质和卫生安全性的影响；研究食品贮藏加工的新技术，开发新的产品和新的食品资源以及新的食品添加剂等。

1.2 食品化学发展历史

食品化学是一门年轻的科学，是20世纪初随着化学、生物化学的发展和食品工业的兴起而形成的一门独立学科，与人类的生活和食物的生产实践紧密相关。虽然在某种意义上食品化学的起源可以追溯到远古时期，但食品化学作为一门学科出现还是在18—19世纪，而其最主要的研究始于19世纪末期。

瑞典著名(药物)化学家 Carl Wilhelm Scheele(1742—1786年)分离和研究了乳酸的性质(1780年)，从柠檬汁(1784年)和醋栗(1785年)中分离出柠檬酸，从苹果中分离出苹果酸(1784年)，并检测了20种普通水果中的柠檬酸和酒石酸(1785年)等，因此他被认为是食品化学定量分析研究的创始人。法国化学家 Antoine Laurent Lavoisier(1743—1794年)首先测定了乙醇的元素成分(1784年)。法国化学家(Nicolas) Theodore de Sanssure(1767—1845年)用灰化的方法测定了植物中矿物质的含量，并首先完成了乙醇的元素组成分析(1807年)。

英国化学家 Sir Humphrey Davy(1778—1829年)在1813年出版了第一本《农业化学原理》，在其中论述了食品化学的一些相关内容。法国化学家 Michel Eugene Chevreul(1786—1889年)在动物脂肪成分上的经典研究致使硬脂酸和油酸的发现与命名。德国的 W. Hanneberg 和F. Stshmann(1860年)发展了一种用来常规测定食品中主要成分的方法，即先将某一样品分为几部分，以便测定其中的水分、粗脂肪、灰分和氮，将含氮量乘以6.25即得蛋白质含量，然后相继用稀酸和稀碱消化样品，得到的残渣被称为粗纤维，除去蛋白质、脂肪、灰分和粗纤维后的剩余部分称为"无氮提取物"。Jean Baptiste Duman(1800—1884年)提出仅由蛋白质、碳水化合物和脂肪组成的膳食不足以维持人类的生命(1871年)的观点。Justus Von Liebig(1803—1873年)将食品分为含氮的(植物蛋白质、酪蛋白等)和不含氮的(脂肪、碳水化合物等)(1842年)，并于1847年出版了第一本有关食品化学方面的书《食品化学的研究》，这显然是第一本食品化学方面的著作，但此时仍未建立食品化学学科。

直到20世纪初，食品工业已成为发达国家和一些发展中国家的重要工业，大部分的食品物质组成已为化学家、生物学家和营养医学家的研究所探明，食品化学建立的时机才成熟。

此间，食品工业的不同行业纷纷创建自身的化学基础，如粮油化学、果蔬化学、乳品化学、糖业化学、肉禽蛋化学、水产化学、添加剂化学、风味化学等，这些为系统的食品化学学科的建立奠定了坚实的基础。同时在 20 世纪 30—50 年代，具有世界影响的"*Journal of Food Science*""*Journal of Agricultural and Food Chemistry*"和"*Food Chemistry*"等杂志的相继创立，标志着食品化学作为一门学科的正式建立。

近 20 年来，一些食品化学著作相继与世人见面，例如，英文版的《食品科学》《食品化学》《食品加工过程中的化学变化》《水产食品化学》《食品中的碳水化合物》《食品蛋白质化学》《蛋白质在食品中的功能性质》等反映了当代食品化学的水平。权威性的食品化学教科书应首推美国 Owen R. Fennema 主编的 *Food Chemistry*（已出版第四版）和德国 H. D. Belitz 主编的 *Food Chemistry*（已出版第五版），它们已广泛流传世界。

近年来，食品化学的研究领域不断拓宽，研究手段日趋现代化，研究成果的应用周期越来越短。现在食品化学的研究正向反应机理、风味物的结构和性质研究、特殊营养成分的结构和功能性质研究、食品材料的改性研究、食品现代和快速的分析方法研究、高新分离技术的研究、未来食品包装技术的化学研究、现代化贮藏保鲜技术和生理生化研究、新食源、新工艺和新添加剂等方向发展。

我国的食品化学研究和教育多集中在高等院校，都把它作为研究和教学的重点之一，已成为"食品科学与工程"和"食品质量与安全"专业的专业基础课，对我国食品工业的发展产生了重要影响。

1.3 食品化学研究的内容和方法

1.3.1 食品化学研究的内容和范畴

正如前面所述，食品化学是从化学角度和分子水平上研究食品的化学组成、结构、理化性质、营养和安全性质，以及它们在生产、加工、贮存和运销过程中的变化及其对食品品质和食品安全性的影响。因此研究食品中营养成分，呈色、香、味成分和有害成分的化学组成、性质、结构和功能，阐明食品成分之间在生产、加工、贮存、运销中的变化，即化学反应历程、中间产物和最终产物的结构及其对食品的品质和卫生安全性的影响；研究食品贮藏加工的新技术，开发新的产品和新的食品资源以及新的食品添加剂等，就构成了食品化学的主要研究内容。

根据研究内容的主要范围分类，食品化学主要包括食品营养成分化学、食品色香味化学、食品工艺化学、食品物理化学和食品有害成分化学。根据研究内容的物质分类，食品化学主要包括食品碳水化合物化学、食品油脂化学、食品蛋白质化学、食品酶学、食品添加剂化学、维生素化学、食品矿物质元素化学、调味品化学、食品风味化学、食品色素化学、食品毒物化学、食品保健成分化学。另外，在生活饮用水处理、食品生产环境保护、活性成分的分离提取、农产品资源的深加工和综合利用、生物技术的应用、绿色食品和有机食品以及保健食品的开发、食品加工、包装、贮藏和运销等领域中还包含着丰富的其他食品化学的内容。

食品化学与化学、生物化学、生理学、植物学、动物学和分子生物学密切相关，食品化学主要依赖上述学科的知识有效地研究和控制作为人类食品来源的生物物质。了解生物物质所固有的特性和掌握研究它们的方法是食品化学家和其他生物科学家的共同兴趣，然而食品化学家也有自己不同于生物科学家的特殊兴趣。生物科学家关心的是在与生命相适应或几乎相适应的环境条件下，活的生物物质所进行的繁殖、生长和变化。而食品化学家则主要关心死的或将要死的生物物质以及它们暴露在变化很大的各种环境条件下经历的各种变化，例如食品化学家关心新鲜果蔬在贮藏和运销过程中维持残有生命过程的适宜条件，如用低温、包装来维持果蔬的新鲜度，使之具有较长的货架期；相反，在试图长期保存食品而进行的热加工、冷冻、浓缩、脱水、辐照和化学防腐剂的添加等工艺中，食品化学家则主要关心不适宜生命生存的条件和在这些加工和保藏条件下食品中各种组分可能发生的变化以及这些变化对食品的品质和安全性的影响；另外，食品化学家还要关心破损的食品组织(面粉、果蔬汁等)，单细胞食品(蛋、藻类等)和一些重要的生物流体(牛乳等)的性质和变化。总之，食品化学家虽然和生物科学家有很多共同的研究内容，但也有他们自己需要研究和解决的特殊问题，而这些问题对于食品加工和保藏是至关重要的。

1.3.2 食品中主要的化学变化概述

食品从原料生产、经过贮藏、运输、加工到产品销售，每一过程无不涉及一系列的变化，见表1-1、表1-2和表1-3，对这些变化的研究和控制就构成了食品化学研究的核心内容。

表1-1 在食品加工或贮藏中可能发生的变化分类

属性	变化
质构	失去溶解度、失去持水力、质地变硬、变软
风味	产生酸败(水解或氧化)、产生烧煮或焦糖风味、产生不良风味、产生期望的风味
色泽	变暗(褐变)、褪色(漂白)、产生不良风味、产生期望颜色(例如，焙烤产品的褐变)
营养价值	蛋白质、脂类、维生素、矿物质的损失、降解或生物利用率的变化
安全性	产生有毒物质、产生能保护健康的物质、有毒物质的失活

食品在加工贮藏过程中发生的化学变化，一般包括生理成熟和衰老过程中的酶促变化；水分活度改变引起的变化；原料或组织因混合而引起的酶促变化和化学反应；热加工等激烈加工条件引起的分解、聚合及变性；空气中的氧气或其他氧化剂引起的氧化；光照引起的光化学变化及包装材料的某些成分向食品迁移引起的变化。这些变化中较重要的是酶促褐变、非酶促褐变、脂类水解、脂类氧化、蛋白质变性、蛋白质交联、蛋白质水解、低聚糖和多糖的水解、多糖的合成、糖酵解和天然色素的降解等。这些反应的发生将导致食品品质的改变或损害食品的安全性。

表1-2 导致食品质量或安全性变化的一些化学和生物化学反应

反应种类	实例
非酶催化褐变	焙烤食品
酶催化褐变	切开的水果
氧化反应	脂类(不良风味)、维生素降解、色素变色、蛋白质(失去营养价值)
水解	脂类、蛋白质、维生素、碳水化合物、色素
金属相互作用	络合反应(花色苷)、叶绿素失去镁、催化氧化反应
脂类异构化	顺式→反异构化、非共轭脂→共轭
脂类环化	单环脂肪酸
脂类聚合反应	在深度油炸中起泡
蛋白质变性	蛋清凝结、酶失活
蛋白质交联	在碱法加工过程中失去营养价值
多糖合成	发生在采收后的植物中
糖分解反应	发生在宰杀后的动物组织、采收后的植物组织

表1-3 在处理、贮藏和加工中使食品变化的原因和效果之间的关系

初期变化	二次变化	被影响的属性(见表1-1)
脂类的水解	游离脂肪酸与蛋白质反应	质构、风味、营养价值
多糖的水解	糖与蛋白质反应	质构、风味、色泽、营养价值
脂类的氧化	氧化产物与其他组分的反应	质构、风味、色泽、营养价值;能产生有毒物质
水果擦伤	细胞破裂,酶被释放出来,氧气进入	质构、风味、色泽、营养价值
新鲜蔬菜的加热	细胞壁和膜失去完整性,酸释放,酶失活	质构、风味、色泽、营养价值
肌肉组织加热	蛋白质变性和聚集,酶失活	质构、风味、色泽、营养价值
脂类中顺→反转变	在深度油炸中提高聚合反应速度	在深度油炸中过分的起泡作用,降低脂类的生物利用率

在食品加工和贮藏过程中,食品主要成分之间的相互作用对于食品的品质也有重要的影响(图1-1)。从图1-1可见,活泼的羰基化合物和过氧化物是极重要的反应中间产物,它们来自脂类、碳水化合物和蛋白质的化学变化,自身又可引起颜色、维生素和风味物的变化,结果导致了食品品质的多种变化。

影响上述反应的因素主要有产品自身的因素(如产品的成分、水分活度、pH等)和环境的因素(如温度、处理时间、大气的成分、光照等)(表1-4),这些因素也是决定食品在加工贮藏中稳定性的因素。在这些因素中最重要的是温度、处理时间、pH、水分活度和产品中的成分。

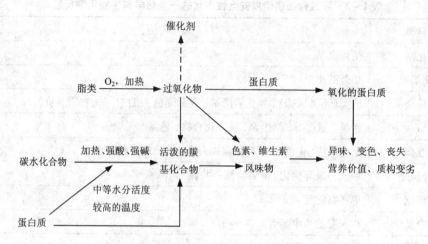

图1-1　主要食品成分的化学变化和相互关系

表1-4　决定食品在处理、加工和贮藏期间稳定性的重要因素

产物因素	各个组分(包括催化剂)的化学性质、氧含量、pH、水分活度、T_g 和 W_g
环境因素	温度(T)、时间(t)、大气组成、化学、物理或生物化学处理、光照、污染、极端的物理环境

注：水分活度 $= p/p_0$，式中，p 是食品上方的水的蒸气分压，p_0 是纯水的蒸汽压；T_g 是玻璃化转变温度；W_g 是产物在 T_g 时的水分含量。

1.3.3　食品化学的研究方法

食品化学的研究方法是通过实验和理论探讨，从分子水平上分析和综合认识食品物质变化的方法。

食品化学的研究方法区别于一般化学的研究方法，它是把食品的化学组成、理化性质及变化的研究同食品品质和安全性的研究联系起来的一种研究方法。因此，从实验设计开始，食品化学的研究就带有揭示食品品质或安全性变化的目的，并且把实际的食品物质系统和主要食品加工工艺条件作为实验设计的重要依据。由于食品是一个非常复杂的物质系统，在食品的配制、加工和贮藏过程中将发生许多复杂的变化，因此为了分析和综合有一个清晰的背景，通常采用一个简化的、模拟的食品物质系统来进行实验，再将所得的实验结果应用于真实的食品体系。可是这种研究方法由于研究的对象过于简单化，由此而得到的结果有时很难解释真实的食品体系中的情况。因此，在应用该研究方法时，应明确该研究方法的不足。

食品化学的研究内容大致可划分为4个方面：①确定食品的化学组成、营养价值、功能(艺)性质、安全性和品质等重要性质；②食品在加工和贮藏过程中可能发生的各种化学和生物化学变化及其反应动力学；③确定上述变化中影响食品品质和安全性的主要因素；④将研究结果应用于食品的加工和贮藏。因此，食品化学的实验应包括理化实验和感官实验。理化实验主要是对食品进行成分分析和结构分析，即分析实验的物质系统中的营养成分、有害成分、色素和风味物的存在、分解、生成量和性质及其化学结构；感官实验是通过人的感官鉴评来分析实验系统的质构、风味和颜色的变化。

根据实验结果和资料查证，可在变化的起始物和终产物间建立化学反应方程，也可能得出比较合理的假设机理，并预测这种反应对食品品质和安全性的影响，然后再用加工研究实验来验证。

在以上研究的基础上再研究这种反应的反应动力学，一方面是为了深入了解反应的机理，另一方面是为了探索影响反应速度的因素，以便为控制这种反应奠定理论依据和寻求控制方法。化学反应动力学是探讨物质浓度、碰撞概率、空间阻碍、活化能垒、反应温度和压力以及反应时间对反应速度和反应平衡影响的研究体系。通过速率方程和动力学方程的建立和研究，对反应中间产物、催化因素和反应方向及程度受各种条件影响的认识将得以深化。有了这些理论基础，食品化学家将能够在食品加工和贮藏中选择适当的条件，把握和控制对食品品质和安全性有重大影响的化学反应的速度。

1.4 食品化学在食品工业技术发展中的作用

现代食品正向着加强营养、卫生和保健作用方向发展，传统食品已不能满足人们对高层次食品的需求。食品化学的基础理论和应用研究成果，正在并将继续指导人们依靠科技进步，健康而持续地发展食品工业(表1-5)，没有食品化学的理论指导就不可能有有益发展的现代食品工业。

表1-5　食品化学指导下现代食品工业的发展

领域	过去	现在
食品配方	依靠经验确定	依据原料组成、性质分析和理性设计
工艺	依据传统、经验和粗放小试	依据原料及同类产品组成、特性的分析，根据优化理论设计
开发食品	依据传统和感觉盲目开发	依据科学研究资料，目的明确地开发
控制加工和贮藏变化	依据经验，尝试性简单控制	依据变化机理，科学控制
开发食品资源	盲目甚至破坏性的开发	科学地、综合地开发现有的新资源
深加工	规模小、浪费大、效益低	规模增大、范围加宽、浪费少、效益高

由于食品化学的发展，有了对美拉德(Millard)反应、焦糖化反应、自动氧化反应、酶促褐变反应、淀粉的糊化与老化反应、多糖的水解反应、蛋白质水解反应、蛋白质变性反应、色素变色与退色反应、维生素降解反应、金属催化反应、酶的催化反应、脂肪水解与酶交换反应、脂肪热氧化分解与聚合反应、风味物的变化反应和其他成分转变为风味物的反应及食品原料采后生理生化反应等的认识，这种认识对现代食品加工和贮藏技术的发展产生了深刻的影响(表1-6)。

表1-6 食品化学对各食品行业技术进步的影响

食品工业	影响方面
果蔬加工贮藏	化学去皮、护色，质构控制，维生素保留，脱涩脱苦，打蜡涂膜，化学保鲜，气调贮藏，活性包装，酶法榨汁，过滤和澄清及化学防腐等
肉品加工贮藏	宰后处理，保汁和嫩化，护色和发色，提高肉糜乳化力、凝胶性和黏弹性，超市鲜肉包装，烟熏剂的生产和应用，人造肉的生产，内脏的综合利用(制药)等
饮料工业	速溶、克服上浮下沉，稳定蛋白饮料，水质处理，稳定带肉果汁，果汁护色，控制澄清度，提高风味，白酒降度，啤酒澄清，啤酒泡沫和苦味改善，防止啤酒异味，果汁脱涩，大豆饮料脱腥等
乳品工业	稳定酸乳和果汁乳，开发凝乳酶代用品及再制乳酪、乳清的利用，乳品的营养强化等
焙烤工业	生产高效膨松剂，增加酥脆性，改善面包呈色和质构，防止产品老化和霉变等
食用油脂工业	精炼，冬化，调温，油脂改性，DHA、EPA及MCT的开发利用，食用乳化剂生产，抗氧化剂，减少油炸食品吸油量等
调味品工业	生产肉味汤料、核苷酸鲜味剂、碘盐和有机硒盐等
发酵食品工业	发酵产品的后处理，后发酵期间的风味变化，菌体和残渣的综合利用等
基础食品工业	面类改良，精谷制品营养强化，水解纤维素和半纤维素，生产高果糖浆，改性淀粉，氢化植物油，生产新型甜味料，生产新型低聚糖，改性油脂，分离植物蛋白质，生产功能性肽，开发微生物多糖和单细胞蛋白质，食品添加剂生产和应用，野生、海洋和药食两用资源的开发利用等
食品检验	检验标准的制定，快速分析，生物传感器的研制等

农业和食品工业是生物工程最广阔的应用领域，生物工程的发展为食用农产品的品质改造、新食品和食品添加剂以及酶制剂的开发拓宽了道路，但生物工程在食品中应用的成功与否依赖于食品化学。首先，必须通过食品化学的研究来指明原有生物原料的物性有哪些需要改造之处以及改造的关键在哪里，指明何种食品添加剂和酶制剂是急需的以及它们的结构和性质如何；其次，生物工程产品的结构和性质有时并不和食品中的应用要求完全相同，需要进一步分离、纯化、复配、化学改性和修饰，在这些工作中，食品化学具有最直接的指导意义；最后，生物工程可能生产出传统食品中没有用过的材料，需由食品化学研究其在食品中利用的可能性、安全性和有效性。

近20年来，食品科学与工程领域发展了许多高新技术，并正在逐步把它们推向食品工业的应用。例如，可降解食品包装材料、生物技术、微波食品加工技术、辐照保鲜技术、超临界萃取和分子蒸馏技术、膜分离技术、活性包装技术、微胶囊技术等，这些新技术实际应用的成功关键依然是对物质结构、物性和变化的把握，因此它们的发展速度也紧紧依赖于食品化学在这一新领域内的发展速度。

总之，食品工业中的技术进步，大都是由于食品化学发展的结果，因此，食品化学的继续发展必将继续推动食品工业以及与之密切相关的农、牧、渔、副等各行各业的发展。

第2章

水 分

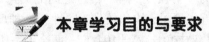

> **本章学习目的与要求**
>
> • 了解水在食品中的重要作用、水和冰的结构及其性质、含水食品中水的物理状态及其转移规律、含水食品中水与非水成分之间的相互作用及其对水的物理化学性质的影响。
>
> • 理解分子移动性的基本理论,食品中水分的相态转变及其状态图,分子移动性与食品稳定性的关系及其在预测食品稳定性中的重要性。
>
> • 掌握水在食品中的存在状态,水分活度、水分等温吸湿线的概念及其意义,水分活度对食品稳定性的影响,冰在食品稳定性中的作用。

2.1 概述

水(water)是生命的源泉,人类生存离不开水。在地球上,河流、海洋、冰川以及地下都有大量的水存在。水是食品中的重要组分,水分在食品中以不同的结合方式存在;各种食品都有其特定的水分含量,并且显示出它们各自的色、香、味、形等感官特征。从物理化学方面来看,水在食品中起着分散蛋白质和淀粉等成分的作用,使它们形成溶胶或溶液。从食品化学方面考虑,水对食品的鲜度、硬度、流动性、呈味性、保藏性和加工等方面都具有重要的影响。水也是影响微生物繁殖的重要因素,直接影响到食品的保质期,包括可储藏性和货架寿命。在食品加工过程中,水还能发挥膨润、浸透等方面的作用。在许多法定食品质量标准中,水分是一个重要的指标。

水是维持人类正常生命活动所必需的基本物质。水广泛地存在于各类食品中,并与食品的质量和稳定性有非常密切的关系。因此,研究水和食品的关系是非常重要的。

2.2 水和冰的结构和性质

2.2.1 水的结构

水的物理性质的特殊性是由水的分子结构所决定的。氧原子外层电子构型为 $2s^2 2p^4$,当它与氢形成水时,氧原子的外层电子首先进行杂化,形成 4 个等同的 sp^3 杂化轨道,其中两个轨道上各有一个电子,另外两个轨道上则被 2 个已成对的电子占据。2 个未成对电子分别与两个氢原子的 1s 电子形成两个 α 键,形成水分子。氧原子的 sp^3 杂化轨道在空间的取向是从正四面体的中心指向四面体的 4 个顶点,两个轨道之间的夹角为 109°28′。由于氧原子的两个杂化轨道上的孤对电子靠近氧原子,体积较大,同性相互排斥,对 O—H 键的共用电子对产生排挤作用,使两个 O—H 键夹角压缩到 104.5°,两个 O—H 键并不在一条直线上,水分子由两个氢原子的 s 轨道与一个氧原子的两个 sp^3 杂化轨道形成两个 σ 共价键(具有 40% 离子性质)。水分子为四面体结构,氧原子位于四面体中心,四面体的四个顶点中有两个被氢原子占据,其余两个为氧原子的非共用电子对占有(图 2-1)。气态水分子两个 O—H 键的夹角即 H—O—H 的键角为 104.5°,与典型四面体夹角 109°28′ 很接近,键角之所以小了约 5° 是由于受到氧原子的孤对电子排斥的影响,此外,O—H 核间距为 0.096 nm,氢和氧的范德华(van der Waals)半径分别为 0.12 nm 和 0.14 nm。

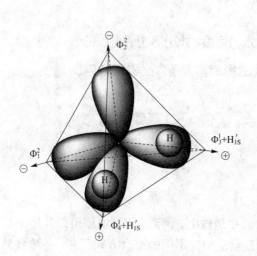

图 2-1 单分子水的立体模式

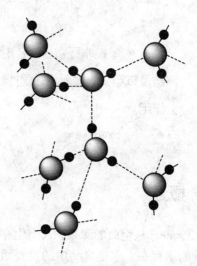

图 2-2 水分子的四面体构型下的氢键模式
(以虚线表示)

水与一些具有相近相对分子质量以及相似原子组成的分子(HF, CH_4, H_2S, NH_3 等)的物理性质相比较,除了黏度外,其他性质均有显著差异。冰的熔点、水的沸点比较高,介电常数(介电常数是溶剂对两个带相反电荷离子间引力的抗力的度量)、界面张力、比热容和相变热(熔化热、蒸发热和升华热)等物理常数也较高,这对食品加工中冷冻和干燥过程有重大影响。水的密度较小，水结冰时体积增加（约增加9%），表现出异常的膨胀特性，这会导致食品冻结时组织结构的破坏。水的热导值大于其他液态物质的热导值，冰的热导值稍大于非金属固体的热导值。0℃时冰的热导值约为同一温度下水的4倍，这说明冰的热传导速率比生物组织中非流动的水快得多。从水和冰的热扩散值可看出冰的热扩散速率约为水的9倍，在一定的环境下，冰的温度变化速率比水的大得多。这可以解释在温差相等的情况下生物组织的冷冻速率比解冻速率快的原因。

由于自然界中 H、O 两种元素存在着同位素，所以纯水中除常见的 H_2O 外，实际上微量成分还存在于其他的一些同位素中，但它们在自然界的水中所占比例极小。

常温下水是一种液体。在液态水中，若干个水分子缔结成为 $(H_2O)_n$ 的水分子族。这是由于水分子是偶极分子（在气态时为1.84D），它们之间的作用是通过静电吸引力（氢原子的⊕端同氧原子的⊖端）产生氢键，形成如图2-2所示的四面体结构。每个水分子在三维空间的氢键给体数目和受体数目相等，因此，水分子间的吸引力比同样靠氢键结合成分子族的其他小分子（如 NH_3 和 HF）要大得多。例如，氨分子是由三个氢给体和一个氢受体构成的四面体，氟化氢的四面体只有一个氢给体和三个氢受体，它们只能在二维空间形成氢键网络结构，因此比水分子包含的氢键数目要少。水分子形成三维氢键的能力可以用于解释水分子的一些特殊物理化学性质，例如它的高熔点、高沸点、高比热容和相变焓，这些均与破坏水分子的氢键所需要的额外能量有关；水的高介电常数则是由于氢键所产生的水分子簇，导致的多分子偶极引起的。

水分子的氢键键合程度与温度有关。在0℃和83℃时，水分子的配位数分别为4.4和4.9，配位数增加有增加水的密度的效果；另外，由于温度的升高，水分子布朗运动加剧，导致水分子间的距离增加，例如1.5℃和83℃时水分子之间的距离分别为0.29 nm、0.305 nm。该变化导致水体积膨胀，其结果是水的密度会减小。一般来说，当温度在0~4℃时，配位数对水的密度的影响起主导作用；随着温度的进一步升高，布朗运动起主要作用，温度越高，水的密度越小。两种因素的最终结果是水的密度在3.98℃时最大，低于、高于此温度时水的密度均会减小。

2.2.2　冰的结构

冰（ice）是由水分子构成的非常"疏松"的大而长的刚性结构，相比之下液态水则是一种短而有序的结构，因此，冰的比热容较大。冰在融化时，一部分氢键断裂，所以转变成液相后水分子紧密地靠拢在一起，密度增大。图2-3表示的是最普通的冰的晶胞示意图。

在普通冰晶体中，最邻近的水分子的 O—O 核间距为0.276 nm，角度接近理想四面体键的109°28′。每个水分子的配位数等于4，均与最邻近的四个水分子缔合，形成四面体结构。

冰有11种结构，但是在常压和0℃时，只有普通的正六方晶系的冰晶体是稳定的，另外还有9种同质多晶（polymorphism）1种非结晶或玻璃态的无定形结构。在冷冻食品中存在4种主要的冰晶体结构，即六方形、不规则树枝状、粗糙的球形和易消失的球晶，以及各种中间状态的冰晶体。大多数冷冻食品中的冰晶体是高度有序的六方形结构，但在含有大量明胶的水溶液中，由于明胶对水分子运动的限制以及妨碍水分子形成高度有序的正方结晶，冰晶体主要是立方体和玻璃状冰晶。

在水的冰点温度时，水并不一定结冰，其原因包括溶质可以降低水的冰点，也可产生过冷现象。所谓过冷(supercooling)，是由于无晶核存在，液体水温度降到冰点以下仍不析出固体的现象。但是，若向过冷水中投入一粒冰晶或摩擦器壁产生冰晶，则过冷现象立即消失。当在过冷溶液中加入晶核时，在这些晶核的周围逐渐形成长大的结晶，这种现象称为异相成核(heterogeneous nucleation)。过冷度越高，结晶速度越慢，这对冰晶的大小是很重要的。当大量的水慢慢冷却时，由于有足够的时间在冰点温度产生异相成核，因而形成粗大的晶体结构。若冷却速度很快就会发生过冷现象，则很快形成晶核，但由于晶核增长的速度相对较慢，因而就会形成微细的结晶结构，这对于冷冻食品的品质提高是十分重要的。

冰晶体的大小和结晶速度受溶质、温度、降温速度等因素影响，溶质的种类和数量也影响冰晶体的数量、大小、结构、位置、取向。图2-4所示为冷冻时晶核形成速率与晶体长大速率的关系示意图。

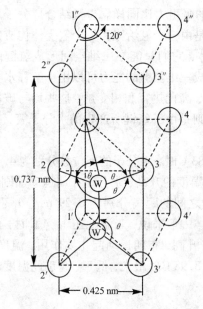

图2-3 普通的冰的晶胞示意图

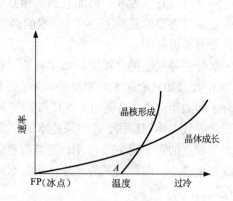

图2-4 晶核形成速率与晶体长大速率的关系示意图

冰晶体的大小与晶核数目有关，形成的晶核愈多则晶体愈小。结晶温度和结晶热传递速度直接影响晶核数目。若使体系温度维持在冰点和A点(图2-4)之间将只能形成少量的晶核，每个晶核可很快长大为冰晶；缓慢除去冷冻体系的热能，也同样可以得到相似的结果，例如对食品或未搅动的液体体系，若缓慢地除去热能，则会慢慢形成连续的冰晶相；如果很快除去热能使温度下降至A点，即可形成许多晶核，但每个晶体只能长大到一定的程度，结果得到许多小结晶；搅拌则可以促进晶核的生成并使晶体变小。临界温度结冰时形成小的结晶，所存在的其他物质不但能使冰点下降，而且还能降低晶核形成的温度；低浓度蛋白质、酒精和糖等均可阻滞晶体的成长过程。另外，一旦冰结晶形成并在冰点温度下贮存，就会促使晶体长大。当贮存温度在很大范围内变化时，很容易产生重结晶现象，其结果是小结晶数量减少并形成大结晶。食品组织缓慢冷冻，可以使大冰晶全部分布在细胞外部，而快速冻结则可在细胞内、外都形成小冰晶。

2.3 水的存在状态及其与溶质的相互作用

水是食品中非常重要的一种成分,是构成大多数食品的主要组成成分(表 2-1)。水的含量、分布、状态不仅对食品的结构、外观、质地、风味、色泽、流动性、新鲜程度和腐败变质的敏感性产生极大的影响,而且对生物组织的生命过程也起着至关重要的作用。如:①水在食品储藏加工过程中作为化学和生物化学反应的介质,又是水解过程的反应物;②水是微生物生长繁殖的重要因素,影响食品的货架期;③水与蛋白质、多糖和脂类通过物理相互作用而影响食品的质构,如新鲜度、硬度、流动性等;④水还能发挥膨润、浸湿的作用,影响食品的加工性。

表 2-1 部分食品的含水量

食品		水分含量/%	食品		水分含量/%
	大部分新鲜水果	90		全谷粒物	10~12
	果汁	85~93		燕麦片等早餐食品	<4
	番石榴	81		通心粉	9
	甜瓜	92~94	谷物及其制品	面粉	10~13
	成熟橄榄	72~75		饼干等	5~8
	鳄梨	65		面包	35~45
	浆果	81~90		馅饼	43~59
	柑橘	86~89		面包卷	28
水果、蔬菜等	干水果	<25		人造奶油	15
	豆类(青)	67		蛋黄酱	15
	豆类(干)	10~12	高脂肪食品	食品用油	0
	黄瓜	96		沙拉酱	40
	马铃薯	78		奶油	15
	甘薯	69		奶酪	40
	小萝卜	78		鲜奶油	60~70
	芹菜	79	乳制品	奶粉	4
	动物肉和水产品	50~85		液体乳制品	87~91
	新鲜蛋	74		冰淇淋等	65
畜、水产品等	干蛋粉	4		果酱	<35
	鹅肉	50	糖类	白糖及其制品	<1
	鸡肉	75		蜂蜜及其他糖酱	20~40

2.3.1 水的存在状态

从水与食品中非水成分的作用情况来划分,水在食品中是以游离水(或称为体相水、自由水)和结合水(或称为固定水)两种状态存在的,这两种状态水的区别在于它们同亲水性物质的缔合程度的大小的不同,而缔合程度的大小则又与非水成分的性质、盐的组成、pH、温度等因素有关。

结合水(bound water)或固定水(immobilized water)是指存在于溶质及其他非水组分邻近的那一部分水,与同一体系的游离水相比,它们呈现出低的流动性和其他显著不同的性质,这些水在 $-40℃$ 不会结冰,不能作为溶剂。

在复杂体系中存在着不同结合程度的水。结合程度最强的水已成为非水物质的整体部分,这部分水被看作"化合水"(compound water)或者称为"组成水"(constitutional water),它在高水分含量食品中只占很小的比例,例如,它们存在于蛋白质的空隙区域内或者已成为化学水合物的一部分。结合强度稍强的结合水称为"单层水"(monolayer water)或邻近水(vicinal water),它们占据着非水成分的大多数亲水基团的第一层位置,按这种方式与离子或离子基团相缔合的水是结合最紧的一种邻近水。"多层水"(multilayer water)占有第一层中剩下的位置以及形成单层水以外的几个水层,虽然多层水的结合强度不如单层水,但是仍与非水组分靠得足够近,以至于它的性质也大大不同于纯水的性质。因此,结合水是由化合水和吸附水(单层水 + 多层水)组成的。应该注意的是,结合水不是完全静止的,它们同邻近水分子之间的位置交换作用会随着水结合程度的增加而降低,但是它们之间的交换速度不会为零。

游离水(free water)或体相水(bulk water)就是指没有与非水成分结合的水。它又可分为三类:不可移动水或滞化水、毛细管水和自由流动水。滞化水(entrapped water)是指被组织中的显微和亚显微结构与膜所阻留住的水,由于这些水不能自由流动,所以称为不可移动水或滞化水,例如一块质量为 100 g 的动物肌肉组织中,总含水量为 70 ~ 75 g,除去近 10 g 结合水外,还有 60 ~ 65 g 的水,这部分水中极大部分是滞化水。毛细管水(capillary water)是指在生物组织的细胞间隙、食品的组织结构中,存在着的一种由毛细管力所截留的水,在生物组织中又被称为细胞间水,其物理和化学性质与滞化水相同。而自由流动水(free flow water)是指动物血浆、淋巴和尿液、植物的导管和细胞内液泡中的水,因为都可以自由流动,所以叫自由流动水(表 2 - 2)。

表 2 - 2 食品中水的分类与特征

分类		特征	典型食品中比例/%
结合水	化合水	食品非水成分的组成部分	<0.03
	单层水	与非水成分的亲水基团强烈作用形成单分子层;水 - 离子以及偶极结合水 - 偶极结合	0.1 ~ 0.9
	多层水	在亲水基团外形成另外的分子层;水 - 水以及水 - 溶质结合	1 ~ 5
游离水	自由流动水	自由流动,性质同稀的盐溶液,水 - 水结合为主	5 ~ 96
	滞化水和毛细管水	容纳于凝胶或基质中,水不能流动,性质同自由流动水	5 ~ 96

2.3.2 水与溶质的相互作用

由于水在溶液中的存在状态与溶质的性质以及溶质同水分子的相互作用有关,下面分别介绍不同种类溶质与水之间的相互作用。

(1)水与离子或离子基团的相互作用。离子或离子基团(Na^+,Cl^-,$-COO^-$,$-NH_3^+$等)通过自身的电荷可以与水分子偶极子产生相互作用,通常称为水合作用。与离子和离子基团相互作用的水,是食品中结合最紧密的一部分水。从实际情况来看,所有的离子对水的正常结构均有破坏作用,典型的特征就是水中加入盐类物质以后,水的冰点下降。

当水中添加可离解的溶质时,纯水的正常结构遭到破坏。由于水分子具有大的偶极矩,因此能与离子产生相互作用,如图2-5所示,由于水分子同Na^+的水合作用能约为83.68 kJ·mol^{-1},比水分子之间氢键结合(约为20.9 kJ·mol^{-1})大3倍,因此离子或离子基团加入到水中,会破坏水中的氢键,导致水的流动性的改变。

在稀盐溶液中,离子对水结构的影响是不同的,一些离子(如K^+,Rb^+,Cs^+,NH_4^+,Cl^-,Br^-,I^-,NO_3^-,BrO_3^-,IO_3^-和ClO_4^-等)由于离子半径大,电场强度弱,能破坏水的网状结构,所以溶液比纯水的流动性更大。而对于电场强度较大、离子半径小的离子或多价离子,它们有助于水形成网状结构,因此这类离子的水溶液比纯水的流动性小,例如Li^+,Na^+,H_3O^+,Ca^{2+},Ba^{2+},Mg^{2+},Al^{3+},F^-和OH^-等就属于这一类。实际上,从水的正常结构来看,所有的离子对水的结构都起破坏作用,因为它们均能阻止水在0℃下结冰。

(2)水与极性基团的相互作用。水和极性基团(如$-OH$,$-SH$,$-NH_2$等)间的相互作用力比水与离子间的相互作用弱,例如在蛋白质周围,结合水至少有两种存在状态,一种是直接被蛋白质结合的水分子,形成单层水;另一种是外层水分子(即多层水),结合能力较弱,蛋白质的结合水中大部分属于这种水,但与游离水相比,它们的移动性较小。除了上述两种情况外,当蛋白质的极性基团与几个水分子作用形成"水桥"结构时(图2-6),这部分水也是结合水。

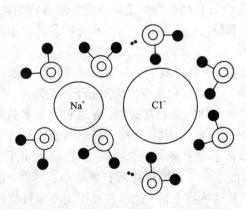

图2-5 离子的水合作用和水分子的取向

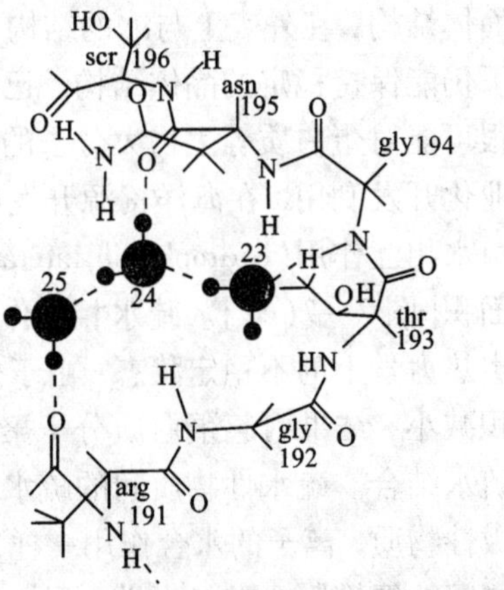

图2-6 木瓜蛋白酶中的三分子水桥

各种有机分子的不同极性基团与水形成氢键的牢固程度有所不同。蛋白质多肽链中赖氨酸和精氨酸侧链上的氨基，天冬氨酸和谷氨酸侧链上的羧基，肽链两端的羧基和氨基，以及果胶物质中未酯化的羧基，无论是在晶体还是溶液中，都是呈离解或离子态的基团，这些基团与水形成氢键，键能大，结合得牢固；蛋白质结构中的酰胺基以及淀粉、果胶质、纤维素等分子中的羟基与水也能形成氢键，但键能较小，牢固程度较低。

通过氢键而被结合的水流动性极小。一般来说，凡是能够产生氢键键合的溶质均可以强化纯水的结构，至少不会破坏这种结构。然而在某些情况下，一些溶质在形成氢键时，键合的部位以及取向在几何构型上与正常水不同，因此，这些溶质通常对水的正常结构也会产生破坏作用，像尿素这种小的氢键键合溶质就对水的正常结构有明显的破坏作用。大多数能够形成氢键键合的溶质都会阻碍水结冰。

(3)水与非极性基团的相互作用。把疏水物质，如含有非极性基团(疏水基)的烃类、脂肪酸、氨基酸以及蛋白质加入水中，由于极性的差异使得体系的熵减少，在热力学上是不利的，此过程称为疏水水合(hydrophobic hydration)。由于疏水基团与水分子产生斥力，从而使疏水基团附近的水分子之间的氢键键合作用增强，使得疏水基邻近的水形成了特殊的结构，水分子在疏水基外围定向排列，导致熵减少。水对于非极性物质产生的作用中，其中有两个方面需特别注意：笼形水合物(clathrate hydration)的形成和蛋白质中的疏水相互作用。

笼形水合物代表水对疏水物质的最大结构形成响应。笼形水合物是冰状包合物，其中水为"主体"物质，通过氢键形成了笼状结构，物理截留了另一种被称为"客体"的分子。笼形物的客体分子是低相对分子质量化合物，它的大小和形状与由20~74个水分子组成的主体笼的大小相似，典型的客体包括低相对分子质量的烃类及卤代烃、稀有气体、SO_2、CO_2、环氧乙烷、乙醇、短链的伯胺、仲胺及叔胺、烷基胺等，水与客体之间的相互作用往往涉及较弱的范德华力，但有些情况下为静电相互作用。此外，相对分子质量大的客体如蛋白质、糖类、脂类和生物细胞内的其他物质也能与水形成笼形水合物，使水合物的凝固点降低。一些笼形水合物具有较高的稳定性。

笼形水合物的微结晶与冰晶体很相似，但当形成大的晶体时，原来的四面体结构逐渐变成多面体结构，在外表上与冰的结构存在很大的差异。笼形水合物晶体在0℃以上和适当的压力下仍能保持稳定的晶体结构。已证明生物物质中天然存在类似晶体的笼形水合物结构，它们很可能对蛋白质等生物大分子的构象、反应性和稳定性有影响。笼形水合物晶体目前尚未商业化开发利用，在海洋资源开发中，可燃冰(甲烷的水合物)的前景被看好。

疏水相互作用(hydrophobic interaction)是指疏水基尽可能聚集在一起以减少它们与水的接触面积[图2-7(c)]。疏水相互作用[图2-7(b)]可以导致非极性物质分子的熵减小，因而产生热力学上的不稳定状态；由于分散在水中的疏水性物质相互聚集，导致它们与水的接触面积减小，结果引起蛋白质分子聚集，甚至沉淀；此外，疏水相互作用还包括蛋白质与脂类的疏水结合。疏水性物质间的疏水相互作用导致体系中游离水分子增多，所以疏水相互作用和极性物质、离子的水合作用一样，其溶质周围的水分子都同样伴随着熵减小。然而，水分子之间的氢键键合在热力学上是一种稳定状态，从这一点上讲，疏水相互作用和极性物质的水合作用对于维持蛋白质分子的结构发挥着重要的作用。

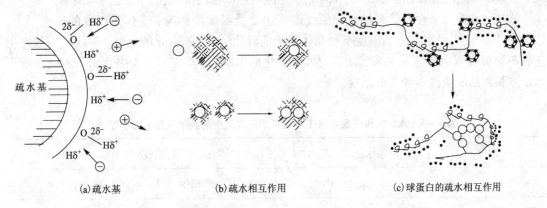

(a)疏水基　　　　(b)疏水相互作用　　　　(c)球蛋白的疏水相互作用

图 2 - 7　疏水基与疏水相互作用及球蛋白的疏水相互作用

2.3.3　水分活度

人类很早就认识到食物的易腐败性与含水量之间有着密切的联系，这也成为了人们日常生活中保藏食品的重要依据之一。食品加工中无论是浓缩或脱水过程，其目的都是为了降低食品的含水量，提高溶质的浓度，以降低食品的腐败性。但人们同时也知道不同种类的食品即使水分含量相同，其腐败变质的难易程度也存在明显的差异。这说明以含水量作为判断食品稳定性的指标是不完全可靠的。因此，更多采用了水分活度（water activity，A_w）指标。

水分活度（A_w）可用于表示水与食品成分之间的结合程度。在较低的温度下，利用食品的水分活度比用水分含量更容易确定食品的稳定性，所以目前它是食品质量指标中更有实际意义的重要指标。食品中水分活度的表示为：

$$A_w = \frac{f}{f_0} \approx \frac{p}{p_0} = \frac{ERH}{100}$$

式中：f，f_0 分别为食品中水的逸度、相同条件下纯水的逸度；p，p_0 分别为食品中水的分压、相同温度下纯水的蒸汽压；ERH 为食品的平衡相对湿度（equilibrium relative humidity）。

固定组成的食品体系，其 A_w 还与温度有关，克劳修斯 - 克拉贝龙（Clausius - Clapeyron）方程表达了 A_w 与温度之间的关系：

$$\frac{\mathrm{dln}A_w}{\mathrm{d}(1/T)} = \frac{-\Delta H}{R}$$

式中：T 为绝对温度；R 是气体常数；ΔH 是在样品的某一水分含量下的等量净吸附热。

从此方程还可以看出 A_w 与 T^{-1} 为线性关系，当温度升高时，A_w 随之升高，这对密封在袋内或罐内食品的稳定性有很大影响。还要指出的是，$\mathrm{ln}A_w$ 对 T^{-1} 作图得到的并非始终是一条直线，在冰点温度出现断点。在低于冰点温度的条件下，温度对水活度的影响要比在冰点温度以上大得多，所以对冷冻食品来讲，水分活度的意义就不是太大，因为低温下的化学反应、微生物繁殖等均很慢。

低于冰点温度 A_w 应按下式计算：

$$A_w = \frac{p_{ff}}{p_{0(scw)}} = \frac{p_{ice}}{p_{0(scw)}}$$

式中：p_{ff}是部分冷冻食品中水的分压；$p_{0(scw)}$是纯的过冷水的蒸汽压；p_{ice}是纯水的蒸汽压。

在冻结温度下，食品体系的水分活度改变主要受温度的影响，受体系组成的影响很小，因此不能根据A_w说明在冻结温度下食品体系组成对化学、生物变化的影响，所以A_w一般应用于在冻结温度以上的体系中来表示其对各种变化的影响行为。表2-3中给出了不同温度下水、冰和食品的蒸汽压和水分活度。

表2-3 水、冰和食品在低于冰点下的不同温度时的蒸汽压和水分活度

温度/℃	液态水的蒸汽压/kPa[a]	冰和含冰食品的蒸汽压/kPa	A_w
0	0.6104[b]	0.6104	1.004[d]
−5	0.4216[b]	0.4016	0.953
−10	0.2865[b]	0.2599	0.907
−15	0.1914[b]	0.1654	0.864
−20	0.1254[c]	0.1034	0.820
−25	0.0806[c]	0.0635	0.790
−30	0.0509[c]	0.0381	0.750
−40	0.0189[c]	0.0129	0.680
−50	0.0064[c]	0.0039	0.620

注：a表示除0℃外为所有温度下的过冷水；b表示观测数据；c表示计算的数据；d表示仅适用于纯水。

2.3.4 吸湿等温线

在一定温度条件下，用来联系食品的含水量（用每单位干物质中的含水量表示）与其水分活度的图，称为吸湿等温线（moisture sorption isotherms，MSI）。从这类图形所得到的资料对于浓缩脱水过程是很有用的，因为水从体系中消除的难易程度与水分活度有关，在评价食品的稳定性时，确定用水分含量来抑制微生物的生长时，也必须知道水分活度与水分含量之间的关系。因此了解食品中水分含量与水分活度之间的关系是十分有价值的。

图2-8所示为高含水量食品吸湿等温线的示意图，它包括了从正常至干燥状态的整个水分含量范围。这类示意图并不是很有用，因为对食品来讲有意义的数据是在低水分区域。图2-9所示为低水分含量食品的吸湿等温线的一个典型例子。一般来讲，不同的食品由于其组成不同，其吸湿等温线的形状是不同的，并且曲线的形状还与样品的物理结构、样品的预处理、温度、测定方法等因素有关。为了便于理解吸湿等温线的含义和实际应用，我们可以人为地将图2-9中的曲线范围分为三个不同的区间；当干燥的无水样品产生回吸作用而重新结合水时，其水分含量、水分活度等就从区间Ⅰ（干燥）向区间Ⅲ（高水分）移动，吸湿过程中水存在状态、性质大不相同，以下分别叙述各区间水的主要特征。

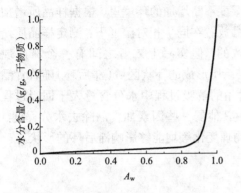

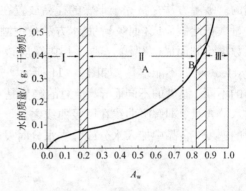

图2-8　水分含量与A_w的关系　　　　图2-9　食品与吸湿等温线的一般形式(20℃)

Ⅰ区：是水分子和食品成分中的羧基和氨基等基团通过水-离子或水-偶极相互作用而牢固结合的那部分水，所以A_w也最低，一般在0~0.25之间，相当于物料含水量0~0.07 g/g干物质。这种水不能作为溶剂，而且在-40℃不结冰，对固体没有显著的增塑作用，它可以简单地看作固体的一部分。

在区间Ⅰ的高水分末端(区间Ⅰ和区间Ⅱ的分界线)位置的这部分水相当于食品的"单分子层"水含量，这部分水可看成是在干物质可接近的强极性基团周围形成一个单分子层所需水的近似量。

Ⅱ区：包括了区间Ⅰ和区间Ⅱ内所增加的水，区间Ⅱ内增加的水占据固形物的第一层的剩余位置和亲水基团周围的另外几层位置，这部分水是多层水。多层水主要靠水-水分子间的氢键作用，和水-溶质间的缔合作用；它们的移动性比游离水差一些，蒸发焓比纯水大但相差范围不等，大部分在-40℃不能结冰。这部分水一般为0.1~0.33 g/g干物质，A_w为0.25~0.8。

当水回吸到相当于等温线区间Ⅱ和区间Ⅲ边界之间的水含量时，所增加的这部分水能引发溶解过程，促使基质出现初期溶胀，起着增塑作用。在含水量高的食品中，这部分水的比例占总水含量的5%以下。

Ⅲ区：该区间增加的这部分水就是游离水，它是食品中结合最不牢固且最容易移动的水。这类水性质与纯水基本相同，不会受到非水物质分子的作用，既可以作为溶剂，又有利于化学反应的进行和微生物生长。区间Ⅲ内的游离水在高水含量食品中一般占总水量的95%以上。

必须指出的是，我们还不能准确地确定吸湿等温线各个区间的分界线的位置，除化合水外，等温线的每一个区间内和区间之间的水都能够相互进行交换。另外向干燥的食品中添加水时，虽然能够稍微改变原来所含水的性质，如产生溶胀和溶解过程，但在区间Ⅱ中添加水时，区间Ⅰ的水的性质保持不变，在区间Ⅲ内添加水时区间Ⅱ的水的性质也几乎保持不变。以上可以说明，对食品稳定性产生影响的水是体系中受束缚最小的那部分水，即游离水(体相水)。从前面的介绍知道，水分活度与温度有关，所以水分的吸湿等温线也与温度有关，图2-10给出了土豆片在不同温度下的吸湿等温线，从图中可以看出在水分含量相同时，温度的升高导致水分活度的增加，也符合食品中发生的各种变化规律。

在实践中，吸湿等温线作为吸着制品的观察研究用，而解吸等温线是用作调研干燥过程用的。吸湿方法是把完全干燥的样品放置在相对湿度不断增加的环境里，根据样品所增加的质量数据绘制而成（回吸），脱水方法是把潮湿样品放置在同一相对湿度下，测定样品质量减轻数据绘制而成（解吸）。理论上它们应该是一致的，但实际上二者之间有一个滞后现象（hysteresis），不能重叠，如图2-11所示。这种滞后所形成的环状区域（滞后环）随着食品品种的不同、温度的不同而异，但总的趋势是：在食品的解吸过程中水分含量大于回吸过程中的水分含量，即解吸曲线在回吸曲线之上。另外，其他的一些因素如食品除去水分程度、解吸的速度、食品中加入水分或除去水分时发生的物理变化等均能够影响滞后环的形状。

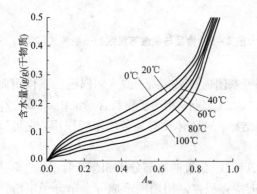

图2-10　不同温度下土豆片的水分吸湿等温线

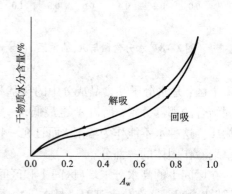

图2-11　水分吸湿等温线的滞后现象

2.4　水与食品保存性的关系

2.4.1　水分活度与食品保存性

水分活度与食品的稳定性是紧密相关的，这表现在水分活度的变化不仅影响微生物的生命活动，还可影响食品中组分的化学变化，从而影响食品的耐藏性及食品的品质。

1. 水分活度与微生物生命活动的关系

微生物和其他生物一样，正常的生理活动需要一定的水分。食品中涉及的微生物主要有细菌、酵母菌和霉菌，其中一些微生物在食品中的应用有其有益的一面，这主要体现在发酵食品的生产中，但很多情况下，这些微生物的生命活动会直接引起食品的腐败变质。不同微生物的生长繁殖都要求有一定的最低限度的水分活度值。如果食品的水分活度值低于这一数值，微生物的生长繁殖就会受到抑制（表2-4）。

表 2-4　食品中水分活度与微生物生长之间的关系

A_w	此范围内的最低 A_w 一般能抑制的微生物	食品
1.0~0.95	假单胞菌，大肠杆菌变形菌，志贺氏菌，克雷伯氏菌属，芽孢杆菌，产气荚膜梭状芽孢杆菌，部分酶母	极易腐败的食品、蔬菜、肉、鱼、牛乳、罐头水果，香肠和面包，含有约40% 蔗糖或70% 食盐的食品
0.95~0.91	沙门氏杆菌属，肉毒梭状芽孢杆菌，副溶血红蛋白弧菌，乳酸杆菌属，部分霉菌，红酵母，毕赤氏酵母	部分干酪、腌制肉、水果浓缩汁、含有50% 蔗糖或12% 食盐的食品
0.91~0.87	许多酵母(假丝酵母、球拟酵母、汉逊酵母)，小球菌	发酵香肠、干的奶酪、人造奶油、含有65% 蔗糖或15% 食盐的食品
0.87~0.80	大多数霉菌(产毒素的青霉菌)，金黄色葡萄球菌，大多数酵母菌，德巴利氏酵母菌	大多数浓缩水果汁、甜炼乳、糖浆、面粉、米、含有15%~17% 水分的豆类食品、家庭自制的火腿
0.80~0.75	大多数嗜盐细菌，产真菌毒素的曲霉	果酱、糖渍水果、杏仁酥糖
0.75~0.65	嗜旱霉菌，二孢酵母	含10% 水分的燕麦片、果干、坚果、粗蔗糖、棉花糖、牛轧糖块
0.65~0.60	耐渗透压酵母(鲁酵母)，少数霉菌(刺孢曲霉、二孢红曲霉)	含有15%~20% 水分的果干、太妃糖、焦糖、蜂蜜
0.50	微生物不繁殖	含有12% 水分的酱、含 10% 水分的调料
0.40	微生物不繁殖	含有5% 水分的全蛋粉
0.30	微生物不繁殖	饼干、曲奇饼、面包硬皮
0.20	微生物不繁殖	含2%~3% 水分的全脂奶粉、含5% 水分的脱水蔬菜或玉米片、家庭自制饼干

　　水分活度在0.91 以上时，食品的微生物变质以细菌为主。水分活度降至0.91 以下时，就可以抑制一般细菌的生长。当在食品原料中加入食盐、糖后，水分活度下降，一般细菌不能生长，嗜盐细菌却能生长。水分活度在0.9 以下时，食品的腐败主要是由酵母菌和霉菌所引起的，其中水分活度在0.8 以下的糖浆、蜂蜜和浓缩果汁的败坏主要是由酵母菌引起的。研究表明，食品中有害微生物生长的最低水分活度为0.86~0.97。

　　微生物对水分的需要会受到食品pH、营养成分、氧气等共存因素的影响。因此，在选定食品的水分活度时应根据具体情况进行适当地调整。

　　2. 水分活度与食品化学变化的关系

　　对淀粉老化的影响：含水量达30%~60% 时，淀粉老化的速度最快；如果降低含水量则淀粉老化速度减慢，若含水量降至10%~15% 时，水分基本上以结合水的状态存在，淀粉不会发生老化。

　　对蛋白质变性的影响：蛋白质变性是改变了蛋白质分子多肽链特有的有规律的高级结构，使蛋白质的许多性质发生改变。因为水能使多孔蛋白质膨润，暴露出长链中可能被氧化的基团,氧就很容易转移到反应位置。所以,水分活度增大会加速蛋白质的氧化作用,破坏保持蛋白质高级结构的副键,导致蛋白质变性。据测定,当水分含量达 4% 时,蛋白质变性能缓慢进行;若水分含量在 2% 以下,蛋白质不发生变性。

对酶促褐变的影响:当 A_w 值降低到 $0.25 \sim 0.30$,就能有效地减慢或阻止酶促褐变的进行。

对非酶褐变的影响:当食品的水分活度在一定的范围内时,非酶褐变会随着水分活度的增大而加速,A_w 值为 $0.6 \sim 0.7$ 时,褐变最为严重;随着水分活度的下降,非酶褐变就会受到抑制而减弱;当水分活度降低到 0.2 以下时,褐变就难以发生。但如果水分活度大于褐变高峰的 A_w,则由于溶质的浓度下降而导致褐变速度减慢。在一般情况下,浓缩的液态食品和中湿食品的 A_w 位于非酶褐变的最适水分含量的范围内。

对水溶性色素分解的影响:葡萄、杏、草莓等水果的色素是水溶性花青素,花青素溶于水时是很不稳定的,$1 \sim 2$ 周后其特有的色泽就会消失。但花青素在这些水果的干制品中则十分稳定,经过数年贮藏也仅仅是轻微的分解。一般而言,若 A_w 增大,则水溶性色素分解的速度就会加快。

综上所述,降低食品的 A_w 可以延缓酶促褐变和非酶褐变的进行,减少食品营养成分的破坏,防止水溶性色素的分解。但 A_w 过低时,则会加速脂肪的氧化酸败,还能引起非酶褐变。要使食品具有最高的稳定性,最好将 A_w 保持在结合水范围内。这样,即使化学变化难以发生,同时又不会使食品丧失吸水性和复原性。

低水分活度能抑制食品化学变化,稳定食品质量,这是因为食品中发生的化学反应和酶促反应是引起食品品质变化的重要原因,故降低水分活度可以提高食品的稳定性,其机理如下:

第一,大多数化学反应都必须在水溶液中才能进行,如果降低食品的水分活度,则食品中水的存在状态发生了变化,结合水的比例增加了,自由水的比例减少了,而结合水是不能作为反应物的溶剂的,所以降低水分活度,能使食品中许多可能发生的化学反应、酶促反应受到抑制。

第二,很多化学反应属于离子反应,这些反应发生的条件是反应物首先必须进行离子化或水化作用,而发生离子化或水化作用的条件必须有足够的自由水才能进行。

第三,很多化学反应和生物化学反应都必须有水分子参加才能进行(如水解反应)。若降低水分活度,就减少了参加反应的自由水的数量,反应物(水)的浓度下降,化学反应的速度也就变慢。

第四,许多以酶为催化剂的酶促反应,水除了起着一种反应物的作用外,还能作为底物向酶扩散输送介质,并且通过水化促使酶和底物活化。当 A_w 低于 0.8 时,大多数酶的活力就受到抑制;若 A_w 降到 $0.25 \sim 0.30$,则食品中的淀粉酶、多酚氧化酶和过氧化物酶就会受到强烈的抑制甚至丧失其活力,但脂肪酶在水分活度为 $0.05 \sim 0.1$ 时仍能保持其活性。

由此可见,食品化学反应的最大反应速度一般发生在具有中等水分含量的食品中(A_w 为 $0.7 \sim 0.9$),这是人们不期望的。而最小反应速度一般首先出现在等温线的区域 I 与 II 之间的边界(A_w 为 $0.2 \sim 0.3$)附近,当进一步降低 A_w 时,除了氧化反应外,其他反应的反应速度全都保持在最小值。

2.4.2 冰与食品稳定性

冷冻法是保藏大多数食品最理想的方法，其作用主要在于低温，而不是因为形成冰。具有细胞结构的食品和食品凝胶中的水结冰时，将出现两个非常不利的后果：①水结冰后，食品中非水组分的浓度将比冷冻前变大；②水结冰后其体积比结冰前增加9%。

水溶液、细胞悬浮液或生物组织在冻结过程中，溶液中的水可以转变为高纯度的冰晶，因此，非水组分几乎全部都聚集到未结冰的水中，其最终效果类似食品的普通脱水。食品冻结的浓缩程度主要受最终温度的影响，而食品中溶质的低共熔温度以及搅拌和冷却速度对其影响较小。

食品冻结出现的浓缩效应，使非结冰相的pH、可滴定酸度、离子强度、黏度、冰点、表面和界面张力、氧化 - 还原电位等发生明显的变化。此外，还将形成低共熔混合物，溶液中有氧和二氧化碳逸出，水的结构和水与溶质间的相互作用也剧烈地改变，同时大分子更紧密地聚集在一起，使之产生相互作用的可能性增大。上述这些变化的发生常常有利于提高反应的速度。由此可见，冷冻对反应速度有两个相反的作用，即降低温度使反应变得非常缓慢，而冷冻所产生的浓缩效应却又导致反应速度的增大。表2-5列举了一些非酶促反应的例子，氧化反应加快和蛋白质溶解度降低都对食品质量产生特别重要的影响。图2-12阐明了蛋白质在低于结冰温度的各种不同温度下，经过30

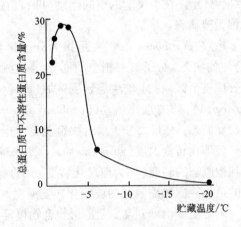

图2-12 牛肌肉贮藏30天后温度对蛋白质不溶解性的影响

天形成的不溶性蛋白质的量，从这些数据可以说明：①一般是在刚好低于样品起始冰点几度时冷冻速度明显加快；②正常冷冻贮藏温度（-18℃）时的反应速度要比0℃时低得多。总之，即使冷冻有时会使某些反应速度加快（在冰点以下较高的温度），但多数反应在冷冻时是减速的，因此冷冻仍然是一种有效的保藏方法。

表2-5 食品冷冻过程中一些变化被加速的实例

化学反应	反应物
酸催化反应	蔗糖
氧化反应	抗坏血酸、乳脂、油炸马铃薯食品中的维生素E，脂肪中β - 胡萝卜素与维生素A的氧化
蛋白质的不溶性	鱼、牛、兔的蛋白质

在冷冻过程中细胞体系的某些酶催化反应速度也同样加快，一般认为是冷冻诱导酶底物和（或）酶激活剂发生移动所引起的，而不是因溶质浓缩产生的效应。

2.4.3　玻璃态温度与食品稳定性

水的存在状态有液态、固态和气态三种，在热力学上属于稳定态。其中水分在固态时，是以稳定的结晶态存在的。但是复杂的食品与其他生物大分子（聚合物）一样，往往是以无定形态存在的。所谓无定形态（amorphous）是指物质所处的一种非平衡、非结晶状态，当饱和条件占优势并且溶质保持非结晶时，此时形成的固体就是无定形态。食品处于无定形态，其稳定性不会很高，但却具有优良的食品品质。因此，食品加工的任务就是在保证食品品质的同时，使食品处于亚稳态或处于相对于其他非平衡态来说比较稳定的非平衡态。

玻璃态（glassy state）：是指既像固体一样具有一定的形状和体积，又像液体一样分子间排列只是近似有序，因此它是非晶态或无定形态。处于此状态的大分子聚合物的链段运动被冻结，只允许在小尺度的空间运动（即自由体积很小），其形变很小，类似于坚硬的玻璃，因此称为玻璃态。

橡胶态（rubbery state）：是指大分子聚合物转变成柔软而具有弹性的固体（此时还未融化）时的状态，分子具有相当的形变，它也是一种无定形态。根据状态的不同，橡胶态的转变可分成三个区域：①玻璃态转变区域（glassy transition region）；②橡胶态平台区（rubbery plateau region）；③橡胶态流动区（rubbery flow region）。

黏流态：是指大分子聚合物链能自由运动，出现类似一般液体的黏性流动的状态。

玻璃化转变温度（glass transition temperature，T_g，T'_g）：T_g是指非晶态的食品体系从玻璃态到橡胶态的转变（称为玻璃化转变）时的温度；T'_g是特殊的T_g，是指食品体系在冰形成时具有的最大冷冻浓缩效应的玻璃化转变温度。

随着温度由低到高，无定形聚合物可经历3个不同的状态，即玻璃态、橡胶态、黏流态，各反映了不同的分子运动模式。

（1）当$T < T_g$时，大分子聚合物的分子运动能量很低，此时大分子链段不能运动，大分子聚合物呈玻璃态。

（2）当$T = T_g$时，分子热运动能量增加，链段运动开始被激发，玻璃态开始逐渐转变到橡胶态，此时大分子聚合物处于玻璃态转变区域。玻璃化转变发生在一个温度区间内而不是在某个特定的单一温度点；发生玻璃化转变时，食品体系不放出潜热，不发生一级相变，宏观上表现为一系列物理和化学性质的急剧变化，如食品体系的比容、比热容、膨胀系数、导热系数、折光指数、黏度、自由体积、介电常数、红外吸收谱线和核磁共振吸收谱线宽度等都发生突变或不连续变化。

（3）当$T_g < T < T_m$（T_m为熔融温度）时，分子的热运动能量足以使链段自由运动，但由于邻近分子链之间存在较强的局部性的相互作用，整个分子链的运动仍受到很大抑制，此时聚合物柔软而具有弹性，黏度约为10^7 Pa·s，处于橡胶态平台区。橡胶态平台区的宽度取决于聚合物的相对分子质量，相对分子质量越大，该区域的温度范围越宽。

（4）当$T = T_m$时，分子热运动能量可使大分子聚合物整链开始滑动，此时的橡胶态开始向黏流态转变，除了具有弹性外，出现了明显的无定型流动性。此时大分子聚合物处于橡胶态流动区。

（5）当$T > T_m$时，大分子聚合物链能自由运动，出现类似一般液体的黏性流动，大分子聚合物处于黏流态。

状态图(state diagrams)是补充的相图(phase diagrams)，包含平衡状态和非平衡状态的数据。由于干燥、部分干燥或冷冻食品不存在热力学平衡状态，因此，状态图比相图更有用。

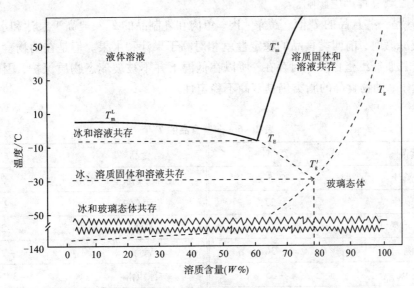

图 2 – 13　二元体系的状态图

T_m^L—融化平衡曲线；T_m^s—溶解平衡曲线；T_E—低共熔点；T_g—玻璃化曲线；T_g'—特定溶质的
最大冷冻浓缩溶液的玻璃化温度；粗虚线代表介稳定平衡，其他的线代表平衡状态

在恒压下，以溶质含量为横坐标，以温度为纵坐标作出的二元体系状态图如图 2 – 13 所示。由融化平衡曲线 T_m^L 可知，食品在低温冷冻过程中，随着冰晶的不断析出，未冻结相溶质的浓度不断提高，冰点逐渐降低，直到食品中非水组分也开始结晶(此时的温度可称为共晶温度 T_E)，形成所谓共晶物后，冷冻浓缩也就终止。由于大多数食品的组成相当复杂，其共晶温度低于起始冰结晶温度，所以其未冻结相，随温度降低可维持较长时间的黏稠液体过饱和状态，而黏度又未显著增加，这即是所谓的橡胶态。此时，物理、化学及生物化学反应依然存在，并导致食品腐败。继续降低温度，未冻结相的高浓度溶质的黏度开始显著增加，并限制了溶质晶核的分子移动与水分的扩散，则食品体系将从未冻结的橡胶态转变成玻璃态，对应的温度为 T_g。

玻璃态下的未冻结的水不是按前述的氢键方式结合的，其分子被束缚在由极高溶质黏度所产生的具有极高黏度的玻璃态下，这种水分不具有反应活性，使整个食品体系以不具有反应活性的非结晶性固体形式存在。因此，在 T_g 时，食品具有高度的稳定性。故低温冷冻食品的稳定性可以用该食品的 T_g 与贮藏温度 T 的差($T - T_g$)来决定，差值越大，食品的稳定性就越差。

食品中的水分含量和溶质种类显著地影响食品的 T_g。一般而言，每增加 1% 的水，T_g 降低 5 ~ 10℃。如冻干草莓的水分含量为 0% 时，T_g 为 60℃；当水分含量增加到 3% 时，T_g 已降至 0℃；当水分含量为 10% 时，T_g 为 -25℃；水分含量为 30% 时，T_g 降至 -65℃。食品的 T_g 随着溶质相对分子质量的增加而成比例增高，但是当溶质相对分子质量大于 3000 时，T_g 就不再依赖其相对分子质量。不同种类的淀粉，支链淀粉分子侧链越短、数量越多，T_g 也相应越低，如小麦支链淀粉与大米支链淀粉相比时，小麦支链淀粉的侧链数量多而且短，所以，在相近的水分含量时，其 T_g 也比大米淀粉的 T_g 小。食品中的蛋白质的 T_g 都相对较高，不会对食品的加工及贮藏过程产生影响。

表2-6是一些食品的 T_g' 值。蔬菜、肉、鱼肉和乳制品的 T_g' 一般高于果汁和水果的 T_g' 值，所以冷藏或冻藏时，前四类食品的稳定性就相对高于果汁和水果。但是在动物食品中，大部分脂肪由于和肌纤维蛋白质同时存在，所以在低温下并不被玻璃态物质保护，因此，即使在冻藏的温度下，动物食品的脂类仍具有高不稳定性。

表2-6 一些食品的 T_g' 值

食品	T_g'/℃	食品	T_g'/℃
橘子汁	-37.5±1	花椰菜(冻茎)	-25
菠萝汁	-37	菜豆(冻)	-2.5
梨汁、苹果汁	-40	青豆	-27
桃	-36	菠菜	-17
香蕉	-35	冰淇淋	-37~33
苹果	-41~41	干酪	-24
甜玉米	-15~-8	鳕鱼肌肉	-11.7±0.6
鲜马铃薯	-12	牛肌肉	-12±0.3

2.5 食品中的水分转移

食品在其储运过程中，一些食品水分的含量、分布不是固定不变的，变化的结果无非有两种：①水分在同一食品的不同部位或在不同食品之间发生位转移，导致了原来水分的分布状况改变；②发生水分的相转移，特别是气相和液相水的互相转移，导致了食品含水量的降低或增加。这对食品的贮藏性及其他方面有着极大的影响。

2.5.1 水分的位转移

根据热力学有关规律，食品中水分的化学势(μ)可以表示为：

$$\mu = \mu(T,p) + RT\ln A_w$$

式中：μ 为食品中水分的化学势；$\mu(T,p)$ 为水在 T 和 p 下的化学势；T 为食品的温度；A_w 为食品的水分活度；R 为气体常数；p 为压力。

如果食品的温度(T)或水分活度(A_w)不同，则食品中水的化学势就不同，水分就要沿着化学势降低的方向运动，即食品中的水分要发生转移。从理论上讲，水分的转移必须进行至各部位水的化学势完全相等才能停止，即最后达到热力学平衡。

由于温差引起的水分转移，水分将从食品的高温区域进入低温区域，这个过程较为缓慢。而由于水分活度不同引起的水分转移，水分从 A_w 高的区域向 A_w 低的区域转移。例如，蛋糕与饼干这两种水分活度不同的食品放在同一环境中，由于蛋糕的水分活度大于饼干的水分活度,所以蛋糕里的水分就逐渐转移到饼干里,使得两种食品的品质都受到不同程度的影响。

2.5.2 水分的相转移

如前所述,食品的含水量是指在一定温度、湿度等外界条件下食品的平衡水分含量。如果外界条件发生变化,则食品的水分含量也发生变化。空气湿度的变化就有可能引起食品水分的相转移,空气湿度变化的方式与食品水分相转移的方向和强度密切相关。

食品中水分相转移的主要形式有水分蒸发(evaporation)和蒸气凝结(condensing)。

1. 水分蒸发

食品中的水分由液相转变为气相而散失的现象称为水分蒸发,它对食品质量有重要的影响。利用水分的蒸发进行食品的干燥或浓缩,可得到低水分活度的干燥食品或中等水分食品;但对新鲜的水果、蔬菜、肉禽、鱼、贝等来讲,水分的蒸发则会对食品的品质产生不良的影响,例如,会导致食品外观的萎蔫皱缩,食品的新鲜度和脆度受到很大的影响,严重时还会丧失其商品价值;同时,水分蒸发还会导致食品中水解酶的活力增强,高分子物质发生降解,也会产生食品的品质降低、货架寿命缩短等问题。

水分的蒸发主要与环境(空气)的饱和湿度差有关,饱和湿度差是指空气的饱和湿度与同一温度下空气中的绝对湿度之差。饱和温度差越大,空气达到饱和状态所能再容纳的水蒸气量就越多,反之就越少。因此饱和湿度差是决定食品水分蒸发量的一个极为重要的因素。饱和湿度差大,则食品水分的蒸发量就越大;反之,食品水分的蒸发量就小。

影响饱和湿度差的因素主要有空气的温度、空气绝对湿度、相对湿度、空气流速等。空气的饱和湿度随着温度的变化而改变,随着温度的升高,空气的饱和湿度也升高。在相对湿度一定时,温度升高导致饱和湿度差变大,因此食品水分的蒸发量增大。在绝对湿度一定时,若温度升高,饱和湿度随之增大,所以饱和湿度差也增大,相对湿度降低,同样导致食品水分的蒸发量加大。如果温度不变,绝对湿度增大,则相对湿度也增大,饱和湿度差减少,食品的水分蒸发量减少。空气的流动可以加快食品水分的蒸发,使食品的表面干燥,影响食品的物理品质。

从热力学角度来看,食品水分的蒸发过程是食品中水溶液形成的水蒸气和空气中的水蒸气发生转移-平衡过程。由于食品的温度与环境的温度、食品中水蒸气压与环境的水蒸气压均不一定相同,因此两相间水分的化学势有差异。根据热力学的定义,我们假设食品和环境之间的水分转移是如下的过程:

环境 —水分→ 食品

根据物理化学的基础知识,两相之间的化学势差为:

$$\Delta\mu = \mu_F - \mu_E = R[T_F \ln p_F - T_E \ln p_E]$$

式中:p 为水蒸气压;角标 F,E 分别表示食品、环境。

据此可以得出下列结论:

(1)若 $\Delta\mu > 0$ 时,上述过程不是自发进行的,食品中的水蒸气向环境转移是自发过程。这时食品水溶液上方的水蒸气压力下降,使原来食品水溶液与其上方水蒸气达成平衡状态遭到破坏(水蒸气的化学势低于水溶液中水的化学势)。为了达到新的平衡状态,则食品水溶液中就有部分水蒸发,由液态转变为气态,这个过程也是自动过程。只要 $\Delta\mu > 0$,食品中的水分就要源源不断地从食品向环境转移,直到空气中水蒸气的化学势与食品中水蒸气的化学势相等为止($\Delta\mu = 0$)。对于敞开的、没有包装的食品,在空气的相对湿度较低或饱和湿度差较大的情况下,空气中与食品中水蒸气的化学势很难达到相等,所以食品的水分蒸发就要不断地进行,食品的外观及食用价值就会受到严重的影响。

(2)如果 $\Delta\mu = 0$,即食品中水分的化学势与空气中水蒸气的化学势相等,食品中的水蒸气与空气中水蒸气处于动态平衡状态,食品水溶液与其上方的水蒸气也处于动态平衡状态。但从总的结果来看,这时食品既不蒸发水分也不吸收水分,是食品货架期的理想环境。

(3)如果 $\Delta\mu < 0$,即食品水分的化学势低于空气中水蒸气的化学势,此时是一个自发的过程,空气中的水蒸气向食品转移。此时,食品中的水分不蒸发,而且还吸收空气中的水蒸气而变潮,食品的稳定性受到影响。

2. 水蒸气的凝结

空气中的水蒸气在食品的表面凝结成液态水的现象称为水蒸气凝结。一般来讲,单位体积的空气所能容纳水蒸气的最大数量随着温度的下降而减少,当空气的温度下降到一定数值时,就使得原来饱和的或不饱和的空气变为过饱和状态,致使空气中一部分水蒸气在物体上凝结成液态水。空气中的水蒸气与食品表面、食品包装容器表面等接触时,如果表面的温度低于水蒸气饱和时的温度,则水蒸气也有可能在表面上凝结成液态水。在一般情况下,若食品为亲水性物质,则水蒸气凝聚后铺展开来并与之融合,如糕点、糖果等就容易被凝结水润湿,并可将其吸附;若食品为憎水性物质,则水蒸气凝聚后收缩为小水珠,如蛋的表面和水果表面的蜡质层均为憎水性物质,水蒸气在其上面凝结时就不能扩展而收缩为小水珠。

可以说水不仅是食品中最普遍的组分,而且也是决定食品品质的关键成分之一。水也是食品腐败变质的主要影响因素,它决定了食品中许多化学反应、生物化学反应变化的进行。但是水的性质及在食品中的作用极其复杂,对水的研究还需深入地进行。

思考题

1. 试述结合水与游离水有何不同。
2. 试解释水分影响脂类氧化速度的原因。
3. 简述水分活度与食品稳定性的关系。

第3章

碳水化合物

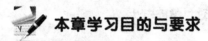 本章学习目的与要求

- 了解碳水化合物的概念及其在食品工业中的应用。
- 掌握生物活性多糖的功能特性。
- 了解植物多糖、动物多糖与微生物多糖的种类与特性。

3.1 概述

碳水化合物(carbohydrates)是由 C、H、O 三种元素组成的自然界中分布最广、数量最多的一类化合物,它是绿色植物光合作用的主要产物,约占所有陆生植物和海藻干重的 3/4,动物体中肝糖、血糖也属于碳水化合物,约占动物干重的 2%。碳水化合物为人类提供了主要的膳食热量,占总摄入量的 79%~80%。

碳水化合物的分子组成一般可用 $C_n(H_2O)_m$ 的通式表示,此类物质是由碳和水组成的化合物,故得其名碳水化合物。但是此称谓并不确切,因为甲醛(CH_2O)、乙酸($C_2H_4O_2$)等有机化合物的氢氧比也为 2:1,但它们并不是碳水化合物;而其他的一些有机化合物如鼠李糖($C_6H_{12}O_5$)和脱氧核糖($C_5H_{10}O_4$),氢氧比并不符合 2:1 的通式,但它们确实为碳水化合物。一般认为,将碳水化合物称为糖类更为科学合理,但由于沿用已久,至今仍在使用这个名称。根据糖类的化学结构特征,糖类的定义应是多羟基醛或多羟基酮及其衍生物和缩合物。

根据水解成度,碳水化合物分为单糖(monosaccharides)、低聚糖(寡糖,oligosaccharides)和多糖(polysaccharides)三大类:

(1)单糖是结构最简单的碳水化合物,是不能再被水解为更小的糖单位。自然界中最重要也最常见的单糖是葡萄糖(glucose)和果糖(fructose)。

(2)低聚糖是指能水解成 2~10 个单糖分子的化合物,按水解后生成单糖分子的数目,低聚糖可分为二糖(disaccharides)、三糖(trisaccharides)、四糖(tetrasaccharides)、五糖(pentasaccharides)等,其中以二糖最为重要,如蔗糖(sucrose)、乳糖(lactose)、麦芽糖

(maltose)等。

（3）多糖又称为多聚糖(单糖聚合度大于10的糖类)，它是指由很多个单糖分子失水缩合而成的高分子化合物，经水解后可生成多个单糖分子。根据组成不同，多糖又可以分为均多糖和杂多糖两类。均多糖是指由相同的糖基组成的多糖，如纤维素、淀粉；杂多糖是指由两种或多种不同的单糖单位组成的多糖，如半纤维素、果胶质、黏多糖等。

碳水化合物是生物体维持生命活动所需能量的主要来源，是合成其他化合物的基本原料，同时也是生物体的主要结构成分。在食品中，碳水化合物除具有营养价值外，还赋予了食品很多其他重要的功能特性。例如将其作为食品中的甜味剂、凝胶剂、增稠剂、稳定剂等，同时它们还可作为食品加工过程中芳香物质以及色泽物质的前体。

3.2 多糖在食品体系中的特性

多糖的结构单位是单糖。单糖的个数称为聚合度(degree of polymerization，DP)，在自然界DP < 100的多糖是很少见的，大多数多糖的DP为200～3000。多糖没有均一的聚合度，分子量具有一个范围，常以混合物形式存在。结构单位之间以糖苷键相连接，常见的糖苷键有 $\alpha-(1\rightarrow4)$、$\beta-(1\rightarrow4)$ 和 $\alpha-1\rightarrow6$ 糖苷键。结构单位可以连成直链，也可以形成支链，直链一般以 $\alpha-1\rightarrow4-$ 糖苷键(如淀粉)和 $\beta-1\rightarrow4-$ 糖苷键(如纤维素)连成；支链中链与链的连接点常是 $\alpha-1\rightarrow6-$ 糖苷键。

根据多糖链的结构，多糖可分为直链多糖和支链多糖。按其糖基的组成，多糖可概括为同聚多糖和杂聚多糖两大类。前者是由某一种单糖所组成，如淀粉，纤维素等；后者则为一种以上的单糖或其衍生物所组成，其中有的还含有非糖物质，如半纤维素、卡拉胶、阿拉伯胶、香菇多糖等。由一种类型的单糖组成的有葡萄糖、甘露聚糖、半乳聚糖等，由两种以上的单糖组成的杂多糖、有氨基糖的葡糖胺等。按其功能不同，则可分为结构多糖(如肽聚糖和纤维素)、贮存多糖(如糖原和淀粉)和抗原多糖(如脂多糖)等。

3.2.1 食品中常见的多糖

多糖在自然界分布极广。食品中多糖主要有淀粉、糖原、纤维素、半纤维素、果胶、植物胶、种子胶及改性多糖等，其结构和特性见表3-1。一些多糖还具有一定的特殊生理活性，如真菌多糖等。许多研究表明，存在于香菇、银耳、金针菇、灵芝、云芝、猪苓、茯苓、冬虫夏草、黑木耳、猴头菇等大型食用或药用真菌中的某些多糖组分，有着显著增强免疫力、降血糖、降血脂、抗肿瘤、抗病毒等药理活性。

在食品加工中常利用多糖独特的增稠和胶凝特性将其作为增稠剂、胶凝剂、结晶抑制剂、澄清剂、稳定剂(用作泡沫、乳胶体和悬浮液的稳定)、成膜剂、絮凝剂、缓释剂、膨胀剂和胶囊剂等加入到食品中。

下面根据多糖的来源进行逐一介绍。

表 3 - 1　食品中常见的多糖

名称	结构单元	结构	相对分子质量	溶解性	来源
植物多糖					
直链淀粉 (amylose)	D - 葡萄糖	以 α - (1→4)糖苷链连接的多糖链,分子中有 200 个左右葡萄糖基	$(1 \sim 2)$ $\times 10^6$	稀碱溶液	谷物和其他植物
支链淀粉 (amylopectin)	D - 葡萄糖	直链淀粉的直链上连有 α - (1→6)糖苷键构成的支链	$10^5 \sim 10^6$	水	淀粉的主要组成成分
果胶(pectin)	D - 半乳糖醛酸	[- (1→4)α - D - 吡喃半乳糖 -]n -	5×10^4 $\sim 1.5 \times 10^5$	水	植物
纤维素 (cellulose)	D - 葡萄糖	聚 β - (1→4)葡聚糖直链,有支链	$10^4 \sim 10^5$	高温、高压稀硫酸溶液	植物结构多糖
菊糖(inulin)	D - 果糖	β - (2→1)糖苷键结合构成直链结构	$(3 \sim 7)$ $\times 10^6$	热水	菊科植物大量存在的多聚果糖,大理菊、菊芋的块茎和菊苣的根中最多
甘露聚糖 (manna)	D - 甘露糖	种子甘露聚糖:β - (1→4)糖苷键连接成主链,α - (1→6)糖苷键结合在主链上构成支链。酵母甘露聚糖:α - (1→4)糖苷键结合成主链,具有高度支化结构	2×10^3 $\sim 2 \times 10^4$	稀碱溶液	棕榈科植物如椰子种子胚乳,酵母
木聚糖(xylan)	D - 木糖	β - (1→4)糖苷键结合构成直链结构	$(1 \sim 2)$ $\times 10^4$	稀碱溶液	玉米芯等植物的半纤维素
葡甘露聚糖 (glucomannan)	D - 葡萄糖 D - 甘露糖	D - 甘露糖和 D - 葡萄糖由 2:1、3:2 或 5:3 组成,依植物种类而不同。甘露糖和葡萄糖以 β - (1→4)糖苷键构成主链,在甘露糖 C3 位上存在由 β - (1→3)糖苷键连接的支链	$10^5 \sim 10^6$	水	是魔芋干物质中的主要成分

名称	结构单元	结构	相对分子质量	溶解性	来源
瓜尔豆胶 (guar gum)	甘露糖、半乳糖	骨架是 $\beta-(1\rightarrow4)$ 连接的甘露糖残基的直链,半乳糖残基在每隔两个甘露糖上由 1,6 糖苷键连接,形成短的侧链	$(2\sim3) \times 10^5$	水	豆科植物种子瓜尔豆种子中提取
刺槐豆胶 (locust bean gum)	甘露糖	由 D-吡喃甘露糖基组成其主链,D-吡喃半乳糖基组成其侧链,这两种组分的比为 4:1	3.1×10^5	热水	豆科植物刺槐树种子的提取物
阿拉伯树胶 (arabic gum)	D-半乳糖 L-阿拉伯糖 D-葡萄糖醛酸 L-鼠李糖 $4-O-$甲基$-D-$葡萄糖醛酸	D-半乳糖44%,L-阿拉伯糖 24%,D-葡萄糖醛酸 14.5%,L-鼠李糖 13%,$4-O-$甲基$-D-$葡萄糖醛酸 1.5%。在主链中 $\beta-D-$吡喃半乳糖是通过 1,3 糖苷键相连接,而侧链是通过 1,6 糖苷键相连接	2.6×10^5 $\sim$ 1.16×10^6	易溶于水	阿拉伯树等金合欢属植物树皮切口中流出的分泌物
琼脂 (agar)	D-半乳糖	$\beta-(1\rightarrow4)$ 糖苷键交替相连的 $\beta-v$吡喃半乳糖残基连接 3,6-脱水 $\alpha-L-$吡喃半乳糖基单位构成不同位置的羟基不同程度地被甲基、硫酸基和丙酮酸所取代	$10^4\sim10^6$	热水	红藻类(Rhodophyta)石花菜属(Gelidium)及其他属的某些海藻中提取得到多糖混合物
卡拉胶 (carrageenan)	D-半乳糖 3,6-脱水$-L-$半乳糖	由硫酸基化的或非硫酸基化的半乳糖和 3,6-脱水半乳糖通过 $\alpha-(1\rightarrow3)$糖苷键和 $\beta-(1\rightarrow4)$键交替连接而成,在 1,3 连接的 D 半乳糖单位 C4 上带有 1 个硫酸基。	$(1\sim5) \times 10^5$	水	由红藻通过热碱分离提取制得
海藻胶 (alginate)	D-吡喃甘露糖醛酸 L-古洛糖醛酸	$\beta-(1\rightarrow4)-$D 甘露糖醛酸和 $\alpha-(1\rightarrow4)-$L古洛糖醛酸组成的线性高聚物	3.2×10^4 $\sim$ 2×10^6	水	存在于褐藻(Phaeophycene)细胞壁内。

名称	结构单元	结构	相对分子质量	溶解性	来源
动物多糖					
甲壳素(chitin)	N −乙酰 − D −葡糖胺	$\beta −(1\rightarrow4)$糖苷键形成的直链状聚合物,有支链	$10^5 \sim 10^6$	稀盐酸、浓盐酸或硫酸、碱溶液	甲壳类动物的壳、昆虫的表皮
糖原(glycogen)	D −葡萄糖	类似支链淀粉的高度支化结构 $\alpha −(1\rightarrow4)$ 和 $\alpha −(1\rightarrow6)$ 糖苷键	3×10^5 $\sim$ 4×10^6	水	动物肝脏内的贮藏多糖
透明质酸(hyaluronic acid)	D −氨基葡萄糖 D −葡萄糖醛酸	D −葡萄糖醛酸 − $\beta −(1\rightarrow3)$ N −乙酰 − D −氨基葡萄糖通过 $\beta −(1\rightarrow4)$ 糖苷键与 D −葡萄糖醛酸交替聚合而成	2×10^5 $\sim$ 7×10^6	水	存在于哺乳动物的脐带、玻璃体、关节液和皮肤等组织
肝素(Heparin)	D −葡萄糖胺 L −艾杜糖醛酸	L −艾杜糖醛酸通过 $\alpha −(1\rightarrow4)$ 糖苷键与 D −葡萄糖胺相连或 D −葡萄糖醛酸通过 $\alpha −(1\rightarrow4)$ 糖苷键与 D −葡萄糖胺相连,L −艾杜糖醛酸的2 位及 D −葡萄糖胺的2 位、6 位均可以是硫酸酯	5×10^3 $\sim$ 3×10^4	水	哺乳动物的组织中,如肠黏膜、十二指肠、肺、肝、心脏、胎盘和血液中
微生物多糖					
葡聚糖(右旋糖酐)(dextran)	D −葡萄糖	$\alpha −(1\rightarrow6)$ 葡聚糖为主链,$\alpha −(1\rightarrow4)$ (0% ~ 50%)、$\alpha −(1\rightarrow2)$ (0% ~ 0.3%)、$\alpha −(1\rightarrow3)$ (0% ~0.6%)糖苷键结合在主链上构成支链,形成网状结构	$10^4 \sim 10^6$	水	肠膜状明串珠菌(Leuconostoc mesenteroides)产生的微生物多糖
黄原胶(Xanthan gum)	D −甘露糖 D −葡萄糖 D −葡萄糖醛酸	它的一级结构是由 $\beta −(1\rightarrow4)$ 键连接的葡糖基主链与三糖单位的侧链组成;其侧链由 D −甘露糖和 D −葡萄糖醛酸交替连接而成,分子比例为2:1;三糖侧链由在C6 位置带有乙酰基的 D −甘露糖以 $\alpha −(1\rightarrow3)$ 链与主链连接,在侧链末端的 D −甘露糖残基上以缩醛的形式带有丙酮酸,其高级结构是侧链和主链间通过氢键维系形成螺旋和多重螺旋	$10^4 \sim 10^6$	水	甘蓝黑腐病黄杆菌(Xanthomonas campestris pv. campestris)发酵产生的酸性胞外多糖

续表 3－1

名称	结构单元	结构	相对分子质量	溶解性	来源
普鲁兰多糖（Pullulan）	D－葡萄糖	［－(1→6)α－D－吡喃葡萄糖－(1→4)α－D－吡喃葡萄糖－(1→4)α－D－吡喃葡萄糖－］n－	$10^4 \sim 10^6$	水	一种类酵母真菌茁霉（Pullulans）作用于蔗糖、葡萄糖、麦芽糖而产生的胞外胶质多糖
凝胶多糖（Curdlan）	D－葡萄糖	D－葡萄糖残基经β－(1→3)葡萄糖苷键 C1 和 C3 连接形成线性的β－(1→3)葡聚糖	$10^4 \sim 10^6$	稀碱溶液	粪产碱杆菌（Alcaligenes facealis）的变异菌株代谢而产生的一种微生物胞外多糖
香菇多糖	D－葡萄糖	β－(1→3)糖苷键连接的葡聚糖主链和β－(1→6)糖苷键连接的支链，其重复结构单位一般含 7 个葡萄糖残基，其中 2 个残基在侧链上	$10^4 \sim 10^6$	热水、稀酸或稀碱溶液	香菇子实体
银耳多糖	D－甘露糖 D－葡萄糖醛酸 D－木糖	α－(1→3)连接的甘露糖为主链，C2 上有分支，支链上有β－D－葡糖醛酸和单一的或短的β－(1→2)连接的D－木糖	$10^4 \sim 10^6$	热水、稀酸或稀碱溶液	银耳耳体中

1. 植物多糖

1）淀粉

淀粉是一种多糖类物质。制造淀粉是所有绿色植物贮存能量的一种方式。淀粉是人类饮食中最常见的碳水化合物，马铃薯、小麦、玉米、大米、木薯等主食中都含有大量的淀粉。纯淀粉是一种白色、无味、无嗅的粉末，不溶于冷的水或酒精。分子式$(C_6H_{10}O_5)_n$。

烹调用的淀粉主要有绿豆淀粉、木薯淀粉、甘薯淀粉、红薯淀粉、马铃薯淀粉、麦类淀粉、菱角淀粉、藕淀粉、玉米淀粉等。淀粉不溶于水，在水中加热至60℃左右时（淀粉种类不同，糊化温度不一样），则糊化成胶体溶液。勾芡就是利用淀粉的这种特性。淀粉除了用于烹调之外，在各类食品加工中也起到了很大的作用，利用淀粉作为配料或主料的食品有：各种粉肠、灌肚、凉粉、粉皮、粉丝、火腿、罗汉肚等。

2) 果胶

果胶是植物细胞壁成分之一，存在于相邻细胞壁间的胞间层中，起着将细胞黏在一起的作用。按果胶的组成可有均多糖和杂多糖两种类型：均多糖型果胶如 D-半乳聚糖、L-阿拉伯聚糖和 D-半乳糖醛酸聚糖等；杂多糖果胶最常见，是由半乳糖醛酸聚糖、半乳聚糖和阿拉伯聚糖以不同比例组成，通常称为果胶酸。不同来源的果胶，其比例也各有差异。部分甲酯化的果胶酸称为果胶酯酸。天然果胶中 20% ~ 60% 的羧基被酯化，相对分子质量为 $2 \times 10^4 \sim 4 \times 10^4$。果胶的粗品为略带黄色的白色粉状物，稍带酸味，具有水溶性，可形成黏稠的无味溶液，带负电。

不同的蔬菜、水果口感有区别，主要是由果胶含量以及果胶分子的差异决定的。果胶沉积于初生细胞壁和细胞间层，在初生壁中与不同含量的纤维素、半纤维素、木质素的微纤丝以及某些伸展蛋白相互交联，使各种细胞组织结构坚硬，表现出固有的形态，为内部细胞的支撑物质。柑橘、柠檬、柚子等果皮中含 20% ~ 30% 果胶，见表 3-2，是果胶的最丰富来源。果胶广泛用于食品工业，常用作胶凝剂，增稠剂，稳定剂，悬浮剂，乳化剂，增香增效剂，可用于果冻、酸奶及雪糕等。此外，果胶也可用于水果保鲜。

表 3-2　不同植物组织中的果胶含量

品名	含量%	品名	含量%	品名	含量%
桔囊衣	29	胡萝卜	8.1	杏	0.7 ~ 1.3
向日葵	25	山楂	6.4	香蕉	0.7 ~ 1.2
柑橘皮	20	柠檬	3 ~ 4	桃	0.3 ~ 1.2
橘汁液	16	葡萄柚	1.6 ~ 4.5	梨	0.5 ~ 1.8
南瓜	7 ~ 17	苹果	0.5 ~ 1.8	西红柿	0.2 ~ 0.5

3) 纤维素和纤维素衍生物

(1) 纤维素。

纤维素(cellulose)是植物细胞壁的主要结构成分，占植物体总重量的 1/3 左右，也是自然界最丰富的再生性高聚有机物，地球上每年生产 $10^{11} \sim 10^{12}$ t 纤维素。纤维素通常与半纤维素、果胶和木质素结合在一起，其结合方式和程度对植物食品的质地产生很大的影响。而植物在成熟和后熟时质地的变化则是由果胶物质发生变化引起的。人体消化道不存在纤维素酶，纤维素连同某些其他惰性多糖构成植物性食品，如蔬菜、水果和谷物中的不可消化的碳水化合物(称为膳食纤维)，动物除草食动物能利用纤维素外，其他动物的消化道也不含纤维素酶。膳食纤维在人类营养中的重要作用主要是维护肠道蠕动。

纤维素是由 β-D-吡喃葡萄糖基单位通过 β-D-$(1 \rightarrow 4)$糖苷键连接构成的均一线型同聚糖，相对分子质量可高达几百万。纤维素的线型构象使分子容易按平行并排的方式牢固地缔合，形成单斜棒状结晶，链按平行纤维的方向取向，并略微折叠，见图 3-1。纤维素有无定形区和结晶区之分，无定形区容易受溶剂和化学试剂的作用，利用无定形区和结晶区在反应性质上的这种差别，可以利用纤维素制成微晶纤维素。即在此过程中无定形区被酸水解，剩下很小的耐酸结晶区，这种产物商业上叫做微晶纤维素，相对分子质量一般在 30000 ~ 50000，仍然不溶于水，用在低热量食品加工中作填充剂和流变控制剂。

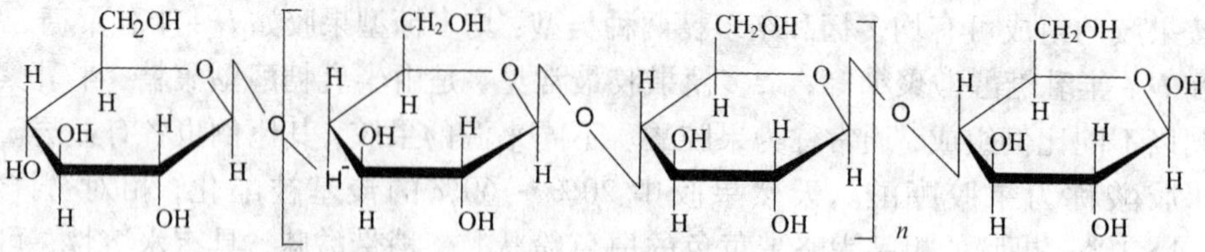

图 3-1 纤维素的结构

纤维素的聚合度(DP)是可变的，取决于植物的来源和种类，聚合度可从 1000 至 14000 (相当于相对分子质量 162000 ~ 2268000)。纤维素由于分子量大且具有结晶结构，所以不溶于水，而且溶胀性和吸水性都很小。纤维素对稀酸和稀碱特别稳定，几乎不还原费林试剂。只有用高浓度的酸(60% ~ 70% 硫酸或 41% 盐酸)或稀酸在高温下处理才能分解，最后产物是葡萄糖。

(2)甲基纤维素和羟丙基甲基纤维素。

甲基纤维素是纤维素的醚化衍生物，在强碱性(氢氧化钠)条件下将纤维素同一氯甲烷反应即得到甲基纤维素(methyl celluose, MC)(图 3-2)，取代度因反应条件而定，商业产品的取代度一般为 1.1 ~ 2.2，取代度为 1.69 ~ 1.92 的 MC 在水中有较高的溶解度，而黏度主要取决于分子的链长。

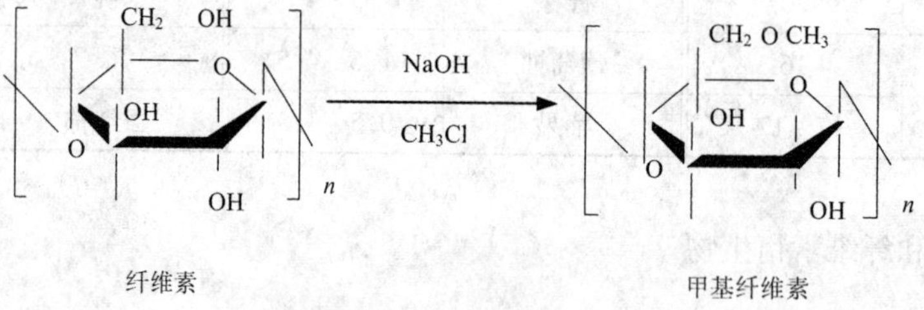

纤维素   甲基纤维素

图 3-2 甲基纤维素的结构

甲基纤维素具有热胶凝性，即溶液加热时形成凝胶，冷却后又恢复溶液状态。甲基纤维素溶液加热时，最初黏度降低，然后迅速增大并形成凝胶，这是由于各个分子周围的水合层受热后破裂，聚合物之间的疏水键作用增强引起的。电解质例如 NaCl 和非电解质例如蔗糖或山梨醇均可使胶凝温度降低，因为它们争夺水分子的作用很强。甲基纤维素不能被人体消化，是膳食中无热量多糖。

羟丙基甲基纤维素(hydroxy propyl methyl cellulose, HPMC)是纤维素与三氯甲烷和环氧丙烷在碱性条件下反应制备的，取代度通常在 0.002 ~ 0.3，HPMC 具热塑性，稍有吸湿性，在水中溶胀成透明至乳白色黏性胶体溶液。同甲基纤维素一样，可溶于冷水，这是因为在纤维素分子链中引入了甲基和羟丙基两个基团，从而干扰了羟丙基甲基纤维素分子链的结晶堆积和缔合，因此有利于链的溶剂化，增加了纤维素的水溶性，但由于极性羟基减少，其水合作用降低。纤维素被醚化后,使分子具有一些表面活性且易在界面吸附,这有助于乳浊液和泡沫稳定。

商品甲基纤维素和羟丙基甲基纤维素都是无味的,外观为白色至奶白色细粉状,溶液 pH 在 5~8。甲基纤维素和羟丙基甲基纤维素具有热可逆凝胶特性。甲基纤维素和羟丙基甲基纤维素必须溶解于冷水或常温水中,当水溶液加热后,黏度持续下降,在到达某一特定温度时即产生胶凝现象,此时甲基纤维素/羟丙基甲基纤维素的透明溶液开始变为乳白色的不透明状,表观黏度急速增加。当凝胶冷却时表观黏度迅速下降。最终,冷却时的黏度曲线和初始加热黏度曲线一致,凝胶转变为溶液,这个溶液加热转变为凝胶,冷却后再变为溶液的过程是可逆的,可重复性的。羟丙基甲基纤维素的热凝胶起始温度要比甲基纤维素高,而且凝胶强度更低。改变甲基与羟丙基的比例,可使凝胶在较广的温度范围内凝结。

甲基纤维素和羟丙基甲基纤维素有良好的成膜特性,制得的可食性膜能够阻止食品吸水或失水,使油炸食品不致于过度吸收油脂,例如炸油饼,还可防止食品氧化和串味,提高食品表面机械强度,改善食品外观。甲基纤维素和羟丙基甲基纤维素可增加生面团的强度和出品率,保持其调配、醒发、焙烤的均匀性,面包心与面包皮的质量没有任何改变。在冷冻食品中用于抑制脱水收缩,特别是沙司、肉、水果、蔬菜以及色拉调味汁中可作为增稠剂和稳定剂。此外,甲基和羟丙基甲基纤维素还用于各种食品的可食涂布料和代脂肪。

(3)羧甲基纤维素。

羧甲基纤维素(carboxy methyl cellulose,CMC)是用氢氧化钠–氯乙酸处理纤维素制成的(图3–3),羧甲基纤维素是一种阴离子水溶性聚合物,因为不溶于水,食品中多用其钠盐。一般产物的取代度 DS 为 0.3~0.9,聚合度为 500~2000,其反应如图 3–3 所示。

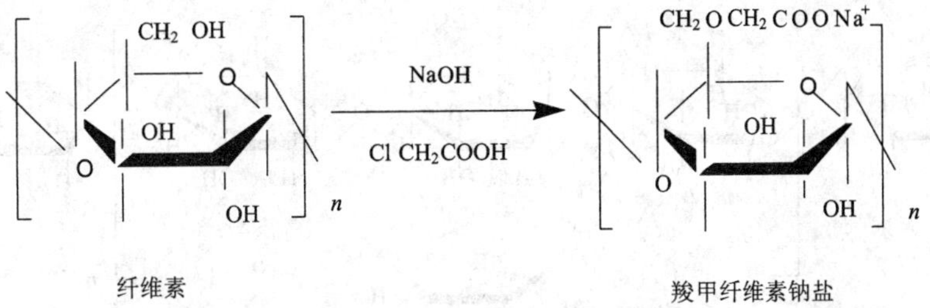

图 3–3 羧甲基纤维素的结构

羧甲基纤维素分子链长、具有刚性、带负电荷,在溶液中因静电排斥作用使之呈现高黏度和稳定性,它的这些性质与取代度和聚合度密切相关。低取代度(DS≤0.3)的产物不溶于水而溶于碱性溶液;高取代度(DS>0.4)羧甲基纤维素易溶于水。此外,溶解度和黏度还取决于溶液的 pH。

取代度 0.7~1.0 的羧甲基纤维素可用来增加食品的黏性,溶于水可形成非牛顿流体,其黏度随着温度上升而降低,pH=5~10 时溶液较稳定,pH=7~9 时稳定性最大。羧甲基纤维素一价阳离子形成可溶性盐,但当二价离子存在时则溶解度降低并生成悬浊液,三价阳离子可引起胶凝或沉淀。

羧甲基纤维素有助于食品蛋白质的增溶,如明胶、干酪素和大豆蛋白等。在增溶过程中，羧甲基纤维素与蛋白质形成复合物。特别在蛋白质的等电点 pH 附近，可使蛋白质保持稳定的分散体系。

羧甲基纤维素具有适宜的流变学性质、无毒以及不被人体消化等特点，因此，在食品中得到广泛的应用，如在馅饼、牛奶蛋糊、布丁、干酪涂抹料中作为增稠剂和黏合剂。因为羧甲基纤维素对水的结合容量大，在冰淇淋和其他食品中用以阻止冰晶的生成，防止糖果、糖衣和糖浆中产生糖结晶。此外，还用于增加蛋糕及其他焙烤食品的体积和延长货架期，保持色拉调味汁的稳定性，使食品疏松、增加体积，并改善蔗糖的口感。在低热量碳酸饮料中羧甲基纤维素用于阻止 CO_2 的逸出。

4）半纤维素

半纤维素（hemicellulose）存在于所有陆地植物中，而且经常在植物木质化部分，是构成植物细胞壁的材料。构成半纤维素的单体有木糖、果糖、葡萄糖、半乳糖、阿拉伯糖、甘露糖及糖醛酸等，木聚糖是半纤维素物质中最丰富的一种。食品中最普遍存在的半纤维素是由 $\beta-(1{\to}4)-D-$吡喃木糖单位组成的木聚糖，这种聚合物通常含有连接在某些 $D-$木糖基 3 碳位上的 $\beta-L-$呋喃阿拉伯糖基侧链，其他特征成分是 $D-$葡萄糖醛酸 $4-O-$甲基醚，$D-$或 $L-$半乳糖和乙酰酯基。

粗制的半纤维素可分为一个中性组分（半纤维素 A）和一个酸性组分（半纤维素 B），半纤维素 B 在硬质木材中特别多。两种纤维素都有 $\beta-D-(1{\to}4)$ 糖苷键结合成的木聚糖链。在半纤维素 A 中，主链上有许多由阿拉伯糖组成的短支链，还存在 $D-$葡萄糖、$D-$半乳糖和 $D-$甘露糖。从小麦、大麦和燕麦粉得到的阿拉伯木聚糖是这类糖的典型例子。半纤维素 B 不含阿拉伯糖，它主要含有 $4-$甲氧基$-D-$葡萄糖醛酸，因此它具有酸性。水溶性小麦面粉戊聚糖结构见图 3－4。

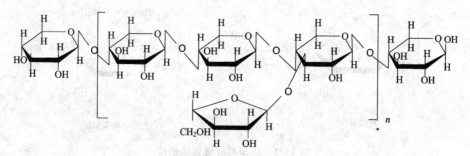

图 3－4 水溶性小麦面粉戊聚糖的结构

半纤维素在焙烤食品中的作用很大，它能提高面粉结合水的能力。在面包面团中，改进混合物的质量，降低混合物能量，有助于增加面包的体积，并能延缓面包的老化，含植物半纤维素的面包比不含半纤维素的可推迟变干硬的时间。

半纤维素是膳食纤维的一个重要来源，可以对肠胃蠕动产生有益生理效应，对促使胆汁酸的消除和降低血液中的胆固醇方面也会产生有益的影响。事实表明它可以减轻心血管疾病、结肠紊乱，特别是防止结肠癌。食用高纤维膳食的糖尿病人可以减少对胰岛素的需求量，但是，纤维素对某些维生素和必需微量矿物质在小肠内的吸收会产生不利的影响。

5）瓜尔豆胶

瓜尔豆胶(guar gum)原产于印度和巴基斯坦,是豆科植物瓜尔豆(cyamopsis tetragonolobus)种子中的胚乳多糖,此外,在种子中还含有 10% ~15% 的水分、5% ~6% 蛋白质、2% ~5% 粗纤维和 0.5% ~0.8% 的水分查证。瓜尔豆胶是所有天然胶和商品胶中黏度最高的一种。瓜尔豆胶多糖是一种由许多 $\beta-D-$吡喃甘露糖和 $\alpha-D-$吡喃半乳糖形成的半乳甘露聚糖,其相对分子质量约为 220000,是一种较大的聚合物,分子主链是由许多 $\beta-D-$吡喃甘露糖通过 1→4 糖苷键连接而成,在分子主链上,部分 $\beta-D-$吡喃甘露糖的第 6 个碳原子处,通过糖苷键连接了一个 $\alpha-D-$吡喃半乳糖,此 $\alpha-D-$吡喃半乳糖构成瓜尔胶多糖的支链,分子结构见图 3-5。

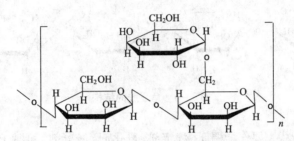

图 3-5　瓜尔豆胶的结构

瓜尔豆胶能结合大量的水,在冷水中迅速水合生成高度黏稠和触变的溶液,黏度大小与体系温度、离子强度和其他食品成分有关。分散液加热时可加速树胶溶解,但温度很高时树胶将会发生降解。由于这种树胶能形成非常黏稠的溶液,通常在食品中的添加量不超过 1%。

瓜尔豆胶溶液呈中性,黏度几乎不受 pH 变化的影响,可以和大多数其他食品成分共存于体系中。盐类对溶液黏度的影响不大,但大量蔗糖可降低黏度并推迟达到最大黏度的时间。

瓜尔豆胶是重要的增稠多糖,广泛用于食品和其他工业。瓜尔豆胶与小麦淀粉和某些其他树胶可显示出黏度的协同效应,在冰淇淋中可防止冰晶生成,同时,在冷冻时保持稳定,还可以防止快速融化,延长保持期,添加量不超过 0.2% ~0.5%,并在稠度、咀嚼性和抗热刺激等方面都起着重要作用,阻止干酪脱水收缩。在面制品如面条、挂面、方便面、粉条中起到防止黏结、保水、增加筋力,保持品质的优良作用,而且延长上货架时间。还可用于改善肉食品品质,如在火腿肠、午餐肉、各种肉丸中起到黏结、爽口和增加体积作用。沙司和调味料中加入 0.2% ~0.8% 瓜尔豆胶,能增加黏稠性和产生良好的口感。在饮料如花生奶、杏仁奶、核桃奶、粒粒橙、果汁、果茶、各种固体饮料及八宝粥中可起到增稠持水和稳定剂作用,并改善口感。

6)角豆胶

角豆胶(carob bean gum)又名刺槐豆胶(locust bean gum),是由产于地中海一带的刺槐树种子加工而成的植物子胶。为白色或微黄色粉末,无臭或稍带臭味。角豆胶的主要结构与瓜尔豆胶相似,平均相对分子质量为 310000,是由 $\beta-D-$吡喃甘露糖残基以 $\beta-(1→4)$ 键连结成主链,通过 1→6 键连接 $\alpha-D-$半乳糖残基构成侧链,甘露糖与半乳糖的比为 (3~6):1 (图 3-6)。但 $D-$吡喃半乳糖单位为非均一分布,保留一长段没有 $D-$吡喃半乳糖基单位的甘露聚糖链，这种结构导致它产生特有的增效作用，特别是和卡拉胶胶合并使用时可通过两种交联键形成凝胶。角豆胶的物理性质与瓜尔豆胶相似，两者都不能单独形成凝胶，但溶液黏度比瓜尔豆胶低。

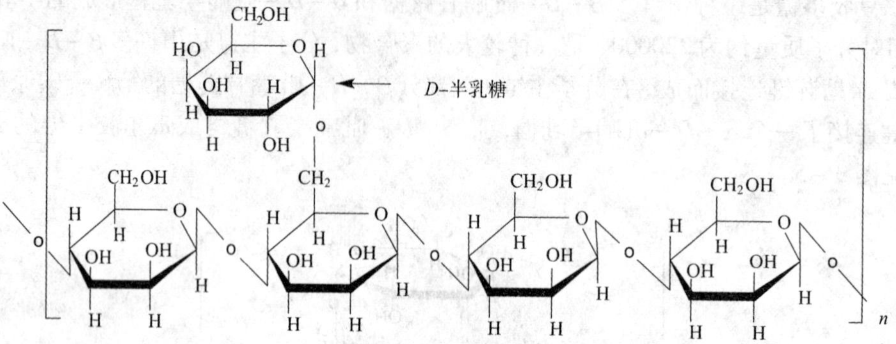

图3-6　角豆胶的结构

　　角豆胶在食品工业中主要作增稠剂，稳定剂，乳化剂，胶凝剂，可赋予食品独特的奶油性质构，故通常用于乳制品和冰淇淋（防止乳清析出）。用于果酱、果冻和奶油干酪，可改善涂抹性能。我国规定用于果冻、冰淇淋和果酱的生产，其最大使用量为5.0g/kg。角豆胶用于冷冻甜食中，可保持水分并作为增稠剂和稳定剂，添加量为0.15%~0.85%。在干酪加工中，它可以加快凝乳的形成和减少固形物损失。用于膨化食品，在挤压加工时赋予润滑作用，并且能增加产量和延长货架期。在低面筋含量面粉中添加角豆胶，可提高面团的水结合量，同能产生凝胶的多糖合并使用可产生增效作用，例如，0.5%琼脂和0.1%角豆胶的溶液混合所形成的凝胶比单独琼脂生成的凝胶强度提高5倍。此外，还用于混合肉制品，例如作为肉糕、香肠等食品的黏结剂，可改善持水性能以及改进肉食的组织结构和冷冻-融化稳定性。

　　7）阿拉伯树胶

　　阿拉伯树胶（arabic gum）亦称金合欢树胶，是从金合欢树属的枝干切口的渗液中提取的天然高分子胶体，为一种低蛋白质的多支链杂多糖，相对分子质量为260000~1160000，多糖部分是高度分支的酸性多糖，一般由 L-阿拉伯糖（24%）、L-鼠李糖（13%）、D-半乳糖（44%）和 D-葡萄糖醛酸（14.5%）等组成，占总树胶的70%左右。多糖分子的主链由 β-D-吡喃半乳糖残基以 $1\rightarrow3$ 糖苷键连接构成，残基部分C6位置连有侧链，侧链通过 $1\rightarrow6$ 糖苷键连接。阿拉伯树胶以中性或弱酸性盐形式存在，组成盐的阳离子有 Ca^{2+}、Mg^{2+} 和 K^+。蛋白质部分约占总树胶的2%，特殊品种可达25%，多糖通过共价键与蛋白质肽链中的羟脯氨酸和丝氨酸相结合。

　　阿拉伯胶易溶于水而不致结团，制备浓度30%~50%的水溶液非常容易。它具有高度的水溶解性及较低的溶液黏度，可配制成50%浓度的水溶液而仍具有流动性，这是其他亲水胶体所不具备的特点之一。阿拉伯树胶在水中形成低黏度溶液，只有在高浓度时黏度才开始急剧增大，这一点与其他许多多糖的性质不相同，生成和淀粉相似的高固形物凝胶，溶液的黏度与黄蓍胶溶液相似，浓度低于40%的溶液表现牛顿流体的流变学特性；浓度大于40%时为假塑性流体，高质量的树胶可形成无色无味的液体。若有离子存在时，阿拉伯树胶溶液的黏度随pH改变而变化，在低和高pH时黏度小，但pH=6~8时黏度最大。添加电解质时黏度随阳离子的价数和浓度成比例降低。阿拉伯树胶和明胶、海藻酸钠是配伍禁忌的,但可以与大多数其他树胶合并使用。

由于具有良好的溶解性、成膜性和乳化性,目前阿拉伯胶在食品生产加工领域被广泛使用,见表3-3。阿拉伯树胶在糖果工业中被广泛用作质地成构剂和包衣剂;在香精香料的生产中,具有优良的乳化和稳定作用。阿拉伯树胶能防止糖果产生糖结晶,稳定乳胶液并使之产生黏性,阻止焙烤食品的顶端配料糖霜或糖衣吸收过多的水分,在冷冻乳制品,例如在冰淇淋、冰水饮料、冰冻果子露中,有助于小冰晶的形成和稳定。在饮料中,阿拉伯树胶可作为乳化剂和乳胶液与泡沫的稳定剂。在粉末或固体饮料中,能起到固定风味的作用,特别是在喷雾干燥的柑桔固体饮料中能够保留挥发性香味成分。阿拉伯树胶的这种表面活性是由于它对油的表面具有很强的亲和力,并有一个足够覆盖分散液滴的大分子,使之能在油滴周围形成一层空间稳定的厚的大分子层,防止油滴聚集。通常将香精油与阿拉伯树胶制成乳状液,然后喷雾干燥制备固体香精。阿拉伯树胶还与高浓度糖具有相溶性,可广泛用于高糖或低糖含量的糖果,如太妃糖、果胶软糖和软果糕等,以防止蔗糖结晶和乳化、分散脂肪组分,阻止脂肪从表面析出产生"白霜"。

表3-3 阿拉伯胶在食品工业中的应用

产品应用	功能	用量
可乐型碳酸饮料	软饮料中乳化及稳定配方中的香精油及油性色素,提高二氧化碳的保持能力	0.1% ~ 0.5%
乳化香精	乳化及稳定配方中的精油	12% ~ 15%
微胶囊粉末香精	喷雾干燥产生微胶囊中的成膜剂以防止产品氧化,延长风味保质期	油含量的1~2倍
粉状油(精油)	喷雾干燥产生油粉的成膜剂	—
巧克力、坚果仁	上光剂/成膜剂(提高光泽,不溶于水,避免油脂氧化)	用30%胶液喷雾
糖果、奶糖;胶姆糖;无糖糖果	用作抗结晶剂;防止蔗糖晶体析出,有效地乳化奶糖中的奶脂,避免奶脂溢出	30% ~ 50%
烘焙制品	表面上光剂;烘焙制品的香精载体	30%
粉状果汁,可溶性肉粉	增稠剂	0.1% ~ 2%
复合维生素饮料,含油溶性功能成分饮料	乳化分散稳定剂	0.1% ~ 0.5%
保健饮料	可溶性膳食纤维,降低胆固醇	5% ~ 10%
啤酒	稳定啤酒泡沫	0.02%
人参粉片/蒜粉片	黏合剂,上光剂	10% ~ 20%
含油酱菜	乳化分散及口感改进剂	0.5% ~ 1%

8)魔芋胶

魔芋胶又称魔芋葡甘露聚糖(konjac glucomannan),由 D-甘露糖与 D-葡萄糖通过 β-($1\rightarrow4$)糖苷键连接而成的杂多糖,常见于植物的细胞壁中,平均分子量 $2\times10^5\sim2\times10^6$。$D$-甘露糖与 D-葡萄糖的摩尔比为 $1:1.6\sim1.8$。在主链的 D-甘露糖的 C_3 位上存在由 β-1,3糖苷键连接的支链,每32个糖基约有3个支链,支链有几个糖基组成。每19个糖基有一个酰基,酰基赋予水溶性,每20个糖基含有1个葡萄糖醛酸,其结构如图3-7所示。

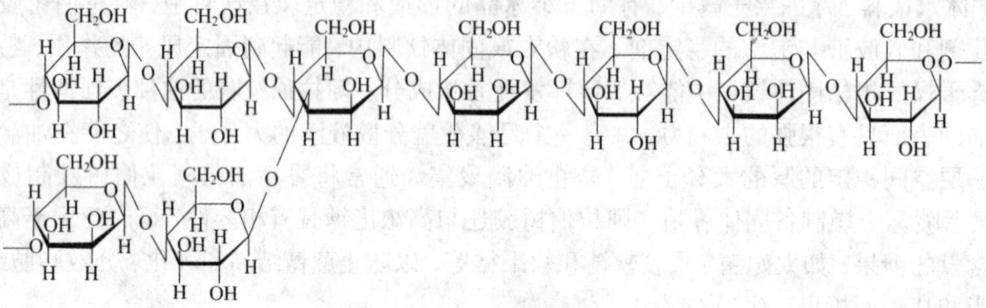

图3-7 魔芋葡甘露聚糖结构图

商品魔芋葡甘露聚糖为白色或奶油色至淡棕黄色粉末。可分散于 pH 为 $4.0\sim7.0$ 的热水或冷水中并形成高黏度溶液,它经碱处理脱乙酰后形成弹性凝胶,是一种热不可逆凝胶。当魔芋葡甘露聚糖与黄原胶混合时,能形成热可逆凝胶。黄原胶与魔芋葡甘露聚糖的比值为 $1:1$ 时得到的强度最大,凝胶的熔化温度为 $60\sim63\text{℃}$,凝胶的熔化温度同两种胶的比值与聚合物总浓度无关,但凝胶强度随聚合物浓度的增加而增加,并随盐浓度的增加而减少。黄原胶的螺旋结构与魔芋葡甘露聚糖链之间相互作用见图3-8。

魔芋胶在食品工业中的用途极广泛,可作为增稠剂和稳定剂添加到果冻、果酱、果汁、蔬菜汁、雪糕、冰淇淋及其他冷饮、固体饮料、调味粉和汤料粉中;也可作为黏结剂添加到面条、米线、绞皮、肉丸、火腿肠、面包和糕点中以增强筋力和保持新鲜状态;还可作为凝胶剂添加到各种软糖、牛皮糖和水晶糖中,并可以用来制作多种仿生食品。

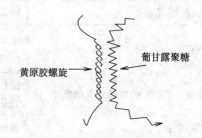

图3-8 黄原胶的螺旋结构与魔芋葡甘露聚糖之间相互作用示意图

9)黄蓍胶

黄蓍胶(tragacanth gum)是产于伊朗、叙利亚和土耳其等地的豆科紫云英属植物分泌的一种胶质。黄蓍胶的化学结构很复杂,与水搅拌混合时,其水溶性部分称为黄蓍质酸,占树胶重量的 $60\%\sim70\%$,相对分子质量约为 800000,水解可得到 $43\%D$-半乳糖醛酸、10%岩藻糖、$4\%D$-半乳糖、$40\%D$-木糖和 L-阿拉伯糖;不溶解部分为黄蓍胶糖(Bassorin),相对分子质量为 840000,含有 $75\%L$-阿拉伯糖、$12\%D$-半乳糖和 $3\%D$-半乳糖醛酸甲酯、以及 L-鼠李糖。

黄蓍胶是无色、无味、可食的天然大分子,口感黏滑。黄蓍胶中一部分成分易溶于水形成真溶液;而另一部分成分(黄蓍胶糖)则易吸水溶胀成凝胶状物质,1% 的胶溶液经充分水化后呈光滑、稠厚、乳白色无黏附性的凝胶状液体。黄蓍胶的最大特点是在低酸性(pH<2)条件下其凝胶特性不受影响。因黄蓍胶同时具有降低表面张力的功能,用于水包油乳化稳定体系时不需要添加其他表面活性剂。黄蓍胶有极高的溶液黏度,水溶液的浓度低至0.5%仍有很大的黏度,1%浓度的水溶液已呈假塑性流体特性(具有搅稀作用)。黄蓍胶也不溶于酒精等有机溶剂和油脂,水溶液的pH一般为4~5。胶溶液对pH的变化相对稳定。温度对胶溶液黏度没有破坏性;受热时胶溶液黏度暂时下降,但温度降至初始值时,胶溶液黏度也回复到初始值。

由于黄蓍胶对热和酸均很稳定,可作色拉调味汁和沙司的增稠剂,在冷冻甜点心中提供适宜的黏性、质地和口感。另外还用于冷冻水果饼馅的增稠,并产生光泽和透明性。

10)菊糖

菊糖(inulin)又称菊粉,是由D-果糖经β-(1→2)糖苷键连接而成的线性直链多糖,末端常带有一个葡萄糖残基,聚合度(DP)为2~60,平均在10~12,聚合度较低时(DP=2~9)则称为低聚果糖。不同的植物来源、种植条件、收获时间、贮藏状况和加工方法会对菊糖的聚合度产生明显的影响。菊糖在自然界中分布很广,全世界超过36000种植物中含有丰富的菊糖,包括双子叶植物中的菊科(如菊芋、菊苣和大丽花)、橘梗科、龙胆科、萝摩科、金虎尾科、半边莲科、报春花科、紫草科等及单子叶植物中的百合科(如韭菜、洋葱、大蒜和芦笋)和禾本科等。其中以菊芋(俗称洋姜,含菊糖14%~19%)和菊苣(含菊糖15%~20%)中含量最高。

纯菊糖是无味的白色粉末,无定形态,商品菊糖由于含有少量果糖或双糖而略带甜味。菊糖熔点为178℃,相对密度为1.35。菊糖微溶于冷水和乙醇,易溶于热水,溶解度随温度的升高而增加,并且随其聚合度的变化而不同,聚合度越低,溶解度越大。普通菊糖在10℃的溶解度约为6%,在90℃的溶解度约为33%。由于菊糖吸湿性强,在水中分散时极易结块,加入淀粉或蔗糖可加速其溶解性能,提高菊糖的分散性。此外菊糖持水性高。菊糖溶液的黏度比较低,不同浓度的菊糖水溶液,其黏度也不同。随浓度的增大,黏度增大。菊糖对热稳定,在100℃下加热也不会发生分解,但当溶液pH<4时,在适当温度和时间下,可被缓慢水解为果糖和葡萄糖,然而当温度低于10℃时,pH即使低于3.0,也不会发生水解。在缺乏自由水的条件下,即使在酸性或高温的条件下菊糖也十分稳定。

菊糖可形成具有良好黏弹性流变学特性的凝胶,菊糖作为面制品添加物,可保持良好形态。由于屈服应力低,因此菊糖凝胶还具有剪切稀释和触变特性,在振荡流变试验中,菊糖凝胶逐渐丧失凝胶固体特性,弹性系数降低,而流体特性和黏度系数逐渐增加。

菊糖有一定抗老化作用,焙烤制品中加入菊糖代替脂肪和糖分,能提高焙烤制品松脆性,具有良好保型性,延长制品存放时间。适当组合的植物胶与菊糖可使低脂面糊具有与全脂面糊相似的黏度、质感和流动性。菊糖还能增加面团稳定性、调整水的吸收、增加面包体积、提高面包瓢的均匀性及成片能力。

菊糖作为一种膳食纤维还具有改善肠道微环境、调控血脂和血糖水平、预防肥胖症、促进矿物质吸收和维生素合成等重要生理功能。

11)琼脂

琼脂(agar),多聚半乳糖,来自红藻类(claserhodophyceae)的各种海藻,学名琼胶,又名洋菜、冻粉、琼胶、燕菜精、洋粉、寒天、大菜丝,是植物胶的一种,常用海产的麒麟菜、石花菜、江蓠等制成，为无色、无固定形状的固体，溶于热水。琼脂像普通淀粉一样可分离成为琼脂糖(agrose)和琼脂胶(agaropectin)两部分。琼脂糖的基本二糖重复单位，是由 $\beta-D-$ 吡喃半乳糖(1→4)连接3,6-脱水 $\alpha-L-$ 吡喃半乳糖基单位构成的，如图3-9所示。

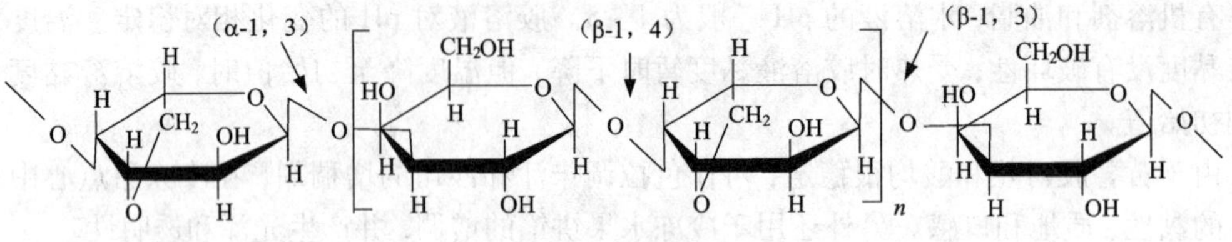

图3-9 琼脂的结构

琼脂胶的重复单位与琼脂糖相似，但含5%~10%的硫酸酯、一部分 $D-$ 葡萄糖醛酸残基和丙酮酸酯。琼脂凝胶最独特的性质是当温度大大超过胶凝起始温度时仍然保持稳定性，例如，1.5%琼脂的水分散液在30℃形成凝胶，熔点35℃，琼脂凝胶具有热可逆性，是一种最稳定的凝胶。

琼脂可用作增稠剂，胶凝剂，悬浮剂，乳化剂，保鲜剂和稳定剂。琼脂在食品中的应用包括抑制冷冻食品脱水收缩和提供适宜的质地，在加工的干酪和奶油干酪中提供稳定性和需宜质地，在焙烤食品和糖衣中可控制水分活度和推迟陈化。此外，还用于肉制品罐头。琼脂通常可与其他高聚物如黄芪胶、角豆胶或明胶合并使用。

12)海藻酸及海藻酸盐

海藻酸又称藻酸、褐藻酸、海藻素，是存在于褐藻细胞壁中的一种天然多糖。通常纯品为白色到棕黄色纤维、颗粒或粉末。海藻酸易与阳离子形成凝胶，如海藻酸钠等，被称为海藻胶、褐藻胶或藻胶。海藻酸是由 $\beta-(1→4)-D-$ 甘露糖醛酸和 $\alpha-(1→4)-L-$ 古洛糖醛酸组成的线性高聚物(图3-10)，海藻酸的分子式为 $(C_6H_8O_6)_n$，相对分子质量为 $1 \times 10^4 \sim 6 \times 10^5$。

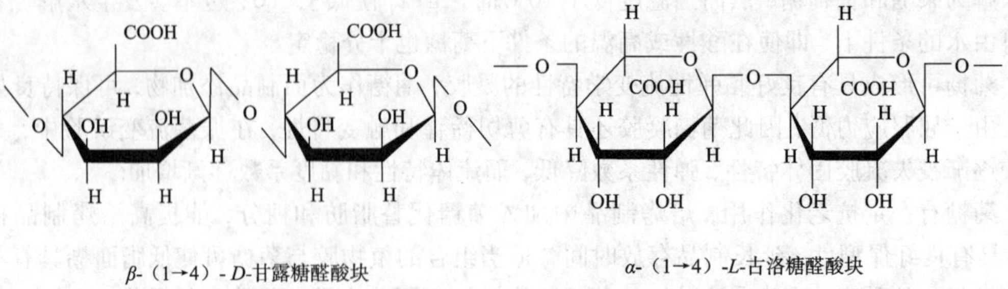

$\beta-(1→4)-D-$ 甘露糖醛酸块 $\alpha-(1→4)-L-$ 古洛糖醛酸块

图3-10 褐藻胶的结构

商品海藻酸盐的聚合度为100~1000，分子式为 $(C_6H_7O_6Na)_n$，相对分子质量为32000~200000。在一个分子中，可能只含有其中一种糖醛酸构成的连续链段，也可能由两种糖醛酸链节构成嵌段共聚物，$D-$ 甘露糖醛酸(M)与 $L-$ 古洛糖醛酸(G)按下列次序排列：①甘露糖醛酸块 $-M-M-M-M-M-M-$。②古洛糖醛酸块 $-G-G-G-G-G-G-$。③

交替块 –M–G–M–G–M–G–。两种糖醛酸在分子中的比例变化,以及其所在位置不同,都会影响海藻酸的黏性、凝胶性等。高古洛糖醛酸型海藻酸钠形成的是脆性凝胶,而高甘露糖醛酸型海藻酸钠形成的是弹性凝胶。

在食品工业中海藻酸钠主要作稳定剂、增稠剂、乳化剂、分散剂和凝固剂等,用于改善和稳定焙烤食品(蛋糕,馅饼)、馅料、色拉调味汁、牛奶巧克力的质地以及防止冰淇淋贮存时形成大的冰晶。海藻酸盐还用来加工各种凝胶食品,例如速溶布丁,果冻,果肉果冻,人造鱼子酱以及稳定新鲜果汁和啤酒泡沫。

海藻酸盐分子链中 G 块很易与 Ca^{2+} 作用,两条分子链 G 块间形成一个洞,结合 Ca^{2+} 形成"蛋盒"模型,如图 3-11 所示。海藻酸盐与 Ca^{2+} 形成的凝胶是热不可逆凝胶。凝胶强度同海藻酸盐分子中 G 块的含量以及 Ca^{2+} 浓度有关。海藻酸盐凝胶具有热稳定性,脱水收缩较少,可用于制造甜食凝胶。

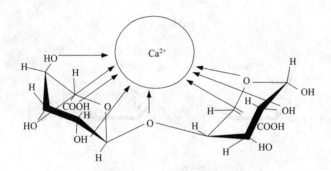

图 3-11 海藻盐与 Ca^{2+} 相互作用形成"蛋盒"结构

海藻酸盐还可与食品中其他组分如蛋白质或脂肪等相互作用。例如,海藻酸盐易与变性蛋白质中带正电氨基酸相互作用,用于重组肉制品的制造,肉制品中能形成致密、稳定的网状结构,提高肉制品的凝胶强度、黏结性以及持水性能。

13)卡拉胶

卡拉胶(carrageenan),亦称角叉菜胶、鹿角菜胶,是由红藻通过热碱分离提取制得的杂聚多糖,它是一种由硫酸基化或非硫酸基化的半乳糖和 3,6-脱水半乳糖通过 α-(1→3)糖苷键和 β-(1→4)糖苷键交替连接而成。大多数糖单位有一个或两个硫酸酯基,多糖链中总硫酸酯基含量为 15% ~40%,而且硫酸酯基数目与位置同卡拉胶的凝胶性密切相关。理想的卡拉胶具有重复的 α-(1→3)-D-半乳吡喃糖 β-(1→3)-D-半乳吡喃糖(或 3,6 内醚-D-半乳吡喃糖)二糖单元骨架结构。卡拉胶常采用希腊字母来命名。商业上使用最多的是 κ、ι、λ 三种类型(图 3-12),另外还有 α,β,θ,μ,ν,γ,δ,ξ,π,ω 等类型。

由于天然产的卡拉胶往往不是均一的多糖,而是多种均一组分的混合物或者是结合型结构,很多时候是结构中混有其他碳水化合物取代基(如木糖、果糖或酮酯类物质)。为适应卡拉胶这种复杂结构的基础研究需要,KnutSen 等提出以大写字母代表特定基团的命名方法(表 3-4)。以此为基础,理想 κ、ι、λ 卡拉胶的重复二糖结构分别为 G4S–DA,G4S–DA2S 和 G2S–D2S,6S。后来有人补充用 M 代表甲酯基、P 代表丙酮酸基团、X 代表木糖等取代基。StorZ 等发现卡拉胶中偶尔存在 L 型的半乳糖构象,相应可用 L 来表示。

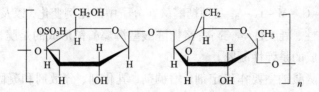

κ-卡拉胶

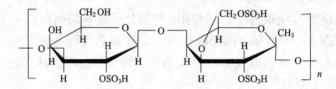

λ-卡拉胶

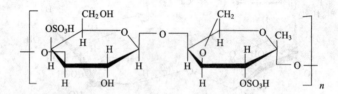

ι-卡拉胶

图 3 – 12 卡拉胶的分子结构

表 3 – 4 不同卡拉胶中发现的功能基团字母代号

字母代号	存在于不同卡拉胶类型	IUPAC * 命名
G	β	3 – 连接 – β – D – 半乳吡喃糖
D	未发现	4 – 连接 – α – D – 半乳吡喃糖
DA	κ, β	4 – 连接 – 3, 6 内醚 – α – D – 半乳吡喃糖
S	κ, ι, λ, μ, υ, θ	硫酸酯基 (O – SO₃ –)
G2S	λ, θ	3 – 连接 – β – D – 半乳吡喃糖 – 2 – 硫酸酯
G4S	κ, ι, μ, υ	3 – 连接 – β – D – 半乳吡喃糖 – 4 – 硫酸酯
DA2S	ι, θ	4 – 连接 – 3, 6 内醚 – α – D – 半乳吡喃糖 – 2 – 硫酸酯
D2S, 6S	λ, υ	4 – 连接 – α – D – 半乳吡喃糖 – 2, 6 – 硫酸酯
D6S	μ	4 – 连接 – α – D – 半乳吡喃糖 – 6 – 硫酸酯

注: * IUPAC: International Union of Pure and Applied Chemistry.

卡拉胶在中性和碱性介质中很稳定，即使加热也不易水解。但在酸性介质中，尤其在pH=4以下，容易发生酸水解作用。加热使水解更快，大分子降解为小分子，使黏度下降，失去凝固性。室温下，凝胶状态卡拉胶抵抗酸水解的性能好于溶解态的，这是由于在凝胶状态时，卡拉胶分子是比较规则紧密的三维网状结构，对糖苷键起到庇护作用，减低了它被酸水解的程度。

黏度是卡拉胶的重要指标之一，卡拉胶的黏度随浓度的增加而呈指数增大。黏度的大小因海藻种类、加工方法和卡拉胶类型差别很大，λ-卡拉胶的黏度大于其他类型。

卡拉胶都能溶解于热水，而 λ-、κ-和 ι-卡拉胶的钠盐也能溶于冷水，但 κ-卡拉胶钾盐和钙盐在冷水中只能吸水膨胀，而不能溶解。在热牛奶中，λ-、κ-和 ι-卡拉胶都溶解，λ-卡拉胶大部分能分散在冷牛奶中，并增加其黏稠性。而 κ-和 ι-卡拉胶在冷牛奶中难溶或不溶，其 3,6-内醚-半乳糖含量越高，硫酸基含量越低，越难溶于冷牛奶中。卡拉胶难溶于有机溶剂，如甲醇、乙醇、丙醇、异丙醇和丙酮等。所以常用这些溶剂作为沉淀剂，使卡拉胶从水溶液中沉淀出来。

卡拉胶的凝胶形成过程可分为4个阶段：第一阶段，卡拉胶溶解于热水中，其分子形成不规则的卷曲状；第二阶段，当温度降到一定程度，其分子向螺旋化转化，形成单螺旋体；第三阶段，温度再下降，分子间形成双螺旋体，为立体网状结构，这时开始有凝固现象；第四阶段，温度再下降，双螺旋体聚集形成凝胶。凝胶过程见图3-13。

由于卡拉胶含有硫酸盐阴离子，因此易溶于水。硫酸盐含量越少，则多糖链越易从无规则线团转变成螺旋结构。κ-卡拉胶含有较少的硫酸盐，形成的凝胶是不透明的，且凝胶最强，但是容易脱水收缩，这可以通过加入其他胶来减少卡拉胶的脱水收缩。ι-卡拉胶的硫酸盐含量较高，在溶液中呈无规则线团结构，形成的凝胶是透明和富有弹性的，通过加入阳离子如 K$^+$ 或 Ca^{2+} 同硫酸盐阴离子间静电作用使分子间缔合进一步加强，阳离子的加入也提高了胶凝温度。λ-卡拉胶在形成单螺旋体时，C-2 位上含有硫酸酯基团，妨碍双螺旋体的形成，因而 λ-卡拉胶只起增稠作用，不能形成凝胶。

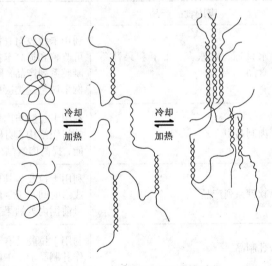

图3-13 卡拉胶形成凝胶的过程

卡拉胶同牛奶蛋白质可以形成稳定的复合物，这是由卡拉胶的硫酸盐阴离子与酪蛋白胶粒表面上正电荷间静电作用而形成的。牛奶蛋白质与卡拉胶的相互作用，使形成的凝胶强度增强。在冷冻甜食与乳制品中，卡拉胶添加量很低，只需0.03%。低浓度 κ-卡拉胶（0.01%~0.04%）与牛奶蛋白质中酪蛋白相互作用，形成弱的触变凝胶（图3-14）。利用这个特殊性质，可以悬浮巧克力牛奶中的可可粒子，同样也可以应用于冰淇淋和婴儿配方奶粉等。

卡拉胶具有熔点高的特点，但卡拉胶形成的凝胶比较硬，可以通过加入半乳甘露糖（角豆胶）改变凝胶硬度，增加凝胶的弹性，代替明胶制成甜食凝胶，并能减少凝胶的脱水收缩

（图3-15），如应用于冰淇淋能提高产品的稳定性与持泡能力。为了软化凝胶结构，还可以加入一些瓜尔豆胶。卡拉胶还可与淀粉、半乳甘露聚糖或 CMC 复配应用于冰淇淋中。如果加入 K^+ 与 Ca^{2+}，则促使卡拉胶凝胶的形成。在果汁饮料中添加0.2%的 λ-卡拉胶或 κ-卡拉胶可以改进质构。在低脂肉糜制品中，可以提高口感和替代部分动物脂肪。

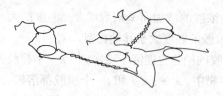

图3-14 κ-卡拉胶与酪蛋白相
互作用形成凝胶

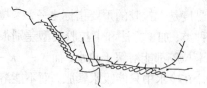

图3-15 κ-卡拉胶与角豆胶相
互协同作用

由于卡拉胶性能优良，表现出优异的凝胶特性和流变特性，能与其他食品胶共混并有协同增效作用，在食品领域有着极为重要的应用，常作为食品添加剂（如凝固剂、稳定剂、乳化剂、悬浮剂、增稠剂等）应用于果冻、饮料、乳制品、肉制品等食品工业，见表3-5。

表3-5 卡拉胶在食品工业中的应用

应用食品产品	利用特点
水果冻、果冻爽、布丁和果酱等食品	利用卡拉胶与甘露胶、角豆胶等其他食品胶之间的协同增效作用，可改善和提高卡拉胶的凝胶性能，生产出富有弹性和优良咀嚼感的凝胶系列产品，同时可通过调整卡拉胶与其他食品胶、无机盐的比例来调整这类凝胶食品的质构和泌水性
肉制品中	利用卡拉胶与肉类蛋白质、脂肪等成分之间的交互作用，形成细腻的组织结构，明显提高产品的黏弹性、持水性、防渗油等方面的性能，提高肉制品（如火腿、肉肠、午餐肉等）的出品率和品质
软糖系列产品	利用卡拉胶与其他食品胶生产出性能优良的软糖复配粉，特别是在成形时间、韧性和透明度等方面，具有琼胶不能相比的优点，因此目前国内外糖果工业广泛采用卡拉胶来生产各式软糖
乳制品	利用卡拉胶具有与牛奶中的酪蛋白交互作用的独特性能，可广泛用作乳制品加工中的稳定剂和凝胶助剂
冰淇淋	利用卡拉胶与瓜尔豆胶复配成冰淇淋稳定剂，应用于冰淇淋生产中，可显著提高冰淇淋的膨胀率和抗融性，阻止冰晶的形成，使产品口感细腻嫩滑
饮料制品	利用卡拉胶与黄原胶、甘露胶之间的协同增效作用，可广泛应用于果汁、果肉饮料中作为悬浮稳定剂，防止这类饮料分层和沉淀
啤酒和果酒	啤酒、果酒中如含有一些胶体物质，在贮存过程中产生混浊或沉淀，故必须加入澄清剂。在一定条件下将卡拉胶加入至这类产品中，可与其中的胶体物质迅速作用产生絮凝沉淀，达到快速澄清的目的

2. 动物性多糖

1）壳聚糖

壳聚糖(chitin)又称几丁质、甲壳质、甲壳素,是一类由 N-乙酰-D-氨基葡萄糖或D-氨基葡萄糖以 β-(1→4) 糖苷键连接起来的低聚合度水溶性氨基多糖。其主要来源为虾、蟹、昆虫等甲壳类动物的外壳与软体动物的器官(例如乌贼的软骨),以及真菌类的细胞壁等。在虾壳等软壳中含壳多糖 15%～30%,蟹壳等外壳中含壳多糖 15%～20%。其基本结构单位是壳二糖(chitobiose),如图 3-16 所示。

壳多糖脱去分子中的乙酰基后,转变为壳聚糖,其溶解性增加,称为可溶性的壳多糖。因其分子中带有游离氨基,在酸性溶液中易成盐,呈阳离子性质。壳聚糖随其分子中含氨基数量的增多,其氨基特性越显著,这正是其独特性质所在,由此奠定了壳聚糖的许多生物学特性及加工特性的基础。

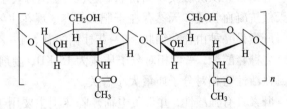

图 3-16　壳二糖的结构式

壳聚糖在食品工业中可作为黏结剂、保湿剂、澄清剂、填充剂、乳化剂、上光剂及增稠稳定剂;而作为功能性低聚糖,它能降低胆固醇,提高机体免疫力,增强机体的抗病抗感染能力,尤其有较强的抗肿瘤作用。因其资源丰富,应用价值高,已被大量开发使用。工业上多用酶法或酸法水解虾皮或蟹壳来提取壳聚糖。

目前在食品中应用相对多的是改性壳聚糖尤其是羧甲基化壳聚糖。其中 N,O-羧甲基壳聚糖在食品工业中作增稠剂和稳定剂,N,O-羧甲基壳聚糖由于可与大部分有机离子及重金属离子络合沉淀,被用为纯化水的试剂。N,O-羧甲基壳聚糖又可溶于中性 pH=7 水中形成胶体溶液,它具有良好的成膜性,被用于水果保鲜。

2）糖原

糖原(glycogen)又称动物淀粉,是肌肉和肝脏组织中的主要储存的糖类,糖原大量贮藏于肝脏,也存在于肌肉中,尤其是在一些水产的软体动物体内。植物界菌类,细菌、酵母等也含有糖原。因为它在肌肉和肝脏中的浓度都很低,糖原在食品中的含量很少。水产动物牡蛎中糖原含量约为 7%,牡蛎糖原可直接被机体吸收,从而减轻胰腺负担,因此对糖尿病的防治十分有效,此外,从牡蛎中提取的多糖具有明显的降血压,抗凝血,抗血栓,提高肌体的免疫功能和抗白细胞下降等作用。

糖原是同聚糖,与支链淀粉的结构相似,含 α-D-(1→4) 和 α-D-(1→6) 糖苷键;但糖原比支链淀粉的相对分子质量更大,支链更多。从玉米淀粉或其他淀粉中也可分离出少量植物糖原(phytoglycogen),它属于低分子量和高度支化的多糖。

糖原是白色粉末,易溶于水,遇碘呈红色,无还原性。糖原可用乙醇沉淀,在碱性溶液中稳定。稀酸能将它分解为糊精、麦芽糖和葡萄糖,酶能使它分解为麦芽糖和葡萄糖。

3）透明质酸

透明质酸是一种高分子的聚合物。是由 D-葡萄糖醛酸及 N-乙酰葡糖胺组成的高级多糖。D-葡萄糖醛酸及 N-乙酰葡糖胺之间由 β-(1→3)-糖苷键相连,双糖单位之间由 β-(1→4)-糖苷键相连。双糖单位可达 25000 之多。在体内透明质酸的相对分子质量为

5000~20000 KD。透明质酸是一种酸性黏多糖,1934 年由美国哥伦比亚大学眼科教授 Meyer 等首先从牛眼玻璃体中分离出该物质。透明质酸以其独特的分子结构和理化性质在机体内显示出多种重要的生理功能,如润滑关节,调节血管壁的通透性,调节蛋白质,水电解质扩散及运转,促进创伤愈合等。透明质酸还能促进表皮细胞的增殖和分化、清除氧自由基,可预防和修复皮肤损伤。透明质酸的水溶液具有很高的黏度,可使水相增稠;与油相乳化后的膏体均匀细腻,具有稳定乳化作用。

4)肝素

肝素首先从肝脏发现而得名,它也存在于肺、血管壁、肠黏膜等组织中,是动物体内一种天然抗凝血物质。天然存在于肥大细胞,现在主要从牛肺或猪小肠黏膜提取。

肝素是一种由葡萄糖胺、L-艾杜糖醛苷、N-乙酰葡萄糖胺和 D-葡萄糖醛酸交替组成的黏多糖硫酸酯,平均相对分子质量为 15 KD,制剂相对分子质量为 1200~40000,抗血栓与抗凝血活性与相对分子质量大小有关。

肝素具有强酸性,并带负电荷。临床上主要用于抗凝血和抗血栓,治疗各种原因引起的弥散性血管内凝血和血栓,以及血液透析、体外循环、导管术、微血管手术等操作中的抗凝血处理等。同时,临床应用及研究显示,标准肝素还具有其他多种生物活性和临床用途,包括抗炎、抗过敏、降血脂、抗动脉粥样硬化、抗中膜平滑肌细胞增生、抗病毒、抗癌等作用。

3. 微生物多糖

1)黄原胶

黄原胶(xanthan gum)是一种微生物多糖,俗称玉米糖胶、汉生胶,是碳水化合物(葡萄糖、蔗糖、乳糖)经由甘蓝黑腐病黄单孢菌发酵产生的杂多糖。黄原胶分子由 D-葡萄糖、D-甘露糖、D-葡萄糖醛酸、乙酰基和丙酮酸构成,相对分子质量为 $2 \times 10^6 \sim 5 \times 10^7$,它的一级结构是由 β-$(1 \rightarrow 4)$键连接的葡糖基主链与三糖单位的侧链组成,见图 3-17;其侧链由 D-甘露糖和 D-葡萄糖醛酸交替连接而成,分子比例为 2:1;三糖侧链由在 C6 位置带有乙酰基的 D-甘露糖以 α-$(1 \rightarrow 3)$链与主链连接,在侧链末端的 D-甘露糖残基上以缩醛的形式带有丙酮酸,其高级结构是侧链和主链间通过氢键维系形成螺旋和多重螺旋。黄原胶的二级结构是侧链绕主链骨架反向缠绕,通过氢键维系形成棒状双螺旋结构。黄原胶的三级结构是棒状双螺旋结构间靠微弱的非共价键结合形成的螺旋复合体。黄原胶在溶液中三糖侧链与主链平行成一稳定的硬棒结构,当加热到 100℃以上时,才能转变成无规则线团结构,硬棒通过分子内缔合以螺旋形式存在并通过缠结形成网状结构。黄原胶溶液在广泛的剪切浓度范围内,具有高度假塑性,剪切变稀和黏度瞬时恢复的特性。它独特的流动性质同其结构有关,黄原胶高聚物的天然构象是硬棒,硬棒聚集在一起,当剪切时聚集体立即分散,待剪切停止后,重新快速聚集。

黄原胶易溶于水,特别在冷水中也能溶解,使用方便。但由于它有极强的亲水性,如果直接加入水而搅拌不充分,外层吸水膨胀成胶团,会阻止水分进入里层,从而影响作用的发挥,因此必须注意正确使用。黄原胶溶液在 28~80℃以及 pH=1~11 内黏度基本不变,与高盐具有相容性,这是因为黄原胶具有稳定的螺旋构象,三糖侧链具有保护主链糖苷键不产生断裂的作用,因此黄原胶的分子结构特别稳定。

黄原胶可以用于面包、冰激凌、乳制品、肉制品、果酱、果冻、饮料中,具体用量见表 3-6。其主要用途有:①用于焙烤食品(面包、蛋糕等),可提高焙烤食品在焙烤和贮存时

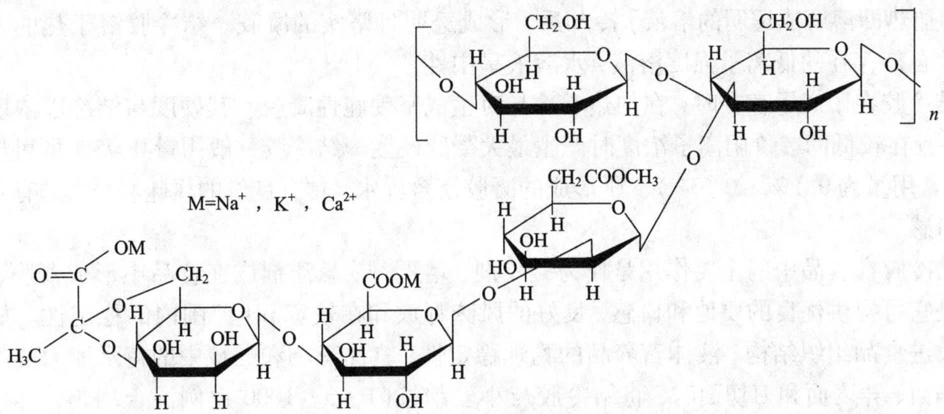

图 3-17 黄原胶的结构

期的保水性和松软性，以改善焙烤食品的口感和延长货架期；②在肉制品中，黄原胶起到嫩化和提高持水性的作用；③在冷冻食品中有增稠、稳定食品结构的作用；④在果酱中加入黄原胶，可以改善口感和持水性，提高产品的质量；⑤用于饮料可以起到增稠、悬浮作用，使口感滑爽、风味自然；⑥在冰淇淋和乳制品中，使用黄原胶（与瓜尔胶、槐豆胶复配使用），可使制品稳定。

表 3-6 黄原胶在食品中的应用

用途	用量/%	作用
液体饮料	0.1~0.3	增稠、混悬、提高感官质量
固体饮料	0.1~0.3	更易成型、增强口感
肉制品	0.1~0.2	嫩化、持水、增强稳定性
冷冻食品	0.1~0.2	增稠、增加细腻度、稳定食品结构
调味品	0.1~0.3	乳化、增稠、稳定
馅料食品	0.5~1.5	便于成型、增强口感
面制品	0.03~0.08	增强韧性、持水、延长保质期

2）结冷胶

结冷胶（gellan gum）是由假单脑杆菌伊乐藻属（*Pseudomonaseloden*）在中性条件下，经有氧发酵而产生的细胞外多糖胶质，是一种新型的全透明的凝胶剂。天然结冷胶为阴离子型线性多糖，具有平行的双螺旋结构。每一基本单元是由 $\beta-(1\rightarrow3)-D-$葡萄糖，$\beta-(1\rightarrow4)-D-$葡萄糖酸和 $\alpha-(1\rightarrow4)-L-$鼠李糖按摩尔比 2∶1∶1 组成。其中葡萄糖醛酸可被钾、钠、钙、镁中和成混合盐。这些单体形成线形四糖聚体单位，并含有甘油酰基和乙酰基，相对分子质量约为 500000。

结冷胶干粉呈米黄色，无特殊的滋味和气味，约于150℃不经融化而分解。耐热、耐酸性能良好,对酶的稳定性亦高。不溶于非极性有机溶剂,也不溶于冷水,但略加搅拌即分散于水中,加热即溶解成透明的溶液,冷却后,形成透明且坚实的凝胶。结冷胶溶于热的去离子水或螯合剂存在的低离子强度溶液,水溶液呈中性。

结冷胶在阳离子存在时,在加热后冷却时生成坚硬脆性凝胶。其硬度与结冷胶浓度成正比,并且在较低的二价阳离子浓度时产生最大凝胶硬度。结冷胶一般用量0.05%即可形成凝胶(通常用量为0.1%~0.3%)。所形成的凝胶富含汁水,具有良好的风味释放性,有入口即化的口感。

结冷胶在食品中的主要作用是作为凝胶剂、增稠剂、悬浮剂或在食品中形成薄膜,更重要的是它可提供优良的质地和口感,良好的风味释放和在较宽pH范围内的稳定性。如它可用于改进食品组织结构、液体营养的物理稳定性、食品烹调和贮藏中的持水能力。如在制作中华面、荞麦面和刀切面时,将结冷胶与小麦粉按(1~3):1000比例混合均匀,再与其他原料混合均匀制面,可以增强面制品的硬度、弹性和黏度等,改善口感、抑制热水溶胀、减少断条、减轻汤汁混浊。此外,还可用于烘焙制品、乳制品、果汁、牛奶饮料、糖衣、糖霜、果酱、软糖、肉制品和蔬菜类制品中,见表3-7。

表3-7 结冷胶在食品中的应用

使用功能	产品应用
黏着性	糖霜、糖衣
涂膜性	蜜饯、糖果
乳化性	色拉调料
微胶囊	粉状调味料
成膜性	人造肠衣
澄清性	酒类
泡沫稳定剂	啤酒
凝胶性	果冻、馅料、果酱等
抗结晶剂	冷冻食品、糖浆
稳定剂	冰淇淋、色拉调料
增稠剂	果酱、肉肠、馅料

3)茁霉胶

茁霉胶,又称短梗霉多糖,是一种类酵母真菌出芽短梗霉以淀粉或糖类为原料,经微生物发酵产生的胞外多糖。茁霉胶是以麦芽三糖为重复单位,通过 $\alpha-(1\rightarrow6)$ 糖苷键连接而成的多聚体,见图3-18,分子结构中含1/3的 $\alpha-(1\rightarrow6)$ 葡萄糖苷键,2/3的 $\alpha-(1\rightarrow4)$ 葡萄糖苷键。聚合度大约为100~5000,其相对分子质量因产生菌种和发酵条件的不同而有较大变化,形成的中性大分子聚合物相对分子质量一般为10000~100000。

茁霉胶为白色粉末,无味,易溶于水,溶于水后形成黏性溶液,可作为食品增稠剂。茁霉胶酶能将它水解为麦芽三糖。用茁霉胶制成的薄膜为水溶性,不透氧气,对人体没有毒性,其强度近似尼龙,适合用于易氧化的食品和药物的包装。茁霉胶是人体利用率较低的多

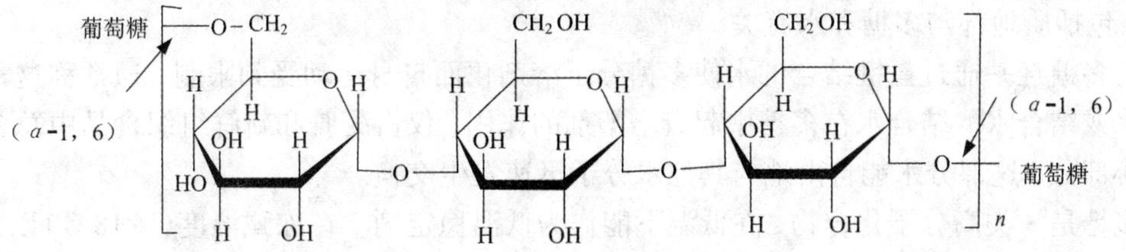

图 3-18　苗霉胶的化学结构

糖，在制备低能量食物及饮料时，可用它来代替淀粉。用适当比例的面粉、直链淀粉和苗霉胶混合可制成风味不同的人造米、鸡蛋面、通心面或馅料，热量比一般产品低一半。另外，在肉制品中添加 0.1% 左右的苗霉胶可使肉制品的黏弹性、口感和持水性明显提高。

4）α-葡聚糖

α-葡聚糖（α-dextran），又称右旋糖酐，它是由 α-D-吡喃葡萄糖残基通过 α-（1→6）糖苷键连接起来的多糖。该多糖是肠膜状明串株菌（Leunestoc mesenteroides）合成的高聚体。

α-葡聚糖易溶于水，溶于水后形成清晰的黏溶液，它可作为糖果的保湿剂，能保持糖果和面包中的水分，糖浆中添加 α-葡聚糖，以增加其黏度；在口香糖和软糖中作胶凝剂，防止糖结晶的出现；在冰淇淋中，能抑制冰晶的形成；可作新鲜和冷冻食品的涂料；可为布丁混合物提供适宜的黏性和口感。

3.2.2　食品中多糖的一般物理化学特性

多糖的性质受到构成糖的种类、构成方式、置换基种类和数目以及相对分子质量大小等因素的影响，与单糖、低聚糖在性质上有较大差别。它们一般不溶于水，无甜味，不具有还原性，无变旋性，但有旋光性。多糖经酸或酶水解时，可以分解为组成它的结构单糖，中间产物是低聚糖。与氧化剂和碱作用时，反应较为复杂，但不能生成其结构单糖，而是生成各种衍生物和分解产物。

多糖有大量羟基，具有较强的亲水性，大部分多糖不能结晶，易于水合和溶解。水溶性的或者水可分散的多糖（亲水胶体或胶）主要具有黏着性、增稠和胶凝的功能，此外还能控制流体食品的流动与质构性质以及改变半流体食品的变形性等。一些多糖还能形成海绵状的三维网状凝胶结构，这种具有黏弹性的半固体凝胶具有多功能用途，它可作为增稠剂、稳定剂、脂肪代用品等。而膳食中一些高度有序、具有结晶的多糖不溶于水，甚至不能被人体消化，它们是组成蔬菜、果实和种子细胞壁的纤维素和半纤维素。它们使某些食品具有物理紧密性、松脆性和良好的口感，此外还有利于肠道蠕动。

1. 多糖的溶解性

多糖分子链是由己糖和戊糖基单位构成，链中的每个糖基单位大多数平均含有 3 个羟基，有几个氢键结合位点，每个羟基均可与一个或多个水分子形成氢键。此外，环上的氧原子以及糖苷键上的氧原子也可与水形成氢键，因此，每个单糖单位能够完全被溶剂化，使之具有较强的持水能力和亲水性，使整个多糖分子成为水溶性的。在食品体系中多糖能控制或改变水的流动性，同时水又是影响多糖物理和功能特性的重要因素。因而，食品的许多功能性质，包括质地都与多糖和水有关。

与多糖羟基通过氢键结合的水使多糖分子溶剂化而自身运动受到限制，通常称这种水为塑化水或结合水。结合水在多糖中起着增塑剂的作用，仅占凝胶和新鲜组织食品中总含水量的一小部分，这部分水能自由地与其他水分子迅速发生交换。

多糖是一类高分子化合物，在低温下能作为低温稳定剂。在冻藏温度（-18℃）以下，无论是高相对分子质量或低相对分子质量的多糖，均能有效阻止食品的质地和结构受到破坏，从而有利于提高产品的质量和贮藏稳定性。淀粉溶液冻结时形成了两相体系，其中一相为结晶水（冰），另一相是由大约70%淀粉与30%非冻结水组成的玻璃态。高浓度的多糖溶液由于黏度特别高，因而体系中的非冻结水的流动性受到限制。另一方面多糖在低温时的冷冻浓缩效应使水分子不能被吸附到晶核和结合在晶体生长的活性位置上，从而抑制了冰晶的生长。上述原因使多糖在低温下具有很好地稳定性。

高度有序的多糖一般是完全线性的，不溶于水，且在大分子碳水化合物中只占少数。这些多糖分子链因相互紧密结合而形成结晶结构，最大限度地减少了同水接触的机会，因此不溶于水，仅在剧烈条件下例如在碱或其他适当的溶剂中，使分子链间氢键断裂才能增溶，例如纤维素，由于它的结构中 $\beta-D-$ 吡喃葡萄糖基单位的有序排列和线性伸展，使得纤维素分子的长链和另一个纤维素分子中相同的部分相结合，导致纤维素分子在结晶区平行排列，使得水不能与纤维素的这些部位发生氢键键合，所以纤维素的结晶区不溶于水，而且非常稳定。正是纤维素的这种性质使大树能够长期存活。然而大部分多糖不具有结晶，因此易在水中溶解或溶胀。水溶性多糖和改性多糖通常以不同粒度在食品工业和其他工业中作为胶或亲水性物质应用。

2. 多糖的黏度与稳定性

可溶性大分子多糖都可以形成黏稠溶液。在天然多糖中，阿拉伯树胶溶液（按单位体积中同等重量百分数计）的黏度最小，而瓜尔胶或瓜尔聚糖及魔芋葡甘聚糖溶液的黏度最大。多糖（胶或亲水胶体）的增稠性和胶凝性是在食品中的主要功能，此外，还可控制液体食品及饮料的流动性与质地，改变半固体食品的形态及 O/W 乳浊液的稳定性。在食品加工中，多糖的使用量一般在 0.25%~0.50% 范围，即可产生很高的黏度甚至形成凝胶。

大分子溶液的黏度取决于分子的大小、形状、所带净电荷和溶液中的构象。多糖分子在溶液中的形状是围绕糖基连接键振动的结果，一般呈无序状态的构象有较大的可变性。多糖的链是柔顺性的，在溶液中为紊乱或无规线团状态。但是大多数多糖不同于典型的无规线团，所形成的线团是刚性的，有时紧密，有时伸展，线团的性质与单糖的组成和连接方式相关。

直链多糖在溶液中具有较大的屈绕回转空间，其"有效体积"和流动产生的阻力一般都比支链多糖大，分子链段之间相互碰撞的频率也较高。分子间由于碰撞产生摩擦而消耗能量，因此，线型多糖即使在低浓度时也能产生很高的黏度（如魔芋葡甘聚糖）。其黏度大小取决于多糖的聚合度（degree of polymerization, DP）、伸展程度和刚性，也与多糖链溶剂化后的形状和柔顺性有关。

支链多糖在溶液中链与链之间的相互作用不太明显，因而分子的溶剂化程度较线性多糖高，更易溶于水。特别是高度支化的多糖"有效体积"的回转空间比分子量相同的线性分子小得多(图3-19),分子之间相互碰撞的频率也较低,这意味着支链多糖溶液的黏度远低于 DP 相同的线性多糖。

由于立体化学的原因,所有直链分子无论是带电荷或不带电荷,都比分子量相同的支链分子或灌木丛状分子具有更多的回转空间。因此,一般说来,直链多糖溶液比支链多糖溶液具有更大的黏性。多糖在食品中主要是产生黏稠性、结构或胶凝作用,所以直链多糖一般是最实用的。

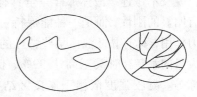

图 3-19 相同分子质量的直链多糖
和高度支链多糖在溶液
中占有的相对体积

对于仅带一种电荷的直链多糖,通常在分子链上连接的是阴离子,例如羧基、磷酸基或硫酸半酯基,由于产生静电排斥作用,使得分子伸展,链长增加和阻止分子间缔合,这类多糖溶液呈现高的黏度。

一般而言,不带电荷的直链均一多糖分子之间倾向于相互缔合和形成部分结晶,这些结晶区不溶于水,而且非常稳定。这源于其分子链中仅具有一种中性单糖的结构单元和一种键型,如纤维素或直链淀粉,当在剧烈条件下加热,多糖分子在水中形成不稳定的分散体系,随后分子链间又相互作用形成有序排列,产生有规律的构象。通常构象非常有规律时会出现部分结晶态,这是中性线型多糖形成沉淀和凝胶的必备条件。例如直链淀粉在加热后溶于水,分子链伸长,当溶液冷却时,分子链段相互碰撞分子间形成氢键相互缔合,成为有序的结构,在重力的作用下会使形成的颗粒产生沉淀。淀粉中出现的这种不溶解效应,称为"老化"。伴随老化,水被排除,则称之为"脱水收缩"。面包和其他焙烤食品,会因直链淀粉分子缔合而变硬。支链淀粉在长期储藏后,分子间也可能缔合产生老化。带电荷的线型多糖会因库仑斥力阻止分子链段相互接近,同时引起链伸展,产生高黏度,形成稳定的溶液,很难发生老化现象。例如海藻酸钠、黄原胶和鹿角藻胶。在鹿角藻胶分子中存在很多的硫酸半酯基,其硫酸根在较低 pH 范围都是完全处于电离状态,因此在溶液 pH 很低时也不会出现沉淀。

胶体溶液的流动性与其水合分子或聚集态的大小、形状、柔顺性和所带电荷多少相关,多糖溶液包括假塑性流体和触变流体两类。假塑性流体具有剪切稀化的流变学特性,流速随剪切速率增加而迅速增大,此时溶液黏度显著下降。液体的流速可因应力增大而提高,黏度的变化则与时间无关。线性高分子通常为假塑性流体,具有剪切稀化的流变学特性。一般而言,多糖分子质量越大则表现出的假塑性愈大。假塑性小的多糖,从流体力学的现象可知,称为"长流",有黏性感觉;而假塑性大的流体为"短流"其口感不黏。触变流体同样具有剪切稀化的特征,但是黏度降低不是随流速增加而瞬间发生。当流速恒定时,溶液的黏度降低是时间的函数。剪切停止后一定时间,溶液黏度即可恢复到起始值,也就是触变溶液在静止时会回复到一种弱的凝胶状态。

3. 多糖的胶凝作用

胶凝作用是多糖的又一重要特性。在食品加工中,多糖分子间可通过氢键、疏水相互作用、范德华力、离子桥接、缠结或共价键等相互作用,在多个分子间形成多个联结区。这些分子与分散的溶剂水分子缔合,最终形成形似海绵、由水分子布满的连续的三维网状结构。这种持水的多糖三维网状结构即为多糖凝胶。凝胶通常仅含1%的高聚物(多糖),如甜食凝胶、肉冻、水果块等。

多糖凝胶可看成固态，但也具有液体性，有弹性和一定黏度。凝胶不像连续液体那样完全具有流动性，也不像有序固体具有明显的刚性，而是一种能保持一定形状，可显著抵抗外界应力作用，具有黏性液体某些特性的黏弹性半固体。凝胶中含有大量的水，有时甚至高达 99%，例如带果块的果冻、肉冻、鱼冻等。凝胶强度依赖于连接区结构的强度，如果连接区不长，则链与链不能牢固地结合在一起，那么，在压力或温度升高时，聚合物链的运动增大，于是分子分开，这样的凝胶属于易破坏和热不稳定凝胶。若连接区包含长的链段，则链与链之间的作用力非常强，足可耐受所施加的压力或热的刺激，这类凝胶硬而且稳定。因此，适当地控制连接区的长度可以形成多种不同硬度和稳定性的凝胶。支链分子或杂聚糖分子间不能很好地结合，因此不能形成足够大的连接区和一定强度的凝胶。这类多糖分子只形成黏稠、稳定的溶胶。同样，带电荷基团的分子，例如含羧基的多糖，链段之间的负电荷可产生库仑斥力，因而阻止连接区的形成。

图 3−20 典型的三维网状凝胶结构示意图

4. 多糖的水解

多糖可以水解产生一系列的中间产物，包括低聚糖、糊精等，完全水解得到单糖。目前水解多糖的方法主要有化学法、物理法和生物法（表3−8）。

表 3−8 植物多糖水解方法的特点

水解方法	辅助试剂或仪器	优点	缺点
化学法	盐酸、硫酸、磷酸等	操作简单易行、反应快、水解物产率高	产物分子量分布宽、均一性差、破坏氨基、有污染
物理法	微波、超声波、辐射等	操作简单易行，可控性好，减少试剂的使用	收率低、成本高
生物法	生物酶	特异性，产品均一性好	生产成本高

化学法是指通过在多糖溶液中加入化学解聚剂，使多糖分子的糖苷键断裂或发生分子重排，从而生成单糖或低聚糖。物理法是指在一定物理条件下，通过断裂易断裂的糖苷键来减小多糖的分子量，从而水解多糖，常用的手段有超声波、辐射和微波辅助等。酶法是多糖水解过程中，利用某些酶能作用于多糖的糖苷键使其断裂从而水解多糖，水解植物多糖常用的酶主要有：纤维素酶、淀粉酶、蛋白酶、壳聚糖酶、脂肪酶等。

多糖水解在食品生产中具有重要作用，在食品加工中常利用酶作催化剂水解多糖，例如果汁加工、果葡糖浆的生产、膳食纤维的制备、生物活性多糖的提取等。

3.2.3 淀粉

食品的重要组分淀粉主要来源于植物，它们具有独特的物理化学性质及营养功能：①没有甜味；②在冷水中不易溶解；③在热水中形成糊状物和凝胶；④在植物中提供了储备的能源和在营养方面供应了能量；⑤它们以特有的淀粉颗粒形式存在于种子和块茎中。当淀粉颗粒在水中的悬浮液被加热时，颗粒吸收水而肿胀和糊化，这会导致悬浮液的黏度增加，最终形成一种糊状物，在冷却时形成凝胶。由于淀粉糊具有高黏度，因此它们常被用来增加食品稠度或减退至不溶解状态，从而导致食品质构的变化。

近年来，为改善天然淀粉的性能和扩大应用范围，研究人员通过采用物理、化学或酶法等方法改变天然淀粉的性质，开发了适用范围更广的变性淀粉，显著地扩大了淀粉作为食品配料的使用范围。

1. 淀粉颗粒和分子结构

淀粉是以颗粒形式普遍存在，是大多数植物的主要储备物，在植物的种子、根部和块茎中含量丰富。淀粉颗粒的大小与形状随植物的品种而改变，淀粉颗粒的直径从不足 1 ~ 100 μm，淀粉颗粒的形状有球形、圆盘形、卵圆形、多角形、长棒形以及混合形等多种。马铃薯淀粉颗粒为椭圆形，玉米淀粉颗粒为圆形和多角形两种，稻米淀粉颗粒为多角形。在常见的几种淀粉中，马铃薯淀粉颗粒最大(直径 100 μm)，而稻米淀粉颗粒最小(直径 1 ~ 10 μm)。在偏光显微镜下可观察到淀粉粒出现的偏光十字，不同种类的淀粉粒其偏光十字出现的位置、形状和清晰程度均不相同，同时还可以看到淀粉粒能产生双折射现象，说明它具有结晶结构。用 X 射线衍射，淀粉粒具有半结晶结构的特点，结晶区与无定形区呈现交替的层状结构。在淀粉粒中约有 70% 的淀粉处在无定形区，30% 为结晶状态，无定形区中主要是直链淀粉，但也含少量支链淀粉；结晶区主要为支链淀粉，支链与支链彼此间形成螺旋结构，并再缔合成束状。

淀粉是由直链淀粉和支链淀粉两部分组成，二者如何在淀粉粒中相互排列尚不清楚，但它们相当均匀地混合分布于整个颗粒中。不同来源的淀粉粒中所含的直链和支链淀粉比例不同，即使同一品种因生长条件不同，也会存在一定的差别。一般淀粉中支链淀粉的含量要明显高于直链淀粉的含量。一些淀粉中直链淀粉与直链淀粉的比例见表 3 - 9。

表 3 - 9 一些淀粉中直链淀粉与直链淀粉的比例   %

淀粉来源	直链淀粉	支链淀粉
蜡质玉米	1	99
小麦	25	75
籼米	17	83
马铃薯	21	79
木薯	17	83

直链淀粉是由 D - 吡喃葡萄糖通过 α - (1→4)糖苷键连接起来的链状分子，如图 3 - 21 所示，一般为 600 ~ 3000 个葡萄糖单位，相对分子质量为 10^5 ~ 10^6，但是从立体构象看，它并非线性，而是由分子内的氢键使链卷曲盘旋成螺旋状的，一般每一螺旋回转含 6 个葡萄糖基。

支链淀粉是 D - 吡喃葡萄糖通过 α - (1→4)糖苷键连接构成主链，支链通过 α - (1→6)两种糖苷键连接主链(图 3 - 22)。支链淀粉整体的结构也远不同于直链淀粉，它呈树枝状，支链都不长，平均含 20 ~ 30 个葡萄糖基，分子平均长度为 60000 ~ 300000 个葡萄糖，相对分

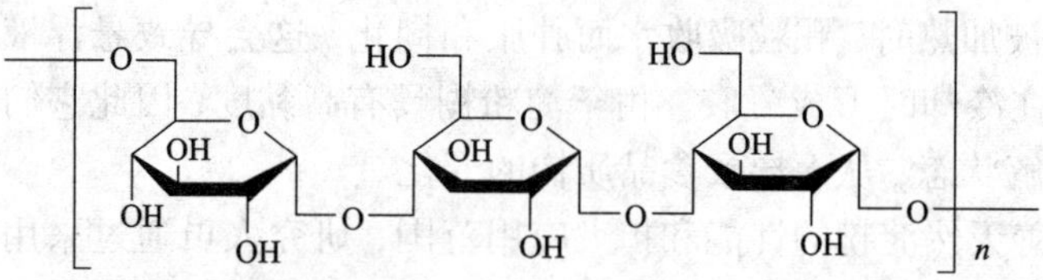

图 3 - 21 直链淀粉局部结构

子质量很大, 为 $1 \times 10^7 \sim 5 \times 10^8$。直链淀粉和支链淀粉的性质概括于表 3 - 10。

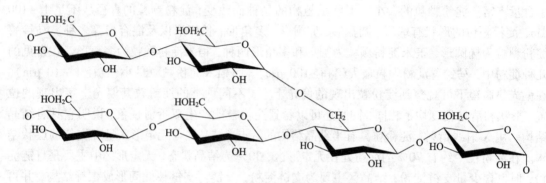

图 3 - 22 支链淀粉局部结构

表 3 - 10 直链淀粉和支链淀粉的性质比较 ℃

性质	直链淀粉	支链淀粉
相对分子质量	$10^5 \sim 10^6$	$1 \times 10^7 \sim 5 \times 10^8$
性质	直链淀粉	支链淀粉
糖苷键	主要是 $\alpha - D - (1 \rightarrow 4)$	$\alpha - D - (1 \rightarrow 4)$, $\alpha - D - (1 \rightarrow 6)$
对老化的敏感性	高	低
$\beta -$ 淀粉酶作用的产物	麦芽糖	麦芽糖, $\beta -$ 极限糊精
葡萄糖淀粉酶作用的产物	$D -$ 葡萄糖	$D -$ 葡萄糖
分子形状	主要为线形	灌木形

2. 淀粉的糊化与老化

1）淀粉的糊化

淀粉一般不溶冷水, 只能形成悬浮液, 生淀粉分子靠分子间氢键结合而排列得很紧密, 形成束状的胶束, 彼此之间间隙很小, 水分子难以渗透进去。具有胶束结构的生淀粉称为 $\beta -$ 淀粉。$\beta -$ 淀粉在水中经加热后, 一部分胶束被溶解而形成空隙, 于是水分子进入内部, 与余下部分淀粉分子进行结合, 胶束逐渐被溶解, 空隙逐渐扩大, 淀粉粒因吸水, 体积膨胀数十倍, 生淀粉的胶束即行消失, 这种现象称为膨润现象。继续加热, 胶束则全部崩溃, 形成淀粉单分子, 并被水包围, 而成为溶液状态, 溶液变成黏稠状, 这种现象称为糊化, 处于这

种状态的淀粉成为 α - 淀粉。

糊化作用可分为三个阶段：加热初期，颗粒吸收少量水分，体积膨胀较少，颗粒表面变软并逐渐发黏，但没有溶解，水溶液黏度也没有增加，如果此时脱水干燥仍可恢复为颗粒状态；第二阶段，随着温度升高到一定程度，淀粉颗粒急剧膨胀，黏度大大提高，并有部分直链淀粉溶于水中，这种现象发生的温度称为糊化温度；在最后阶段，随着温度继续上升，淀粉颗粒增大到数百倍甚至上千倍，大部分淀粉颗粒逐渐消失，体系黏度逐渐升高，最后变成透明或半透明淀粉胶液，这时淀粉完全糊化。当在 95℃ 恒定一段时间后，则黏度急剧下降（图 3 - 23）。各种淀粉的糊化温度不相同，即使同一种淀粉因颗粒大小不一，糊化温度也不一致，通常用糊化开始的温度和糊化完成的温度共同表示淀粉糊化温度。有

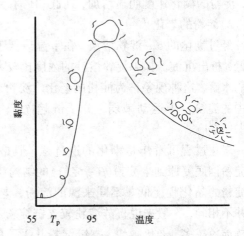

图 3 - 23　淀粉颗粒悬浮液加热到 90℃
并恒定在 95℃的黏度变化曲线
（Bredender 黏度图）

时也把糊化的起始温度称为糊化温度。表 3 - 11 列出几种淀粉的糊化温度。

表 3 - 11　几种淀粉的糊化温度　　　　　　　　　　　　℃

淀粉	开始糊化温度	完成糊化温度	淀粉	开始糊化温度	完成糊化温度
粳米	59	61	小麦	65	68
糯米	58	63	荞麦	69	71
玉米	64	72	甘薯	70	76
大麦	58	63	马铃薯	59	67

淀粉糊化、淀粉溶液黏度以及淀粉凝胶的性质不仅取决于温度，还取决于淀粉结构以及共存的其他组分的种类和数量。①一般情况下，淀粉分子较小，直链淀粉含量越多，氢键作用越强，则糊化温度越高，糊化较难。②淀粉含水量越高，水分子与淀粉分子接触越完全，温度越佳，淀粉越易糊化。淀粉含水量在 30% 以下时，在常压下，即使加温，淀粉粒也不易膨胀糊化。淀粉含水量在 60% ~65% 并采用喷射加水时，能促进淀粉糊化，若采用挤压法，将挤压受热温度提高到 120 ~200℃、压力达到 3 ~10 MPa，淀粉含水量降到 20% ~30%，经十几秒时间，即能糊化。③高浓度的糖降低淀粉糊化的速度、黏度的峰值和凝胶的强度，二糖在推迟糊化和降低黏度峰值等方面比单糖更有效。脂类，如三酰基甘油以及脂类衍生物，能与直链淀粉形成复合物而推迟淀粉颗粒的糊化。在糊化淀粉体系中加入脂肪，会降低达到最大黏度的温度。加入长链脂肪酸组分或加入具有长链脂肪酸组分的一酰基甘油，将使淀粉糊化温度提高，达到最大黏度的温度也升高，而凝胶形成的温度与凝胶的强度则降低。④由于淀粉具有中性特征，低浓度的盐对糊化或凝胶的形成影响很小。而经过改性带有电荷的淀

粉，可能对盐比较敏感。⑤食品的 pH 在 4~7 时对淀粉膨胀或糊化影响很小。而在高 pH 时，淀粉的糊化速度明显增加，在低 pH 时，淀粉因发生水解而使黏度峰值显著降低。

2）淀粉的老化

经过糊化的 α-淀粉溶液，在室温或低于室温下静置一定时间后，溶液变浑浊，溶解度降低，析出沉淀。如果淀粉溶液的浓度比较大，则沉淀物可以形成硬块而不再溶解，也不易被酶水解，这种现象称为淀粉的老化。淀粉老化的化学本质是在温度逐渐降低的过程中，溶液中的淀粉分子运动减弱，分子链趋向于平行排列，相互靠拢，彼此以氢键结合而沉淀（图 3-24）。

老化过程可看作是糊化的逆过程，但是老化不能使淀粉彻底复原到生淀粉（β-淀粉）的结构状态，它比生淀粉的晶化程度低。不同来源的淀粉，老化难易程度并不相同，一般来说直链淀粉较支链淀粉易于老化，直链淀粉越多，老化越快，支链淀粉几乎不发生老化。其原因是它的结构呈三维网状空间分布，妨碍了微晶束氢键的形成。老化也是影响淀粉用途和产品质量的重要因素。老化后的淀粉与水失去亲和力，影响加工食品的质构，并且难以被淀粉酶水解，因而也不易被人体消化吸收。许多食品在贮藏过程中品质变差，如面包的陈化、米汤的黏度下降并产生白色沉淀等，都是由于淀粉老化的结果。所以，对淀粉老化的控制在食品工业中有重要意义。

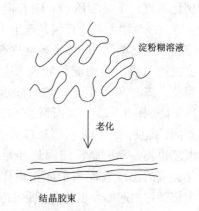

图 3-24 淀粉老化的过程

生产中可通过控制淀粉的含水量、贮存温度、pH 及加工工艺条件等方法来防止。淀粉含水量为 30%~60% 时较易老化，含水量小于 10% 或在大量水中则不易老化；老化作用最适温度为 2℃~4℃，大于 60℃ 或小于 -20℃ 都不发生老化；在偏酸或偏碱的条件下也不易老化。也可将糊化后的 α-淀粉，在 80℃ 以上的高温迅速除去水分（水分含量最好达 10% 以下）或冷至 0℃ 以下迅速脱水，成为固定的 α-淀粉。α-淀粉加水后，因无胶束结构，水易于进入，将淀粉分子包围，因而不需加热，亦易糊化。这就是制备方便米面食品的原理。

3. 淀粉的水解

淀粉在酶、酸、碱等条件下水解可生产糊精、淀粉糖浆、麦芽糖浆、葡萄糖等产品。淀粉水解主要有酸水解法和酶水解法两种：①淀粉在酸的催化下加热会发生不同程度的随机水解，最初生成大的片段，当增大酸水解的程度，则得到低黏度糊精，由于它们具有较好的成膜性和黏结性，通常用作焙烤果仁和糖果的涂层、风味保护剂或风味物质微胶囊化的壁材等。淀粉在酸和热的作用下，最终水解生成葡萄糖。②采用酶-酶转化法以玉米为原料生产玉米糖浆，首先是使玉米淀粉糊化，然后用 α-淀粉酶（或者葡萄糖糖化酶）处理糊化淀粉，达到所需要的淀粉水解度，接着用第二种酶处理。酶的种类取决于所要求的玉米糖浆类型。生产高果糖玉米糖浆，通常使用固定化 D-葡萄糖异构酶，使 D-葡萄糖转化成 D-果糖，一般可得到约含 58% D-葡萄糖和 42% D-果糖的玉米糖浆，也称果葡糖浆。如果想制备高果糖玉米糖浆（high-fructose corn syrup，HFCS，果糖含量达 55% 以上），可将异构化后的糖浆通过钙离子交换树脂，使果糖与树脂结合，然后回收得到富含果糖的玉米糖浆。果糖含量越高其甜度越大,90% 果糖的糖浆甜度是 42% 果糖的 1.4 倍。玉米糖浆可以代替蔗糖作为甜味剂,用于非酒精饮料、糖果和点心类食品的生产。

淀粉水解为 D – 葡萄糖的程度(即淀粉糖化值)可用葡萄糖当量(dextrose equivalency, DE)来衡量,其定义是还原糖(按葡萄糖计)在玉米糖浆中所占的百分数(按干物质计)。DE 与聚合度 (degree of polymerization, DP)的关系如下:

$$DE = 100/DP$$

通常将 DE < 20 的水解产品称为麦芽糊精,DE 为 20 ~ 60 的叫做玉米糖浆。表 3 – 12 给出了淀粉水解产品的功能性质。

表 3 – 12　淀粉水解产品的功能性质

水解度较大的产品性质[①]	水解度较小的产品性质[②]
甜味	黏稠性
吸湿性和保湿性	形成质地
降低冰点	泡沫稳定性
风味增强剂	抑制糖结晶
可发酵性	阻止冰晶生成
褐变反应	

4. 淀粉的改性

由于原淀粉的许多固有性能,如黏度稳定性、糊化性能、溶解性等在应用上受到限制,因此采用物理、化学和生物化学等方法,使原淀粉的结构、物理和化学性质发生改变而产生特定的性能和用途,这种通过处理的淀粉统称为改性淀粉。

1)淀粉改性的优点

(1)使用改性淀粉,可以使其在高温、高剪切力和低 pH 条件下保持较高的黏度稳定性,从而保持增稠能力。

(2)通过改性处理,可以使淀粉在室温或低温保藏过程中不易回生,从而避免食品凝沉或胶凝,形成水质分离。

(3)通过改性处理提高淀粉糊的透明度,改善食品外观,提高其光泽度。

(4)通过改性处理改善乳化性能。

(5)通过改性处理可降低淀粉黏度,还可提高淀粉形成凝胶的能力。

(6)可通过改性处理提高淀粉溶解度或改善其在冷水中的吸水膨胀能力,改善淀粉在食品中的加工性能。

(7)通过改性处理改善淀粉的成膜性。

2)食品中常用的改性淀粉及其特点

食品中常用的改性淀粉及其特点见表 3 – 13。

表 3-13　食品中常用的改性淀粉及其特点

常用改性淀粉	特点
预糊化淀粉	冷水可溶形成黏度，无需加热，使用方便
醋酸酯化淀粉	糊化温度降低，黏度、透明度和保水稳定性提高
交联淀粉	耐受能力提高，糊丝短，体态细腻
氧化淀粉	黏度降低，成膜性好，凝胶能力增强
醚化淀粉	糊化温度降低，黏度升高，抗老化能力提高
磷酸酯淀粉	保水能力提高，具有一定的乳化性
羧甲基淀粉	强水溶性，溶于冷水，黏稠度高，透明度高
酸变性淀粉	热黏度降低，可配制高浓度淀粉糊

（1）预糊化淀粉。

淀粉悬浮液在高于糊化温度下加热，而后进行干燥即得到可溶于冷水和能发生胶凝的淀粉产品。溶解速度和黏接性是预糊化淀粉的主要性质，因此它可用于一些对时间要求比较严格的场合，在食品工业中可用于节省热处理而要求增稠、保型等方面，可改良糕点质量、稳定冷冻食品的内部组织结构等。预糊化淀粉在食品工业中主要用于制作软布丁、肉汁馅、浆、脱水汤料、调料剂以及果汁软糖等。

（2）酯化淀粉。

酯化淀粉就是指淀粉结构中的羟基被有机酸或无机酸酯化而得到的一类变性淀粉。酯化淀粉易糊化，糊化温度低，黏度稳定，溶液呈中性，成膜性能好，膜的柔软性和延伸性也较好，糊的透明度得到改善，热稳定性和冷融稳定性有较大提高。酯化淀粉可作为增稠剂和稳定剂用于焙烤食品、汤汁粉料、沙司、布丁、冷冻食品等。

（3）交联淀粉。

交联淀粉是以淀粉为原料，通过交联剂的交联作用而制备，淀粉经交联后，性能稳定且优于原淀粉，制备交联淀粉时是在淀粉中依次加入氯化钠溶液和氢氧化钠溶液，搅拌一段时间后，再加入特定的交联剂，常用的交联剂有三偏磷酸二钠、三氯氧磷等。反应停止后用盐酸调节 pH，过滤，用无水乙醇洗涤，滤饼干燥。交联淀粉主要用于婴儿食品、色拉调味料、水果馅饼等，能使食品在煮后依然保持悬浮状态，阻止胶凝和老化，能很好地用于冷冻食品中。

（4）醚化淀粉。

醚化淀粉是在催化剂的存在下，选用活泼的醚化剂，通过化学方法对玉米淀粉进行加工而制成。醚化淀粉黏度稳定性好，且在强碱性条件下醚键不易发生水解。醚化淀粉的生产工艺路线不长、技术简单，便于形成生产规模。醚化淀粉在食品工业中应用广泛，用于蛋糕、布丁和油炸食品中。

（5）氧化淀粉。

淀粉在一定的介质中与氧化剂作用所得产品即为氧化淀粉。氧化淀粉黏度低、固体分散性高、凝胶化作用极小。氧化结果除了苷键断裂外，有限地引入醛基和羧基，使淀粉分子官能团发生变化,部分解聚。淀粉在酸、碱、中性介质中都可以与氧化剂反应生成氧化淀粉,氧化程度主要取决于氧化剂的种类和介质的 pH。氧化淀粉常用于色拉调味料和蛋黄酱等较低黏度的填充料。

(6)接枝淀粉。

接枝淀粉是由淀粉与某些化学单体接枝共聚反应生成。淀粉能与丙烯腈、丙烯酸、甲基丙烯酸甲酯、丁二烯、苯乙烯和其他多种人工合成高分子单体一起接枝共聚反应,为新型化工产品,用途多。

3.2.4 果胶

果胶(pectin)物质存在于植物的细胞间隙或中胶层中,通常与纤维素结合在一起,形成植物细胞结构和骨架的主要部分。果胶的组成与性质随不同的来源有很大差别。它们通常具有以下的特征:①果胶类似于淀粉和纤维素,是由重复单位所构成,但此单位是糖醛酸而不是单糖。②果胶一般存在于水果和蔬菜中,它们是植物胶类物质(存在于细胞壁和细胞间,使植物细胞能黏合在一起)。③果胶能溶于水,尤其是热水。④果胶以胶体溶液的形式提高了番茄酱和橘汁的黏度,并稳定了其中的微小粒子使其免于沉降。⑤当加入糖和酸时,果胶溶液可形成凝胶。这些天然存在的果胶和其他植物胶常被加入食品中作为增稠剂和稳定剂。

1. 果胶的化学结构与分类

果胶的结构由主链和侧链两部分组成,分子的主链是 $150 \sim 500$ 个 $\alpha - D -$ 吡喃半乳糖醛酸基(相对分子质量为 $30000 \sim 100000$)通过 $1 \rightarrow 4$ 糖苷键连接而成,其中部分羧基被甲酯化,见图 $3 - 25$。

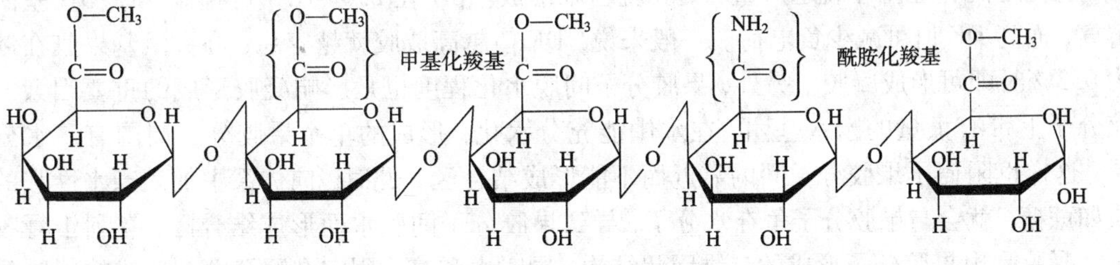

图 3 – 25 果胶的结构

侧链是由短的呈毛发状的 $\alpha - L -$ 吡喃鼠李糖半乳糖醛酸聚糖部分构成,鼠李糖残基呈现毗连或交替的位置,因此果胶的分子结构可看做由均匀区与毛发区组成(图 $3 - 26$)。均匀区是由 $\alpha - D -$ 半乳糖醛酸基通过 $1 \rightarrow 4$ 糖苷键线形连接,毛发区是由高度支链 $\alpha - L -$ 鼠李半乳糖醛酸聚糖组成。

植物体内的果胶物质一般有三种形态,即原果胶、果胶、果胶酸。在未成熟的果实细胞内含有大量的原果胶,随着果实成熟度的增加,原果胶水解成果胶,果蔬组织就变软而富有弹性,当果实过熟时,果胶发生去酯化作用生成果胶酸。根据果胶分子羧基酯化度(DE)的不同,天然果胶一般分为两类:其中一类分子中超过一半的羧基是甲酯化(—COOCH$_3$)的,称为高甲氧基果胶(HM),余下的羧基是以游离酸(—COOH)及盐(—COO$^-$Na$^+$)的形式存在;另一类分子中低于一半的羧基是甲酯化的,称为低甲氧基果胶(LM)。酯化度(DE)指酯化的半乳糖醛酸残基数占半乳糖醛酸残基总数的百分比，DE ≥ 50%的为高甲氧基果胶。

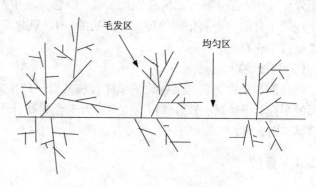

图3-26 果胶分子结构示意图

2. 果胶的性质

纯品果胶物质为白色或淡黄色粉末，略有特异气味，味微甜带酸。在水中可溶解，形成一种带负电荷的黏性胶体溶液，但不溶于乙醚、丙酮等有机溶剂。果胶在水中的溶解度与其分子结构有关，多聚半乳糖醛酸链越长在水中溶解度越小；在一定程度上还随酯化度的增加而增加。果胶酸的溶解度较低。果胶溶液是高黏度溶液，其黏度与链长成正比；而酯化度越高，黏度越低。

果胶在酸、碱或酶的作用下可发生水解，可使酯水解（去甲酯化）或糖苷键水解；在高温强酸条件下，糖醛酸残基发生脱羧作用。

3. 果胶凝胶形成的条件与机理

果胶在一定条件下具有胶凝能力，不同酯化度的果胶形成凝胶的条件和机制不同。

HM果胶（DE > 50%）溶液必须在具有足够的糖和酸存在的条件下才能胶凝，形成凝胶的条件为 pH = 2.0 ~ 3.5，且体系中含有55%以上可溶性固形物（多为蔗糖）。首先果胶分子间只有相互靠近形成许多结合区，才能形成凝胶的三维空间网络，而如果果胶分子所带电荷越多，它们之间相互排斥就越严重，凝胶就越难形成。pH在2.0 ~ 3.5可抑制—COOH基团的解离，而高DE值可减少负电荷。一般来说，DE值越高成胶就越容易，高甲氧基果胶在浓度为0.3%时即可形成凝胶。另外，果胶分子间脱水化程度也是影响凝胶形成的重要因素。果胶分子上带有大量的亲水基团，在水中能充分水化，形成的单个果胶分子周围有一水分子层，这样也阻碍了果胶分子间的靠近而不能形成结合区。此时，向体系中加入亲水性强的物质如蔗糖，就会与果胶分子争夺水分子，导致果胶分子间脱水而形成结合区，有利于凝胶形成。凝胶是由果胶分子形成的三维网状结构，同时水和溶质固定在网孔中。形成的凝胶具有一定的凝胶强度，有许多因素影响凝胶的形成与凝胶强度，最主要的因素是果胶分子的链长与连接区的化学性质。在相同条件下，相对分子质量越大，形成的凝胶越强，如果果胶分子链降解，则形成的凝胶强度就比较弱。凝胶强度与平均相对分子质量具有非常好的相关性，凝胶强度还与每个分子参与连接的点的数目有关。HM果胶的酯化度与凝胶的胶凝温度有关，因此根据胶凝时间和胶凝温度可以进一步将HM果胶进行分类（表3-14）。此外，凝胶形成的pH也和酯化度相关，快速胶凝的果胶（高酯化度）在pH 3.3也可以胶凝，而慢速胶凝的果胶（低酯化度）在pH 2.8可以胶凝。凝胶形成的条件同样还受到可溶性固形物的含量与pH的影响，固形物含量越高及pH越低，则可在较高温度下胶凝，因此，在制造果酱和糖果时必须选择Brix（固形物含量）、pH以及适合类型的果胶以达到所期望的胶凝温度。

表 3-14 果胶的分类与胶凝条件

果胶类型	酯化度	胶凝条件	胶凝速率
高甲氧基	74~77	Brix>55, pH<3.5	超快速
高甲氧基	71~74	Brix>55, pH<3.5	快速
高甲氧基	66~69	Brix>55, pH<3.5	中速
高甲氧基	58~65	Brix>55, pH<3.5	慢速
低甲氧基	40	Ca^{2+}	慢速
低甲氧基	30	Ca^{2+}	快速

LM 果胶（DE<50%）在没有糖存在时也能形成稳定的凝胶，但必须在二价阳离子（如 Ca^{2+}）存在情况下形成凝胶，pH 为 2.5~6.5。胶凝的机理是由不同分子链的均匀（均一的半乳糖醛酸）区间形成分子间接合区，胶凝能力随 DE 的减少而增加。正如其他高聚物一样，相对分子质量越小，形成的凝胶越弱。果胶分子仅靠调节溶液 pH 很难形成结合区，此时就需要有 Ca^{2+} 的参与，Ca^{2+} 在果胶分子间形成交联键，随着 Ca^{2+} 浓度的增加，胶凝温度和凝胶强度也增加。另外，当加入蔗糖使可溶性固形物为 10%~20% 可明显改善凝胶的质地。

4. 果胶在食品中的应用

由于果胶具有良好的凝胶、增稠、稳定等特性，能够用于不同的食品体系中：①作为胶凝剂，用于果酱、果冻、软糖等制作；②作为稳定剂，用于果胶巧克力饮料和酸性乳饮料的制作，在冷冻食品中果胶能减缓冷冻过程中冰晶的生长，改善冰制品的质构；③作为脂肪仿制品，即利用果胶低热量的性能，用各种不同酯化度的低脂果胶制成脂肪仿制品，如无脂冰淇淋；④作为品质改良剂，即利用果胶良好的酸稳定性及清爽利口的口感，来改进色拉酱的特性等。⑤作为膳食纤维配料，利用果胶具有改善肠道、减肥、降低血糖和胆固醇的作用加入到保健食品中。

3.2.5 功能性多糖

多糖是生命物质的组成成分之一，广泛存在于动物、植物和微生物中，它不仅为生物提供骨架结构和能量来源，还广泛参与细胞各种生理过程的调节。20 世纪 50 年代发现真菌多糖具有抗癌作用，后来又发现地衣、花粉及许多植物均含有多糖类化合物，并进行分离提纯，确定了其化学结构、物理化学性质、药理作用，尤其对多糖类化合物的抗肿瘤和免疫增强作用进行深入研究。近年来，功能性多糖的研究备受关注，对多糖及多糖化合物的研究已经成为生物学研究领域中新的热点之一。迄今，已有近 300 种多糖类化合物从天然产物中被分离提取出来，各种多糖类保健食品也应运而生。

功能性多糖包括膳食纤维和生物活性多糖。

1. 膳食纤维

1）膳食纤维的定义

膳食纤维（dietary fibre）是指不被人体消化吸收的多糖类碳水化合物和木质素，并且通常将膳食中那些不被消化吸收的、含量较少的成分，如糖蛋白、角质、蜡和多酚酯等，也包括于膳食纤维范围内。膳食纤维的化学组成包括三大部分：

（1）纤维状碳水化合物——纤维素。

（2）基料碳水化合物——果胶、果胶类化合物和半纤维素等。

（3）填充类化合物——木质素。

从具体组成成分上来看，膳食纤维包括阿拉伯半乳聚糖、阿拉伯聚糖、半乳聚糖、半乳聚糖醛酸、阿拉伯木聚糖、木糖葡聚糖、糖蛋白、纤维素和木质素等。其中部分成分能够溶解于水中，称为水溶性膳食纤维，其余的称为不溶性膳食纤维。各种不同来源的膳食纤维制品，其化学成分的组成与含量各不相同。

国外业已研究开发的膳食纤维共六大类约30余种，包括：①谷物纤维；②豆类种子与种皮纤维；③水果蔬菜纤维；④其他天然合成纤维；⑤微生物纤维；⑥合成、半合成纤维。

2）膳食纤维的理化特性

膳食纤维的理化特性主要为：

（1）很高的持水力，膳食纤维结构中含有许多亲水性基团，有很强的吸水性、保水性和膨胀性。不同类别的膳食纤维其化学组成、结构及物理特性不同，持水力也不同，变化范围为自身重量的 $1.5 \sim 2.5$ 倍。

（2）对阳离子有结合和交换能力，膳食纤维化学结构中含有羧基、烃基和氨基等侧链基团，可产生类似弱酸性阳离子交换树脂的作用。这些侧链基团可与阳离子进行可逆交换，从而影响消化道的 pH、渗透压及氧化还原电位等，使消化道出现一个缓冲环境，有利于营养物质的消化吸收。

（3）对有机化合物有吸附螯合作用，膳食纤维表面带有很多活性基团而具有吸附肠道中胆汁酸、胆固醇等有机化合物的功能，从而影响体内胆固醇和胆汁酸类物质的代谢，抑制人体对它们的吸收，并促进它们迅速排出体外。

（4）具有类似填充剂的容积，膳食纤维吸水后产生膨胀，体积增大，食用后膳食纤维，会对肠道产生容积作用而易引起饱腹感。同时膳食纤维的存在影响了机体对食物其他成分的消化吸收，使人不易产生饥饿感。

（5）可改善肠道系统中的微生物群组成，膳食纤维在肠道易被细菌酵解，其中可溶性纤维可完全被细菌酵解，而不溶性膳食纤维则不易被酵解。而酵解后产生的短链脂肪酸如乙酯酸、丙酯酸和丁酯酸均可作为肠道细胞和细菌的能量来源。促进肠道蠕动，减少胀气，改善便秘。

3）膳食纤维的生理功能

膳食纤维的生理功能主要有：①预防结肠癌与便秘；②降低血清胆固醇，预防由冠状动脉硬化引起的心脏病；③改善末梢神经对胰岛素的感受性，调节糖尿病人的血糖水平；④改变食物消化过程，增加饱腹感；⑤预防肥胖症、胆结石和减少乳腺癌的发生率等。

4)膳食纤维的副作用

膳食纤维有妨碍消化与吸附营养的副作用,摄入过量的膳食纤维会导致胃肠不适,如增加肠蠕动和增加产气量,会影响人体对蛋白质、维生素和微量元素的吸收。

2. 生物活性多糖

生物活性多糖是指从生物体中提取的一类具有生物生理活性的多糖类物质,一般由10个以上的一种或多种单糖缩合而成,广泛存在于自然界的植物、细菌、真菌、藻类及动物体内。目前在保健食品中常用到的多糖主要有:虫草多糖、银耳多糖、灵芝多糖、香菇多糖、枸杞多糖、螺旋藻多糖等。多糖在保健食品中大多作为一类非特异性免疫增强剂,用于增强体质、抗缺氧、抗疲劳、延缓衰老等。不同的多糖具有不同的生理活性,如降血糖、降血脂、降血清过氧化脂质、抗血凝等,部分多糖还具有显著的抗癌活性,例如从香菇中分离出的香菇多糖,从灵芝子实体中分离出的灵芝多糖等。按多糖的主要来源可将其划分为真菌多糖、植物多糖、动物多糖三大类,其结构和主要活性见表3－15。

表3－15　一些活性多糖的来源、结构及主要活性

多糖名称	来源	相对分子质量	结构	主要活性
云芝多糖	担子菌	50000 ~ 100000	$\beta-(1{\to}4)$葡聚糖(6位分枝)含少量肽	对抑制肿瘤有效,减轻化疗药物的毒性
香菇多糖	香菇	500000	$\beta-(1{\to}6)$分枝的$\beta-(1{\to}4)$葡聚糖	活化T-淋巴细胞来抗肿瘤;佐剂;增加DNA的合成和外周单核免疫球蛋白的产生
灵芝多糖	灵芝	40000	α和$\beta-(1{\to}4)$,$\beta-(1{\to}6)$和$(1{\to}3)$阿拉伯木聚糖	抗肿瘤,提高免疫力
裂褶多糖	担子菌	400000	6位分枝$\beta-(1{\to}3)$葡聚糖	对肺癌有效;活化非特异性的补体系统;诱导产生干扰素
茯苓多糖	担子菌	500000	$\beta-(1{\to}3)$葡聚糖	抗肿瘤
地衣多糖	地衣	100000 ~ 500000	$\beta-(1{\to}3)$和$\beta-(1{\to}4)$葡聚糖	对小鼠肉瘤S-180有效
海藻多糖	海藻	—	$(1{\to}3)$和$(1{\to}4)$半乳甘露聚糖	抗病毒、肿瘤;免疫促进作用
黄芪多糖	植物	50000	6位分枝$\alpha-(1{\to}4)$葡聚糖	促进淋巴细胞的转化功能;增强吞噬功能;抑制肝、脾碱性Rnase的活力

多糖名称	来源	相对分子质量	结构	主要活性
刺五加多糖	植物	30000	主链 β(1→4)木聚糖，侧链阿拉伯糖，4-甲基葡萄糖酸	免疫促进作用
当归多糖	植物	44000~200000	6位分枝 α-(1→4)葡聚糖	促进脾淋巴细胞增殖
啤酒酵母多糖	啤酒酵母	—	D-甘露糖或 D-葡聚糖	增加腹腔巨噬细胞的三种溶酶体；抑制增殖的肿瘤细胞
亮菌多糖	假蜜环菌	145000	α-(1→6)，α-(1→3)葡萄糖、半乳糖、甘露糖、木糖、海藻糖	抗肿瘤；免疫促进作用
金针菇多糖	金针菇	348000	半乳糖、葡萄糖、甘露糖	抑制肿瘤
虫草多糖	蛹虫草	23000~550000	甘露糖、虫草素、腺苷、半乳糖、阿拉伯糖、木糖精、葡萄糖、岩藻糖组成的多聚糖	提高人体免疫功能，升高白细胞，治疗恶性肿瘤
茶多糖	茶叶	10000~50000	阿拉伯糖、木糖、葡萄糖、半乳糖、半乳葡聚	降血糖、降血脂、增强免疫力、降血压
山药多糖	植物薯蓣	42000~81000	甘露糖、木糖、阿拉伯糖、葡萄糖和半乳糖	增强免疫、延缓衰老、抗肿瘤、降低血糖

3. 生物活性多糖在食品中的应用

生物活性多糖由于其对人体具有独特的生理作用，现在已在各类保健食品、营养强化食品、食疗产品中得到广泛应用。

1）保健食品

目前已有很多调节免疫，增强抗病能力的产品出现，如口服液、含片、保健粥等。

2）功能饮料

生物活性多糖是研发保健饮料重要原料之一，它们大多具有良好的水溶性，除赋予饮料一定保健功能外，还可起到一定增稠、稳定和提高口感作用，一般用量为 0.1%~0.3%，如爱玉多糖作为增稠剂和稳定剂用于浓缩果汁、酸味饮料等，硒酸脂多糖用于饮料生产，不仅可作为硒营养强化剂，还可作为胶凝剂、增稠剂、悬浮剂和澄清助剂等。目前市场上也有以枸杞多糖、银耳多糖等原料开发的功能饮料。

3）面制品

生物活性多糖应用为开发多功能、营养性新型面制品开发提供方向。生物活性具有增稠、稳定、热凝胶性等一系列独特食品加工性能，不仅增强面制品保健功能，还可有效防止挂面、中式汤面糊汤、软烂现象，并提高面条弹性。在方便面调味品中加入当归多糖或枸杞多糖，开发出当归炖鸡、枸杞炖鸡等新的方便面品种。

4）肉制品

生物活性多糖可作为营养强化剂直接加入肉制品。如硒酸酯多糖在肉制品中除可作为硒源营养补充剂，生产富硒火腿肠、午餐肉等外，还可增强肉的持水性，改善制品弹性及切片性能。利用生物活性多糖还可开发一些特殊人群如高血脂、糖尿病患者等食用肉制品。

思考题

1. 简述多糖的分类和主要功能。
2. 简述多糖的主要物理化学特性。
3. 简述淀粉的糊化与老化。
4. 阐述常见改性淀粉的种类和应用。
5. 简述果胶的凝胶形成和在食品中的应用。
6. 简述阿拉伯胶、瓜尔豆胶、海藻胶结构和性质的异同。
7. 简述膳食纤维的主要作用。
8. 简述生物活性多糖的主要作用。

第4章

脂 质

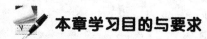

本章学习目的与要求

- 了解脂质的分类、结构和命名。
- 掌握油脂的结晶特性，熔融特性等物理性质。
- 掌握油脂氧化的机理及影响因素，抗氧化剂的抗氧化原理；油脂在加工储藏中会发生的化学变化。
- 熟悉油脂质量评价的指标和检验方法。
- 熟悉油脂的加工和改性方法。

4.1 概述

脂质（lipids）又称脂类，是脂肪及类脂的总称，是生物体内一大类溶于有机溶剂而不溶于水的天然有机化合物。分布于动植物体内的天然脂质主要为三酰基甘油酯（占99%左右），俗称为油脂或脂肪，人们习惯上把室温下呈液态的称为油（oil），呈固态的称为脂（fat），油和脂在化学上没有本质区别；另外脂质还有包括少量非酰基甘油化合物的类脂，如磷脂、甾醇、糖脂、类胡萝卜素等。在植物组织中脂类主要存在于种子或果仁中，在根、茎、叶中含量较少；动物体中主要存在于皮下组织、腹腔、肝和肌肉内的结缔组织中；许多微生物细胞中也能积累脂质。

脂类是食品中重要的组成成分和营养成分。人们日常从食品中摄入的脂类包括从植物或动物中分离出来的游离脂，如奶油、猪油或色拉油；做为食品组分存在的脂，如肉、乳、大豆中的脂。油脂是一类高热量化合物，每克能产生约 38 kJ 的热量，该值远大于蛋白质与淀粉所产生的热量（约为 16 kJ/g）；油脂还能提供给人体必需的脂肪酸（如亚油酸、亚麻酸和花生四烯酸等）；同时也是脂溶性维生素（A，D，K 和 E）的载体。但是过多摄入油脂也会对人体产生不利影响，如引起肥胖、增加心血管疾病发病率，这也是近几十年来研究和争论的热点。

食用油脂所具有的物理和化学性质，对食品的品质有十分重要的影响。油脂能溶解风味物质，赋予食品良好的风味；在食品加工时，如用作热媒介质（煎炸食品、干燥食品等）不仅可以脱水，还可产生特有的香气；为食品提供滑润的口感，光润的外观；塑性脂肪可用于蛋糕、巧克力或其他食品的造型。但油脂化学性质活泼，在食品加工、贮存、运输过程中容易发生水解、聚合、氧化等反应，严重影响食品的色、香、味，以及营养和安全，为食品品质带来诸多不利因素。

4.2 脂质的分类

脂质按其结构和组成可分为简单脂质（simple lipids）、复合脂质（complex lipids）和衍生脂质（derivative lipids）（表4-1）。天然脂类物质中最丰富的一类是酰基甘油类，广泛分布于动植物的脂质组织中。

表4-1 脂质的分类

主类	亚类	组成
简单脂质	酰基甘油 蜡	甘油 + 脂肪酸 长链脂肪醇 + 长链脂肪酸
复合脂质	磷酸酰基甘油 鞘磷脂类 脑苷脂类 神经节苷脂类	甘油 + 脂肪酸 + 磷酸盐 + 含氮基团 鞘氨醇 + 脂肪酸 + 磷酸盐 + 胆碱 鞘氨醇 + 脂肪酸 + 糖 鞘氨醇 + 脂肪酸 + 碳水化合物
衍生脂质		类胡萝卜，类固醇，脂溶性维生素等

4.2.1 简单脂质

简单脂质是脂肪酸与各种不同的醇类形成的酯，包括酰基甘油酯和蜡。

1. 酰基甘油酯

酰基甘油酯又称油脂或脂肪，是以甘油为主链的脂肪酸酯。如三酰基甘油酯的化学结构为甘油分子中三个羟基都被脂肪酸酯化，故又称为甘油三酯（triglyceride）或中性脂肪。甘油分子本身无不对称碳原子，但如果它的三个羟基被不同的脂肪酸酯化，则中间一个碳原子成为不对称原子，因而有两种不同的构型（L-构型和D-构型）。天然的甘油三酯都是L-构型。酰基甘油酯分为甘油一酯、甘油二酯和甘油三酯。酰基甘油酯特别是甘油三酯是本章的主要学习内容，其具体结构和命名、理化性质及在食品加工和贮藏中变化将在随后章节中详细介绍。

2. 蜡

蜡（waxes）是由高级脂肪醇与高级脂肪酸形成的酯，广泛分布于动、植物组织内，在生理上蜡有保护机体的作用。蜡在动植物油脂的加工过程中会融入到油脂中，如米糠毛油中蜡含量达到2%~4%时，会对油脂的外观产生不良影响。由于不同动植物中脂肪醇与脂肪酸的分子大小的差异，不同来源的蜡，其理化特性有明显差别，如蜂蜡的熔点为60~70℃，大豆蜡为 78～79℃，葵花子蜡为 79～81℃。常见的蜡有真蜡、固醇蜡等。真蜡是长链一元醇的脂肪酸酯。固酯蜡是固醇与脂肪酸形成的酯，如维生素 A 酯、维生素 D 酯等。

4.2.2 复合脂质

复合脂质(complx lipids)是含有其他化学基团的脂肪酸酯，动物体内主要含磷脂和糖脂两种复合脂质。

1. 磷脂

磷脂(phospholipid)是生物膜的重要组成部分，其特点是在水解后产生含有脂肪酸和磷酸的混合物。根据磷脂的主链结构分为磷酸甘油酯和鞘磷脂。

1)磷酸甘油酯(phosphoglycerides)

主链为甘油-3-磷酸，甘油分子中的另外两个羟基都被脂肪酸所酯化，磷酸基团又可被各种结构不同的小分子化合物酯化后形成各种磷酸甘油酯。人体内含量较多的是磷脂酰胆碱(卵磷脂)、磷脂酰乙醇胺(脑磷脂)、磷脂酰丝氨酸、磷脂酰甘油、二磷脂酰甘油(心磷酯)及磷酯酰肌醇等，每一磷脂可因组成的脂肪酸不同而有若干种，见图4-1。从分子结构可知甘油分子的中心原子是不对称的，因而具有不同的立体构型。

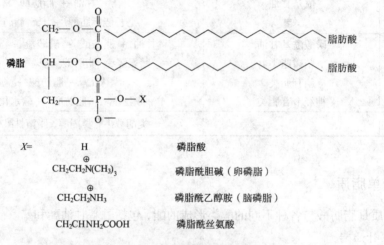

图4-1 机体中几类重要的磷脂

2)鞘磷脂(sphingomyelin)

它是含鞘氨醇或二氢鞘氨醇的磷脂，其分子不含甘油，是一分子脂肪酸以酰胺键与鞘氨醇的氨基相连。鞘氨醇或二氢鞘氨醇是具有脂肪族长链的氨基二元醇。有疏水的长链脂肪烃基尾和两个羟基及一个氨基的极性头。其化学结构式见图4-2。

鞘磷脂含磷酸，其末端取代基团为磷酸胆碱或乙醇胺。人体含量最多的鞘磷脂是神经鞘磷脂，由鞘氨醇、脂肪酸及磷酸胆碱构成。神经鞘磷脂是构成生物膜的重要磷脂，常与卵磷脂并存于细胞膜外侧。

2. 糖脂

糖脂(glycolipids)是一类含糖类残基的复合脂质，其化学结构各不相同，且不断有糖脂的新成员被发现。糖脂亦分为两大类：糖基酰甘油和糖鞘脂。

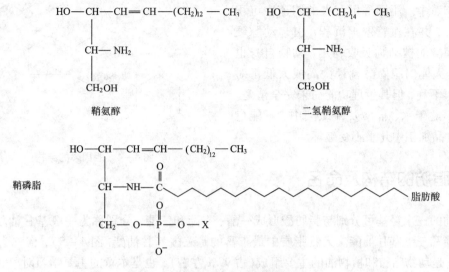

图 4-2 机体几类重要的鞘磷脂

(1)糖基酰基甘油(glycosylacylglycerids)。糖基酰甘油的结构与磷脂类似,主链是甘油,含有脂肪酸,但不含磷及胆碱等化合物。糖类残基是通过糖苷键连接在 1,2-甘油二酯的 C-3 位上构成糖基甘油酯分子。已知这类糖脂可由各种不同的糖类构成它的极性头。不仅有二酰基甘油酯,也有 1-酰基的同类物。自然界存在的糖脂分子中的糖主要有葡萄糖和半乳糖,脂肪酸多为不饱和脂肪酸。

(2)糖硝脂(glycosphingolipids)。有人将此类物质列入鞘脂和鞘磷脂一起讨论,故又称鞘糖脂。糖鞘脂分子母体结构是神经酰胺。脂肪酸连接在长链鞘氨醇的 C-2 氨基上,构成的神经酰胺糖类是糖鞘脂的亲水极性头。含有一个或多个中性糖残基作为极性头的糖鞘脂类称为中性糖鞘脂或糖基神经酰胺,其极性头带电荷,最简单的脑苷脂是在 C-3 羟基上,以 β-糖苷键链接一个糖基(葡萄糖或半乳糖)。

4.2.3 衍生脂质

衍生脂质主要包括脂肪酸及其衍生物前列腺素等、长链脂肪醇,如鲸蜡醇等,甾醇。

甾醇又叫类固醇(steroids),是天然甾族化合物中的一大类,以环戊烷多氢菲为基本结构(图 4-3),环上有羟基的即甾醇。动物、植物组织中都有,对动、植物的生命活动很重要。动物普遍含胆甾醇,习惯上称为胆固醇(cholesterol),与胆固醇脂肪酸酯,在生物化学中有重要的意义。植物很少含胆甾醇而含有豆甾醇(stimasterol)、菜子甾醇(brassicasterol)、菜油甾醇(campesterol)和谷甾醇(sitosterol)等。麦角甾醇(ergosterol)存在于菌类中。

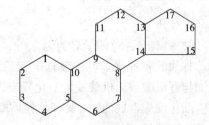

图 4-3 环戊烷多氢菲的结构

胆固醇(图 4-4)以游离形式或脂肪酸酯的形式存在,主要存在于动物的血液、脂肪、脑、神经组织、肝、肾上腺、细胞膜的脂质混合物和卵黄中。胆固醇可在人的胆道中沉积形成结石，并在血管壁上沉积，引起动脉硬化。胆固醇能被动物吸收利用，动物自身也能合成，人体内胆固醇含量太高或太低都对人体健康不利，但其生理功能尚未完全清楚。胆固醇不溶于水、稀酸及稀碱液中，不能皂化，在食品加工中几乎不受破坏。

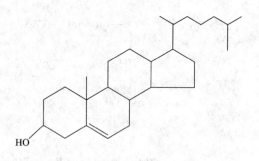

图 4-4　胆固醇的结构

4.3　脂肪的结构及命名

　　甘油的三个羟基可分别与脂肪酸形成一酯、二酯和三酯，分别称为一酰基甘油酯、二酰基甘油酯和三酰基甘油酯。天然脂质中最丰富的是三酰基甘油酯（图 4-5），俗称为油脂或脂肪，它是动物脂肪和植物油的主要组成（占 99% 左右），也是本章的主要学习对象。

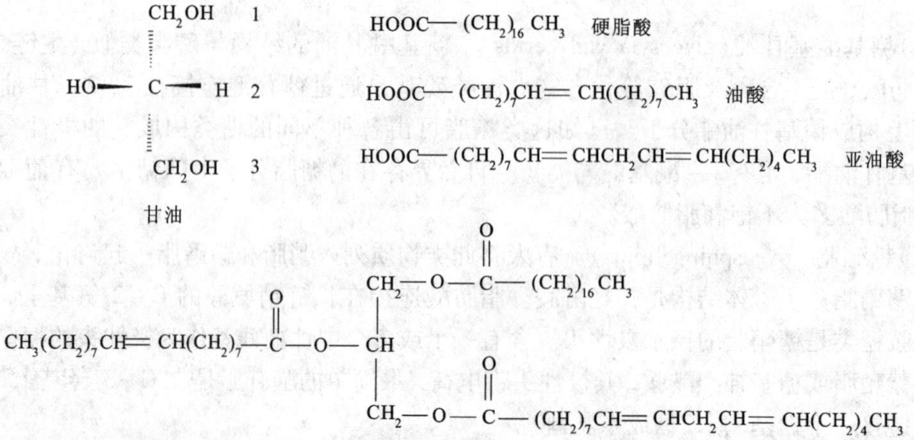

$$
\begin{array}{ll}
CH_2OH & 1 \\
HO—C—H & 2 \\
CH_2OH & 3
\end{array}
\qquad
\begin{array}{ll}
HOOC—(CH_2)_{16}CH_3 & \text{硬脂酸} \\
HOOC—(CH_2)_7CH=CH(CH_2)_7CH_3 & \text{油酸} \\
HOOC—(CH_2)_7CH=CHCH_2CH=CH(CH_2)_4CH_3 & \text{亚油酸}
\end{array}
$$

甘油

$$
CH_3(CH_2)_7CH=CH(CH_2)_7—\overset{O}{\overset{\|}{C}}—O—
\begin{array}{l}
CH_2—O—\overset{O}{\overset{\|}{C}}—(CH_2)_{16}CH_3 \\
CH \\
CH_2—O—\overset{O}{\overset{\|}{C}}—(CH_2)_7CH=CHCH_2CH=CH(CH_2)_4CH_3
\end{array}
$$

Sn-甘油-1-硬脂酸脂-2-油酸脂-3-亚油酸脂

图 4-5　典型甘油三酯的分子结构式及其组成

4.3.1　脂肪的组成

　　1. 甘油

　　甘油（图 4-5）的学名为丙三醇，是最简单的一种三元醇，它是多种脂类的固定构成成分。甘油的各种化学性质来自于它的三个醇羟基，按序称为①、②、③或 α、β、α′位羟基。甘油与有机酸或无机酸发生酯化反应，构成多种脂类物质；同一种酸与不同位置的甘油羟基发生酯化反应形成的脂，其理化性质略有差别。

　　2. 脂肪酸

　　脂肪酸按其碳链长短可分为长链脂肪酸（14 碳以上），中链脂肪酸（含 6-12 碳）和短链（5 碳以下）脂肪酸；按其饱和程度可分为饱和脂肪酸（saturated fatty acid，SFA）和不饱和脂肪酸（unsaturated fatty acid，USFA）。食物中的脂肪酸以链长 18 碳的为主，脂肪酸的饱和程度越高、碳链越长,脂肪的熔点随之升高。动物脂肪中含饱和脂肪酸多,故常温下是固态;植物油脂中含不饱和脂肪酸较多,故常温下呈现液态。棕榈油和可可籽油虽然含饱和脂肪酸较多,但因碳链较短,故其熔点低于大多数的动物脂肪。

脂肪酸碳链中不含双键的为饱和脂肪酸。天然食用油脂中存在的饱和脂肪酸主要是长链(碳数 >14)、直链、偶数碳原子的脂肪酸,奇碳链或具有支链的极少,乳脂中则含有一定量的短链脂肪酸。

天然食用油脂中存在的不饱和脂肪酸常含有一个或多个烯丙基(—CH=CH—CH_2—)结构,两个双键之间夹有一个亚甲基。不饱和脂肪酸根据所含的双键数目又分为单不饱和脂肪酸(monounsaturated fatty acid,MUSFA)和多不饱和脂肪酸(polyunsaturated fatty acid,PUSFA),前者碳链中只含一个双键,后者碳链中含有两个或两个以上双键。

不饱和脂肪酸由于双键两边碳原子上相连的原子或原子团的空间排列方式不同,有顺式脂肪酸(cis – fatty acid)和反式脂肪酸(trans – fatty acid)之分(图4-6),脂肪酸的顺、反异构体物理与化学特性都有差别,如顺式脂肪酸的熔点为13.4℃,而反式脂肪酸的熔点为46.5℃。天然脂肪酸都是顺式结构。在油脂加工和储藏过程中,部分顺式脂肪酸可转变为反式脂肪酸。

图4-6 脂肪酸的顺反结构

在天然脂肪酸中,还含有其他官能团的特殊脂肪酸,如羟基酸、酮基酸、环氧基酸以及最近几年新发现的含杂环基团(呋喃环)的脂肪酸等,它们仅存在于个别油脂中。

4.3.2 脂肪酸的命名(nomenclature)

脂肪酸的命名应给出所述脂肪酸碳原子个数、不饱和双键个数及具体位置,主要有以下几种方法:

1. 系统命名法

选择含羧基和双键的最长碳链为主链,从羧基端开始编号,并标出不饱和键的位置,例如亚油酸:

$CH_3(CH_2)_4CH=CHCH_2CH=CH(CH_2)_7COOH$ 系统命名为9,12 – 十八碳二烯酸。

2. 数字缩写命名法

缩写为:碳原子数:双键数(双键位置)

如:$CH_3CH_2CH_2CH_2CH_2CH_2CH_2CH_2CH_2COOH$ 可缩写为10:0,

$CH_3(CH_2)_4CH=CHCH_2CH=CH(CH_2)_7COOH$ 可缩写为18:2或18:2(9,12)。

双键位置的标注有两种表示法,其一是从羧基端开始记数,如9,12 – 十八碳二烯酸两个双键分别位于第9、第10碳原子和第12、第13碳原子之间,可记为18:2(9,12);其二是从甲基端开始编号记作 n - 数字或 ω 数字, 该数字为编号最小的双键的碳原子位次, 如9, 12 - 十八碳二烯酸从甲基端开始数第一个双键位于第6、第7碳原子之间, 可记为18:2(n-6)或 18:2ω6。但此法仅用于顺式双键结构和五碳双烯结构, 即具有非共轭双键结构(天然多烯酸 多具有此结构), 其他结构的脂肪酸不能用 n 法或 ω 法表示。第一个双键定位后, 其余双键 的位置也随之而定, 因此只需标出第一个双键碳原子的位置即可。

3. 俗名或普通名

许多脂肪酸最初是从天然产物中得到的, 故常根据其来源命名。例如月桂酸(12:0), 肉豆蔻酸(14:0), 棕榈酸(16:0)等。

4. 英文缩写

用一英文缩写符号代表一个酸的名字, 例如月桂酸为 La, 肉豆蔻酸为 M, 棕榈酸为 P 等。一些常见脂肪酸的命名见表4-2。

表4-2 一些常见脂肪酸的名称和代号

数字缩写	系统名称	俗名或普通名	英文缩写
4:0	丁酸	酪酸(butyric acid)	B
6:0	己酸	己酸(caproic acid)	H
8:0	辛酸	辛酸(caprylic acid)	Oc
10:0	癸酸	癸酸(capric acid)	D
12:0	十二酸	月桂酸(lauric acid)	La
14:0	十四酸	肉豆蔻酸(myristic acid)	M
16:0	十六酸	棕榈酸(palmtic acid)	P
16:1	9 - 十六烯酸	棕榈油酸(palmitoleic acid)	Po
18:0	十八酸	硬脂酸(stearic acid)	St
18:1ω9	9 - 十八烯酸	油酸(oleic acid)	O
18:2ω6	9, 12 - 十八烯酸	亚油酸(linoleic acid)	L
18:3ω3	9, 12, 15 - 十八烯酸	α - 亚麻酸(linolenic acid)	α - Ln, SA
18:3ω6	6, 9, 12 - 十八烯酸	γ - 亚麻酸(linolenic acid)	γ - Ln, GLA
20:0	二十酸	花生酸(arachidic acid)	Ad
20:3ω6	8, 11, 14 - 二十碳三烯酸	DH - γ - 亚麻酸(linolenic acid)	DGLA
20:4ω6	5, 8, 11, 14 - 二十碳四烯酸	花生四烯酸(arachidonic acid)	An
20:5ω3	5, 8, 11, 14, 17 - 二十碳五烯酸	eciosapentanoic acid	EPA
22:1ω9	13 - 二十二烯酸	芥酸(erucic acid)	E
22:6ω6	4, 7, 10, 13, 16, 19 - 二十二碳六烯酸	DHA(docosahexanoic acid)	DHA

4.3.3 脂肪的命名及组成特点

1. 酰基甘油酯的结构

三酰基甘油酯是由一分子甘油与三分子脂肪酸酯化而成(图 4 – 5)。如果 3 个脂肪酸 R_1、R_2 和 R_3 相同则称为单纯甘油酯,橄榄油中有 70% 以上的三油酸甘油酯;当 3 个脂肪酸不完全相同时,则称为混合甘油酯,天然油脂多为混合甘油酯。当 R_1 和 R_3 不同时,则 C_2 原子具有手性,且天然油脂多为 L 型。

2. 三酰基甘油酯的命名

三酰基甘油酯的命名通常按赫尔斯曼(Hirschman)提出的立体有择位次编排命名法(stereospecific numbering, Sn)命名,规定甘油的费歇尔平面投影式第二个碳原子的羟基位于左边(图 4 –5),并从上到下将甘油的三个羟基定位为 Sn –1, Sn – 2, Sn – 3。如图 4 – 5 的脂肪分子结构式,可采用如下三种命名方式:

(1)数字命名 Sn – 18:0 – 18:1 – 18:2

(2)英文缩写命名 Sn – StOL

(3)中文命名 Sn – 甘油 – 1 – 硬脂酸酯 – 2 – 油酸酯 – 3 – 亚油酸酯

采用 Sn 命名法,可把复杂的酰基甘油酯分子进行简单明了的记录,有益于油脂的科学研究,如对油脂旋光性研究,可很容易看出 Sn – StOM 与 Sn – MOSt 是一对 1 位上硬脂酸与 3 位上的肉豆蔻酸相互换位的旋光异构体,如果二者分子数相等,则该对分子是相互消旋的,也叫外消旋,可记为:rac – StOM;反之,如果二者分子数不相等,说明不能消旋,则记为:β – StOM。在油脂的组成与结构研究中还可采用很多基于 Sn 命名系统的简化方式,如 Sn – SSS、Sn – UUU 分别表示的是三饱和脂肪酸甘油酯与三不饱和脂肪酸甘油酯。

3. 不同来源脂肪组成特点

目前食用油脂主要来源于植物和动物。不同来源的脂肪中脂肪酸组成具有不同的特点。

(1)植物脂肪。按其脂肪酸组成特点可以分为以下四类:

①油酸 – 亚油酸类。这类油脂中含有大量的油酸和亚油酸,以及含量低于 20% 的饱和脂肪酸,如棉籽油、玉米油、花生油、向日葵油、红花油、橄榄油、棕榈油和麻油。

②亚麻酸类。如豆油、麦胚油、大麻籽油和紫苏子油等,亚麻酸含量相对较高,由于亚麻酸易氧化,该类油不易贮藏。

③月桂酸类。如椰子油和巴巴苏棕榈油,含有 40% ~50% 的月桂酸,中等含量的 C_6,C_8, C_{10} 脂肪酸,和较低含量的不饱和脂肪酸。这类油脂熔点较低,多用于其他工业,很少食用。

④植物脂类。一般为热带植物种子油,饱和脂肪酸和不饱和脂肪酸的含量比约为 2:1, 三酰基甘油酯中不存在三饱和脂肪酸酯。该类脂熔点较高,但熔点范围较窄(32 ~36℃),是制取巧克力的好原料。

(2)陆生动物脂肪类。为家畜的贮存脂肪,含有大量的 C_{16} 和 C_{18} 脂肪酸,中等含量的不饱和脂肪酸如油酸、亚油酸,一定数量的饱和脂肪酸,以及少数的奇数酸。这类油脂熔点较高。

(3)乳脂类。含有大量的棕榈酸、油酸和硬脂酸,一定数量的 $C_4 \sim C_{12}$ 短链脂肪酸,少量的支链脂肪酸和奇数脂肪酸,该类脂具有较重的气味。

(4)海生动物油类。含有大量的长链多不饱和脂肪酸,双键数目多达 6 个,含有丰富的维生素 A 和 D。由于它们的高度不饱和性,所以比其他动、植物油更易氧化。

常见食用油脂中脂肪酸的组成见表4-3。

表4-3 常见食用油脂中脂肪酸的组成(%)

	乳脂	猪脂	可可脂	椰子油	棕榈油	棉子油	花生油	芝麻油	豆油	鳕鱼肝油
6:0	1.4~3.0									
8:0	0.5~1.7									
10:0	1.7~3.2									
12:0	2.2~4.5	0.1		48						
12:1										
14:0	5.4~14.6	1		17	0.5~6	0.5~1.5	0~1			2.4
14:1	0.6~1.6	0.3								
15:0		0.5								0.2
16:0	26~41	26~32	24	9	32~45	20~23	6~9	7~9	8	11.9
16:1	2.8~5.7	2~5				0~1.7				7.8
17:0										0.5
18:0	6.1~11.2	12~16	35	2	2~7	1~3	3~6	4~55	4	2.8
18:1	18.7~33.4	41~51	38	7	38~52	23~35	53~71	37~49	28	26.3
18:2	0.9~3.7	3~14	2.1	1	5~11	42~54	13~27	35~47	53	1.5
18:3		0~1							6	0.6
18:4										1.3
20:0						0.2~1.5	2~4			
20:1										10.9
20:2										
20:4		0~1								1.5
20:5										6.2
22:0							1~3			
22:1										6.9
22:4										
22:5										1.4
22:6										12.4

4. 天然脂肪中脂肪酸分布特点

脂肪酸在三酰基甘油酯中的分布,简言之就是脂肪酸与甘油的三个羟基酯化的情况。研究者使用立体特异性分析技术,详细测定了许多脂肪中三酰基甘油酯的每个位置上脂肪酸的分布,结果发现植物与动物脂肪在脂肪酸分布模式上存在一定的差别。

（1）植物三酰基甘油酯。一般含有常见脂肪酸的种子油优先把不饱和脂肪酸排列在 Sn-2 位，尤其亚油酸集中在这个位置上。饱和酸几乎只出现在 1，3 位上。在大多数情况下，各个饱和酸或不饱和酸是近似等量的分布在 Sn-1 和 Sn-3 位。

椰子油中 80% 左右的三酰基甘油酯是三饱和的，月桂酸集中在 Sn-2 位，辛酸集中在 Sn-3 位，肉豆蔻酸和棕榈酸集中在 Sn-1 位。

含有芥酸的植物油，例如菜籽油，在脂肪酸的位置排列上具有极大的选择性，芥酸优选在 1，3 位，但是在 Sn-3 位的量超过在 Sn-1 位的量。

（2）动物三酰基甘油酯。在不同的动物之间与同一动物不同部位之间三酰基甘油酯的脂肪酸分布模式是各不相同的。一般来说，动物脂肪中 Sn-2 位的饱和酸含量高于植物脂肪，并且 Sn-1 与 Sn-2 位的组成也有较大的差别。在大多数的动物脂肪中，16:0 酸优先在 Sn-1 位进行酯化，而 14:0 则在 Sn-2 位进行酯化。在乳脂肪中，短链酸是选择性地与 Sn-3 位结合，牛脂肪中三酰基甘油酯多数是 SUS 型的。

动物脂肪中猪脂肪是非常特别的，16:0 酸主要集中在中心位置，18:0 酸主要集中在 Sn-1 位，18:2 集中在 Sn-3 位，大量油酸在 Sn-3 位和 Sn-1 位。猪脂肪中三酰基甘油酯的主要品种是 Sn-StPSt、OPO 以及 POSt。

水产动物脂肪中，不饱和脂肪酸的含量占绝大部分，种类也很多，饱和脂肪酸仅含少量。淡水鱼脂肪中 C_{18} 不饱和脂肪酸含量高，而海生动物油的特点是长链不饱和脂肪酸优先定位于 Sn-2 位，且 C_{20}、C_{22} 不饱和脂肪酸占优势。

4.4 油脂的物理性质

4.4.1 对紫外-可见光的吸收

饱和脂肪酸分子内没有不饱和双键，因此对紫外光没有吸收；不饱和脂肪酸随分子内双键数的增加，最大吸收波长向长波方向移动，且吸收率有所增加，共轭二烯酸于 230~235 nm 处有单一吸收峰，共轭三烯酸于 260 nm、270 nm 和 280 nm 处表现有三重峰，峰值波长会随双键的构形稍有改变。

天然纯净的脂肪酸、三酰基甘油酯等分子中没有长的共轭双键区段，不能吸收可见光，因此它们是无色的。但一般的油脂在加工过程中溶解了一定量的色素物质，故都带有一定的色泽。对可见光的吸收特征可用于分析油脂中的色素。把油脂的吸收光谱与已知的纯净油脂的光谱比较，即可知该油脂中所含的色素。如胡萝卜素的最大吸收波长为 450 nm，叶绿素为 660 nm，棉酚为 366 nm，这些色素多见于植物油中，其中棉酚为棉子油所特有。

4.4.2 气味

多数油脂无挥发性，因此纯净脂肪是无色无味的。但是日常生活中，我们接触的不同的油脂都有其特征气味，很容易通过这些气味来分辨它们。这些气味主要由数量少但种类很多的挥发性非脂成分引起。如芝麻油的香气是由乙酰吡嗪引起的，椰子油的香气是由壬基甲酮引起的，而菜籽油受热时产生的刺激性气味，则是由其中所含的黑芥籽苷分解所致。

乙酰吡嗪   壬基甲酮   黑芥子苷

油脂气味可以反映油的品质变化,如加工不当、超期存放、高温加热、反复使用等导致的油脂品质变化,都会在油脂的挥发组分中体现出来。

如存在发酵、氨基酸转化、霉菌活动和氧化活动等情况,或者不饱和脂肪酸受到高温、氧气、光、金属和其他氧化剂的影响,油脂就会因为氧化分解而产生异味。油脂气味的产生除了与油料本身的特性有关,还与油脂提取工艺、精炼加工、成品的储存状况和使用情况等因素有关。

4.4.3 熔点和沸点

天然的油脂没有确定的熔点(melting),仅有一定的熔点范围。这是因为天然油脂是混合三酰基甘油酯,各种三酰基甘油酯的熔点不同;另外三酰基甘油酯是同质多晶型物质,不同晶型熔点也不同。

三酰基甘油酯中脂肪酸的碳链越长,饱和度越高,则熔点越高;反式结构的熔点高于顺式结构,共轭双键结构的熔点高于非共轭双键结构。可可脂和陆产动物油脂因为饱和脂肪酸含量较高,因此熔点较高,在室温下呈固态;而植物油因不饱和脂肪酸含量较高,室温下呈液态。

油脂的熔点和它的消化性密切相关。当油脂的熔点低于人体温度37℃时,消化率达96%以上;熔点高于37℃越多,越不容易消化。油脂的熔点与消化率关系见表4-4。

表4-4 油脂的熔点与消化率关系

油脂名称	熔点/℃	消化率/%
羊脂	44~45	81
牛脂	42~50	89
猪脂	36~50	94
奶脂	28~36	98
椰子油	28~33	98
花生油	0~3	98
棉子油	3~4	98
大豆油	-18~-8	97.5
向日葵油	-19~-16	96.5

油脂的沸点与其组成的脂肪酸有关,一般为180~200℃,沸点随脂肪酸碳链增长而增

高，但与饱和程度关系不大。油脂在储藏和使用过程中，随游离脂肪酸增多，油脂变得容易冒烟，发烟点低于沸点。

4.4.4 油脂晶体特性

1. 晶体的结构

通过 X - 射线衍射测定，当脂肪固化时，三酰基甘油酯分子趋向于占据固定位置，形成一个重复的、高度有序的三维晶体(crystalloid)结构，称为空间晶格。如果把空间晶格点相连，就形成许多相互平行的晶胞，其中每一个晶胞含有所有的晶格要素。一个完整的晶体被认为是由晶胞在空间并排堆积而成。图 4 - 7 所给出的简单空间晶格的例子中，在 18 个晶胞的每一个晶胞中，每个角具有 1 个原子或 1 个分子。但是，由于每个角被 8 个相邻的其他晶胞所共享，因此，每个晶胞中仅有 1 个原子(或分子)，由此看出空间晶格中每个点类似于周围环境中所有其他的点。轴向比 a:b:c 以及晶轴 OX、OY 以及 OZ 间角度是恒定的常数，用于区别不同的晶格排列。

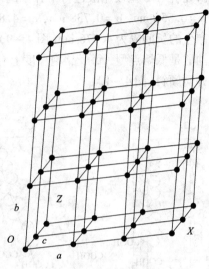

图 4 - 7 晶体晶格

2. 油脂的同质多晶现象

同质多晶(polymorphism)指的是具有相同的化学组成，但具有不同的结晶晶型，在熔化时得到相同的液相的物质。某化合物结晶时，产生的同质多晶型物与纯度、温度、冷却速率、晶核的存在以及溶剂的类型等因素有关。

对于长链化合物，同质多晶与烃链的不同堆积排列或不同的倾斜角度有关。脂肪酸烃链中的最小重复单位(亚晶胞)是亚乙基(—CH$_2$CH$_2$—)，可用来描述脂肪中脂肪酸烃链的晶体结构的堆积或排列方式。已经知道烃类亚晶胞有 7 种堆积类型，其中最常见的是图 4 - 8 所示的三斜、正交和六方 3 种类型。

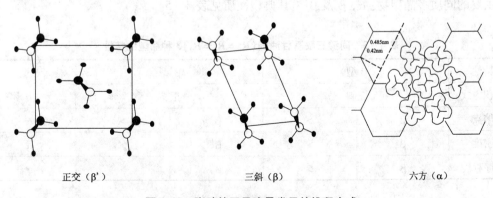

正交(β')   三斜(β)   六方(α)

图 4 - 8 脂肪的亚晶胞最常见的堆积方式

三斜堆积(T//)常称为 β 型，所有亚晶胞的取向都是一致的，故在这 3 种堆积方式中是最稳定的。正交(O⊥)堆积也被称为 β′型,位于中心的亚晶胞取向与4个顶点的亚晶胞取向互相垂直,所以稳定性不如 β 型。六方型堆积(H)一般称为 α 型,当烃类快速冷却到刚刚低于熔点以下时往往会形成六方形堆积。分子链随时定向,并绕着它们的长垂直轴而旋转。同质多晶型物中 α 型是最不稳定的。

研究者对 β 型硬脂酸进行了详细的研究,发现晶胞是单斜的,含有 4 个分子,其轴向大小为 a = 0.554 nm,b = 0.738 nm,c = 4.884 nm。其中 c 轴是倾斜的,与 a 轴的夹角为63°38′,这样产生的长间隔为4.376 nm(图4-9)。

油酸是低熔点型,每个晶胞长度上有两个分子长,在分子平面内顺式双键两侧的烃链以相反方向倾斜(图4-10)。

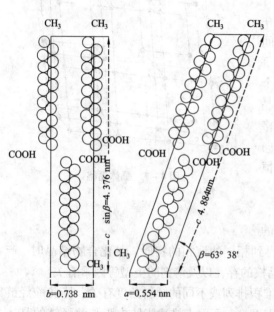

图4-9 硬脂酸的晶胞

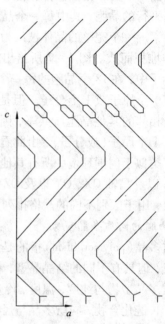

图4-10 油酸的晶体结构

一般三酰基甘油酯的分子链相当长,具有许多烃类的特点,除了某些例子外,它们具有3种主要的同质多晶型物:α、β 及 β′。其典型性质见表4-5。

表4-5 同酸三酰基甘油酯($R_1 = R_2 = R_3$)3种晶型的特性

特性	β 型		β′型		α 型
堆积方式	三斜		正交		六方形
熔点	β	>	β′	>	α
密度	β	>	β′	>	α
有序程度	β	>	β′	>	α

如果一个同酸三酰基甘油酯如 StStSt 从熔化状态开始冷却,它首先结晶成密度最小和熔点最低的 α 型。α 型进一步冷却,分子链更紧密缔合逐步转变成 β 型。如果将 α 型加热到它

的熔点，能快速转变成最稳定的 β 型。通过冷却熔化物和保持在 α 型熔点几度以上的温度，也可直接得到 β′型，当 β′型加热到它的熔点，也可转变成稳定的 β 型。

在同酸三酰基甘油酯的晶格中，分子排列一般是双链长的变型音叉或椅式结构，如图 4 – 11 所示的三月桂酸甘油的分子排列那样，1，3 位上的链与 2 位上的链的方向是相反的。因为天然的三酰基甘油酯含有许多脂肪酸，与上面所述的简单的同质多晶型物有所不同，一般来说，含有不同脂肪酸的三酰基甘油酯的 β′型比 β 型熔点高，混合型的三酰基甘油酯的多晶型结构就更复杂。

3. 天然三酰基甘油酯的晶体

天然油脂一般都是不同脂肪酸组成的三酰基甘油酯，其同质多晶性质很大程度上受到酰基甘油中脂肪酸组成及其位置分布的影响。由于碳链长度不一样，大多存在 3 ~ 4 种不同晶型。根据 X – 衍射测定结果，三酰基甘油酯晶体中的晶胞的长间隔大于脂肪酸碳链的长度，因此认为脂肪酸是交叉排列的。其排列方式主要有两种，即"两倍碳链长"排列形式和"三倍碳链长"排列形式，如图 4 – 12 所示。并在三种主要晶型(α、β′、β)后用阿拉伯数字表示，如：两倍碳链长的 β 晶型为 β – 2，三倍碳链长的 β 晶型为 β – 3，在此基础上，根据长间距不同还可细分为多种类型，并用I、II、III、IV、V等罗马数字表示，如可可脂可形成 α – 2、β′ – 2、β – 3 V、β – 3VI 等晶型。

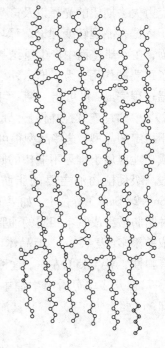

图 4 – 11　月桂酸甘油脂晶体的排列方式

一般来说，同酸三酰基甘油酯易形成稳定的 β 结晶，而且是 β – 2 排列；不同酸三酰基甘油酯由于碳链长度不同，易停留在 β′型，而且是 β′ – 3 排列。天然油脂中倾向于结晶成 β 型的脂类有豆油、花生油、玉米油、橄榄油、椰子油、红花油、可可脂和猪油。另一方面，棉籽油、棕榈油、菜籽油、牛乳脂肪、牛脂以

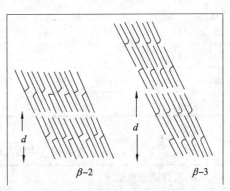

图 4 – 12　三酰基甘油酯 β 晶型的两种排列形式

及改性猪油倾向于形成 β′晶型，该晶体可以持续很长时间。在制备起酥油、人造奶油以及焙烤产品时，期望得到 β′型晶体，因为它能使固化的油脂软硬适宜，有助于大量的空气以小的空气泡形式被搅入，从而形成具有良好塑性和奶油化性质的产品。

已知可可脂含有三种主要甘油酯 POSt(40%)、StOSt(30%)和 POP(15%)以及六种同质多晶型(I – VI)。I 型最不稳定，熔点最低，仅为 23.3℃。V 型熔点为 33.8℃，是最适合巧克力的熔点，在室温下不融化，而在嘴里能缓慢融化；且 V 型能从熔化的脂肪中结晶出来，使巧克力的外表具有光泽。VI 型的熔点(36.2 ℃)比 V 型高，但不能从熔化的脂肪中结晶出

来，它仅以很缓慢的速度从 V 型转变而成。在巧克力贮存期间，V 型向 VI 型的转变对其品质影响很大，因为这种晶型转变同被称为"巧克力起霜"的外表缺陷的产生有关。这种缺陷一般使巧克力失去期望的光泽以及产生白色或灰色斑点的暗淡表面。

除了依据多晶型转变理论解释巧克力起霜的原因外，也有人认为，熔化的巧克力脂肪移动到表面，在冷却过程中产生重结晶，造成不期望的外表。由于可可脂的同质多晶性质在起霜中起了重要的作用，为了推迟外表起霜，采用适当地技术固化巧克力是必需的。这可通过下列调温过程完成：可可脂 – 糖 – 可可粉混合物加热至 50℃，加入稳定的晶种，当温度下降到 26 ~ 29℃，通过连续搅拌慢慢结晶，然后将它加热到 32℃。如不加稳定的晶种，一开始就会形成不稳定的晶型，这些晶型很可能会熔化、移动并转变成较稳定晶型（起霜）。此外，乳化剂已成功地应用于推迟不期望的同质多晶型转变或熔化脂肪移动至表面的过程。

一般高级动植物油主要的脂肪酸仅 4 ~ 8 种，每一种脂肪酸都有可能分布到甘油的 $Sn-1$、$Sn-2$、$Sn-3$ 等位上，如果油脂中有 n 种脂肪酸就可能有 n^3 种不同的三酰基甘油酯。因此两种脂肪酸组成基本相同的油脂，其结晶的行为可能有很大的差异。如牛油与可可脂脂肪酸组成差不多（表 4 – 6），但晶体特性却相差很大。可可脂晶体易碎、熔点 28 ~ 36℃；而牛油晶体有弹性，熔点 45℃左右，这种差异的产生，是脂肪酸在三酰基甘油酯中的分布不同所致（表 4 – 7）。从表中可看出牛油中三饱和甘油酯远高于可可脂，故其熔点远高于可可脂。由此可知，改变脂肪酸在三酰基甘油酯的分布，就可改变固态脂的特性。

表 4 – 6　牛油与可可脂的脂肪酸组成

脂肪酸	在可可脂中的含量/%	在牛油中的含量/%
16:0	25	36
18:0	37	25
20:0	1	0
18:1	34	37
18:2	3	2

表 4 – 7　牛油与可可脂的脂肪酸分布类型

三酰基甘油酯类型 *	在可可脂中的含量/%	在牛油中的含量/%
Sn – SSS	2	29
Sn – SUS	81	33
Sn – SSU	1	16
Sn – SUU	15	18
Sn – USU	0	2
Sn – UUU	1	2

注：* 三酰基甘油酯类型为简化表达方式，S 为饱和脂肪酸，U 为不饱和脂肪酸。

4.4.5 油脂的熔融特性

天然的油脂没有确定的熔点(melting)，仅有一定的熔点范围。这是因为：第一，天然油脂是混合三酰基甘油酯，各种三酰基甘油酯的熔点不同。第二，三酰基甘油酯是同质多晶型物质，从 α 晶型开始熔化到 β 晶型熔化终了需要一个温度阶段。

图 4-13 是混合油脂的熔融曲线示意图。固态油脂吸收适当的热量后转变为液态油脂，在此过程中，油脂的热焓增大或比容增加，叫做熔化膨胀，或者相变膨胀。固体熔化时吸收热量，直到固体全部转变成液体为止。脂肪在熔化时体积膨胀，在同质多晶型物转变时体积收缩，因此，将其比体积的改变(膨胀度)对温度作图可以得到与量热曲线非常相似的膨胀曲线，熔化膨胀度相当于比热容，由于膨胀测量的仪器很简单，它比量热法

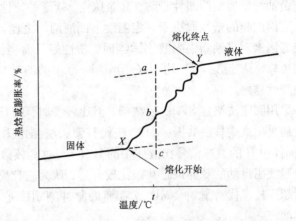

图4-13 混合甘油酯的热焓或膨胀熔化曲线

更为实用，膨胀计法已广泛用于测定脂肪的熔化性质。如果存在几种不同熔点的组分，那么，熔化的温度范围很广。

图 4-13 中随着温度的升高，固体脂的比容缓慢增加，至 X 点为单纯固体脂的热膨胀，即在 X 点以下体系完全是固体。X 点代表熔化开始，X 点以上发生了部分固体脂的相变膨胀。Y 点代表熔化的终点，在 Y 点以上，固体脂全部熔化为液体油。ac 长为脂肪的熔化膨胀值。曲线 XY 代表体系中固体组分逐步熔化过程。如果脂肪熔化温度范围很窄，熔化曲线的斜率是陡的。相反，如果熔化开始与终了的温度相差很大，则该脂肪具有"大的塑性范围"。于是，脂肪的塑性范围可以通过在脂肪中加入高熔点或低熔点组分进行调节。

由图 4-13 还可看出，在一定温度范围内(XY 区段)液体油和固体脂同时存在。如当温度为 t 时，ab/ac 代表固体油脂比例，bc/ac 代表液体油脂比例，而固液比值 ab/bc 称为该温度下的固体脂肪指数(SFI)。图 4-14 为 3 种脂肪在不同温度下的 SFI 值曲线。油脂的这种物理特性与其在食品中的应用密切相关，因为固液比值决定了油脂的塑性。油脂的塑性是指在一定压力下，脂肪具有抗变形的能力，这种能力的获得是许多细小的脂肪固体被脂肪的液体包围着，固体微粒的间隙很小，使液体油无法从固体脂肪中分离出来，使固液两相均匀交织在一起而形成塑性脂肪。

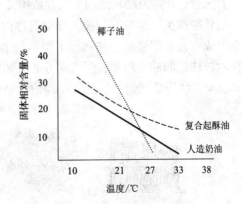

图4-14 3种脂肪在不同温度下的 SFI 值曲线

塑性脂肪(plastic fats)具有良好的涂抹性(涂抹黄油等)和可塑性(用于蛋糕的裱花)。用

在焙烤食品中,则具有起酥的作用。在面团揉制过程加入塑性脂肪,可形成较大面积的薄膜和细条,使面团的延展性增强,油膜的隔离作用使面筋粒彼此不能黏合成大块面筋,降低了面团的吸水率,使制品起酥;塑性脂肪的另一作用是在面团揉制时能包含和保持一定数量的气泡,使面团体积增加。在饼干、糕点、面包生产中专用的塑性脂肪称为起酥油(shortening),具有在40℃不变软,在低温下不太硬,不易氧化的特性。其他还有例如人造奶油、人造黄油均是典型的塑性脂肪,其涂抹性、软度等特性取决于油脂的塑性大小。

而油脂的塑性取决于一定温度下固液两相之比、脂肪的晶型、熔化温度范围和油脂的组成等因素。当油脂中固液比适当时,塑性好。而当固体脂过多时,则过硬;液体油过多时,则过软,易变形,塑性均不好。当脂肪为 β' 晶型时,可塑性最强。熔化温度范围越大,脂肪的塑性越好。

用膨胀法测定 SFI 比较精确,但比较费时,而且只适用于测定低于 50% 的 SFI。现已大量地采用宽线核磁共振(NMR)法代替膨胀法测定固体脂肪,该法能测定样品中固体的氢核(固体中 H 的衰减信号比液体中的 H 快)与总氢核数量比,即为 NMR 固体百分含量。现在,普遍使用自动的脉冲核磁共振比较合适,认为它比宽线 NMR 技术更为精确。近年来提出使用超声技术代替脉冲 NMR 或者辅助脉冲 NMR,它的依据是固体脂肪的超声速率大于液体油。

4.4.6　油脂的液晶(介晶)相

油脂处在固态(晶体)时,在空间形成高度有序排列;处在液态时,则为完全无序排列。但处于某些特定条件下,如有乳化剂存在的情况下,其极性区由于有较强的氢键而保持有序排列,而非极性区由于分子间作用力小变为无序状态,这种同时具有固态和液态两方面物理特性的相称为液晶(介晶)相。由于乳化剂分子含有极性和非极性部分,当乳化剂晶体分散在水中并加热时,在达到真正的熔点前,其非极性部分烃链间由于范德华引力较小,因而先开始熔化,转变成无序态;而其极性部分由于存在较强的氢键作用力,仍然是晶体状态,因此呈现出液晶结构。故油脂中加入乳化剂有利于液晶相的生成。在脂类 – 水体系中,液晶结构主要有三种,分别为层状结构、六方结构及立方结构(图 4 – 15)。

层状结构类似生物双层膜。排列有序的两层脂中夹一层水,当层状液晶加热时,可转变成立方或六方Ⅱ型液晶。在六方Ⅰ型结构中,非极性基团朝着六方柱内,极性基团朝外,水处在六方柱之间的空间中;而在六方Ⅱ型结构中,水被包裹在六方柱内部,油的极性端包围着水,非极性的烃区朝外。立方结构中也是如此。

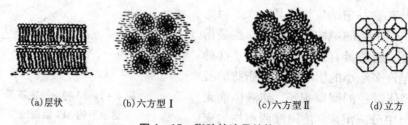

(a)层状　　　(b)六方型Ⅰ　　　(c)六方型Ⅱ　　　(d)立方

图 4 – 15　脂肪的液晶结构

在生物体系中,液晶态对于许多生理过程都是非常重要的,例如,液晶会影响细胞膜的可渗透性,液晶对乳浊液的稳定性也起着重要的作用。

4.4.7 油脂的乳化及乳化剂

因极性不同,油和水互不相溶,但在一定条件下,两者也可以形成介稳态的乳浊液。乳浊液是由互不相溶的两种液相组成的体系,其中一相以液滴形式分散在另一相中,液滴的直径为 $0.1 \sim 50 \ \mu m$ 之间。以液滴形式存在的相称为"内相"或"分散相",液滴以外的另一相就称为"外相"或"连续相",连续相的性质决定了体系的许多重要性质。食品中油水乳浊液有两类,O/W 型表示油分散在水中,水为连续相(水包油,oil – in – water);W/O 型表示水分散在油中,油为连续相(油包水,water – in – oil)。在食品类乳浊液中,O/W 型是最普通的形式,如牛奶及其乳制品、稀奶油、蛋黄酱、色拉调味料、冰淇淋、汤料、调料和汤等。黄油和人造黄油、人造奶油等则属于 W/O 型乳浊液。

乳浊液在热力学上是不稳定的,在一定条件下可以发生多种物理变化,会失去稳定性,出现分层、絮凝、甚至聚结,如图 4 – 16 所示。

乳浊液的各种变化还会相互影响。粒子聚集会极大地促进上浮,上浮的结果又反过来促进聚集速度,如此以往。聚结发生的前提是分散相粒子必须紧紧地靠在一起,也就是说它只能发生在粒子聚集的状态下或者是发生在上浮的脂肪层中。

1.乳浊液不稳定的主要原因

(1)由于两相界面具有自由能,它会抵制界面积增加,导致液滴聚结而减少分散相界面积的倾向,从而最终导致两相分层(破乳)。因此需要外界施加能量才能产生新的表面(或界面)。液滴分散得越小,两液相间界面积就越大,需要外界施加的能量就越大。

(2)重力作用导致分层。重力作用可导致密度不同的相上浮、沉降或分层。

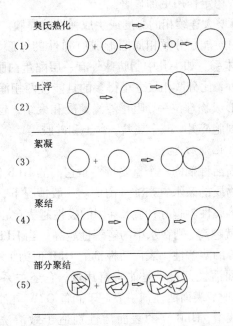

图 4 – 16 O/W 乳浊液体系不稳定类型的示意图,在(5)中粒子内的短线段代表三酰基甘油酯晶体

(3)分散相液滴表面静电荷不足导致絮凝。分散相液滴表面静电荷不足则液滴与液滴之间的排斥力不足,液滴与液滴相互接近,但液滴的界面膜尚未破裂。

(4)两相间界面膜破裂导致聚结。两相间界面膜破裂,液滴与液滴结合,小液滴变为大液滴,严重时会完全分相。

2.乳化剂的乳化作用

由于界面张力是沿着界面的方向(即与界面相切)发生作用以阻止界面的增大,所以具有降低界面张力的物质会自动吸附到相界面上，因为这样能降低体系总的自由能，我们把这一类物质通称为表面活性剂(surfactant)。食品体系中可通过加入乳化剂(emulsifying agents)来稳定乳浊液。乳化剂绝大多数是表面活性剂，在结构特点上具有两亲性，即分子中既有亲油的基团，又有亲水的基团。它们中的绝大多数既不全溶于水，也不全溶于油，其部分结构处于亲水的环境(如水或某种亲水物质)中，而另一部分结构则处于疏水环境(如油、空气或某种疏水物质)中，即分子位于两相的界面，因此降低了两相间的界面张力，从而提高了乳浊液的稳定性。乳化剂的乳化作用(emulsification)主要体现在：

（1）减小两相间的界面张力。如上所述，乳化剂浓集在水-油界面上，亲水基与水作用，疏水基与油作用，从而降低了两相间的界面张力，使乳浊液稳定。

（2）增大分散相之间的静电斥力。有些离子表面活性剂可在含油的水相中建立起双电层，导致小液滴之间的斥力增大，使小液滴保持稳定，适用于 O/W 型体系。

（3）形成液晶相。如前所述，乳化剂分子由于含有极性和非极性部分，故易形成液晶态。它们可导致油滴周围形成液晶多分子层，这种作用使液滴间的范德华引力减弱，为分散相的聚结提供了一种物理阻力，从而抑制液滴的絮凝和聚结。当液晶相黏度比水相黏度大得多时，这种稳定作用更加显著。

（4）增大连续相的黏度或生成弹性的厚膜。明胶和许多树胶能使乳浊液连续相的黏度增大，蛋白质能在分散相周围形成有弹性的厚膜，可抑制分散相絮凝和聚结，适用于泡沫和 O/W 型体系。如牛乳中脂肪球外有一层酪蛋白膜起乳化作用。

此外，比分散相尺寸小得多的且能被两相润湿的固体粉末，在界面上吸附，会在分散相液滴间形成物理位垒，阻止液滴絮凝和聚结，起到稳定乳浊液的作用。具有这种作用的物质有植物细胞碎片，碱金属盐，黏土和硅胶等。

3. 乳化剂的选择

表面活性剂的一个重要特性是它们的 HLB 值。HLB(hydrophile lipophilic balance)是指一个两亲物质的亲水-亲油平衡值。一般情况下，疏水链越长，HLB 值就越低，表面活性剂在油中的溶解性就越好；亲水基团的极性越大(尤其是离子型的基团)，或者是亲水基团越大，HLB 值就越高，则在水中的溶解性越高。当 HLB 为 7 时，意味着该物质在水中与在油中具有几乎相等的溶解性。表面活性剂的 HLB 值为 1~40。表面活性剂的 HLB 与溶解性之间的关系对表面活性剂自身是非常有用的，它还关系到一个表面活性剂是否适用于作为乳化剂。HLB >7 时，表面活性剂一般适于制备 O/W 乳浊液；而 HLB <7 时，则适于制备 W/O 乳浊液。在水溶液中，HLB 高的表面活性剂适于做清洗剂。表 4-8 中列出了不同 HLB 值及其适用性。

表 4-8　HLB 值及其适用性

HLB 值	适用性	HLB 值	适用性
1.5~3	消泡剂	8~18	O/W 型乳化剂
3.5~6	W/O 型乳化剂	13~15	洗涤剂
7~9	湿润剂	15~18	溶化剂

表4-9列出了一些常用的乳化剂。根据其亲水基团的性质，它们被划分为非离子型、阴离子型和阳离子型。同时，乳化剂也被分为天然的(如一酰基甘油和磷脂等)和合成的两大类。吐温(tween)系列的乳化剂与其他乳化剂略有不同，原因在于这类物质的亲水基团含有3~4条聚氧乙烯链(其链长约为5个单体的长度)。

此外，乳化剂的HLB值具有代数加和性，混合乳化剂的HLB值可通过计算得到，但这不适合离子型乳化剂。通常混合乳化剂比具有相同HLB值的单一乳化剂的乳化效果好。

表4-9 一些常见食品乳化剂的HLB值

乳化剂类型	乳化剂实例	HLB
非离子型		
脂肪醇	十六醇	1
一酰基甘油	甘油单硬脂酸酯	3.8
	双甘油单硬脂酸酯	5.5
一酰基甘油类酯	丙醇酰甘油单棕榈酸酯	8
司盘类	脱水山梨醇三硬脂酸酯(Span15)	2.1
	脱水山梨醇单月桂酸酯(Span20)	8.6
	脱水山梨醇单硬脂酸酯(Span60)	4.7
	脱水山梨醇单油酸酯(Span80)	7
吐温类	聚氧乙烯失水山梨醇单棕榈酸酯(Tween40)	15.6
	聚氧乙烯失水山梨醇单硬脂酸酯(Tween60)	14.9
	聚氧乙烯失水山梨醇单油酸酯(Tween80)	16
阴离子型		
肥皂	油酸钠	18
乳酸酯	硬脂酰-2-乳酸钠	21
磷脂	卵磷脂	比较大
阴离子去垢剂	十二烷基硫酸钠	40
阳离子型		大

注：阳离子型不能用于食品，常用于洗涤剂。

4.5 油脂的化学性质

4.5.1 水解反应

油脂在有水存在的条件下以及加热和脂酶的作用下可发生水解反应(hydrolysis)，生成游离脂肪酸并使油脂酸化。反应过程如下：

$$三酰基甘油 \xrightarrow[\text{湿、热}]{\text{脂解酶}} 二酰基甘油 + 游离脂肪酸$$

$$\longrightarrow 单酰基甘油 + 游离脂肪酸$$

$$\longrightarrow 甘油 + 游离脂肪酸$$

在活的动物脂肪中，不存在游离脂肪酸，但在屠宰后，通过酶的作用能生成游离脂肪酸，故在动物宰后尽快炼油就显得非常必要。与动物脂肪相反，在收获时成熟的油料种子中的油由于脂酶的作用，已有相当数量的水解，产生大量的游离脂肪酸，例如棕榈油由于脂酶的作用，产生的游离脂肪酸可高达75%。因此，植物油在提炼时需要用碱中和，"脱酸"是植物油精炼过程中必要的工序。鲜奶还可因脂解产生的短链脂肪酸导致哈味的产生（水解哈味）。此外，各种油中如果含水量偏高，就有利于微生物的生长繁殖，微生物产生的脂酶同样可加快脂解反应。

食品在油炸过程中，食物中的水进入到油中，导致油脂在湿热情况下发生酯解而产生大量的游离脂肪酸，使油炸用油不断酸化，一旦游离脂肪酸含量超过0.5%～1.0%时，水解速度更快，因此油脂水解速度往往与游离脂肪酸的含量成正比。如果游离脂肪酸的含量过高，油脂的发烟点和表面张力降低，从而影响油炸食品的风味（表4–10）。此外，游离脂肪酸比甘油脂肪酸酯更易氧化。油脂脂解严重时可产生不正常的臭味，这种嗅味主要来自游离的短链脂肪酸，如丁酸、己酸、辛酸具有特殊的汗嗅气味和苦涩味。

表4–10 油脂中游离脂肪酸的含量与发烟点的关系

游离脂肪酸/%	0.05	0.10	0.50	0.60
发烟点/℃	226.6	218.6	176.6	148.8～160.4

油脂在碱性条件下水解称为皂化反应，水解生成的脂肪酸盐称为肥皂，所以工业上用此反应生产肥皂。

在大多数情况下，人们采取工艺措施降低油脂的水解，在少数情况下则有意地增加酯解，如为了产生某种典型的"干酪风味"特地加入微生物和乳脂酶，在制造面包和酸奶时也采用有控制和选择性的脂解反应以产生这些食品特有的风味。

4.5.2 氧化反应

脂质的氧化（oxidation）是食品变质的主要原因之一。油脂在食品加工和贮藏期间，由于空气中的氧、光照、微生物、酶和金属离子等的作用而发生氧化，会产生不良风味和气味（氧化酸败）、降低食品营养价值，甚至产生一些有毒性的化合物，使食品不能被消费者接受，这些通称为油脂的酸败。因此，脂质氧化对于食品工业的影响是至关重大的。但在某些情况下（如陈化的干酪或一些油炸食品中），油脂的适度氧化对风味的形成是必需的。

脂质的氧化分两个步骤，首先是氢过氧化物的生成，其次是氢过氧化物的分解及聚合。氢过氧化物分解产生小分子的的醛、酮、醇、酸等具有令人不愉快的气味即哈喇味；而聚合产物使油脂黏度增大，颜色加深。油脂氢过氧化物的生成又有三种方式，分别是自动氧化、光敏氧化和酶促氧化。自动氧化是油脂在光、金属离子等环境因素的影响下，一种自发性的氧化反应，是油脂氧化变质的主要方式。

1. 氢过氧化物生成的3种方式

1）自动氧化方式

油脂的自动氧化是活化的不饱和脂肪与基态氧发生的自由基反应，包括引发（诱导）期，链传递和终止期 3 个阶段(图 4-17)。

(1)链引发期。酰基甘油中的不饱和脂肪酸,受到光线、热、金属离子和其他因素的作用,在邻近双键的亚甲基(α-亚甲基)上脱氢,产生自由基(R·),如用 RH 表示酰基甘油,其中的 H 为亚甲基上的氢,R·为烷基自由基。

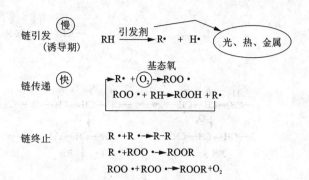

图 4-17　油脂自动氧化生成氢过氧化物的过程

由于自由基的引发通常所需活化能较高,必须依靠催化才能生成,所以这一步反应相对较慢。当脂质为纯物质时,自动氧化反应存在一较长的诱导期。有人认为光照、金属离子或氢过氧化物分解引发氧化的开始,但近来有人认为,组织中的色素(如叶绿素、肌红蛋白等)作为光敏化剂,单重态氧作为其中的催化活性物质从而引发氧化的开始。

(2)链传递阶段。R·自由基与空气中的氧相结合,形成过氧化自由基(ROO·),而过氧化自由基又从其他脂肪酸分子的 α-亚甲基上夺取氢,形成氢过氧化物(ROOH),同时形成新的 R·自由基,如此循环下去,重复连锁的攻击,使大量的不饱和脂肪酸氧化,由于链传递过程所需活化能较低,故此阶段反应进行很快,油脂氧化进入显著阶段,此时油脂吸氧速度很快,增重加快,并产生大量的氢过氧化物。生成的氢过氧化物数量为 α-亚甲基的两倍。

(3)终止期。各种自由基和过氧化自由基互相聚合,形成环状或无环的二聚体或多聚体等非自由基产物,至此反应终止。

图 4-18 为油酸酯的自动氧化过程:引发剂首先在双键的 α-C 处(C_8 和 C_{11})引发自由基,故先生成 8 位或 11 位两种烯丙基自由基中间物。由于烯丙基结构中单电子的离域化作用,C_8 和 C_{11} 处的单电子还可以分别流动到 C_{10} 和 C_9 处,同时双键发生位移并生产顺反异构体,导致 C_9 和 C_{10} 位自由基的生成。基态氧在每个自由基的碳上进攻,生成 C_8、C_9、C_{10} 和 C_{11} 处四种 ROOH 的顺反异构混合物。反应在 25℃ 进行时,C_8 位或 C_{11} 位 ROOH 反式与顺式的量差不多,但 C_9 位与 C_{10} 位主要是反式的。

图 4-19 为亚油酸酯的自动氧化过程:亚油酸酯的自动氧化速度是油酸酯的 10~40 倍,这是因为亚油酸中 1,4-戊二烯结构使它们对氧化的敏感性远远地超过油酸中的丙烯体系(约为 20 倍),两个双键中间(11 位)的亚甲基受到相邻的两个双键双重活化非常活泼,更容易形成自由基,该自由基发生异构化(位置和顺反异构),生成两种具有共轭双键结构的亚油酸酯自由基,再与基态氧作用生成两种 ROOH。因此油脂中油酸和亚油酸共存时,亚油酸可诱导油酸氧化,使油酸诱导期缩短。

图 4-20 为亚麻酸酯的自动氧化过程:亚麻酸中存在两个 1,4-戊二烯结构。碳 11 和碳 14 的两个活化的亚甲基脱氢后生成两个戊二烯自由基。

氧进攻每个戊二烯自由基的端基碳生成 9-、12-、13-和 16-氢过氧化物的混合物,这 4 种氢过氧化物都存在几何异构体,每种具有共轭二烯,或是顺式、反式,或是反式、反式构型,隔离双键总是顺式的。生成的 C_9-和 C_{16}-氢过氧化物的量大大超过 C_{12}-和 C_{13}-异构物,这是因为:第一,氧优先与 C_9 和 C_{16} 反应;第二,C_{12}-和 C_{13}-氢过氧化物分解较快。

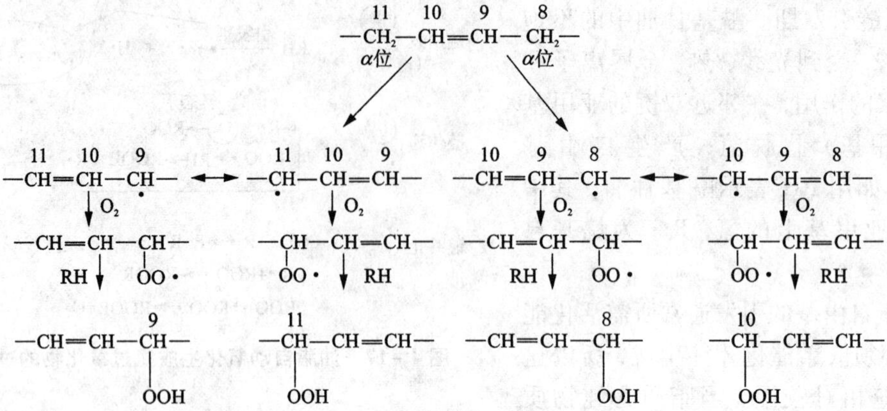

图 4 – 18 油酸脂的自动氧化过程

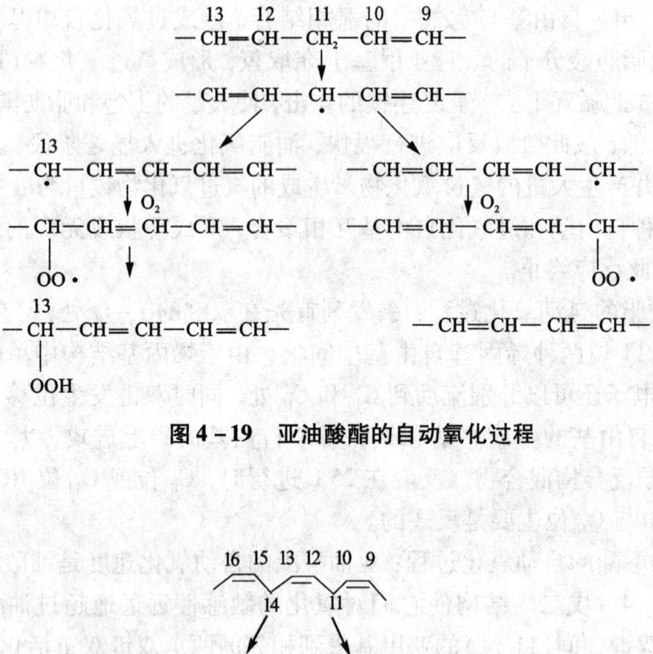

图 4 – 19 亚油酸酯的自动氧化过程

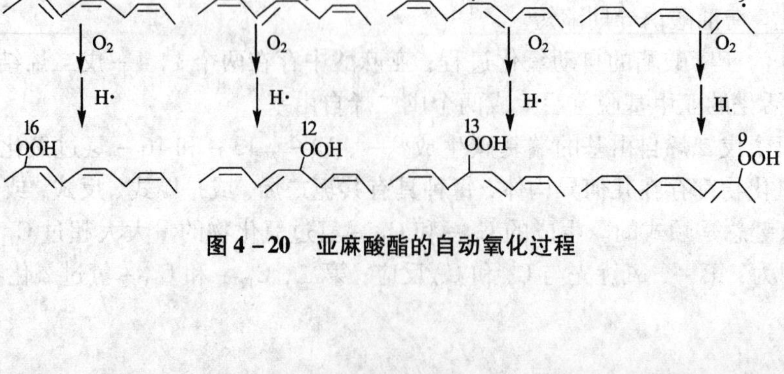

图 4 – 20 亚麻酸酯的自动氧化过程

2)光敏氧化方式

(1)单重态氧与三重态氧。不饱和脂肪酸氧化的主要途径是通过自动氧化反应,但引发自动氧化反应所需的初始自由基的来源是怎样的呢?若是由稳定的基态氧直接在脂肪酸(RH)双键上进攻产生引发是不可能的,这是因为 RH 和 ROOH 中的 C═C 键是单重态的,若是发生此反应则不遵守自旋守恒规则。较为合理的解释是,引发反应的是光氧化反应中的活性物质——单重态氧。

由于电子是带电的,故像磁铁一样具有两种不同的自旋方向,自旋方向相同则为 +1,自旋方向相反则为 -1。原子中电子的总角动量为 2S +1,S 为总自旋。由于氧原子在外层轨道上具有 2 个未成对电子,所以它们的自旋方向可能相同或相反,当自旋方向相同时,则电子总角动量为 2(1/2 +1/2) +1 =3,称为三重态氧($^3O_2$)即基态氧;当自旋方向相反时,则电子总角动量为 2(1/2 -1/2) +1 =1,称为单重态氧($^1O_2$)。

在三重态氧中,2 个自旋方向相同的电子服从"Pauli 不相容原理"而彼此分开分别填充在两个元素轨道中,所以静电排斥很小(图 4 -21)。

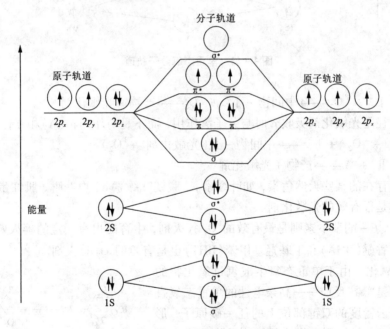

图 4 -21　三重态氧分子轨道

在单重态氧中,两个电子具有相反的自旋方向,静电作用力很大,故产生激发态(图 4 -22)。单重态氧的亲电性比三重态氧强,它能快速地(比$^3O_2$快 1500 倍)与分子中具有高电子云密度分布的 C═C 键相互作用,而产生的氢过氧化物再裂解,从而引发常规的自由基链传递反应。

单重态氧可以由多种途径产生,其中最主要的是由食品中的天然色素经光敏氧化产生。光敏氧化(photosensitized oxidation)有两条途径:第一条途径是光敏化剂(phoro sensitizer)吸收光后与作用物(A)形成中间产物,然后中间产物与基态(三重态)氧作用产生氧化产物。

光敏化剂 + A + hν ──→ 中间物 - I*(* 为激发态)

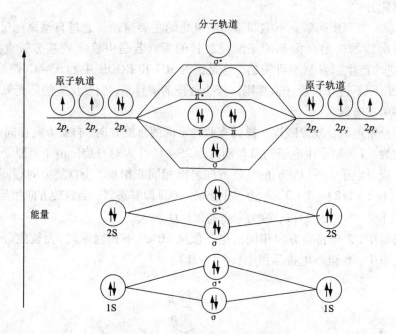

图 4 – 22　单重态氧分子轨道

中间物 – I* + ^{3}O$_2$ ——→中间物 – I* + ^{1}O$_2$ ——→产物 + 光敏化剂

第二条途径是光敏化剂吸收光时与分子氧作用，而不是与作用物（A）相互作用。

光敏化剂 + ^{3}O$_2$ + hν ——→中间物 – Ⅱ（光敏化剂 + ^{1}O$_2$）

中间物 – Ⅱ + A ——→产物 + 光敏化剂

在食品中存在的某些天然色素，如叶绿素 a，脱镁叶绿素 a、血卟啉、肌红蛋白以及合成色素赤藓红都是很有效的光敏化剂。

与此相反，β – 胡萝卜素则是最有效的^{1}O$_2$ 猝灭剂，生育酚也有一定的猝灭效果，合成物质丁基羟基茴香醚（BHA）和丁基羟基甲苯（BHT）也是有效的^{1}O$_2$ 猝灭剂。

（2）光敏氧化。由于单重态氧生成氢过氧化物的机制最典型的是"烯"反应——高亲电性的单重态氧直接进攻高电子云密度的双键部位上的任一碳原子，形成六元环过渡态，氧加到双键末端，然后位移形成反式构型的氢过氧化物，生成的氢过氧化物种类数为 2倍双键数（图 4 –23）。

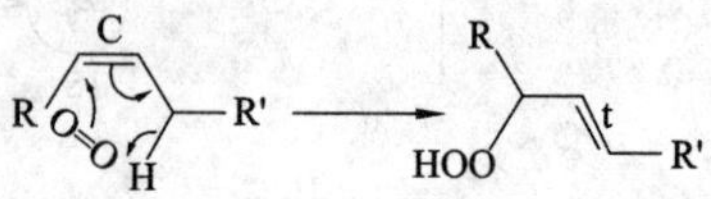

图 4 – 23　光敏氧化反应机制

以亚油酸酯为例子，其反应机制如图 4 –24 所示：

与自动氧化相比，光敏氧化的特征包括：不产生自由基，产物直接为氢过氧化物；双键的顺式构型改变成反式构型；没有诱导期；光的影响远大于氧浓度的影响。

3）酶促氧化方式

脂肪在酶参与下所发生的氧化反应，称为酶促氧化（enzymatic oxidation）。

脂肪氧合酶（lipoxygenase；Lox）专一性地作用于具有 1，4 - 顺，顺 - 戊二烯结构的多不饱和脂肪酸（如 18：2，18：3，20：4），在 1，4 - 戊二烯的中心亚甲基处（即 ω8 位）脱氢形成自

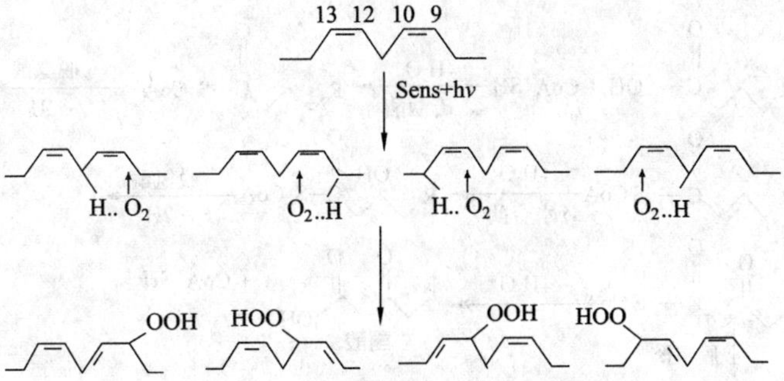

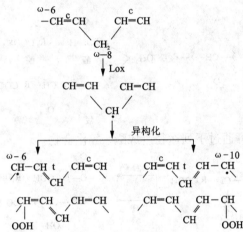

图4-24 亚油酸酯光敏氧化机制

由基,然后异构化使双键位置转移,同时转变成反式构型,形成具有共轭双键的 ω6 和 ω10 氢过氧化物(图4-25)。

图4-25 脂肪氧合酶酶促氧化过程

此外,我们通常所称的酮型酸败,也属酶促氧化,是由某些微生物繁殖时所产生的酶(如脱氢酶、脱羧酶、水合酶)的作用引起的。该氧化反应多发生在饱和脂肪酸的 β-碳位上,因而又称为 β-氧化作用,且氧化产生的最终产物酮酸和甲基酮具有令人不愉快的气味,故称为酮型酸败(图4-26)。

2. 氢过氧化物的分解及聚合

各种氧化途径产生的氢过氧化物只是一种反应中间体,非常不稳定,可裂解产生许多分解产物,其中产生的小分子醛、酮、酸等具有令人不愉快的气味即哈喇味;小分子醛还可缩合为环状化合物,完成油脂酸败的全过程。

一般氢过氧化物的分解首先是在氧-氧键处均裂,生成烷氧自由基和羟基自由基。如:

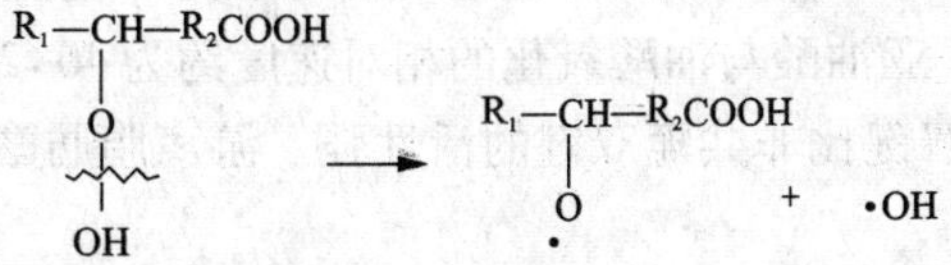

其次,烷氧自由基在与氧相连的碳原子两侧发生 C—C 键断裂,生成醛、酸、烃和含氧酸等化合物。

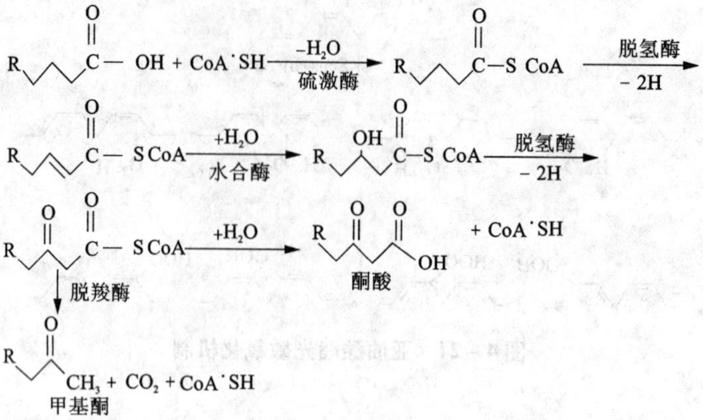

图 4 - 26 油脂酮型酸败过程

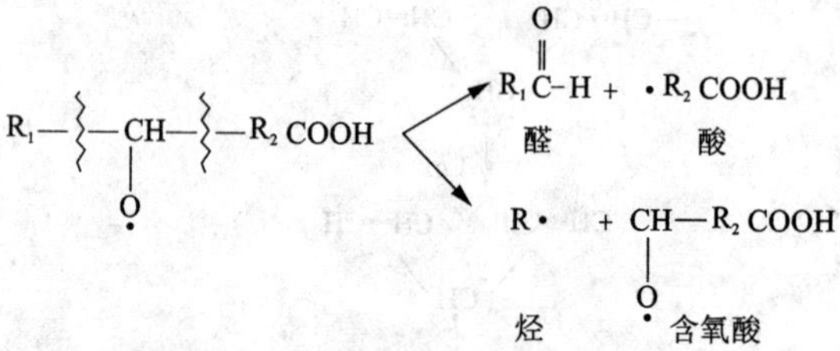

此外，烷氧自由基还可通过下列途径生成酮、醇化合物。

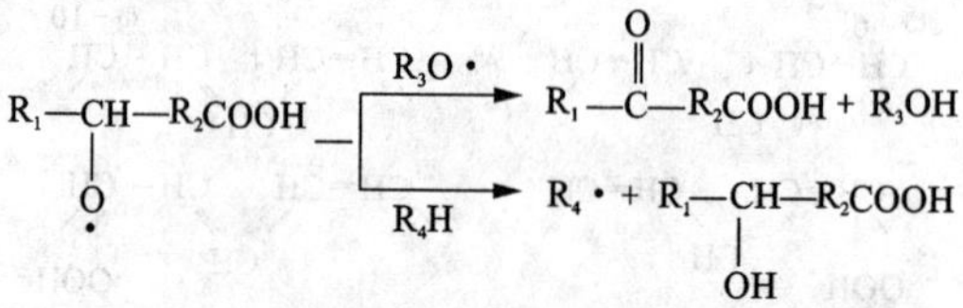

其中生成的醛类物质的反应活性很高，可再分解为分子量更小的醛，典型的产物是丙二醛，小分子醛还可缩合为环状化合物，如己醛可聚合成具有强烈臭味的环状三戊基三噁烷：

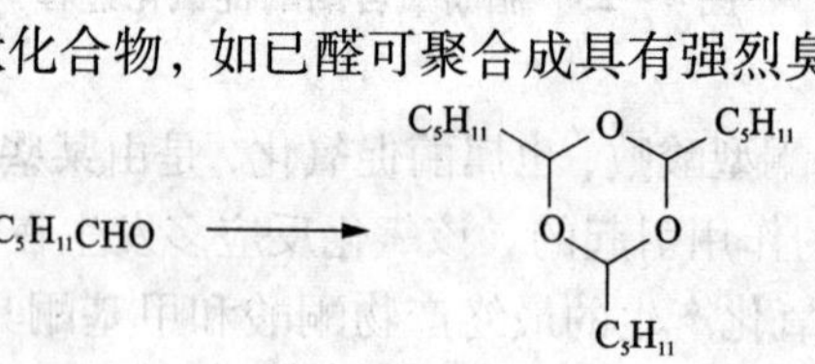

3.影响油脂氧化速率的因素

1）油脂中的脂肪酸组成

油脂中的饱和脂肪酸和不饱和脂肪酸都能发生氧化反应，但饱和脂肪酸的氧化必须在特殊条件下才能发生，即有霉菌的繁殖，或有酶存在，或有氢过氧化物存在的情况下，才能使饱和脂肪酸发生 β - 氧化作用而形成酮酸和甲基酮。然而饱和脂肪酸的氧化速率往往只有不饱和脂肪酸的1/10。而不饱和脂肪酸的氧化速率又与本身双键的数量、位置与几何形状有关。花生四烯酸、亚麻酸、亚油酸与油酸氧化的相对速度约为40∶20∶10∶1。顺式酸比它们的反式酸易于氧化，而共轭双键比非共轭双键的活性强。游离脂肪酸与酯化脂肪酸相比，氧化速度要快一些。

表4-11　脂肪酸在25℃时的诱导期和相对氧化速率

脂肪酸	双键数	诱导期/h	相对氧化速率
18:0	0		1
18:1(9)	1	82	100
18:2(9, 12)	2	19	1200
18:3(9, 12, 15)	3	1.34	2500

2）水

纯净的油脂中要求含水量很低，以确保微生物不能在其中生长，否则会导致氧化。对各种含油食品来说，控制适当的水分活度能有效抑制自氧化反应，因为研究表明油脂氧化速度主要取决于水分活度（图4-27）。水分活度对脂肪氧化作用的影响很复杂，在水分活度 < 0.1 的干燥食品中，油脂的氧化速度很快；当水分活度增加到0.3时，由于水的保护作用，阻止氧进入食品而使脂类氧化减慢，并往往达到一个最低速度。这可能是因为水与脂类氧化生成的氢过氧化物以氢键结

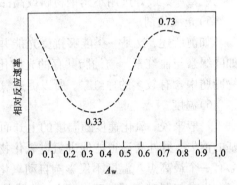

图4-27　水分活度对油脂氧化速度的影响

合，保护氢过氧化物的分解，阻止氧化进行；水与金属离子水合，降低了催化活性。当水分活度在此基础上再增高时，可能是由于增加了氧的溶解度，并提高了存在于体系中的催化剂的流动性和脂类分子的溶胀度而暴露出更多的反应位点，所以氧化速度加快。

3）氧气

在非常低的氧气压力下，氧化速度与氧压近似成正比，如果氧的供给不受限制，那么氧化速度与氧压力无关（图4-28）。同时氧化速度与油脂暴露于空气中的表面积成正比，如膨松食品（方便面）中的油比纯净的油易氧化。因而可采取排除氧气，采用真空或充氮包装和使用透气性低的包装材料来防止含油脂食品的氧化变质。

4）金属离子

凡具有合适氧化还原电位的二价或多价过渡金属（如铝、铜、铁、锰与镍等）都可促进自动氧化反应，即使浓度低至0.1mg/kg，它们仍能缩短诱导期和提高氧化速度。不同金属对油脂氧化反应的催化作用的强弱是：铜>铁>铬、钴、锌、铅>钙、镁>铝、锡>不锈钢>银。

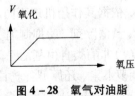

图4-28　氧气对油脂氧化速度的影响

其催化机制可能如下：

（1）使 $^3O_2$ 活化，产生 $^1O_2$ 和过氧自由基（$HO_2\cdot$）

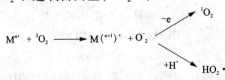

（2）与未氧化底物作用

$$M^{n+} + RH \longrightarrow M^{(n-1)+} + H^+ + R\cdot$$

（3）加速 ROOH 的分解

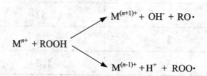

食品中的金属离子主要来源于加工、贮藏过程中所用的金属设备，因而在油的制取、精制与贮藏中，最好选用不锈钢材料或高品质塑料。

5）光敏化剂

如前所述，这是一类能够接受光能并把该能量转给分子氧的物质，大多数为有色物质，如叶绿素与血红素。与油脂共存的光敏化剂可使其周围产生过量的 $^1O_2$ 而导致氧化加快。动物脂肪中含有较多的血红素，所以促进氧化；植物油中因为含有叶绿素，同样也促进氧化。

6）温度

一般来说，氧化速度随温度的上升而加快，高温既能促进自由基的产生，也能促进自由基的消失，另外高温也能促进氢过氧化物的分解与聚合。因此，氧化速度和温度之间的关系会有一个最高点。温度不仅影响自动氧化速度，也影响反应的机理。在常温下，氧化反应大多发生在与双键相邻的亚甲基上，生成氢过氧化物。但当温度超过50℃时，氧化发生在不饱和脂肪酸的双键上，生成环状过氧化物。

7）光和射线

可见光线、紫外光线和 γ 射线是有效的氧化促进剂，这主要是由于光和射线不仅能够促进氢过氧化物分解，而且能把未氧化的脂肪酸引发为自由基，其中以紫外光线和 γ 射线辐照能最强，因此，油脂和含油脂的食品宜用有色或遮光容器包装。

8）抗氧化剂

抗氧化剂能减慢和延缓油脂自氧化的速率，后面将详细介绍。

4. 抗氧化剂

1）抗氧化剂的作用机理

如上所述，凡能延缓或减慢油脂氧化的物质称为抗氧化剂（antioxidant）。抗氧化剂种类繁多，依据其作用机理不同，可分为自由基清除剂（酶与非酶类）、单重态氧淬灭剂、金属螯合剂、氧清除剂、酶抑制剂、过氧化物分解剂、紫外线吸收剂等。

（1）非酶类自由基清除剂。非酶类自由基清除剂主要包括天然成分维生素 E、维生素 C、β - 胡萝卜素、还原型谷胱甘肽（GSH）以及合成的酚类抗氧化剂丁基羟基茴香醚（BHA）、二丁基羟基甲基（BHT）、没食子酸丙酯（PG），叔丁基对苯二酚（TBHQ）等，它们均是优良的氢供体或电子供体。若以 AH 代表抗氧化剂，则它与脂类（RH）的自由基反应如下：

$$R\cdot + AH \longrightarrow RH + A\cdot$$
$$ROO\cdot + AH \longrightarrow ROOH + A\cdot$$
$$ROO\cdot + A\cdot \longrightarrow ROOA$$
$$A\cdot + A\cdot \longrightarrow A_2$$

由上述反应可知，此类抗氧化剂可以与油脂自动氧化反应中产生的自由基反应，将之转变为更稳定的产物，而抗氧化剂自身生成较稳定的自由基中间产物（A·），并可进一步结合成稳定的二聚体（A_2）和其他产物（如 ROOA 等），导致 R·减少，使得油脂的氧化链式反应被阻断，从而阻止了油脂的氧化。但须注意的是将此类抗氧化剂加入到尚未严重氧化的油中是有效的，但将它们加入到已严重氧化的体系中则无效，因为高浓度的自由基掩盖了抗氧化剂的抑制作用。

以常用的酚类抗氧化剂为例，作为优良的氢供体，可清除原有的自由基，同时生成比较稳定的自由基中间体。如：

酚类抗氧化剂的新自由基氧原子上的单电子可与苯环上的 π 电子云共轭，使之稳定。当酚羟基邻位有叔丁基时，由于存在空间位阻，阻碍了氧分子的进攻。因此，叔丁基减少了烷氧自由基进一步引发自由基链反应的可能性，从而具有更强的抗氧化能。市场上常用的酚类抗氧化剂 BHA 和 BHT 的结构式如下：

3-叔丁基茴香醚　　　　2-叔丁基茴香醚　　　　2，6-二叔丁基茴香醚
（3-BHA）　　　　　　（2-BHA）　　　　　　　（BHT）

（2）酶类自由基清除剂。酶类自由基清除剂主要有超氧化物歧化酶（superoxide dismutase，SOD）、过氧化氢酶（catalase，CAT）和谷胱甘肽过氧化物酶（GSH－PX）。

在生物体中各种自由基对脂类物质起氧化作用，超氧化物歧化酶（SOD）能清除由黄质氧化酶和过氧化物作用产生的超氧化物自由基 O_2^-·，同时生成 H_2O_2 和 $^3O_2$，H_2O_2 又可以被过氧化氢酶（CAT）清除生成 H_2O 和 $^3O_2$。除 CAT 外，GSH－Px 也可清除 H_2O_2，还可清除脂类过氧化自由基 ROO·和 ROOH，从而起到抗氧化作用。反应式如下：

$$O_2^- · + 2H^+ \xrightarrow{\quad SOD \quad} H_2O_2 + {}^3O_2$$

$$H_2O_2 \xrightarrow{\quad CAT \quad} H_2O + {}^3O_2$$

$$ROOH + 2GSH \xrightarrow{\quad GSH-Px \quad} GSSG + ROH + H_2O$$

注：SGH 为还原型谷胱甘肽（Glutathione），GSSG 为氧化型谷胱甘肽（oxidized form glutathione）。值得注意的是 GSH－Px 在催化反应中需 GSH 作氢供体。

（3）单重态氧淬灭剂。单重态氧易与同属单重态的双键作用，转变成三重态氧，所以含有许多双键的类胡萝卜素是较好的 $^1O_2$ 淬灭剂。其作用机理是激发态的单重态氧将能量转移到类胡萝卜素上，使类胡萝卜素由基态（^{1} 类胡萝卜素）变为激发态（^{3} 类胡萝卜素），而后者可直接放出能量回复到基态。

$$^1O_2 + {}^1类胡萝卜素 \rightarrow {}^3O_2 + {}^3类胡萝卜素$$

此外，$^1O_2$ 淬灭剂还可使光敏化剂由激发态回复到基态：

$$^1类胡萝卜素 + {}^3Sen^* \rightarrow {}^3类胡萝卜素 + {}^1Sen$$

（4）金属离子螯合剂。食用油脂通常含有微量的金属离子、重金属，尤其是那些具有两价或更高价态的重金属可缩短自动氧化反应诱导期的时间，加快脂类化合物氧化的速度。金属离子（M^{n+}）作为助氧化剂起作用，一是通过电子转移，二是通过诸如下列反应从脂肪酸或氢过氧化物中释放自由基。超氧化物自由基 $O_2^- \cdot$ 也可以通过金属离子催化反应而生成，并由此经各种途径引起脂类化合物氧化。

柠檬酸、酒石酸、抗坏血酸（维生素 C）、EDTA 和磷酸衍生物等物质对金属具有螯合作用而使它们钝化，从而起到抗氧化的作用。

（5）氧清除剂。氧清除剂通过除去食品中的氧而延缓氧化反应的发生，可作为氧清除剂的化合物主要有抗坏血酸、抗坏血酸棕榈酸酯、异抗坏血酸和异抗坏血酸盐等。在清除罐头和瓶装食品的顶隙氧方面，抗坏血酸的活性强一些，而在含油食品中则以抗坏血酸棕榈酸酯的抗氧化活性更强，这是因为其在脂肪层的溶解度较大。此外，抗坏血酸与生育酚结合可以使抗氧化效果更佳，这是因为抗坏血酸能将脂类自动氧化产生的氢过氧化物分解成非自由基产物。

（6）氢过氧化物分解剂。氢过氧化物是油脂氧化的初产物，有些化合物如硫代二丙酸及其月桂酸、硬脂酸的酯可将链反应生成的氢过氧化物转变为非活性物质，从而起到抑制油脂氧化的作用。

2）增效作用（synergism）

在实际应用抗氧化剂时，常同时使用两种或两种以上的抗氧化剂，几种抗氧化剂之间产生协同效应，使抗氧化效果优于单独使用一种抗氧化剂，这种效应被称为增效作用。其增效机制通常有两种：

（1）在两种游离基受体中，其中增效剂的作用是使主抗氧化剂再生，从而引起增效作用。如同属酚类的抗氧剂 BHA 和 BHT，前者为抗氧化剂，它将首先成为氢供体，而 BHT 由于空间阻碍只能与 ROO · 缓慢地反应，BHT 的主要作用是使 BHA 再生（图 4 - 29）。

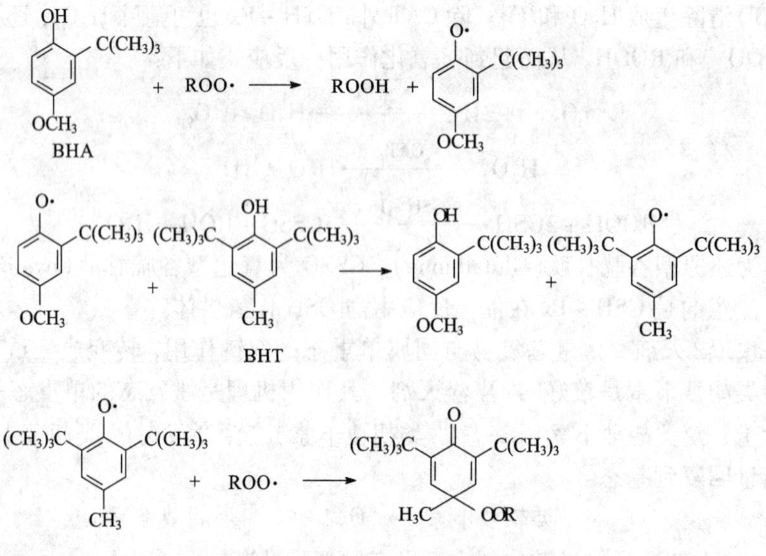

图 4 - 29　BHT 对 BHA 的增效机理

（2）增效剂为金属螯合剂。如酚类 + 抗坏血酸，其中酚类是主抗氧化剂，抗坏血酸可螯合金属离子，此外抗坏血酸还是氧清除剂，可使酚类抗氧化剂再生，两者联合使用，抗氧化能力更强。

5. 氧化脂质的安全性

油脂氧化是自由基链反应，而自由基的高反应活性，可导致机体损伤、细胞破坏、人体衰老等。油脂氧化过程中产生的过氧化脂质几乎能和食品中的任何成分反应，能导致食品的外观、质地和营养质量的劣变，甚至会产生突变的物质。例如：

（1）油脂自动氧化过程中产生的氢过氧化物及其降解产物可与蛋白质反应，导致蛋白质溶解度降低（蛋白质发生交联），颜色变化（褐变），营养价值降低（必需氨基酸损失）。氢过氧化物的氧－氢键断裂产生的烷氧游离基，与蛋白质（Pr）作用，生成蛋白质游离基，蛋白质游离基再发生交联：

$$RO \cdot + Pr \rightarrow Pr \cdot + ROH$$
$$Pr \cdot + Pr \cdot \rightarrow Pr - Pr + Pr \cdot \rightarrow Pr - Pr - Pr + \cdots$$

（2）油脂自氧化过程中产生的氢过氧化物几乎可与人体内所有分子或细胞反应，破坏DNA和细胞结构。例如，酶分子中的 $-NH_2$ 与丙二醛发生交联反应而失去活性，蛋白质交联后丧失生物功能，这些破坏了的细胞成分被溶酶体吞噬后，又不能被水解酶消化，在体内积累产生老年色素（脂褐素）。

（3）油脂自动氧化过程中产生的醛可与蛋白质中的氨基缩合，生成席夫碱后继续进行醇醛缩合反应，生成褐色的聚合物和有强烈气味的醛，导致食品变色，并且改变食品风味。例如，脂质过氧化物的分解产物丙二醛能与蛋白质中赖氨酸的 $\varepsilon - NH_2$ 反应生成席夫碱，使大分子交联，这也是导致鱼蛋白在冷冻贮藏后溶解度降低，鱼肉变老的原因之一。

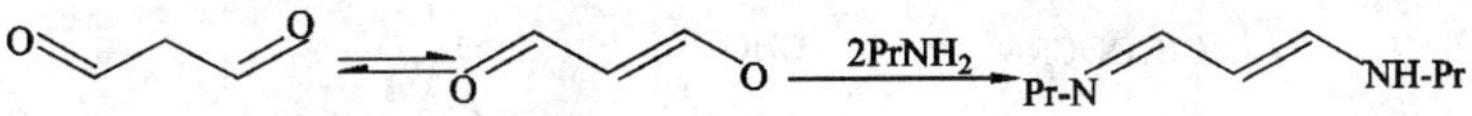

4.5.3 油脂在高温下的化学反应

油脂在高温下的反应十分复杂，在不同的条件下会发生聚合、缩合、氧化和分解等反应，使其黏度、酸价增高，碘值下降，折光率改变，还会产生刺激性气味，同时营养价值也有所下降。表4-12列出了棉子油在225℃加热时的质量参数的变化。

表 4-12　棉子油在225℃加热时的质量变化

质量参数	加热时间/h		
	0	72	194
平均分子量	850	1080	1510
黏度	0.6	2.1	18.1
碘值	110	91	73
过氧化值	2.5	1.5	0

1. 热分解反应

在高温条件下，油脂中的饱和脂肪酸与不饱和脂肪酸反应情况不一样，二者又分别在有氧和无氧条件有不同反应，大致反应情况如图4-30所示。

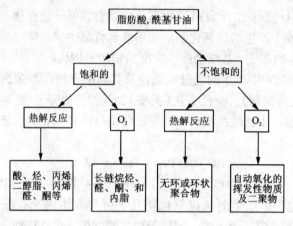

图4-30 脂类热分解简图

1）饱和油脂在无氧条件下的热解

一般来说，饱和脂肪酸酯必须在高温条件下加热才产生显著的非氧化反应。通过对同酸三酰基甘油酯在真空条件下加热的情况分析发现，分解产物中主要为 n 个碳（与原有脂肪酸相同碳数）的脂肪酸、$2n-1$ 个碳的对称酮、n 个碳的脂肪酸羰基丙酯，另外还产生一些丙烯醛、CO 和 CO_2。由此可知无氧热解反应是从脱酸酐开始的，主要反应如图4-31所示。

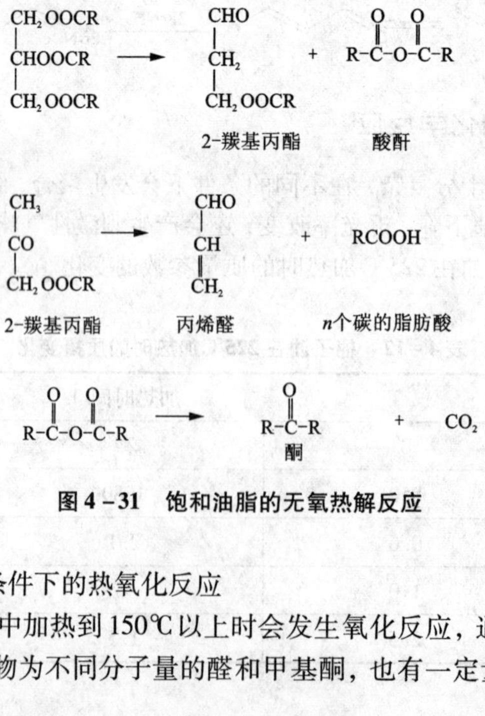

图4-31 饱和油脂的无氧热解反应

2）饱和油脂在有氧条件下的热氧化反应

饱和脂肪酸酯在空气中加热到150℃以上时会发生氧化反应，通过收集其分解产物进行分析，发现绝大多数的产物为不同分子量的醛和甲基酮，也有一定量的烷烃与脂肪酸，少量的醇与γ-内酯。一般认为在这种条件下，氧优先进攻离羰基较近的α、β、γ碳原子，形成氢过氧化物，然后再进一步分解。例如，当氧进攻β位碳原子时，生成的产物如图4-32所示。

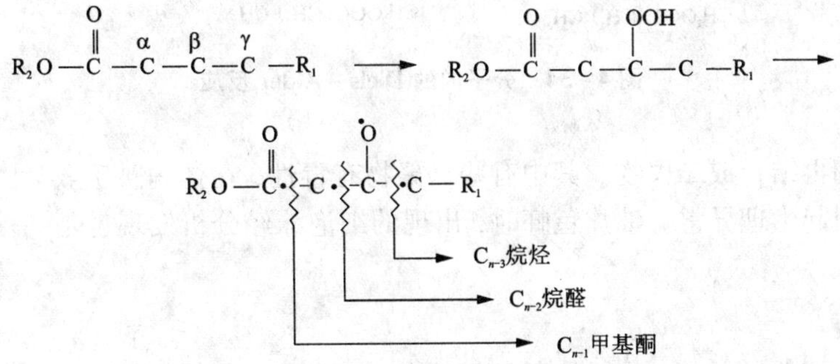

图4-32 饱和油脂在β位的氧化热解

3)不饱和油脂的热分解

不饱和油脂在无氧条件下加热至高温(低于220℃)，主要发生热聚合反应；当温度高于220℃时，除了有聚合反应外，还会在烯键附近断开C—C键，产生低分子量的物质。

不饱和油脂在空气中加热至高温时即能引起氧化与聚合反应。其氧化的主要途径与自动氧化反应相同，根据双键的位置可以推知氢过氧化物的生成和分解，该条件下氧化速率非常高，反应速度更快。

2.高温下油脂的热聚合反应

不饱和油脂在高温下，可发生热聚合和热氧化聚合反应。二聚化和多聚化是脂类在加热或氧化时发生的主要反应，这种变化一般伴随着碘值的减少，相对分子质量和折射率的增加。聚合也导致油脂黏度增大，泡沫增多。

不饱和油脂在隔氧条件下加热至高温(低于220℃)，油脂在邻近烯键的亚甲基上脱氢，产生自由基，但是该自由基并不能形成氢过氧化物，它进一步与邻近的双键作用，断开一个双键又生成新的自由基，反应不断进行下去，最终产生环套环的二聚体，如不饱和单环、不饱和二环、饱和三环等化合物。该反应称为 Diels-Alder 反应，可发生在一个酰基甘油分子中的两个酰基之间，形成分子内的环状聚合物，也可以发生在两个酰基甘油分子之间(图4-33、图4-34)。

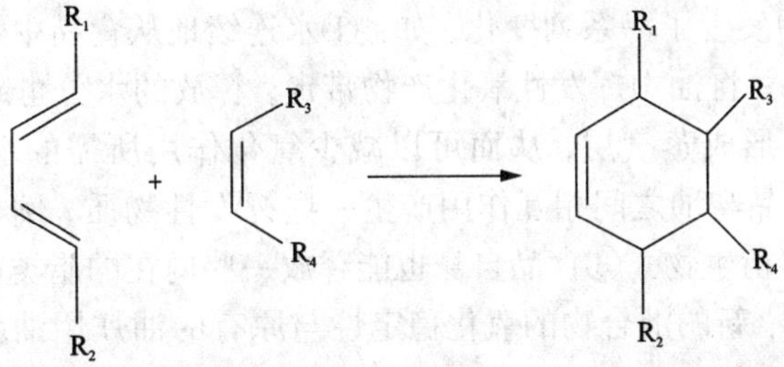

图4-33 分子间的 Diels-Alder 反应

热氧化聚合反应是在200~230℃条件下，甘油三酯分子在双键的 α-碳上均裂产生自由

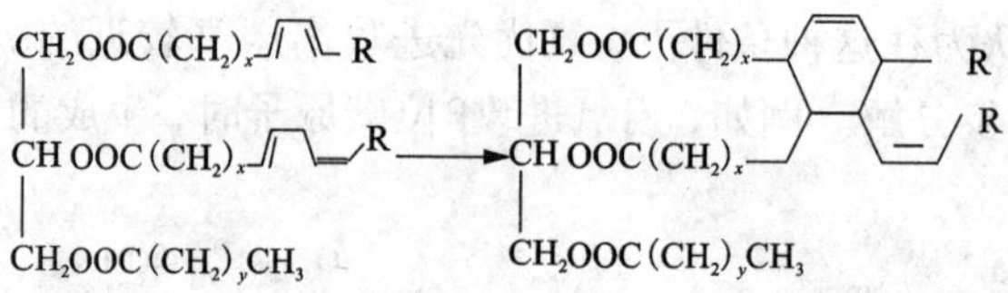

$$CH_2OOC(CH_2)_x\!\!\smile\!\!R \qquad CH_2OOC(CH_2)_x\!\!\smile\!\!R$$

图4-34 分子内的 Diels-Alder 反应

基,自由基之间再结合成二聚物。其中有些二聚物有毒性,在体内被吸收后,能与酶结合使之失活,从而引起生理异常。油炸鱼虾时,出现的细泡沫经分析发现也是一种二聚物。如图4-35所示。

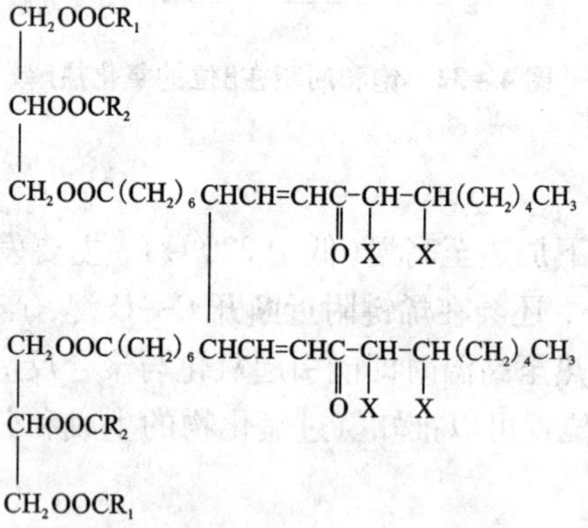

$$CH_2OOCR_1$$
$$CHOOCR_2$$
$$CH_2OOC(CH_2)_6CHCH=CHC-CH-CH(CH_2)_4CH_3$$
$$O\ X\ X$$
$$CH_2OOC(CH_2)_6CHCH=CHC-CH-CH(CH_2)_4CH_3$$
$$O\ X\ X$$
$$CHOOCR_2$$
$$CH_2OOCR_1$$

X为OH或环氧化合物

图4-35 油脂的热氧化聚合反应

3. 高温下油脂的缩合反应

在高温下,特别是在油炸条件下,食品中的水进入到油中,油脂发生部分水解,然后水解产物再缩合成相对分子质量较大的环氧化合物,如图4-36所示。

4. 油炸用油的化学变化

与其他食品加工或处理方法相比,油炸引起脂肪的化学变化是最大的,而且在油炸过程中,食品吸收了大量的脂肪,可达产品重的5%~40%(如油炸马铃薯片的含油量为35%)。油炸用油在油炸过程中发生了一系列变化,如:①水连续地从食品中释放到热油中。这个过程相当于水蒸气蒸馏,并将油中挥发性氧化产物带走,释放的水分也起到搅拌油和加速水解的作用,并在油的表面形成蒸气层,从而可以减少氧化作用所需的氧气量。②在油炸过程中,由于食品自身或食品与油之间相互作用产生一些挥发性物质,例如,马铃薯油炸过程中产生含硫化合物和吡嗪衍生物。③食品自身也能释放一些内在的脂类(例如鸡、鸭的脂肪)进入到油炸用油中,因此,新的混合物的氧化稳定性与原有的油炸用油就大不相同,食品的存在加速了油变暗的速度。

在油炸过程中,可产生下列各类化合物:

(1)挥发性物质。在油炸过程中,包括氢过氧化物的形成和分解的氧化反应,产生诸如饱和与不饱和醛类、酮类、内酯类、醇类、酸类以及酯类这样的化合物。油在180℃并有空气

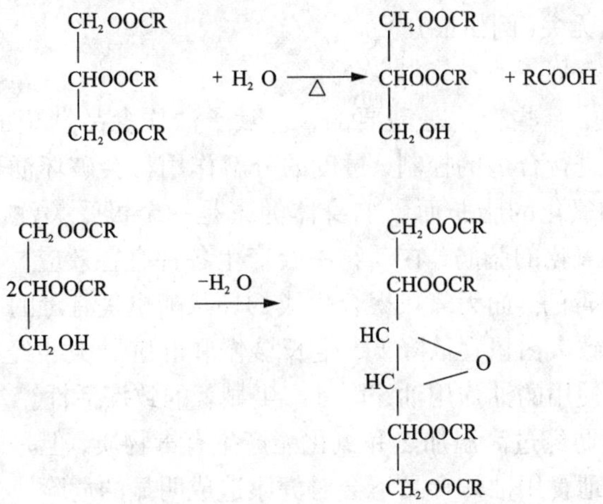

图 4 -36 油脂在高温下发生缩合形成环氧化合物

存在情况下加热 30 min，由气相色谱可检测到主要的挥发性氧化产物。虽然所产生的挥发性产物的量随油的类型、食品类型以及热处理方法不同会有很大的不同，但它们一般会达到一个平衡值，这可能是因为挥发性物的生成和由于蒸发或分解所造成的损失达到了平衡。

(2)中等挥发性的非聚合的极性化合物。例如羟基酸和环氧酸等，这些化合物是由各种自由基的氧化途径产生的。

(3)二聚物和多聚酯以及二聚和多聚甘油酯。是由自由基的热氧化和聚合产生的，这些化合物造成了油炸用油的黏度显著提高。

(4)游离脂肪酸。这些化合物是在高温加热与水存在条件下由三酰基甘油酯水解生成的。

上述这些反应是在油炸过程中观察得到的各种物理变化和化学变化的原因。这些变化包括了黏度和游离脂肪酸的增加、颜色变暗、碘值降低、表面张力减小、折光率改变以及易形成泡沫。

5. 油炸用油质量的评价

测定脂肪氧化的一些方法通常也可用于监控油炸过程中油的热分解和氧化分解。此外，黏度、游离脂肪酸、感官质量、发烟点、聚合物生成以及特殊的降解产物等测定技术也不同程度地得到应用。另外，已研制了一些特别的方法评定使用过的油炸用油的化学性质，其中有些方法需要标准的实验仪器，而其他的方法需要进行专门测定。

(1)石油醚不溶物。如果石油醚不溶物为 0.7%，发烟点 <170℃；或者石油醚不溶物为 1.0%，不管发烟点是多少，那么，可以认为油炸用油已变质了。由于氧化产物部分溶于石油醚，因此，这个方法既花时间又不太正确。

(2)极性化合物。经加热的脂肪在硅胶柱上进行分级分离，使用石油醚 – 二乙醚混合物洗脱非极性馏分，极性馏分的质量分数可从总量与非极性馏分的差值计算得到，可使用油的最大允许的极性组分量为 27%。

(3)二聚酯。这个技术是将油完全转化成相应的甲酯后采用气相色谱短柱进行分离和检测。可采用二聚酯的增加作为热分解作用的量度。

(4)介电常数。采用食用油传感器仪器快速测定油的介电常数的变化。介电常数随着极性的增加而增加，极性增加意味着变质。介电常数的读数代表了油炸用油中产生的极性和非极性组分间的净平衡，一般以极性部分增加为主，但两种组分间的净差值取决于许多因素，其中有一些与油的质量无关（例如水分）。

6. 油炸条件下的安全性

事实上，油炸过程中有些变化是需要的，它赋予油炸食品期望的感官质量。但另一方面，由于对油炸条件未进行合适的控制，过度的分解作用将会破坏油炸食品的感官质量与营养价值。摄食经加热和氧化的脂肪而影响身体健康是一个极受关注的问题。经动物试验表明，喂食因加热而高度氧化的脂肪，在动物中会产生各种有害效应。有报道称油脂氧化聚合产生的极性二聚物是有毒的，而无氧热聚合生成的环状酯也是有毒的。用长时间加热的油炸用油喂养大白鼠，可导致大白鼠食欲降低，生长缓慢和肝脏肿大。经检验，长时间高温油炸薯条和鱼片的油、反复使用的油炸用油，均可产生显著的致癌活性。

尽管目前已确定脂肪经过高温加热和氧化能产生有毒物质，但是使用高质量的油和遵循推荐的加工方法，适度地食用油炸食品不会对健康造成明显的危险。

4.5.4 辐照对油脂的影响

食品辐照作为一种灭菌手段，其目的是消灭微生物和延长食品的货架期。辐照能使肉和肉制品杀菌（高剂量，如 10 ~ 50 kGy）；防止马铃薯和洋葱发芽；延迟水果成熟以及杀死调味料、谷物、豌豆和菜豆中的昆虫（低剂量，如低于 3 kGy）。无论从食品的稳定性或经济观点考虑，食品的辐照保藏对工业界有着日益增加的吸引力。

但其负面影响是，辐照会引起脂溶性维生素的破坏，其中生育酚特别敏感。此外，如同热处理一样，食品辐照也会导致化学变化。辐照剂量越大，影响越严重。在辐照食物的过程中，油脂分子吸收辐照能，形成自由基和激化分子，激化分子可进一步降解，以饱和脂肪酸酯为例，辐解首先在羰基附近 α、β、γ 位置处断裂，生成的辐解产物有烃、醛、酸、酯等。激化分子分解时可产生自由基，自由基之间可结合生成非自由基化合物。在有氧时，辐照还可加速油脂的自动氧化，同时使抗氧化剂遭到破坏。辐照和加热造成油脂降解，这两种途径生成的降解产物有些相似，只是后者生成更多的分解产物。但经过几十年深入研究表明，食品在合适的条件下辐照杀菌是安全和卫生的。

在 1980 年 11 月，由 FAO/WHO/IAEA 联合专家委员会对有关辐射食品的安全卫生做出决定："食品辐射的总平均剂量为 10 kGy 时不会产生中毒危险，因此按此剂量处理的食品不需要进行毒理试验。"在 1986 年，美国食品和药物管理局批准：为了抑制生长和成熟，新鲜食品的最大辐射剂量为 1 kGy，也批准了调味料杀菌的最大辐射剂量为 30 kGy。1990 年，美国食品和药物管理局批准了生家畜的辐射以控制传染致病菌。1992 年，由美国农业部批准辐射生家畜以控制沙门氏菌。

4.6 油脂质量评价

4.6.1 油脂重要的化学特征值

由于对三酰基甘油酯中脂肪酸组成和分布的测定是比较复杂的，为了能简单快速的鉴别油脂的种类与品质，很多基本的理化分析值都是很有参考价值的。

1. 酸价

酸价(acid value，AV)是指中和 1 g 油脂中游离脂肪酸所需的氢氧化钾的毫克数。新鲜油脂的酸价很小，但随着贮藏期的延长和油的酸败，酸价增大。酸价的大小可直接说明油脂的新鲜度和质量好坏，所以酸价是检验油脂质量的重要指标。我国食品卫生标准规定，食用植物油的酸价不得超过 5。有关食用油脂的酸价标准见表 4 – 13。

表 4 – 13 我国食用油脂的酸价标准

油脂级别或种类	酸价/(mgKOH·g^{-1})
食用煎炸油，机制小磨麻油，二级菜籽油	≤5.0
食用亚麻籽油，大多数二级食用植物油	≤4.0
小磨芝麻香油	≤3.0
二级食用猪油	≤1.5
一级食用植物油和猪油，起酥油，人造奶油，食用氢化油	≤1.0
高级烹调油	≤0.5
色拉油	≤0.3
精制调和油	≤0.2
调和色拉油	≤0.15

注：①若调和油中配入芝麻油，则酸价标准为≤2.0；②若调和色拉油中配入有橄榄油，则酸价标准为≤0.4。

2. 皂化值

1 g 油脂完全皂化时所需 KOH 的毫克数称皂化值(saponify value，SV)。皂化值的大小与油脂的平均分子量成反比，皂化值高的油脂熔点较低，易消化，一般油脂的皂化值在 200 左右。制皂业根据油脂的皂化值的大小，可以确定合理的用碱量和配方。

3. 碘值

100 g 油脂吸收碘的克数叫做碘值(iodine value，IV)。通过碘值可以判断油脂中脂肪酸的不饱和程度，油脂中双键越多，碘值越大，如油酸的碘值为 89，亚油酸的碘值为 181，亚麻酸则有 273。各种油脂有特定的碘值，如猪油的碘值为 55~70。一般动物脂的碘值较小，植物油碘值较大。另外，根据碘值的大小可把油脂分为：干性油(IV = 180~190)、半干性油(IV = 100~120)、不干性油(IV <100)。表 4 – 14 是我国几种作为特征指标的食用油脂的皂化值和碘值国家标准。

表 4 – 14 几种食用油脂的皂化值和碘值国家标准

油脂	皂化值/(mgKOH·g^{-1})	碘值/(g·100g^{-1})
葵花籽油	188~194	110~143
菜籽油	168~182	94~120

油脂	皂化值(mgKOH·g^{-1})	碘值/(g·100g^{-1})
大豆油	188~195	123~142
花生油	187~196	80~106
棉籽油	189~198	99~123
米糠油	179~195	92~115

4.二烯值

二烯值(diene value, DV),又称共轭二烯值或顺丁烯二酸酐值,指油中所含共轭二烯的数量,即在特定的条件下与100g油反应所需的顺丁烯二酸酐的量,并换算成碘的质量百分数表示。因为顺丁烯二酸酐可与油脂中共轭双键进行 Diels-Alder 反应,所以二烯值是鉴定油脂不饱和脂肪酸中共轭体系的特征指标。天然存在的脂肪酸一般含非共轭双键,在食品加工与储藏过程中,可能发生某些化学反应而生成无营养的含共轭双键的脂肪酸。

4.6.2 油脂氧化的检验方法

脂类氧化反应十分复杂,产物众多,且有些中间产物不稳定,易分解,故对油脂氧化程度评价指标的选择非常重要。目前还没有一种简单的测定方法可完全评价油脂的氧化程度,通常需要测定几种指标。

1.过氧化值

过氧化值(peroxidation value, POV)是指1 kg 油脂中所含氢过氧化物的毫摩尔数(mmol)。氢过氧化物是油脂氧化的主要初级产物,在油脂氧化初期,POV 值随氧化程度加深而增高。而当油脂深度氧化时,氢过氧化物的分解速度超过了氢过氧化物的生成速度,这时 POV 值会降低,所以 POV 值宜用于衡量油脂氧化初期的氧化程度。POV 值常用碘量法测定:

(1)将被测油脂与碘化钾反用生成游离碘。

$$ROOH + 2KI \rightarrow ROH + I_2 + K_2O$$

(2)生成的碘再用硫代硫酸钠($Na_2S_2O_3$)标准溶液滴定,以消耗硫代硫酸钠的 mmol 数来确定氢过氧化物的 mmol 数。

$$I_2 + 2Na_2S_2O_3 \rightarrow 2NaI + Na_2S_4O_6$$

一般新鲜的精制油 POV 低于1。POV 升高,表示油脂开始氧化。POV 达到一定量时,油脂产生明显异味,成为劣质油,该值一般为20,但不同的油有一些差别,如人造奶油为60。故在检查油脂氧化变质的实验中,有的把变质的标准定为20,有的定为70。但一般过氧化值超过 70 时表明油脂已进入氧化显著阶段。

2.硫代巴比妥酸值(thiobarbituric acid, TBA)

不饱和脂肪酸氧化后的醛类产物(丙二醛、及其他较低分子量的醛等)与硫代巴比妥酸反应生成红色和黄色物质,具体反应过程如下:

其中与氧化产物丙二醛反应产生的物质为红色,在 530 nm 处有最大吸收;饱和醛、单烯醛和甘油醛等与硫代巴比妥酸反应产物为黄色,在 450 nm 处有最大的吸收。可同时在这两个最高吸收波长处测定油脂的氧化产物的含量,以此来衡量油脂的氧化程度。TBA 值广泛用于评价油脂的氧化程度,但单糖、蛋白质、木材烟中的成分都可以干扰该反应,故该反应对不同体系的含油食品的氧化程度难以评价,而只能用于比较单一物质(如纯油脂)在不同氧化阶段的氧化程度的评价。

3. 碘值

碘值的大小可以判断油脂中脂肪酸的不饱和程度,同一油脂的碘值如果降低,说明油脂发生了氧化。

该值的测定利用了双键的加成反应,由于碘直接与双键的加成反应很慢,故先将碘转变为溴化碘或氯化碘,再进行加成反应;过量的溴化碘在碘化钾存在下,析出单质碘,再用 $Na_2S_2O_3$ 标准溶液滴定,即可求得碘值,具体反应过程如下:

$$—CH=CH— + IBr \longrightarrow —CH—CH—$$
$$\overset{|}{I} \quad \overset{|}{Br}$$

$$IBr + KI \longrightarrow I_2 + KBr$$

$$I_2 + 2Na_2S_2O_3 \longrightarrow 2NaI + Na_2S_4O_6$$

4. 活性氧法(active oxygen method,AOM)

该法是检验油脂是否耐氧化的重要方法,基本做法是把被测油样置于 97.8 ℃ 的恒温条件下,并连续向其中通入 2.33 mL/s 的空气,定期测定在该条件下油脂的 POV 值,记录油脂的 POV 值达到 70(植物油脂)或 20(动物油脂)所需要的时间(AOM),以小时为单位。AOM 值越大,说明油脂的抗氧化稳定性越好。一般油的 AOM 值仅 10 小时左右,但抗氧化性强的油脂可达到 100 多个小时。该法也是评价不同抗氧化剂抗氧化性能的常规方法。

5. 史卡尔(Schaal)温箱实验

把油脂置于 (63 ± 0.5) ℃温箱中,定期测定 POV 值达到 20 的时间,或感官检查出现酸败气味的时间,以天为单位。温箱实验的天数与 AOM 值有一定的相关性,如在棉子油的实验中有如下关系:

$$AOM(小时数) = 2 \times (Schaal 温箱实验天数) - 5$$

6. 色谱法

已使用各种色谱技术包括薄层色谱、高效液相色谱以及气相色谱测定含油脂食品的氧化程度。这种方法是基于分离和定量测定特殊组分,例如挥发性的、极性的或多聚物或者单个多组分如戊烷或己醛,这些都是自动氧化过程中产生的典型产物。

7. 感官评定

感官评定是最终评定食品中氧化风味的方法。评价任何一种客观的化学或物理方法的价值很大程度上取决于它与感官评定相符合的程度。

4.7 油脂加工化学

4.7.1 油脂的制取

油脂的制取有溶剂浸出法、压榨法、熬炼法和机械分离法等,但目前最常用的为压榨法和溶剂浸出法。压榨是油料经破碎、蒸炒后,用螺旋式榨油机压榨。溶剂浸出法一般先预榨,再用己烷或6号溶剂油浸出残油。6号溶剂油是由芳烃、环烷烃、正烷烃(5、6、7碳)组成的混合物。用上述方法制取的油称为毛油或粗油。

4.7.2 油脂的精炼

油脂的精炼就是进一步采取理化措施以除去毛油中的杂质。毛油中的杂质按亲水亲油性可分为三类:①亲水性物质:蛋白质、各种碳水化合物、某些色素;②两亲性物质:磷脂、脂肪酸盐;③亲油性物质:三酰基甘油酯、脂肪酸、类脂、某些色素。油脂中的杂质可使油脂产生不良的风味、颜色、降低烟点,或不利于油脂的保藏,所以需要除去。

油脂精炼的基本流程如下:

毛油 ——→ 脱胶 ——→ 静置分层 ——→ 脱酸 ——→ 水洗 ——→ 干燥 ——→ 脱色 ——→ 过滤 ——→ 脱臭 ——→ 冷却 ——→ 精制油

以上流程中脱胶、脱酸、脱色、脱臭是油脂精炼的核心工序,一般称为四脱,四脱的化学原理如下。

1. 脱胶(degumming)

将毛油中的胶溶性杂质脱除的工艺过程称为脱胶。此过程主要脱除的是磷脂。如果油脂中磷脂含量高,加热时易起泡沫、冒烟且多有臭味,同时磷脂氧化可使油脂呈焦褐色,影响煎炸食品的风味。脱胶时常向油脂中加入2%~3%的热水,在50℃左右搅拌,或通入水蒸汽,由于磷脂有亲水性,吸水后比重增大,然后可通过沉降或离心分离除去水相即可除去磷脂和部分蛋白质。

2. 脱酸(deacidification)

其主要目的是除去毛油中的游离脂肪酸。毛油中约含有0.5%以上的游离脂肪酸,米糠油毛油中甚至高达10%。游离脂肪酸对食用油的风味和稳定性具有很大的影响。

将适量氢氧化钠溶液(用碱量通过酸价计算确定)与加热的脂肪(30~60℃)混合,并维持一段时间直到析出水相,可使游离脂肪酸皂化,生成水溶性的脂肪酸盐(称为油脚或皂脚),它分离出来后可用于制皂。此后,再用热水洗涤中性油,接着采用沉降或离心的方法以除去中性油中残留的皂脚。此过程还能使磷脂和有色物质明显减少。

3. 脱色(decolorization)

毛油中含有类胡萝卜素、叶绿素等色素,影响到油脂的外观甚至稳定性(叶绿素是光敏化剂),因此需要除去。一般是将油加热到85℃左右,并用吸附剂,如酸性白土(1%)、活性炭(0.3%)等处理,可将有色物质基本除去,其他物质如磷脂、皂化物和一些氧化产物可与色素一起被吸附,然后通过过滤除去吸附剂。

4. 脱臭(deodorization)

各种植物油大部分都有其特殊的气味,可采用减压蒸馏法,通入一定压力的水蒸气,在一定真空度、油温(220~240℃)下保持几十分钟左右,即可将这些有气味的物质除去。在此过程中常常添加柠檬酸以螯合除去油中的痕量金属离子。

通过油脂精炼可提高油的氧化稳定性,并且明显改善油脂的色泽和风味,还能有效去除油脂中的一些有毒成分(例如花生油中的黄曲霉毒素和棉籽油中的棉酚),但同时也除去了油脂中存在的天然抗氧化剂–生育酚(维生素E)。

4.7.3 油脂的改性加工

食品工业上较易获得的植物油脂主要由不饱和脂肪酸组成,熔点较低,在室温下通常呈液态,如花生油、大豆油、菜籽油等;另外天然油脂中脂肪酸的分布模式,赋予油脂特定的结晶性质、熔点等,有时限制了它们在工业上的应用,不能满足食品工业的需要,因此需要进行油脂改良。改良的方法主要有氢化、脂交换和油脂分提三种方式。

1. 油脂氢化

"氢化"(hydrogenation)是在20世纪初期发明的食品工业技术,并于1911年被食用油品牌"Crisco"首次使用。油脂的氢化是在高温、高压和使用催化剂(Pt、Ni、Cu)条件下,油脂中不饱和双键发生氢化反应,使碳原子达到饱和或比较饱和,从而把在室温下呈液态的油变成固态的脂。氢化工艺在油脂工业中极其重要,因为它能达到以下几个主要目的:①能够提高油脂的熔点,使液态油转变为半固体或塑性脂肪,以满足特殊用途的需要,例如生产起酥油和人造奶油;②增强油脂的抗氧化能力;③在一定程度上改变油脂的风味。

1)油脂氢化的机理

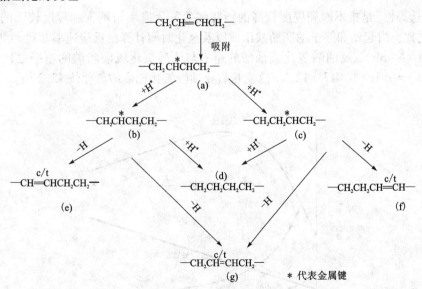

图4-37 油脂氢化反应示意图

油脂氢化是在油中加入适量催化剂,并向其中通入氢气,在140~225℃条件下反应3~4 h,当油脂的碘值下降到一定值后反应终止(一般碘值控制在18)。油脂氢化的机理见图4-37,首先金属催化剂在烯键的任一端形成碳–金属复合物(a),接着这个中间复合物再与催化剂所吸附的氢原子相互作用，形成不稳定的半氢化状态（b）或（c）。在半氢化状态时，烯键被打开，烯键两端的碳原子其中之一与催化剂相连，原来不可自由旋转的 C═C 键变为可自由旋转的 C—C 键。半氢化复合物（a）能加上一个氢原子生成饱和产物（d），也可失去一个氢原子，恢复双键，但再生的双键可以处在原来的位置，也可以是原有双键的几何异构体（e）和（f），且均有反式异构体生成。

2）氢化选择性

在氢化过程中，不仅一些双键被饱和，而且一些双键也可重新形成，并产生反式构型（t型）双键，所产生的异构物通常称为异酸。部分氢化可能产生较为复杂的反应产物的混合物，这取决于哪一个双键被氢化、异构化的类型和程度以及这些不同反应的相对速率。油脂氢化的程度不一样，其产物不一样，如亚麻酸（18:3）的氢化产物按不断加氢的顺序为亚麻酸（18:3）——→亚油酸或异亚油酸（18:2）——→油酸或亚油酸（18:1）——→硬脂酸（18:0）（图4-38）。

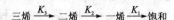

$$三烯 \xrightarrow{K_3} 二烯 \xrightarrow{K_2} 一烯 \xrightarrow{K_1} 饱和$$

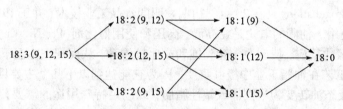

图4-38 亚麻酸氢化过程

术语"选择性"是指不饱和程度较高的脂肪酸的氢化速率与不饱和程度较低的脂肪酸的氢化速率之比。由起始和终了的脂肪酸组成以及氢化时间计算出反应速率常数。例如豆油氢化反应中（图4-39），亚油酸氢化成油酸的速率与油酸氢化成硬脂酸的速率之比（选择比，SR）为 $K_2/K_3 = 0.519/0.013 = 12.2$，这意味着亚油酸氢化比油酸氢化快 12.2 倍。

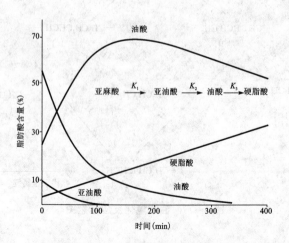

图4-39 豆油氢化反应速率常数

一般来说，吸附在催化剂上的氢浓度是决定选择性和异构物生成的因素。如果催化剂被氢饱和,大多数活化部位持有氢原子,那么两个氢原子在合适的位置与任何靠近的双键反应的机会是很大的。因为接近这两个氢的任一个双键都存在饱和倾向,因此产生了低选择性。另一方面,如果在催化剂上的氢原子不足,那么,较可能的情况是只有一个氢原子与双键反应,导致半氢化—脱氢顺序以及产生异构化的可能性较大。

不同的催化剂具有不同选择性,铜催化剂比镍催化剂有较好的选择性,对孤立双键不起作用,其缺点是活性低、易中毒,残存的铜不易除去,从而降低了油脂的稳定性。铜 – 银催化剂作用温度低,选择性高。以离子交换树脂为载体的钯催化剂,具有较高的亚油酸选择性及低的异构化。

加工条件对选择性也有非常大的影响。不同加工条件(氢压、搅拌强度、温度以及催化剂的种类和浓度)通过它们对氢与催化剂活性比的影响而影响选择性。例如,温度增加,提高了反应速度以及使氢较快地从催化剂中除去,从而使选择性增加。如表 4 – 15 所示,高温、低压、高催化剂浓度以及低的搅拌强度产生较大的 SR(选择性比),表中还指出了加工条件对氢化速率和反式酸生成的影响。

表 4 – 15　加工参数对选择性和氢化速率的影响

加工参数	SR	反式酸	速率
高温	高	高	高
高压	低	低	高
高强度搅拌	低	低	高
高催化剂浓度	高	高	高

通过改变加工条件来改变 SR,这样能使加工者在很大程度上控制最终油脂的性质。例如,选择性较高的氢化能使亚油酸减少,并提高了稳定性,同时,可使完全饱和化合物的生成降低到最少和避免过度硬化。另一方面,反应的选择性越高,反式异构物的生成就越多,这从营养的观点来讲是非常不利的。许多年来,食品脂肪制造者设计了不少氢化方法以尽量使异构化降到最低,同时又避免生成过量的完全饱和的物质。

3)氢化脂肪的安全性

油脂氢化后,多不饱和脂肪酸含量下降,脂溶性维生素如维生素 A 及类胡萝卜素因氢化而被破坏,且氢化还伴随着双键的位移,生成位置异构体和几何异构体。在一些人造奶油和起酥油中,反式脂肪酸占总酸的 20% ~40%。反式脂肪酸在生物学上与它们的顺式异构物不同,反式酸无必需脂肪酸的活性,现在普遍认为反式脂肪酸对人体健康有不利的影响。

2. 酯交换

天然油脂中脂肪酸的分布模式,赋予了油脂特定的物理性质如结晶特性、熔点等。有时这种性质限制了它们在工业上的应用,但可以采用化学改性的方法如酯交换(interesterification)改变脂肪酸的分布模式,以适应特定的需要。例如,猪油的三酰基甘油酯多为 Sn – SUS,该类酯结晶颗粒大,口感粗糙,不利于产品的稠度,也不利于用在糕点制品上,但经过酯交换后,改性猪油可结晶成细小颗粒,稠度改善,熔点和黏度降低,适合于作为人造奶油和糖果用油。酯交换就是指三酰基甘油酯上的脂肪酸酯与脂肪酸、醇、自身或其他酯类作用而进行的酯基交换或分子重排的过程。通过酯交换，可以改变油脂的甘油酯组成、结构和性质，生产出天然没有的、具有全新结构的油脂，或人们希望得到的某种天然油脂，以适应某种需要。也可生产单甘酯、双甘酯以及甘三酯外的其他甘三酯类。目前酯交换已被广泛应用于表面活性剂、乳化剂、植物燃料油以及各种食用油脂等各个生产领域。酯交换可在高温下发生，也可在催化剂甲醇钠或碱金属及其合金等的作用下在较温和的条件下进行。酯交换一般采用甲醇钠作催化剂，通常只需在 50~70℃下，不太长的时间内就能完成。

1）酯交换反应机理

以 S_3、U_3 分别表示三饱和甘油酯和三不饱和甘油酯。首先是甲醇钠与三酰基甘油酯反应，生成二脂酰甘油酸盐。

$$U_3 + NaOCH_3 \rightarrow U_2ONa + U - CH_3$$

这个中间产物再与另一分子三酰基甘油酯分子发生酯交换，反应如此不断持续下去，直到所有脂肪酸酰基改变其位置，并随机化趋于完全为止。

2）随机酯交换

当酯化反应的进行在高于油脂熔点时，脂肪酸的重排是随机的，产物很多，这种酯交换称为随机酯交换。随机酯交换可随机地改组三酰基甘油酯，最后达到各种排列组合的平衡状态。例如，将 Sn－SSS，Sn－SUS 为主体的脂变为 Sn－SSS，Sn－SUS，Sn－SSU，Sn－SUU，Sn－USU 和 Sn－UUU 6 种酰基甘油的混合物。如 50% 的三硬脂酸酯和 50% 的三油酸酯发生随机酯交换反应：

$$\begin{array}{c}
\underset{(50\%)}{\text{StStSt}} + \underset{(50\%)}{\text{OOO}} \\
\downarrow \text{NaOCH}_3 \\
\underset{(12.5\%)}{\text{StStSt}} \quad \underset{(12.5\%)}{\text{StOSt}} \quad \underset{(25\%)}{\text{OStSt}} \quad \underset{(25\%)}{\text{OStSt}} \quad \underset{(12.5\%)}{\text{OStO}} \quad \underset{(12.5\%)}{\text{OOO}}
\end{array}$$

油脂的随机酯交换可用来改变油脂的结晶性和稠度，如猪油的随机酯交换增强了油脂的塑性，在焙烤食品可作起酥油用。

3）定向酯交换

定向酯交换是将反应体系的温度控制在熔点以下，因反应中形成的高饱和度、高熔点的三酰基甘油酯结晶析出，并从反应体系中不断移走，导致反应产生更多的被移去产物。从理论上讲，该反应可使所有的饱和脂肪酸都生成为三饱和酰基甘油，从而实现定向酯交换为止。混合甘油酯经定向酯交换后，生成高熔点的 S_3 产物和低熔点的 U_3 产物，如：

$$\begin{array}{c}
\text{OStO} \\
\downarrow \text{NaOCH}_3 \\
\underset{(33.3\%)}{\text{StStSt}} + \underset{(66.7\%)}{\text{OOO}}
\end{array}$$

近年来以酶作为催化剂进行酯交换的研究，已取得可喜进步。以无选择性的脂水解酶进行的酯交换是随机反应，但以选择性脂水解酶作催化剂，则反应是有方向性的，如以 Sn－1，3 位的脂水解酶进行脂合成也只能与 Sn－1，3 位交换，而 Sn－2 位不变。这个反应很重要，此种酯交换可以得到天然油脂中所缺少的甘油三酰酯组分。如棕榈油中存在大量的 POP 组分，但加入硬脂酸或三硬脂酰甘油以 1，3 脂水解酶作交换可得到：

$$POP + St \xrightarrow{1,3脂水解酶} POP + POSt + StOSt$$

其中 Sn – POSt 和 Sn – StOSt 为可可脂的主要组分,这是人工合成可可脂的方法。这种可控重排适用于含饱和脂肪酸的液态油(如棉子油、花生油)的熔点的提高和稠度的改善,因此无需氢化或向油中加入硬化脂肪,即可转变为具有起酥油稠度的产品。

4)酯交换油脂产品的应用

酯交换反应广泛应用在起酥油的生产中,猪油中饱和三酰基甘油酯分子的 C_2 位置上大部分是棕榈酸,即使在工业冷却器中迅速固化,也会形成较大的粗粒结晶体。如果直接用猪油加工成的起酥油,不但会出现粒状稠性,而且在焙烤中表现出不良性能。然而将猪油酯交换后,得到的无规分布油脂可改善其塑性范围并制成性能较好的起酥油。若在高温下定向酯交换,则可得到固体含量较高的产品,使可塑性范围扩大。

棕榈油定向酯交换后可制成浊点(cloud point)较低的色拉油,酯交换还用于生产稳定性高的人造黄油和熔化特性符合要求的硬奶油。一般采用二甲基酰胺逆流柱进行定向酯交换,可以选择性减少豆油中亚麻酸的含量,获得商业上期望的产品。

3. 油脂分提

天然油脂主要是由多种甘油三酯所组成的混合物。由于组成甘油三酯的脂肪酸的碳链长短、不饱和程度、双链的构型和位置及甘油三酯中脂肪酸的分布不同,构成了各种甘油三酯组分在物理及化学性质上的差异。在一定温度下利用构成油脂的各种三酰基甘油酯的熔点差异及溶解度的不同,而将不同甘油三酯组分分离的过程称之为分提。在低温下以分离固态脂、提高液态油清晰透明度为宗旨的工艺过程称为冬化(也称脱脂)。冬化属于分提的范畴。

油脂分提是油脂改性的重要手段之一,其目的主要有两个,一是充分开发、利用固体脂肪,生产起酥油、人造奶油、代可可脂等;二是提高液态油的品质,改善其低温储藏的性能,生产色拉油等。

目前工业分提还只局限于与冬化相同的方法,即干法分提、溶剂分提法、液 – 液萃取法及界面活性剂分提法等。

干法分提是指在无有机溶剂存在的情况下,将处于溶解状态的油脂慢慢冷却到一定程度,过滤分离结晶,析出固体脂的方法。包括冬化、脱蜡、液压及分级等方法。冬化时要求冷却速度慢,并不断轻轻搅拌以保证产生体积大、易分离的β′与β型晶体。油脂置于10℃左右冷却,使其中的蜡结晶析出,这种方法称为油脂脱蜡。压榨法是一种古老的分提方法,用来除去固体脂(如猪油、牛油等)中少量的液态油。

溶剂分提法易形成容易过滤的稳定结晶,提高分离效果,尤其适用于组成脂肪酸的碳链长、黏度大的油脂分提。油脂分提所用的溶剂主要有丙酮、己烷、甲乙酮等。己烷对脂溶解度大,结晶析出温度低,结晶生成速度慢;甲乙酮分离性能优越,冷却时能耗低,但其成本高;丙酮分离性能好,但低温时对油脂的溶解能力差,并且丙酮易吸水,从而使油脂的溶解度急剧变化,改变其分离性能。为克服使用单一溶剂的缺点,常使用混合溶剂(丙酮–己烷)分提。

液 – 液萃取法是基于油脂中不同的甘油三酯组分在某一溶剂中具有选择性溶解的物理特性,经萃取将相对分子质量低、不饱和程度高的组分与其他组分分离,然后进行溶剂蒸脱,从而达到分提目的的一种工艺。

表面活性剂分提法是在油脂冷却结晶后，添加表面活性剂，改善油与脂的界面张力，借助脂与表面活性剂间的亲和力，使脂在表面活性剂水溶液中悬浮，从而促使晶、液分离。

然而无论是哪一种方法都可分为结晶和分离两步，即都要将油脂冷却，以析出结晶为第一步，至关重要的是析出容易与液态油分离的结晶形态，然后进行晶、液分离，从而得到优质的固态脂与液态油，只不过不同的方法呈现不同的特征而已。但分提的原理都是基于不同类型的甘三酯的熔点差异或不同温度下其互溶度不同，或是在一定温度下其对某种溶剂的溶解度不同，应用冷却结晶或液－液萃取法而达到分提目的。

4.8 油脂与日常生活

4.8.1 脂肪的食物来源

目前食用油脂主要来源于植物和动物。动物油脂主要包括猪油、牛油和乳脂；海生动物油如鳕鱼肝油、鲱油和鲸油等。植物油脂中，固体脂肪有可可脂等，液态油如玉米油、葵花籽油、大豆油、花生油、橄榄油以及其他许多种。

动物性食物如猪肉、牛肉、羊肉，以及它们的制品如各种肉类罐头等都含有大量脂肪。即使是除去可见脂肪的瘦肉也都含有一定量"隐藏"的脂肪。禽蛋类和鱼类脂肪含量稍低(蛋黄及蛋黄粉含量甚高，如蛋黄中脂肪含量约为30%)。尽管乳本身含脂肪量不高，但乳粉(全脂)的脂肪含量可约占30%，而黄油的脂肪含量可高达80%以上。此外，由一些动物组织还可以炼制成动物脂肪，以供烹调和食品加工用。通常，畜类脂肪含饱和脂肪(饱和脂肪酸)较多，而禽类和鱼类脂肪含多不饱和脂肪酸较多。鱼类，尤其是海鱼脂肪更是 EPA 和 DHA 的良好来源。

植物性食物以油料作物如大豆、花生、芝麻等含油量丰富。大豆含油量约20%，花生可在40%以上，而芝麻更可高达60%。它们本身既可直接加工成各种含油量不同的食品食用，又可以提制成不同的植物油供人们烹调和在食品加工时使用。植物油含不饱和脂肪酸多，并且是人体必需脂肪酸的良好来源，因而也是人类食用脂肪的良好来源。某些坚果类含油量也很高，如核桃、松子的含油量可高达60%，但它们在人们日常的食物中所占比例不大。至于谷类食物含脂肪量较少，水果、蔬菜的脂肪含量则更少。烹调用油是膳食脂肪的重要来源。许多食品(如上述各种食品)和加工食品，特别是许多糕点、饼干和油炸食品等都可含有大量油脂。人类膳食脂肪是由各种食品中可见的和不可见的脂肪组成。

4.8.2 生活中常见的油脂制品

1. 奶油

奶油是从牛奶、羊奶中提取的黄色或白色脂肪性半固体食品。全脂鲜奶含有约4%的脂肪，如将全脂奶长时间静置，奶中脂肪微粒便浮聚在牛奶的上层，这层略带浅黄色的奶就是奶油；将牛奶煮沸，离火稍停，奶油就在牛奶上结一层奶皮；将全脂鲜牛奶经离心搅拌器的搅拌，便可使奶油分离出来。奶油比鲜牛奶含的脂肪高出许多倍。市售的鲜奶油一般有两种，一种是淡奶油，含脂肪比鲜牛奶多 5 倍，常用于咖啡、红茶等饮料，也用于制作巧克力糖、西式糕点及冰淇淋等。另外还有一种更浓的奶油，用打蛋器将它打松，可以在蛋糕上挤成奶油花。

黄油是从奶油中产生的，将奶油进一步用离心器搅拌就得到了黄油，黄油里还有一定的水分，不含乳糖，蛋白质含量也极少。黄油根据是否发酵可分为酸性黄油和甜性黄油。生产酸性黄油时，需经过发酵过程。

奶油和黄油虽都来自牛奶中的脂肪，但它们和来自牛身上的体脂——牛油是不相同的。奶油的脂肪颗粒很小，而且熔点低、消化率高。另外，奶油、黄油含有人体必需脂肪酸及丰富的维生素 A 和维生素 D，并有卵磷脂，这都是牛油、猪油和羊油等畜类的体脂所没有的。

酸奶油是通过细菌的作用，对奶油进行发酵，使其乳酸的含量在 0.5% 左右。酸奶油在美国极受欢迎。

2. 人造奶油

人造奶油是法国化学家 Hippolyte Mege mouries 在 1869 年发明并首次生产的。当时是为了满足由于工业革命，城市人口剧增而导致黄油紧缺，同时也是为了满足军队急需一种耐储的餐用涂抹脂的要求，而研制了人造奶油这类制品。

为具有合适的涂抹质构，人造奶油主要由经氢化和结晶的植物油制成，也会混合少量的动物油脂。合格的人造奶油必须含有不低于 80% 的脂肪，并和水相形成 W/O 乳状液，这与奶油的物理结构极为相似。人造奶油同时加有乳化剂、食盐、奶油香精、色素和允许使用的防腐剂和苯甲酸钠，此外还加入了维生素 A 和维生素 D。

3. 起酥油

起酥油(shortening)是一种工业制备的食用油脂，它可应用在煎炸、烹调、焙烤等方面，并可以作为馅料、糖霜和其他糖果的配料，用于改善食品的质构和适口性，而且也为人体提供了热量和能量。它之所以有如此的名称，是因为不溶于水的脂肪可以防止面团混合时蛋白质的相互黏连，使焙烤食品变得较为松酥，这种作用称为"起酥"。

起酥油是用来造饼干、糕点、挞皮、酥皮时，使制品酥脆易碎的油脂。起酥油具有可塑性、起酥性和酪化性能。可塑性是指起酥油在温室下呈固态不易流动，不太硬，也不太软，可任意形成各种形状而不变形。起酥性是指起酥油使食品酥脆易碎。原因是起酥油揉和到面粉团内，隔离面粉颗粒间的黏合，阻碍面筋网络的形成，烘焙后内部形成片状，口感酥脆。酪化性是指油脂在高速搅拌时，混入空气，形成大量小气泡，使到面浆体积增大。烘焙后，糕点有很多海绵状的蜂窝，质地柔软。从前猪油是被公认为天然的起酥油，但现在的人造起酥油是植物油脂和动物油脂的混合体。

4. 蛋黄酱和色拉调味品

在美国，蛋黄酱的质量标准要求，必须含有至少 65% 的植物油，2.5% 醋酸或柠檬酸和蛋黄。另外，可以含有盐、天然甜味剂、香料以及天然来源的风味配料。酸起到了防腐作用，蛋黄提供了乳化性能和淡黄色。商品蛋黄酱通常含有 77%~82% 冬化过的色拉油，5.3%~5.8% 或 2.8%~4.5% 浓度为 10% 的食醋，少量盐、糖和香料，再加水至 100%。通常情况下，形成乳状液后，数量占优势的相会成为连续相，但蛋黄酱中油相的量大于水相，却形成的是 O/W 的乳状液，具有别致的黏度、口感和味道。

色拉调味料与蛋黄酱非常相似，通常油含量(35%~50%)较蛋黄酱少，而且含有淀粉糊作为增稠剂。蛋黄(或其他乳化剂)、食醋和调味粉所起的作用与其在蛋黄酱中的作用一致。

118 / 第4章 脂 质

4.8.3 具有保健作用的脂肪酸

除作为供能物质外，部分脂肪酸对人体具有重要的生理功能。多不饱和脂肪酸一般是指含两个或两个以上双键、碳链长度在十八个碳原子以上的脂肪酸，目前认为最具营养价值的脂肪酸有两类，它们是：①ω6 系列不饱和脂肪酸，主要包括亚油酸、γ - 亚麻酸、DH - γ - 亚麻酸、花生四烯酸。②ω3 系列不饱和脂肪酸，主要包括 α - 亚麻酸、DHA 和 EPA。图 4 - 40 为常见植物和动物脂肪中脂肪酸的分布情况。

必需脂肪酸(essential fatty acid，EFA)是指人体不可缺少而自身又不能合成的一些脂肪酸，ω6 系列中的亚油酸和 ω3 系列中的 α - 亚麻酸是人体必需的两种脂肪酸。事实上，ω6 和 ω3 系列中许多脂肪酸如花生四烯酸、DHA、EPA 等都是人体不可缺少的必需脂肪酸，虽然人体可以利用亚油酸和 α - 亚麻酸来合成这些脂肪酸，但由于机体在利用这两种必需脂肪酸合成同系列的其他多不饱和脂肪酸时均使用相同的酶，故由于竞争抑制作用，使体内合成速度较为缓慢，因此，直接从食物中获取这些脂肪酸是最有效的途径。

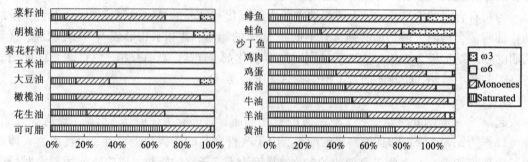

图 4 - 40 常见植物和动物脂肪中脂肪酸的分布

此外，值得注意的是，上述这些脂肪酸均是全顺式多烯酸，反式异构体起不到必需脂肪酸的生理作用。必需脂肪酸若缺乏，可引起生长迟缓，生殖障碍，皮肤损伤(出现皮疹等)以及肾脏、肝脏、神经和视觉方面的多种疾病。因此在临床上常使用血浆和组织中 $20:3\omega9$ 与 $20:4\omega6$ 的比值作为衡量必需脂肪酸是否缺乏的标志，另外，当单烯脂肪酸／二烯脂肪酸比值超过 1.5 时也被认为是必需脂肪酸缺乏的标志。

目前认为 ω6 和 ω3 脂肪酸的重要性首先在于它们是体内有重要代谢功能的类二十烷酸(如前列腺素、白三烯、血栓素 A_2 等)的前体，如前列腺素 D_2 是花生四烯酸在脑中的主要代谢产物，它在脑内涉及有关睡眠、热调节和疼痛反应等功能；血栓素 A_2 是一种强的促血小板聚集物和强的促血管及呼吸平滑肌的收缩剂；白三烯则被认为可能是炎性过程和免疫调节作用的介质。ω3 系列脂肪酸产生的衍生物凝血恶烷(TXA2)和前列环素(PGI2)等类二十烷酸也是人体内生化过程的重要调节剂，如血管内皮细胞生成的 PGI_2 可使血小板聚集作用减弱，对控制血栓形成起关键作用。ω6 和 ω3 脂肪酸的另一突出重要性在于，它们是人体器官和组织生物膜的必需成分。

血清中胆固醇水平的高低与心血管疾病之间有密切的联系。胆固醇的熔点较高，在血清中主要以脂肪酸酯的形式存在。饱和脂肪酸与胆固醇形成的酯熔点高，不易乳化也不易在动脉血管中流动，因而较易形成沉淀物沉积在动脉血管壁上，久而久之就发展为动脉粥样硬化症状。

人体内存在的两类主要脂蛋白是低密度脂蛋白(LDL)和高密度脂蛋白(HDL)。目前已经证实,LDL 是所有血浆脂蛋白中首要的致动脉硬化性脂蛋白,已经证明粥样斑块中的胆固醇来自血液循环中的低密度脂蛋白。而 HDL 则具有胆固醇逆转作用,即将组织中多余的胆固醇直接地或间接地转运给肝脏组织,再转化为胆汁酸或直接通过胆汁从肠道排出,所以 HDL 是一种抗动脉粥样硬化的血浆脂蛋白,俗称"血管清道夫"。像 HDL 一样具有降血脂作用的还包括 ω3 和 ω6 系列的其他多不饱和脂肪酸如 EPA、DHA 等。这些脂肪酸与胆固醇形成的脂熔点较低,易于乳化、输送和代谢,因此不易在动脉血管壁上沉积。大量的研究证实,用富含多不饱和脂肪酸的油脂代替膳食中富含饱和脂肪酸的动物脂肪,可明显降低血清胆固醇水平。此外,这些多不饱和脂肪酸分子本身还在人体其他许多正常生理过程中起着特殊作用。

尽管有很多事实证明多不饱和脂肪酸对人体有极其重要的生理功能,但过量摄入会带来某些副作用和可能的危害。例如机体内的多不饱和脂肪酸有可能氧化转变成脂褐质,引起或加速衰老进程。当提高膳食中多不饱和脂肪酸含量时,需增加维生素 E 或微量元素硒之类自由基清除剂的摄入量以预防有毒过氧化物的形成。考虑到大量摄入多不饱和脂肪酸可能出现的危害,推荐膳食中多不饱和脂肪酸油脂提供的能量不超过总能量的 10%,且各种脂肪酸的摄入需平衡。据日本 2000 年修订的脂质推荐量,饱和脂肪酸:单不饱和脂肪酸:多不饱和脂肪酸为 3:4:3,与过去的 1:1:1 已有所区别,而 n-6 脂肪酸与 n-3 脂肪酸的摄入比例为 4:1。

4.8.4 反式脂肪

反式脂肪(trans fats),又称为反式脂肪酸、逆态脂肪酸,是一种不饱和脂肪酸(单不饱和或多不饱和)。

动物的肉品或乳制品中几乎不含有反式脂肪;但天然脂肪经反复煎炸后也会生成少量的反式脂肪。人类食用的反式脂肪主要来自经过部分氢化的植物油。部分氢化过程会改变脂肪的分子结构(让油更耐高温、不易变质,并且增加保存期限),但氢化过程也将一部分的脂肪改变为反式脂肪(图 4-41)。由于能增添食品酥脆口感、易于长期保存等优点,此类脂肪被大量运用于市售包装食品、餐厅的煎炸食品中。食物包装上一般食物标签列出成分如称为"代可可脂"、"植物黄油(人造黄油、麦淇淋)"、"氢化植物油"、"部分氢化植物油"、"氢化脂肪"、"精炼植物油"、"氢化菜油"、"氢化棕榈油"、"固体菜油"、"酥油"、"人造酥油"、"雪白奶油"或"起酥油"即含有反式脂肪。

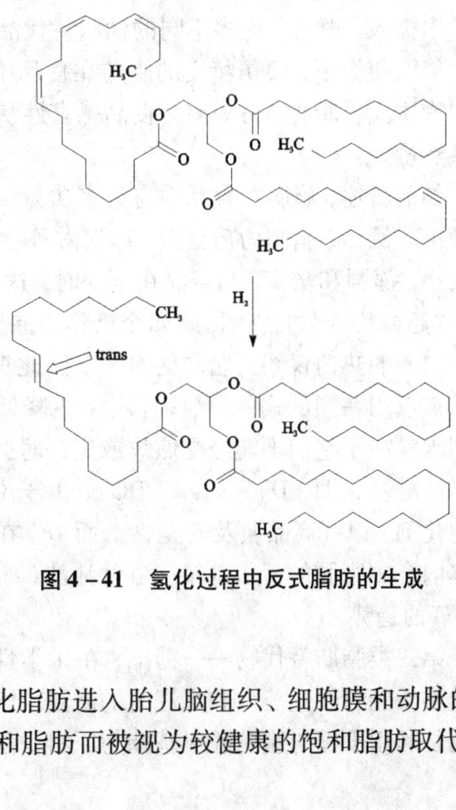

图 4-41　氢化过程中反式脂肪的生成

人类虽然食用氢化脂肪已超过 100 年,但仍没有充分了解氢化脂肪的生物化学性质,对氢化脂肪进入胎儿脑组织、细胞膜和动脉的机理知之甚少。起初,反式脂肪因为被归类为不饱和脂肪而被视为较健康的饱和脂肪取代品。

现在普遍认为反式脂肪是比饱和脂肪更不健康的脂肪，因此在少数国家中被严格管制，而较多国家要求食品制造商必须在产品上标注是否含有反式脂肪，美国加工食品的反式脂肪已经几乎消失，并即将正式全面禁用。许多食品公司已经主动停止在产品中使用反式脂肪，或是增加不含反式脂肪的产品线。

食用反式脂肪将会提高患冠状动脉心脏病的发病率，因为它可令低密度脂蛋白含量上升，并使高密度脂蛋白含量下降。研究显示只要摄取极低量的反式脂肪，就会大幅提高得冠心病的风险。美国因心脏疾病死亡的人中，每年有 3 万～10 万人可以归因于食用反式脂肪。在对 12 万名护士长达 14 年的研究中发现，膳食中每增加 2% 的反式脂肪热量摄取，冠心病的风险就会增加 1.94 倍。肝脏无法代谢反式脂肪也是高血脂、脂肪肝的重要原因之一。世界各地的健康管理机构建议将反式脂肪的摄取量降至最低。世界卫生组织在其《预防和控制非传染病：实施全球战略》报告中重申要"逐步消除反式脂肪"。联合国粮食及农业组织和世界卫生组织建议，饮食中仅应包含极少量的反式脂肪，低于每天摄取热量的 1%。以一个每日消耗 2000 kCal 的成人而言，这个量相当于每天摄取不超过 2 g。

由于越来越多研究指出反式脂肪有碍健康，美国食品和药物管理局要求食品包装上列清楚反式脂肪成分。2003 年丹麦首先立法禁止销售反式脂肪含量超过 2% 的食材。2008 年 4 月，瑞士立法对反式脂肪食品进行限制销售。2008 年 7 月美国加州禁止在该州餐厅中使用反式脂肪，该法案于 2010 年正式生效。

4.8.5 脂肪替代品

油脂在食品加工中赋予食品良好的风味和口感，但过多摄入油脂，特别是过多摄入饱和脂肪酸却又被认为对身体健康有害。人们为了既保留油脂所赋有的良好感官性状而又不致于有过多摄入，现已有许多不同的油脂替代品（oil and fat substitute）。这些替代物通常可以在降低热值的前提下，模仿特定的脂肪在食品中的功能。它们一般分为两类：一类是用低热量密度的物质代替脂肪；另一类对食品感官性状的影响与脂肪类似，却因不被人体直接吸收而不提供热量。

如前所述，脂肪在食品中有许多功能，其中一些功能在特定的食品中可以为非脂肪物质所模拟。例如，脂肪为巧克力、冰淇淋等食品提供了顺滑的口感。蛋白质颗粒可以制造得非常细小、浑圆和坚实，当悬浮在水中时，这些小颗粒变稠并且能提供类似于脂肪的顺滑口感。这种"超微粉碎"过的蛋白质如今已作为脂肪替代物被广泛地使用在冰淇淋一类食品中。因为蛋白质的热值仅约为脂肪的 40%，因此直接降低了食物的热量。能够提高黏度的糖类可模拟油被应用在倾倒式色拉油调料中，也降低了热含量。使用蛋白质和糖类作为脂肪替代物的不利因素在于它们不能经受煎炸或烹饪时的高温。

二酰基甘油（Diglyceride，DG），由于带有 1 个—OH，故常被作为冰淇淋、饼干、蛋糕中的乳化剂，以提高品质及安全性。而 DG 在结构上只带有 2 个脂肪酸，经人体消化分解后，在体内合成脂肪的蓄积也较三酰甘油酯（Tiglyceride，TG）少。因此，在健康诉求上有逐渐取代 TG 的趋势。

第二类脂肪替代物——糖酯，在化学性质上与脂肪类似，但不能为人体所吸收和代谢。此类物质能够经受煎炸和烹饪时的高温，却对食品的热值没有贡献。糖酯中最为著名的蔗糖聚酯是利用蔗糖与脂肪酸甲基酯为原料，合成出适合食品加工的、具有优良性能的油脂替代品(图4-42)。1996年美国食品和药物管理局批准蔗糖聚酯成为一种食物添加剂，目前已被广泛用于炸薯条和甜品中。蔗糖聚酯每分子含有6~8个脂肪酸，因而不能被脂肪酶水解，在代谢中不易被分解，不会被小肠吸收，所以不产生热量。但它对食品的不利影响是会干扰身体对脂溶性维生素的吸收，同时可能引起胀气和下痢。由于安全因素，目前被批准应用于食品的此类物质还很少。

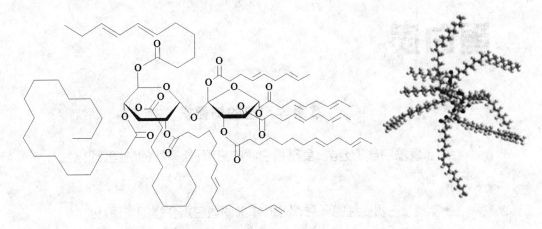

图4-42 美国第一种批准上市的人造油脂-蔗糖聚酯

思考题

1. 脂肪如何分类？如何命名脂肪酸和甘油酯？

2. 在营养学上较重要的多不饱和脂肪酸有哪些？它们的主要生理功能是什么？

3. 什么叫同质多晶？常见同质多晶型有哪些？各有何特性？

4. 油脂的塑性受哪些因素影响？如何通过化学改性获得塑性脂肪？

5. 油脂自动氧化的历程是怎样的？影响油脂氧化的因素有哪些？如何评价油脂氧化的程度和安全性？

6. 油脂发生脂解的原因？对其品质造成什么影响？如何评价油脂脂解的程度？

7. 高温、长时间加热的油主要发生哪些化学变化？其安全性如何？

8. 抗氧化剂的抗氧化原理是什么？

9. 油脂精炼的步骤和原理是什么？

10. 油脂改性的工艺有哪些？各达到什么目的？

第5章

蛋白质

本章学习目的与要求

- 了解蛋白质的分类、食品蛋白质的来源；氨基酸的结构、理化性质。
- 掌握蛋白质变性的概念、本质，掌握使蛋白质变性的物理、化学因素及其利用与控制。
- 熟悉蛋白质的功能性质和食品工艺特性。

5.1 概述

5.1.1 蛋白质的定义及化学组成

蛋白质是由 20 种不同的 α – 氨基酸按一定的序列通过酰胺键（肽键）缩合而成的，具有较稳定的构象并具有一定生物功能的大分子。蛋白质（protein）是生物体的基本组成成分。蛋白质英文一词"protein"，是荷兰化学家 Mulder 首先使用的，来自于希腊语"protos"，意为"第一"和"最重要的"。在机体内蛋白质的含量很多，约占机体固体成分的 45%，它的分布很广，几乎所有的器官组织都含蛋白质，并且它又与所有的生命活动密切联系。

蛋白质的元素组成与糖和脂肪不同在于其含有氮。蛋白质就是一种含氮的有机化合物。大多数蛋白质含氮量相当接近，平均为 16%，这是凯氏定氮法的理论基础。因而在生物样品中只要测定样品中的含氮量就能算出或估算出其中蛋白质的大约含量。目前常用的测定方法即定氮法、双缩脲法（biuret 法）、Folin – 酚试剂法和紫外吸收法等，但严格地讲，只有凯氏定氮法可以测定蛋白质的绝对含量，因为每 6.25 g 蛋白质含 1 g 氮，所以，通过氮含量的测定，可以得到蛋白质的绝对含量。蛋白质除了含氮外，也含有碳、氢、氧 3 种元素。大多数蛋白质还含有少量的硫，有的含有磷，少数还含有铁、铜、锰、锌、钼等金属元素。

5.1.2 食品中蛋白质的来源

鱼、禽、蛋、瘦肉是优质蛋白质,脂溶性维生素和某些矿物质的重要来源。每 100 g 食物中蛋白质的含量大致是:鱼类 12 ~ 16 g,蛋类 12 ~ 14 g,禽肉畜肉 10 ~ 20 g,谷类 8 ~ 10 g,水果蔬菜 1 ~ 2 g。食物蛋白质按其不同来源可分为动物性蛋白质和植物性蛋白质两大类。一般说来动物性蛋白质大多属于优质蛋白质,这是因为动物蛋白质含量多且含人体所必需的氨基酸,在人体内吸收率高,其营养价值也高。动物性蛋白质主要来源于鱼虾、禽肉、畜肉、蛋类及牛奶。植物性蛋白质主要来源于谷类、根茎类、干果、坚果。各种食物中蛋白质的含量有很大的差异。而属于植物的豆类蛋白质含量最多的达到每 100 g 含蛋白质 35 ~ 40 g,品质优良、可与动物蛋白质媲美,属优质蛋白质。鱼类特别是海产鱼,除含较多的蛋白质外,还含有具有降血脂和防止血栓形成的不饱和脂肪酸。禽肉包括鸡、鸭和鹅肉,比猪肉的蛋白质含量高而且脂肪含量低。蛋白质富含全部必需氨基酸,是优质蛋白质。在各种食物中鸡蛋蛋白质的必需氨基酸种类、数量、比例与人体蛋白质最接近,其利用率高达 99%,是食物中最理想的优质蛋白质。在蛋黄里含有钙、磷、维生素 A、B 等,其中维生素 D 含量高,是仅次于鱼肝油的天然来源。猪肉是我国居民餐桌上的主要肉类食品,猪肉的蛋白质含量低于牛、羊肉,其脂肪则高于牛、羊肉。

5.1.3 蛋白质在食品加工中的意义

一般来讲,食品加工能延长食品的保质期,并使各种季节性食品能以稳定的形式满足人们的生活需要,大多情况下,加工过程对蛋白质的营养价值没有显著影响,有时甚至能得到改善,但也有不良影响,如进行物理或化学处理,导致蛋白质的功能性质发生改变,使必需氨基酸的含量下降或形成有毒物质,从而危害人类健康。

作为供人们食用、易消化、无毒和供人体吸收利用的蛋白质,人们对蛋白质的需求日益增长,因而必须寻找新的蛋白质资源,提高常规蛋白质的利用率,掌握蛋白质的物理、化学和生物性质、深入了解食品加工过程中的工艺对食品蛋白质的影响,对于改进食品蛋白质的营养价值和功能性质是很重要的。

5.1.4 氨基酸

1. 氨基酸的组成、结构、分类

氨基酸是生物功能大分子蛋白质的基本组成单位,从细菌到人类,所有蛋白质均是由 20 种氨基酸构成。在这 20 种氨基酸中,有 8 种是人体自身不能合成,只能从食物中获得的,称为必需氨基酸。它们是亮氨酸、异亮氨酸、赖氨酸、蛋氨酸、苯丙氨酸、苏氨酸、色氨酸及缬氨酸。人体合成精氨酸、组氨酸的能力不足以满足自身的需要,需要从食物中摄取一部分,我们称之为半必需氨基酸。其余的十种氨基酸人体能够自己制造,我们称之为非必需氨基酸。

典型的氨基酸结构由碱性的氨基、酸性的羧基、氢原子和侧链 R 基团结合到 α – 碳原子(中心碳原子),氨基酸之间的差异主要在于侧链 R 基团,每种氨基酸都有一定的侧链 R 基团。氨基酸之间靠肽键连接,形成多肽或蛋白质。

天然 α – 氨基酸结构见图 5 – 1。

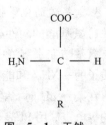

图 5 – 1 天然 α – 氨基酸结构图

氨基酸分类的方法目前常以氨基酸的 R 基团的结构和性质作为分类的基础, 主要是由于每种氨基酸具有特定的侧链 R 基团, 它决定着氨基酸的物理化学性质。根据 R 基团的化学结构可将氨基酸分为: 脂肪族氨基酸、芳香族氨基酸、杂环族氨基酸; 根据 R 基团的酸碱性分为: 中性氨基酸、酸性氨基酸、碱性氨基酸; 根据 R 基团的带电性质又可分为: 疏水性氨基酸、带电荷极性氨基酸、不带电荷的极性氨基酸。通常根据 R 基团的极性将氨基酸分类更有利于说明不同氨基酸在蛋白质结构和功能上的作用。根据侧链的极性不同可将氨基酸分四类:

(1)具有非极性或疏水性侧链的氨基酸: 丙氨酸、异亮氨酸、亮氨酸、甲硫氨酸、脯氨酸、缬氨酸、苯丙氨酸、色氨酸和酪氨酸等, 此类氨基酸在水中的溶解度小, 他们随着脂肪族侧链的长度增加而疏水程度增大。

(2)极性无电荷的氨基酸: 丝氨酸、苏氨酸、酪氨酸、天冬酰胺、谷氨酰胺、半胱氨酸、甘氨酸等, 在蛋白质中, 半胱氨酸通常以氧化态的形式存在, 即胱氨酸。天冬酰胺和谷氨酰胺在有酸或碱存在下容易水解并生成天冬氨酸和谷氨酸。

(3)带正电荷侧链的氨基酸: 赖氨酸、精氨酸和组氨酸。

(4)带有负电荷侧链的氨基酸: 天冬氨酸和谷氨酸。

2. 氨基酸的物理性质

1)氨基酸的色泽和状态

氨基酸一般呈现无色结晶, 每种氨基酸都有各自特殊的晶形。氨基酸的熔点比较高。

2)氨基酸的溶解度

水中溶解度差别较大, 易溶于酸碱, 不溶于有机溶剂。

3)氨基酸的紫外吸收特性

蛋白质分子中的色氨酸、酪氨酸和苯丙氨酸残基等芳香族氨基酸是能够吸收紫外光的氨基酸, 以色氨酸吸收能力最强, 分别在波长 278 nm、275 nm 和 260 nm 处出现最大吸收。所有参与蛋白质组成的氨基酸在接近 210 nm 波长处都产生吸收, 但是它们在可见光区域均没有吸收。

氨基酸中仅色氨酸、酪氨酸和苯丙氨酸能产生荧光, 甚至蛋白质分子中的色氨酸也仍然会产生荧光(激发波长 280 nm, 在 348 nm 波长处荧光最强)。这些氨基酸所处的环境极性对它们的紫外吸收和荧光性质有影响, 因此常通过这些氨基酸的环境变化, 对生色基团产生的微扰作用所引起的光谱变化来考察蛋白质构象的变化。

4)氨基酸的熔点

氨基酸的熔点比较高(200℃)。加热达到熔点时, 往往已开始分解。

3. 氨基酸的化学性质

1)氨基酸的两性解离与等电点

氨基酸在水溶液中或在晶体状态时都以离子形式存在, 在同一个氨基酸分子上带有能放出质子的—NH_3^+和能接受质子的—COO^-, 为两性电解质。

在某一 pH 时, 氨基酸所带正电荷和负电荷量相等, 即净电荷为零, 此时的 pH 成为氨基酸的等电点, 用 PI 表示。氨基酸等电点的特点: 净电荷数等于零, 在电场中不移动; 此时氨基酸的溶解度最小。

2)氨基酸与甲醛反应

氨基酸中的氨基与甲醛发生亲核加成反应，生成 N，N – 二羟甲基氨基酸。此反应使氨基酸的碱性被遮盖，酸性羧基以酚酞作指示剂，用碱滴定，可测定氨基酸的含量，此方法就是甲醛滴定法测定氨基酸含量的方法。

3）氨基酸与亚硝酸反应

氨基酸的一种分析方法，氨基酸与亚硝酸发生重氮化反应，释放出氮气。测定放出 N_2 的量可计算分子中氨基的含量，称 Van slyke 氨基氮测定法。

4）氨基酸与茚三酮反应

茚三酮在弱酸性溶液中与氨基酸共热，生成复合物，大多数是蓝色或紫色，在 570 nm 波长处有最大吸收值。仅脯氨酸和羟基脯氨酸生成黄色产物，上述反应常用于氨基酸的比色（包括荧光法）测定。

5）氨基酸与荧光胺的反应

含有伯胺基的氨基酸、肽或蛋白质与荧光胺反应生成高荧光的衍生物，在 390 nm 时，在 475 nm 具有最高的荧光发射。此法可被用于氨基酸、肽或蛋白的定量分析。

5.1.5 蛋白质的分类

根据化学组成成分可分为简单蛋白质和结合蛋白质：

（1）简单蛋白质：又称单纯蛋白质；只含由 α – 氨基酸组成的肽链，不含其他成分。

清蛋白和球蛋白：广泛存在于动物组织中。清蛋白易溶于水，球蛋白微溶于水，易溶于稀酸中。谷蛋白和醇溶谷蛋白：植物蛋白，不溶于水，易溶于稀酸、稀碱中，后者可溶于 70%～80% 乙醇中。精蛋白和组蛋白：碱性蛋白质，存在与细胞核中。

硬蛋白：存在于各种软骨、腱、毛、发、丝等组织中，分为角蛋白、胶原蛋白、弹性蛋白和丝蛋白。

（2）结合蛋白：由简单蛋白与其他非蛋白成分结合而成。

色蛋白：由简单蛋白与色素物质结合而成。如血红蛋白、叶绿蛋白和细胞色素等。

糖蛋白：由简单蛋白与糖类物质组成。如细胞膜中的糖蛋白等。

脂蛋白：由简单蛋白与脂类结合而成。如血清、脂蛋白等。

核蛋白：由简单蛋白与核酸结合而成。如细胞核中的核糖核蛋白等。

根据分子形状分类可分为球状蛋白质和纤维状蛋白质。

（1）球状蛋白质：外形接近球形或椭圆形，溶解性较好，能形成结晶，大多数蛋白质属于这一类。

（2）纤维状蛋白质：分子类似纤维或细棒。它又可分为可溶性纤维状蛋白质和不溶性纤维状蛋白质。

5.1.6 蛋白质的分子结构

蛋白质属于生物大分子，蛋白质的肽链是由 20 种氨基酸单体随机组成的，其分子结构十分复杂。

蛋白质的分子结构可为分为一级、二级、三级和四级结构等层次。一级结构为线状结构，二、三、四级结构为空间结构。在四级结构水平上又可分两种结构层次，即超二级结构是指若干相邻的二级结构中的构象单元彼此相互作用，形成有规则的、在空间上能辨认的二级结构组合体。是蛋白质二级结构至三级结构层次的一种过渡态构象层次。结构域是球状蛋白质的折叠单位。多肽链在超二级结构的基础上进一步绕曲折叠成紧密的近似球形的结构，具有部分生物功能。对于较大的蛋白质分子或亚基，多肽链往往由两个以上结构域缔合而成三级结构。

1.一级结构

蛋白质的一级结构也称蛋白质的共价结构，蛋白质的一级结构是指构成蛋白质肽链的氨基酸残基的线性排列顺序，在基因编码的蛋白质中，这种序列是由 mRNA 中的核苷酸序列决定的。一级结构中包含的共价键主要指肽键和二硫键，蛋白质的一级结构决定其空间结构。

多肽链的氨基酸序列测定主要根据 Sanger 实验室中发展起来的方法进行，测定蛋白质的一级结构，要求样品必须是均一的，纯度应在 97% 以上。测定蛋白质的一级结构的一般步骤可概括为：

(1)测定蛋白质分子中多肽链的数目。根据蛋白质的 N—末端或 C—末端残基的摩尔数和蛋白质的相对分子质量可以确定蛋白质分子中的多肽链数目。

(2)拆分蛋白质分子多肽链。如果蛋白质分子是由一条以上多肽链构成的，则这些链必须加以拆分。

(3)断开多肽链内的二硫桥。多肽链内半胱氨酸残基之间的 S—S 桥必须予以断裂。

(4)分析每一多肽链的氨基酸组成。经分离、纯化的多肽链一部分样品进行完全水解，测定它的氨基酸组成并计算氨基酸残基的数目。

(5)鉴定多肽链的 N-末端和 C-末端残基。多肽链的另一部分样品进行末端残基的鉴定，以便建立两个重要的氨基酸序列参考点。

(6)裂解多肽链成较小的片段用两种或几种不同的断裂方法(指断裂点不一样)，将每条多肽链样品裂解成两套或几套重叠的肽段。每套肽段进行分离、纯化，并对每一纯化了的肽段进行氨基酸组成和末端残基的分析。

(7)利用 Edman 自动序列分析仪测定各肽段的氨基酸序列。

(8)利用两套或多套肽段的氨基酸序列彼此间有交错重叠，可以拼凑出原来的完整多肽链的氨基酸序列。

(9)确定半胱氨酸残基间形成的 S—S 交联桥的位置。

2.二级结构

蛋白质二级结构是指多肽链骨架部分氨基酸残基有规则的周期性空间排列，即指多肽链主链骨架盘绕折叠而形成的构象，它不包括侧链的构象和整个肽链的空间排列，借氢键维系。它们是完整肽链构象(三级结构)的结构单元，是蛋白质复杂的空间构象的基础。主要有：α-螺旋、β-折叠、β-转角、无规卷曲等。

(1)α-螺旋：其结构特征为：主链骨架围绕中心轴盘绕形成右手螺旋；螺旋每上升一圈是 3.6 个氨基酸残基，螺距为 0.54nm；相邻螺旋圈之间形成许多氢键；侧链基团位于螺旋的外侧。影响 α-螺旋形成的因素主要是：存在侧链基团较大的氨基酸残基；连续存在带相同电荷的氨基酸残基；存在脯氨酸残基。

(2)β-折叠：β-折叠是一种肽链相当伸展的结构。肽链按层排列，依靠相邻肽链上的羰基和氨基形成的氢键维持结构的稳定性。肽键的平面性使多肽折叠成片，氨基酸侧链伸展在折叠片的上面和下面。其结构特征为：若干条肽链或肽段平行或反平行排列成片；所有肽键的— C＝O 和N—H 形成链间氢键；β-折叠结构的氢键主要是在两条肽链之间形成的；也可以在同一肽链的不同部分之间形成。几乎所有肽键都参与链内氢键的交联，氢键与链的长轴接近垂直。β-折叠有两种类型。一种为平行式，即所有肽链的N—端都在同一边；另一种为反平行式，即相邻两条肽链的方向相反。

（3）β-转角：为了紧紧折叠成紧密的球蛋白，多肽链常常反转方向（多肽链180°回折部分），成发夹形状。通常弯曲处的第一个氨基酸残基的—C＝O 和第四个残基的—N—H 之间形成氢键，形成一个不很稳定的环状结构。在β-转角部分，由四个氨基酸残基组成；这类结构主要存在于球状蛋白分子中。

（4）无规卷曲：主链骨架无规律盘绕的部分。

3.三级结构

蛋白质的三级结构是指多肽链所有原子的空间排布，含α螺旋、β折叠或无规卷曲等二级结构的蛋白质，其线性多肽链进一步折叠成为紧密结构时的三维空间排列。通常由一条多肽链构成的蛋白质必须形成特定的空间构象才能发挥其生物学功能。维系键主要是非共价键（次级键）：氢键、疏水键、范德华力、离子键等，也可涉及二硫键。如肌红蛋白是由一条多肽链在二级结构基础上，进一步盘绕而成一个具有三级结构的球状蛋白。

4.四级结构

蛋白质的四级结构是指各具独立三级结构多肽链再以各自特定形式接触排布后，结集所形成的蛋白质最高层次三维空间结构。其维系键为非共价键。亚基是指参与构成蛋白质四级结构的而又具有独立三级结构的多肽链。维持亚基之间的化学键主要是疏水相互作用。由多个亚基聚集而成的蛋白质常常称为寡聚蛋白。例如，血红蛋白就是由两条相通、各由141 个氨基酸残基组成的α-亚基和两条相通、各由146 个氨基酸残基组成的β-亚基按特定方式接触、排布组成的一个球状、接近四面体的分子结构。其中α和β亚基分别由七段和八段α-螺旋组成，且β亚基的三级结构与肌红蛋白三级结构十分相似。

5.1.7 蛋白质分子结构与功能的关系

1.蛋白质一级结构和功能的关系

蛋白质分子中关键活性部位氨基酸残基的改变，会影响其生理功能，甚至造成分子病。例如镰刀型红细胞贫血，就是由于血红蛋白分子中两个β亚基第6位正常的谷氨酸变异成了缬氨酸，从酸性氨基酸换成了中性支链氨基酸，降低了血红蛋白在红细胞中的溶解度，它在红细胞中随血流至氧分压低的外周毛细血管时，容易沉淀析出，从而造成红细胞破裂溶血和血红蛋白运氧功能的低下。

另一方面，在蛋白质结构和功能关系中，一些非关键部位氨基酸残基的改变或缺失，则不会影响蛋白质的生物活性。例如，人、猪、牛、羊等哺乳动物胰岛素分子中A 链8、9、10位和B 链30 位的氨基酸残基各不相同，有种族差异，但这并不影响它们都具有降低生物体血糖浓度的共同生理功能。

2.蛋白质空间结构和功能的关系

具有四级结构的蛋白质，尚有重要的变构作用。变构作用是指一些生理小分子物质，作用于具有四级结构的蛋白质，与其活性中心外别的部位结合，因其蛋白质亚基间一些副键的改变，使蛋白质构象发生轻微变化，包括分子变得较疏松或紧密，使其生物活性升高或降低的过程。具有四级结构蛋白质的变构作用，使其活性得到不断调整，以适应千变万化的环境，因此推断这是蛋白质进化到具有四级结构的重要生理意义之一。血红蛋白运氧中也有变构作用，当血红蛋白分子第一个亚基与氧结合后，该亚基构象的轻微改变，可导致亚基间副键的断裂，使亚基间的空间排布和四级结构发生轻微改变，血红蛋白分子从较紧密的 T 型转变成较松弛的 R 型构象，从而使血红蛋白其他亚基与氧的结合容易，产生了正协同作用，呈现出与肌红蛋白不同的血红蛋白"S"形氧解离曲线，完成其更有效的结合与氧功能。

5.2　蛋白质变性及控制

5.2.1　蛋白质变性的概念

蛋白质变性是指蛋白质二级及其以上的高级结构在一定条件(加热、酸、碱、有机溶剂、重金属离子等)下遭到破坏而一级结构并未发生变化的过程，变性导致其理化性质改变及生物活性丧失。

蛋白质的变性是一个复杂的过程，此过程中可出现新的空间构象，这些构象通常是以中间状态短暂存在的。引起蛋白质变性的理化因素有：高温、高压、强酸强碱、辐射、紫外线、有机溶剂、超声波及重金属盐等。蛋白质变性的结果是最终成为完全伸展的多肽结构(即无规则卷曲)。根据一系列物理性质、光学性质、生物功能等的改变来监测蛋白质的变性，如超离心沉降特性、黏度、溶解度、电泳特性、X 射线衍射、紫外光谱、红外光谱、热力学性质、免疫性质等。

由各种理化因素引起的变性可导致蛋白质的分子结构、功能和某些理化性质发生变化。许多具有生物活性的蛋白质在变性后会使活性丧失或降低活性，食品中的蛋白质在变性后通常引起溶解度降低或失去溶解性，从而影响蛋白质的功能特性或加工特性。

蛋白质变性对其结构和功能的影响有：

(1)由于疏水基团暴露在分子表面，引起溶解度降低。

(2)改变对水结合的能力。

(3)失去生物活性(如酶活性丧失)。

(4)由于肽键的暴露，容易受到蛋白酶的攻击，增加了蛋白质对酶水解的敏感性。

(5)特征黏度增大。

(6)不能结晶。

5.2.2　影响蛋白质变性的物理因素

1.热处理对蛋白质变性的影响

食品在加工和贮藏过程中最常用的加工和保藏方法是热处理。含有蛋白质成分的食品在热加工过程中会产生不同程度变性，变性作用使疏水基团暴露并使伸展的蛋白质分子发生聚集，伴随出现蛋白质溶解度降低和吸水能力增强。一旦变性就会对蛋白质在食品中的功能特性和生物活性产生影响，有的变性是需宜的，有的则是有害的。

蛋白热变性的一般规律：大多数蛋白质在 45～50℃时开始变性，但也有些蛋白的变性温度(T_d)可以达到相当高的温度，如大豆球蛋白93℃、燕麦球蛋白108℃等。当加热温度在临界温度以上时，每提高 10℃，变性速度提高 600 倍。变性速率取决于温度。也就是说伴随加热变性，蛋白质的伸展程度相当大。比如天然血清清蛋白分子是椭圆形的，长、宽比值为 3.1，经过热变性后变为 5.5。

加热变性的基本过程：当蛋白质溶液被逐渐加热并超过临界温度时，溶液中的蛋白质将发生从天然状态向变性状态的剧烈转变。此转变温度被称作熔化温度 (T_m) 或变性温度 (T_d)，此时蛋白质的天然状态和变性状态的浓度之比为 1:1。

有时加热会引发含有二硫键的蛋白质释放出硫化氢，还可改变氨基酸残基的化学性质 (丝氨酸脱水，或谷氨酰胺和天冬酰胺的脱氨反应)、在分子内或分子间重新形成新的共价交联键 (γ - 谷氨酰基 - ε - N - 赖氨酸)。这些变化都会引起蛋白质的营养价值和功能性质发生变化。

加热使蛋白变性的本质：提高温度对天然蛋白质最重要的影响是促使它们的高级结构发生变化，这些变化在什么温度出现和变化到怎样的程度是由蛋白质的热稳定性决定的。一个特定蛋白质的热稳定性又由许多因素所决定，蛋白质的性质、蛋白质浓度、水活性、pH、离子强度和离子种类等因素都影响着蛋白质对热变性的敏感性，例如，变性作用使疏水基因暴露和已伸展的蛋白质分子发生聚集，通常伴随出现蛋白质溶解度降低和吸水能力增强。许多蛋白质，无论是天然的或变性的，均倾向于向界面迁移，并且亲水基保留在水相中，疏水基在非极性水相内。即使用冷冻干燥法等温和方法处理蛋白质脱水时仍可引起某些蛋白质变性。一般蛋白质 (或酶) 在干燥条件下比含水分时热变性的耐受能力更大，主要是因为蛋白质在有水存在时易变性，这也是实验室在保存酶制剂常用的方法。水是极性很强的物质，对蛋白质的氢键相互作用有很大影响，因此水能促进蛋白质的热变性。干蛋白粉是很稳定的。蛋白质水合作用对于热稳定性的影响，主要与蛋白质的动力学相关。在干燥状态，蛋白质具有一个静止的结构，多肽链序列的运动受到了限制。当向干燥蛋白质中添加水时，水渗透到蛋白质表面的不规则空隙或进入蛋白质的小毛细管，并发生水合作用，引起蛋白质溶胀。在室温下大概当每克蛋白质的水分含量达到 0.3～0.4 g 时，蛋白质吸水即达到饱和。水的加入，增加了多肽链的浓度和分子的柔顺性，这时蛋白质分子处于动力学上更有利的熔融结构。当加热时，蛋白质的这种动力学柔顺性结构，相对于干燥状态，则可提供给水更多的几率接近盐桥和肽链的氢键，结果 T_d 降低。

蛋白质的热稳定性不仅取决于分子中氨基酸的组成，极性与非极性氨基酸的比例，而且还依赖于这两类氨基酸在肽链中的分布，一旦这种分布达到最佳状态，此时分子内的相互作用达到最大值，自由能降低至最小，多肽链的柔顺性也随之减小，蛋白质则处于热稳定状态。可见，蛋白质的热稳定性与分子的柔顺性呈负相关。

蛋白质的最适稳定温度，是使蛋白质具有最低自由能，这与蛋白质分子中极性和非极性相互作用对稳定的相对贡献之比有关。在蛋白质分子中极性相互作用超过非极性相互作用时，则蛋白质在冻结温度或低于冻结温度比较高温度时稳定。主要以疏水相互作用稳定的蛋白质，在室温下比冻结温度时更稳定。

氨基酸的组成影响蛋白质的热稳定性，含有较多疏水氨基酸残基 (尤其是缬氨酸、异亮氨酸、亮氨酸和苯丙氨酸) 的蛋白质，对热的稳定性高于亲水性较强的蛋白质。自然界中耐热生物体的蛋白质，一般含有大量的疏水氨基酸。

蛋白质的立体结构同样影响其热稳定性。单体球状蛋白在大多数情况下热变性是可逆的，许多单体酶加热到变性温度以上，甚至在100℃短时间保留，然后立即冷却至室温，它们也能完全恢复原有活性。而有的蛋白质在90~100℃加热较长时间，则发生不可逆变性。

在蛋白质水溶液中添加盐和糖可提高其热稳定性。例如蔗糖、乳糖、葡萄糖和甘油能稳定蛋白质，对抗热变性。

2. 低温对蛋白质变性的影响

低温能引起某些低聚物的解离和亚基重排，例如脱脂牛乳在4℃保藏，β-酪蛋白会从酪蛋白胶束中解离出来，从而改变了胶束的物理化学性质和凝乳性质。一些寡聚体酶例如乳酸脱氢酶和甘油醛磷酸脱氢酶，在4℃时由于亚基解离，会失去大部分活性，将其在室温下保温数小时，亚基又重新缔合为原来的天然结构，并恢复其原有活性。

某些蛋白质经过低温处理后发生可逆变性。某些蛋白质（麦醇溶蛋白、卵蛋白和乳蛋白）在低温或冷冻时发生聚集和沉淀。如大豆球蛋白在2℃保藏，会产生聚集和沉淀，当温度回升至室温，可再次溶解。低温对蛋白质变性的影响原因一方面是由于蛋白质周围的水与其结合状态发生变化，这种变化破坏了一些维持蛋白质构象的力，同时由于水保护层的破坏，蛋白质的一些基团就可以发生直接的接触和相互作用，导致蛋白质发生聚集或原来的亚基发生重排。另一方面，由于大量水形成冰后，剩余的水中无机盐浓度大大提高，这种局部的高浓度盐也会使蛋白质发生变性。

有些脂酶和氧化酶不仅能耐受低温冷冻，而且可保持活性。就细胞体系而言，某些氧化酶由于冷冻可以从细胞膜结构中释放出来而被激活。某些植物和海水动物能耐受低温，而有的蛋白质分子由于具有较大的疏水/极性氨基酸比，因而在低温下易发生变性。

3. 机械处理对蛋白质变性的影响

食品在经高压、剪切和揉捏处理的加工过程（例如挤压、高速搅拌和均质等）中，蛋白质都可能变性。剪切速率愈高，蛋白质变性程度则愈大。同时受到高温和高剪切力处理的蛋白质，则发生不可逆变性。10%~20%乳清蛋白溶液，在pH 3.4~3.5，温度80~120℃条件下，经7500~10000 s^{-1}的剪切速率处理后，则变成直径为1μm、不溶于水的球状大胶体颗粒。在加工面包或其他食品的面团时，产生的剪切力使蛋白质变性，主要是因为α-螺旋的破坏导致了蛋白质的网络结构的改变。

静液压能使蛋白质变性，是热力学原因造成的蛋白质构象改变。它的变性温度不同于热变性，当压力很高时，一般在25℃即能发生变性；而热变性需要在0.1 MPa压力下，温度为40~80℃范围才能发生变性。大多数蛋白质在100~1200 MPa压力范围作用下才会产生变性。压力诱导蛋白质变性的原因主要是蛋白质的柔顺性和可压缩性。虽然氨基酸残基被紧紧地包裹在球状蛋白质分子结构的内部，但一些空穴仍然存在，这就导致蛋白质分子结构的可压缩性。大多数纤维状蛋白质分子不存在空穴，因此它们对静液压作用的稳定性高于球状蛋白，也就是说静液压不易引起纤维状结构的蛋白质变性。

球状蛋白质因压力作用产生变性，此时由于蛋白质伸展而使空隙不复存在；另外非极性氨基酸残基因蛋白质的伸展而暴露，并产生水合作用。这两种作用的结果使得球状蛋白质变性过程会伴随体积减小。

压力引起的蛋白质变性是高度可逆的。大多数酶的稀溶液由于压力作用而使酶活降低，一旦压力降低到常压，则又可使酶恢复到原有的活性，这个复活过程一般需要几个小时。对于寡聚蛋白和酶而言，变性首先是亚基在0.1~200 MPa压力作用下解离，然后亚基在更高的压力下变性，当解除压力后，亚基又重新缔合，几小时后酶活几乎完全恢复。

由于高流体压力可以使微生物细胞膜及细胞内的蛋白发生变性，从而导致微生物死亡，因此现在高流体静压加工正在成为食品加工中的一项新技术。在食品加工过程中如灭菌和胶凝化。静液压也常用于牛肉的嫩化加工。压力加工，目前是一种较热加工理想的方法，加工过程中不仅必需氨基酸、天然色泽和风味不会损失，特别是一些热敏感的营养或功能成分能得到较好的保持，而且也不会产生有害和有毒化合物。

4. 辐射对蛋白质变性的影响

电磁辐射对蛋白质的影响因波长和能量大小而异，可以通过改变分子内链段间及亚基间的结合状态而使蛋白质分子变性；如果仅仅影响蛋白质分子的构象，只发生变性而不会导致营养价值的改变，如紫外辐射可被芳香族氨基酸残基(色氨酸、酪氨酸和苯丙氨酸)所吸收，导致蛋白质构象的改变；如果能量水平很高，还可使二硫键断裂。γ辐射和其他电离辐射能改变蛋白质的构象，同时还会氧化氨基酸残基、使共价键断裂、离子化、形成蛋白质自由基、重组、聚合，这些反应大多通过水的辐解作用传递，会导致营养价值的降低。

5. 界面对蛋白质变性的影响

改变蛋白质水溶液的界面性质，也可以加速或直接使蛋白质分子发生变性。其主要原因是界面性质变化，水分子进入蛋白质分子内部，改变内部的结构属性，从而使蛋白质的构象发生变化。在水和空气，水和非水溶液或固相等界面吸附的蛋白质分子，一般发生不可逆变性。蛋白质吸附速率与其向界面扩散的速率有关，当界面被变性蛋白质饱和即停止吸附。

远离界面的那部分水分子处于低能态，它们不仅与另外一些水分子，而且还与蛋白质的离子和极性位点相互作用，靠近界面的水分子处于高能态，可与另外一些水分子相互作用。

蛋白质大分子向界面扩散并开始变性，在这一过程中，蛋白质可能与界面高能水分子相互作用，许多蛋白质之间的氢键将同时遭到破坏，使结构发生"微伸展"。由于许多疏水基团和水相接触，使部分伸展的蛋白质被水化和活化，处于不稳定状态。蛋白质在界面进一步伸展和扩展，亲水和疏水残基力图分别在水相和非水相中取向，因此界面吸附引起蛋白质变性。某些主要靠二硫键稳定其结构的蛋白质不易被界面吸附。

蛋白质的界面性质对各种食品体系都是很重要的，如蛋白质在界面上吸附，有利于乳浊液和泡沫的形成和稳定。

5.2.3 影响蛋白质变性的化学因素

1. pH 对蛋白质变性的影响

蛋白质在等电点时最稳定，在中性 pH 环境中，除少数几个蛋白质带有正电荷外，大多数蛋白质都带有负电荷。因为在中性 pH 附近，静电排斥的净能量小于其他相互作用，大多数蛋白质是稳定的，然而在超出 pH 4~10 就会发生变性。极端 pH 时，蛋白质分子内的离子基团产生强静电排斥，这就促使蛋白质分子伸展和溶胀。蛋白质分子在极端碱性 pH 环境下，比在极端酸性 pH 时更易伸长，因为碱性条件有利于部分埋藏在蛋白质分子内的羧基、酚羟基、巯基离子化，结果使多肽链拆开，离子化基团自身暴露在水环境中。pH 引起的变性大多数是可逆的，然而，在某些情况下，部分肽键水解，天冬酰胺、谷氨酰胺脱酰胺，碱性条件下二硫键的破坏，或者聚集等都将引起蛋白质不可逆变性。

2. 金属对蛋白质变性的影响

碱金属离子(例如 Na^+ 和 K^+)只能有限度地与蛋白质起作用,而 Ca^{2+}、Mg^{2+} 略微活泼些。过渡金属例如 Cu、Fe、Hg 和 Ag 等离子很容易与蛋白质发生作用,其中许多能与巯基形成稳定的复合物。Ca^{2+}(还有 Fe^{2+}、Cu^{2+} 和 Mg^{2+})可成为某些蛋白质分子或分子缔合物的组成部分。一般用透析法或螯合剂可从蛋白质分子中除去金属离子,但这将明显降低这类蛋白质对热和蛋白酶的稳定性。

3. 有机溶剂对蛋白质变性的影响

大多数有机溶剂属于蛋白质变性剂,因为它们能改变介质的介电常数,从而使保持蛋白质稳定的静电作用力发生变化。亲水有机溶剂通过改变蛋白分子表面性质使蛋白分子变性,疏水有机溶剂由于进入蛋白分子内部而改变蛋白分子构象,从而导致变性。

某些溶剂如 2-氯乙醇,能增加 α-螺旋构象的数量,这种作用也可看成是一种变性方式(二级,三级和四级结构改变),例如卵清蛋白在水溶液介质中有 31% 的 α-螺旋,而在 2-氯乙醇中达到 85%。

4. 有机化合物水溶液对蛋白质变性的影响

某些有机化合物如尿素和盐酸胍的高浓度(4~8 mol/L)水溶液能能断裂蛋白分子间或分子内的氢键,打断水分子之间的氢键结构而改变水的极性,从而使蛋白发生变性。同时,还可通过增大疏水氨基酸残基在水相中的溶解度,降低疏水相互作用。

在室温下 4~6 mol/L 尿素和 3~4mol/L 盐酸胍,可使球状蛋白质从天然状态转变至变性状态的中点,通常增加变性剂浓度可提高变性程度,通常 8 mol/L 尿素和约 6 mol/L 盐酸胍可以使蛋白质完全转变为变性状态。盐酸胍比尿素的变性能力强。一些球状蛋白质在盐酸胍溶液中一般以无规卷曲(完全变性)构象状态存在。

尿素和盐酸胍引起的变性通常是可逆的,但是,在某些情况下,尿素引起的蛋白质变性有时很难完全复性。

还原剂(半胱氨酸、抗坏血酸、β-巯基乙醇、二硫苏糖醇)可以还原二硫键,因而能改变蛋白质的构象。

5. 表面活性剂对蛋白质变性的影响

表面活性剂如十二烷基磺酸钠(SDS)是一种很强的变性剂。SDS 浓度在 3~8 mmol/L 可引起大多数球状蛋白质变性。SDS 是蛋白分子变性的重要因素,这类物质使蛋白变性的原因是在蛋白质的疏水区和亲水环境之间起着媒介作用,除了可以破坏蛋白分子内的疏水相互作用外,还促使天然蛋白质伸展;另外表面活性剂能与蛋白质分子强烈的结合,在接近中性 pH 时使蛋白质带有大量的净负电荷,从而增加蛋白质内部的斥力,使伸展趋势增大,这也是 SDS 类表面活性剂能在较低浓度下使蛋白质完全变性的原因。同时 SDS 类表面活性剂诱导的蛋白变性是不可逆的,这与尿素和盐酸胍引起的变性不一样。球状蛋白质经 SDS 变性后,呈现 α-螺旋棒状结构,而不是以无规卷曲状态存在。

6. 盐对蛋白质变性的影响

在低盐浓度时,离子与蛋白质之间为非特异性静电相互作用。当盐的异种电荷离子中和了蛋白质的电荷时,有利于蛋白质的结构稳定,这种作用与盐的性质无关,只依赖于离子强度。

凡是能促进蛋白质水合作用的盐均能提高蛋白质结构的稳定性;反之,与蛋白质发生强烈相互作用,降低蛋白质水合作用的盐,则使蛋白质结构去稳定。进一步从水的结构作用讨论,盐对蛋白质的稳定和去稳定作用,涉及盐对体相水有序结构的影响,稳定蛋白质的盐提高了水的氢键结构,而使蛋白质失稳的盐则破坏了体相水的有序结构,因而有利于蛋白质伸展,导致蛋白质变性。

5.3 蛋白质的功能性质及应用

蛋白质的功能性质是指食品体系在加工、贮藏、制备和消费过程中蛋白质对食品产生需要特征的那些物理、化学性质。主要包括水化性质、表面性质、结构性质和感官性质。

通常,蛋白质的功能性质分为两大类:

第一类是流体动力学性质:包括水吸收和保持、溶胀性、黏附性、黏度、沉淀、胶凝和形成其他各种结构时起作用的那些性质(例如蛋白质面团和纤维),它们通常与蛋白质的大小、形状和柔顺性有关。

第二类是表面性质:主要是与蛋白质的湿润性、分散性、溶解度、表面张力、乳化作用、蛋白质的起泡特性,以及脂肪和风味的结合等有关的性质,这些性质之间并不是完全孤立和彼此无关的。例如,胶凝作用不仅包括蛋白质 - 蛋白质相互作用,而且还有蛋白质 - 水相互作用;黏度和溶解度取决于蛋白质 - 水和蛋白质 - 蛋白质的相互作用。

预测蛋白质功能性质除根据结构特征和分子的性质外还必须通过实验来判断,包括物理、化学性质(黏度、表面张力和溶解度)的测定和实际应用实验。例如,面包焙烤后,体积的测定或油炸食品水分损失的测定,在实验的模拟体系中当蛋白质组分是一种已知天然结构的纯蛋白质时,其功能性可得到最好的了解。然而,工业中使用的大多数蛋白质是一种混合物,含有相当多的糖类化合物、脂类、矿物盐和多酚类物质等,尽管蛋白质的离析物比大多数其他蛋白质含有较少的非蛋白质成分,但由于受到各种加工处理,这样就影响它们原来的结构和功能性。应用实验所需要的成本高、时间长,近年来更多地是采用简单的模拟体系进行实验。但采用这种方法涉及两个问题:这些实验目前还缺乏标准化;模拟体系实验得到的结果与真实体系(应用实验)相比常常相关性不好。因此,尽快建立一套标准可靠的方法是非常必要的。

5.3.1 蛋白质的水合性质

蛋白质在溶液中的构象主要取决于它和水之间的相互作用,大多数食品是水合固态体系。食品中的蛋白质、多糖和其他成分的物理化学及流变学性质,不仅受到体系中水的强烈影响,而且还受到水活性的影响。水能改变蛋白质的物理、化学性质。蛋白质的许多功能性与水合作用有关,例如乳化性和起泡性,蛋白质也必须是高度水合和分散的。

1. 蛋白质与水的相互作用

蛋白质的水合作用是通过蛋白质的肽键或氨基酸侧链同水分子之间的相互作用来实现的(图 5 - 2)。

从宏观水平上讲,蛋白质与水的结合是一个逐步的过程,而且与水分活度密切相关。在低水分活度时,首先在蛋白质表面形成单分子水层,从能量观点看,蛋白质单分子层中的水分子是可以流动的。但这部分水流动上可能受阻，因而不能冻结，也不能作为溶剂参与化学反应。在中等水分活度范围，蛋白质结合水后还形成多分子水层，此时蛋白质吸水充分膨胀而不溶解。当 $A_w > 0.9$ 时，蛋白质分子的裂隙中凝聚了大量的体相水，或者不溶性蛋白质体系的截留水分子，此时蛋白质分子变为胶体溶液。蛋白质吸收水分充分膨胀而不溶解的水合性质通常叫膨润性；在水化中被水分散而逐渐变为胶体溶液的蛋白质叫可溶性蛋白质。

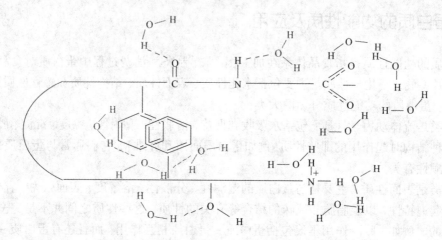

图5-2　蛋白质与水的相互作用

2. 水合性质的测定方法

蛋白质的水合性质常用测定方法通常有以下四种方法：

(1)相对湿度法(或平衡水分含量法)。

测定一定 A_w 时所吸收的水量，这种方法可应用于对蛋白粉的吸湿性和结块现象的评价。

(2)溶胀法。

将蛋白质粉末置于下端连有刻度的毛细管的玻璃过滤器上，让其自发地吸收过滤器下面毛细管中的水，此方法可用于测定水合作用的速率和程度。

(3)过量水法。

将蛋白质试样同超过蛋白质所能结合的过量水接触，然后通过过滤或低速离心或挤压，使多余水与蛋白质保持的水分离。该方法只适用于溶解度低的蛋白质。对于可溶性蛋白质必须进行校正。

(4)水饱和法。

测定蛋白质饱和溶液所需要得的水量(可用离心法测定对水的最大保留性)。

方法(2)、(3)和(4)可用来测定结合水，不可冻结的水以及蛋白质分子间借助于物理作用保持的毛细管水。

3. 影响蛋白质水合性质的环境因素

影响蛋白质－水之间的相互作用的因素主要是蛋白质浓度、pH、温度、时间、离子强度、盐的种类和其他成分等，它们都影响着蛋白质的构象。

蛋白质在其等电点时水合性质最差，吸水量最少；偏离等电点吸水量增加。pH 的改变影响着蛋白质分子的解离和净电荷量，可改变蛋白质分子与水缔合的能力。在等电点 pH 时，净电荷为零，此时蛋白质分子之间相互作用最强，蛋白质的溶胀表现为最小。例如，宰后僵直期的生牛肉 pH 自 6.5 下降至接近 5.0（等电点），其持水容量（蛋白质吸收水并将水保留在蛋白组织中的能力）显著降低，直接导致生牛肉的汁液减少和嫩度降低。偏离蛋白质的等电点 pH 时，因净电荷和排斥力的增加可导致蛋白质发生溶胀并结合更多的水。

蛋白质的总吸水率随蛋白质浓度的增加而增加当温度升高时，蛋白质结合水的能力通常会降低，原因是降低了氢键作用和离子基团结合水的能力。蛋白质加热发生变性后，分子结构发生解离和伸展，隐藏的肽键和极性侧链暴露在表面，提高了极性侧链结合水的能力，一般变性蛋白质结合水的能力比天然蛋白质高约 1/10。但变性后聚集的蛋白质分子由于减少了蛋白质的表面面积和极性氨基酸对水结合的有效性，导致结合水的能力因蛋白质之间相互作用而下降。大多数蛋白质变性后在水中的溶解度降低。

蛋白质的吸水性、溶胀和溶解度与离子的种类和浓度也有很大关系。盐类和氨基酸侧链基团通常与水发生竞争性结合。在盐浓度很低的范围内，随着盐浓度的增加，蛋白的溶解度也随着增加，此现象称为盐溶。盐溶作用发生时由于蛋白质表面电荷吸附盐离子后，增加了蛋白质与水的亲和力，促进了蛋白质的溶解。当溶液中盐浓度提高时，水和盐之间的相互作用超过水和蛋白质之间的相互作用，蛋白质分子发生絮凝，形成沉淀析出，此现象称为盐析。由于中性盐性质温和，食品中常被用来提高蛋白质的水化能力。

（如 NaCl）研究表明，蛋白质的持水能力与水合能力呈正相关。蛋白质的持水能力在食品加工和保藏过程中所保留的水包括结合水、流体动力学水和物理截留水。特别是碎肉和焙烤过的面团，不溶解的蛋白质吸水可导致溶胀和产生体积、黏度和黏合等特性，因而蛋白质成分吸收和保持水的能力在食品的质地性能中起着主要的作用。

5.3.2 蛋白质的胶凝作用

胶凝作用是变性的蛋白质分子聚集并形成有序的蛋白质网络结构的过程。作为蛋白质一种重要的功能性质，胶凝作用在许多食品制备中起着主要作用，不仅可用来形成固态黏弹性凝胶，而且还能增稠，提高吸水性和颗粒黏结、乳状液或泡沫的稳定性。如各种乳品、果冻、凝结蛋白、明胶凝胶、各种加热的碎肉或鱼肉制品、大豆蛋白质凝胶、膨化或喷丝的组织化植物蛋白和面包面团的制作等。通过扫描电镜观察，可看出蛋白质的聚集体和网络的大小、形状、排列以及孔隙大小。

1. 食品中蛋白凝胶种类

食品中的蛋白质因其结构和形成凝胶的条件，可分为可逆或不可逆凝胶。可逆凝胶通常靠氢键等非共价键相互作用形成，在加热时熔融，并且这种凝结 – 熔融可反复多次，为热可逆凝胶，如明胶形成的凝胶网络结构。不可逆凝胶如蛋清凝胶是靠疏水相互作用形成的凝胶网络结构，这种凝胶大多不透明，因为疏水相互作用是随温度升高而增加；而卵清蛋白和 β – 乳球蛋白形成的不可逆凝胶是因为含半胱氨酸和胱氨酸，在加热时易形成二硫键，此类蛋白质是通过共价相互作用生成的凝胶。此外还有由钙盐等二价离子盐形成的凝胶，如豆腐；不加热而经部分水解或 pH 调整到等电点而形成的凝胶，如用凝乳酶制作干酪、乳酸发酵制作酸奶和皮蛋生产中碱对蛋清蛋白的部分水解等。

2. 影响蛋白质胶凝作用的因素

影响蛋白质凝胶形成的因素很多，掌握这些因素及影响的规律，可以有效地控制食品加工中蛋白质凝胶形成的程度和质量。

胶凝作用是变性的蛋白质分子聚集并形成有序的蛋白质网络结构的过程。蛋白质网络的形成一般认为是蛋白质之间和蛋白质与溶剂（水）之间的相互作用及邻近的肽链之间的吸引力和排斥力产生平衡的结果。疏水相互作用、静电相互作用、氢键键合和二硫键等都可影响凝胶的形成，随蛋白质的性质、环境条件和胶凝过程中步骤的不同而异。

热处理和在冷却后略微酸化在大多数情况下有利于形成蛋白质胶凝。大豆蛋白、乳清蛋白和血清蛋白等蛋白质可通过添加钙离子等盐类，提高胶凝速率和凝胶的强度。但部分蛋白质如酪蛋白胶束、卵白和血纤维蛋白不需加热只需适度酶水解，也可以发生胶凝；酪蛋白胶束还可通过添加钙离子发生胶凝。大豆蛋白等可以先碱化、再恢复到等电点 pH 使蛋白质发生胶凝作用。多数凝胶是由蛋白质溶液形成的，如鸡卵清蛋白和其他卵清蛋白等。但也有少数不溶或微溶的蛋白质（胶原蛋白、肌原纤维蛋白等）的水溶液或盐水的分散体也能形成凝胶。由此可看出蛋白质的溶解度并不是绝对条件。

高浓度蛋白质溶液，因分子间接触的几率增大，更易产生蛋白质分子间的吸引力和胶凝作用，仍然可以发生胶凝。冷却有利于氢键的形成，而高温可增强疏水相互作用，还可使蛋白质内部的巯基暴露，促使二硫键的形成或交换。热不可逆的凝胶的形成是由于大量的巯基和二硫键存在使分子间的网络得到加强。此外，钙离子也有助于提高许多凝胶的硬度和稳定性。

分子量大和疏水氨基酸含量高的蛋白质容易形成稳固的网络原因在于蛋白质分子的解离和伸展，使反应基团更易暴露，有利于蛋白质 – 蛋白质的疏水相互作用，通常是蛋白质发生聚集的主要原因。

pH 的改变通过改变净电荷从而影响凝胶的形成。疏水氨基酸含量大的蛋白质，其胶凝 pH 范围一般取决于蛋白质的浓度，而疏水氨基酸含量小的那些蛋白质，胶凝 pH 范围不因蛋白质浓度的改变而变化。如卵清蛋白低浓度时加热可产生沉淀；高浓度时形成不透明的凝胶。

共胶凝作用是指对不同种类的蛋白质一起加热产生的，也可使蛋白质通过和多糖胶凝剂相互作用形成凝胶。蛋白质凝胶能结合大量的水，即胶凝以高度膨胀（稀疏）和水合结构的形式存在，这些水是以物理的方式被截留，因而不易挤出。比如有些蛋白质凝胶含水量甚至高达98%，主要是由于蛋白质分子的二级结构经热变性后肽键暴露可以与水结合形成广泛的多层水体系；同时蛋白质网络所具有的微孔也可通过毛细管作用来保持水分。

5.3.3　蛋白质的织构化

1. 蛋白质织构化的定义

蛋白质织构化是指通过加工植物蛋白使其具有咀嚼性及持水性的的纤维状产品，从而模拟肉产品或其替代品，是一种重要的功能性质。

2. 蛋白质织构化的方法

蛋白质织构化的方法一般有：

（1）热塑挤压：此方法可使植物蛋白变成干燥的纤维状颗粒或小块，复水时具有咀嚼性质地。方法是使蛋白质中的含水量为10% ~30%，在高压下，使其在 20 ~150 s 内温度升高到 150 ~200℃。挤压通过管芯板，一般在蛋白质中加入淀粉可改善其质地。食品中应用于制作肉丸、馄饨等原料。

（2）热凝固和薄膜形成：豆浆在95℃保持几小时，表面会形成一层薄膜，利用此方法可生产加工腐竹。一般工业化蛋白质织构化是利用滚筒干燥机在光滑的金属表面进行的。

（3）纤维形成：即纤维纺丝，可制成各种风味的人造肉。比如大豆蛋白纺丝的制作：在pH=10时制备高浓度10%~40%的纺丝溶液→脱气→澄清，通过管芯板每平方厘米1000孔，孔径为50~150 μm→酸性氯化钠溶液（等电沉淀或盐析）→压缩→成品。

5.3.4 蛋白质的乳化性质

1. 蛋白质的乳化性质

蛋白质的乳化性质指的是蛋白质可以促进乳浊液形成及稳定的性质。蛋白质成分通常在稳定许多乳胶体食品（如牛奶、蛋黄酱、冰淇淋、豆奶、乳脂和肉馅）中起着重要的作用。天然乳胶体靠由三酰基甘油、磷脂、不溶性脂蛋白和可溶性蛋白的连续吸附层所构成的脂肪球来维持稳定。

由于蛋白质分子是两亲物质，具有既亲水也亲油的性质；可吸附在油滴和连续水相的界面，蛋白质对油/水体系的乳浊液稳定性好，其促进乳浊液形成并稳定的本质是在油-水体系中，蛋白质能自发地迁移到油-水界面和气-水界面，到达界面后，疏水基定向到油相和气相而亲水基定向到水相并广泛展开和扩散，在界面形成一种蛋白质吸附层，从而起到稳定乳浊液的作用。而对水/油体系的稳定性差，因为大量被吸附的蛋白质分子位于界面的水相一侧。

关于评价蛋白质的乳化性质，目前尚无标准的统一方法，只能是相对比较。一般评价蛋白质乳化特性的方法有乳化活力、乳化能力和乳化稳定性。其中乳化能力和乳化稳定性反映的是蛋白质可通过降低界面张力和在界面上形成物理障碍而稳定乳状液，乳化活力反映的是蛋白质乳化活性的大小。

2. 影响蛋白质乳化作用的因素

影响蛋白质乳化作用的因素很多，如温度、pH、离子强度、仪器设备的类型、输入能量的强度、油相体积、糖类和低分子量表面活性剂与氧接触等。

蛋白质的疏水性越强，在界面吸附的蛋白质浓度越高，界面张力越低，乳浊液越稳定；蛋白质在界面上以列车状、圈状、尾状等形式存在，其中列车状有利于表面张力的降低和乳浊液的稳定。

蛋白质的溶解度与其乳化或乳浊液的稳定性一般呈正相关关系，热聚集形成的不溶性大豆蛋白质比可溶性的乳化效率低，但不溶性的蛋白质颗粒一般可对已经形成的乳浊液起到增强稳定作用。

pH对蛋白质乳化作用有明显的影响。蛋白质在其等电点时如果有较大的溶解度，一般具有优良的乳化性能，否则乳化性能较差。有些蛋白质在等电点时具有良好的乳化性质，而有一些蛋白质如大豆蛋白、酪蛋白、乳清蛋白等则相反，在非等电点pH时乳化作用反而更好。

添加小分子的表面活性剂也使蛋白质的乳化性能降低，它们会降低蛋白质膜的硬性，影响蛋白质保留在界面的能力，一般对依靠蛋白质稳定的乳浊液的稳定性不利。

蛋白质起始的浓度必须比较高才能形成具有适宜厚度和流变学性质的蛋白质膜，原因是蛋白质从水相向界面缓慢扩散和被油滴吸附，降低水相中蛋白质的浓度。

温度不利于蛋白质乳化性的发挥。由于加热可降低被界面吸附的蛋白质膜的黏度和刚性，从而使乳浊液稳定性降低。高度水合的界面蛋白质膜的胶凝作用可提高表面的黏度和刚性，从而使乳浊液保持稳定，有助于肉类如香肠等乳胶体的热稳定性，提高此类食品对水和脂肪的保护力和黏结性。

从富含脂类的物质（像油料种子或鱼类）中用水或碱性水溶液不可能直接提纯蛋白质，因为蛋白质－脂类的相互作用形成了稳定的蛋白质乳浊液而阻碍离心。氧化的脂类不仅与食品蛋白质相互作用，而且损害蛋白质的营养价值。

5.3.5 蛋白质的起泡性质

1. 食品泡沫的形成和破坏

食品中的泡沫指的是气泡分散在连续的液相或含可溶性表面活性剂的半固相的分散体系。各种泡沫的气泡大小差异很大，气泡直径从几微米到几厘米不等；多数情况下，构成泡沫的气体是空气或 CO_2，连续相是含蛋白质的水溶液或悬浊液。液膜和气泡间的界面上吸附着表面活性剂，起着降低表面张力和稳定气泡的作用。

良好的食品泡沫应该具有以下特点：①含有大量的气泡；②在气相和连续液相之间要有较大的表面积；③要有能胀大，且有刚性或半刚性并有弹性的膜或壁；④溶质的浓度在表面较高；⑤有可反射的光，看起来不透明。

泡沫型食品是食品中的重要类型，如蛋糕、糖果产品、冰淇淋、蛋奶酥、啤酒泡沫、奶油冻和面包等食品都属于泡沫型产品。在这些食品的生产中往往要形成稳定而细腻的泡沫；而在有些食品的生产中必须避免泡沫的形成或破坏已经形成的泡沫。

蛋白质是一类有效的起泡剂或乳化剂。界面张力小，液相黏度大，吸附蛋白质膜牢固并有弹性，是影响泡沫稳定性的三个重要因素。泡沫一般都有很大的界面面积，所以它们通常是不稳定的。实验结果表明，泡沫的形成包括可溶性蛋白质向空气－水界面扩散、伸展、浓集和快速扩展，结果降低界面张力。影响泡沫特性的分子性质是：蛋白质分子的柔顺性，电荷密度和分布，以及疏水性。

泡沫的产生有三种方法：一种简单方法是让鼓泡的气体通过多孔分配器，再通入低浓度蛋白质水溶液中，即使用稀的蛋白质溶液也可得到非常大的泡沫体积。另一种起泡方法是大多数食品充气最常用一种方法，即搅打。通过在含有大量气体时搅打或搅拌或振动蛋白质水溶液产生泡沫，此方法可产生很强的机械应力和剪切作用，使气体分散更均匀。第三种方法就是突然解除预先加压溶液的压力从而产生泡沫。

泡沫的消除方法有：①在重力、气泡内外压力差和蒸发的作用下，通过液膜排水使泡沫破坏；②气泡从小泡向大泡扩散会导致泡沫破坏；③受机械剪切力、气泡碰撞力和超声振荡的作用，气泡液膜也会破裂。

评价蛋白质起泡性质可采用蛋白质的起泡能力和泡沫稳定性常用指标，方法的选择取决于产生泡沫的方法是鼓泡、搅打或振摇。气泡的平均大小是可以测定的，从而能粗略估计界面的面积。

2. 影响泡沫形成和稳定性的环境因素

影响泡沫的形成和稳定性的因素有蛋白质的性质、蛋白质溶液的 pH、盐类、糖、脂类和蛋白质浓度等。

1）蛋白质的性质

蛋白质要具有快速吸附的能力和形成新的界面，同时也要使界面张力降低到最低水平，从而维持空气－水界面的稳定性。这主要是因为空气－水界面的自由能显著地高于油－水界面的自由能，而自由能的降低与蛋白质分子在界面上的迅速伸展、重排和暴露疏水残基相关。

可以说，优良的蛋白质起泡剂一般是疏水的、不具有二级和三级结构等空间结构、在界面是柔顺性的，且能在空气－水界面能更好地取向和扩散，具有较大的起泡能力。

蛋白质分子要同时具有良好起泡能力和泡沫稳定性的，其柔顺性和刚性必须维持适当平衡。形成的气泡在其周围必须有一层黏结、富有弹性而不透气的蛋白质厚膜，也就是说泡沫稳定性取决于气泡周围蛋白质膜的特性。形成稳定的膜一般需相对分子质量高的蛋白质，借助疏水、氢键、静电相互作用等保持泡沫的稳定性；此外稳定性高的蛋白质膜也与膜的表面流变学性质相关，以阻止应力形变、界面扩大和薄片的厚度变薄。因此，往往具有良好起泡能力的蛋白质不具有稳定泡沫的能力，而能产生稳定泡沫的蛋白质往往不具有良好的起泡能力。

大多数蛋白质是复合蛋白，它们的起泡性质受在界面上吸附的蛋白质组分之间的相互作用影响。乳清蛋白、卵清蛋白、血红蛋白的球蛋白部分、牛血清蛋白、明胶、酪蛋白胶束、β－酪蛋白、麦谷蛋白、大豆蛋白等都是具有良好起泡性质的蛋白质。

2）pH

在蛋白质的等电点形成泡沫的稳定性是相当好的，例如球蛋白（pH 5～6）、谷蛋白（pH 6.5～7.5）和乳清蛋白（pH 4～5）。在等电点时，由于蛋白质分子间的静电吸引作用使被吸附在空气－水界面的蛋白质膜的厚度和刚性增大，从而形成黏稠的膜。蛋白质溶解度大可以促进起泡能力和保持高的泡沫稳定性，不溶性蛋白质由于增大了表面黏度也对稳定泡沫起到有利的作用。

3）盐类

盐类影响蛋白质的溶解度、黏度、伸展和聚集，也影响着蛋白质的起泡性质，这主要与盐的种类和蛋白质的溶解特性相关。例如 NaCl 通常能增大泡沫的膨胀和降低泡沫稳定性，在低盐浓度时，使蛋白质的起泡性和泡沫稳定性随着 NaCl 浓度的增加而增加，这主要是由于盐对蛋白质电荷的中和作用，提高了蛋白质的溶解度称之为盐溶效应。如果高盐浓度则产生盐析作用，通常可以改善起泡性。

4）糖类

蔗糖、乳糖等糖类通常可提高泡沫的稳定性、抑制泡沫膨胀。泡沫的稳定性是因为糖类物质能增大体相黏度，降低了薄片流体的脱水速率。相反，在糖溶液中由于提高了蛋白质结构的稳定性，于是蛋白质不能够在界面吸附和伸长，因此，在搅打时蛋白质就很难产生大的界面面积和大的泡沫体积。生产中在制作蛋白酥皮和其他含糖泡沫甜食，应在泡沫膨胀后再加入糖。卵清蛋白和糖蛋白有助于泡沫的稳定，因为这类蛋白质能在薄层中吸附和保持水分。

5）温度

蛋白质加热导致部分变性可用来改善泡沫的起泡性。实际应用中常在产生泡沫前对蛋白质适当加热处理来提高蛋白质的起泡能力，如大豆蛋白、乳清蛋白等的起泡性能，热处理能增加膨胀量，但会使泡沫稳定性降低。蛋白质的胶凝作用可使稳定泡沫的吸附膜产生足够的刚性，否则加热泡沫将会使空气膨胀、黏性降低、气泡破裂和泡沫崩溃。过度强烈搅拌会降低膨胀量和泡沫的稳定性，如卵清对过度搅拌特别敏感，搅打过度可引起蛋白质在空气－水界面发生聚集－絮凝。

6）脂类

脂类物质即使低浓度也能严重损害蛋白质的起泡性能，由于具有表面活性的极性脂类化合物占据了空气－水界面，对吸附蛋白质膜的最适宜构象产生干扰，从而抑制了蛋白质在界面的吸附，使泡沫的内聚力和黏弹性降低，最终造成搅打过程中泡沫破裂。因此，无磷脂的大豆蛋白质制品、不含蛋黄的蛋白质、低脂乳清蛋白离析物等其起泡性能更好。

7）蛋白质浓度

蛋白质浓度影响泡沫的稳定，蛋白质浓度在2%~8%，一般可产生适宜的液相黏度和吸附膜厚度。蛋白质浓度愈高，泡沫愈牢固。蛋白质浓度增加至10%时，泡沫稳定性的增加超过泡沫体积的增大。增加蛋白质浓度将会产生更小的气泡和更稳定的泡沫。起泡前使蛋白质溶液陈化，有利于泡沫的稳定性，可能是由于促进蛋白质－蛋白质的相互作用能形成更厚的吸附膜。

5.3.6 面团的形成

面包的制作是利用面粉与水在室温下经过混合、揉搓，可形成强内聚性、有黏弹性的面团，然后通过发酵、焙烤形成的。一些植物（小麦、黑麦、燕麦、大麦等）的面粉在室温下与水混合并揉搓后均可形成黏稠、有弹性的面团。小麦面粉制作能力最好，黑麦和大麦次之。

小麦面粉中的蛋白质分为可溶性和不溶性两类，其中可溶性蛋白大约占总蛋白的20%，主要为清蛋白、球蛋白和少量的糖蛋白，它们对面团的形成无较大影响；占小麦总蛋白80%的是水不溶性的面筋蛋白，主要包含麦醇溶蛋白（溶解于70%乙醇）和麦谷蛋白（不溶于水和乙醇但可溶于酸或碱）。麦谷蛋白的分子质量很大，由多条肽链组成，巯基通过分子之间的相互作用，形成分子间的二硫键，生成相对分子质量高达几百万的多聚体。分子间的这些二硫键可以解释面团为何具有大的弹性。而麦醇溶蛋白是单链形式存在，相对分子质量较低，大约为35000~75000，分子之间不能形成二硫键而形成多聚体，但可在分子内形成二硫键。

面团的黏弹性和面团强度主要取决于麦谷蛋白和麦醇溶蛋白的不同比例，因而两种蛋白质适当的比例对于面包制作是很重要的。麦谷蛋白决定面团的弹性、黏合性和强度；而麦醇溶蛋白则能促进面团的易流动性、面团的延伸度和膨胀特性等。麦谷蛋白含量过多使面团过度黏结，会抑制发酵过程中截留的 CO_2 气泡膨胀、面团鼓起和面包焙烤成型后空气泡的产生；麦醇溶蛋白含量过多面团则产生过大的伸长度，薄膜更易破裂并且可渗透，无法有效保留 CO_2，导致面包瘫塌，影响外观。

麦谷蛋白和麦醇溶蛋白对面团强度、黏弹性和膨胀性的影响主要与其结构特性有关。小麦面粉发酵时面筋蛋白首先形成黏弹性面团，淀粉粒、戊聚糖、极性和非极性脂类及可溶性蛋白质等成分有助于面团网络和（或）质地形成。面筋蛋白质因可离解氨基酸含量低，不溶于中性水溶液。富含的谷氨酰胺和含羟基的氨基酸易使面团形成氢键,很好地解释了面筋的吸水能力和黏合性。许多非极性氨基酸促进了蛋白质分子和脂类之间的疏水相互作用,半胱氨酸和胱氨酸形成许多二硫键都有利于蛋白质分子产生聚集,使分子在面团中的紧密连接。

面团形成过程首先是面粉在混合和揉搓的过程中,面筋蛋白质开始取向,排列成行和部分伸展,分子内和分子间形成的二硫键将增强疏水相互作用。当最初的面筋颗粒转化成薄膜时,此时形成三维空间的黏弹性蛋白质网络可起到截留淀粉粒和其他面粉成分的作用。

还原剂半胱氨酸或巯基封闭剂(如 N – 乙基马来酰亚胺)具有破坏水合面筋和面包面团的内聚结构的作用,主要是极大地降低面团黏度。

含高强度面筋的面粉要产生黏的面团需要长时间混合,而面筋含量低的面粉用水混合时,若过多揉搓导致二硫键断裂则可使面筋网络破坏。此外添加在面团中的中性与极性脂类与麦醇溶蛋白和麦谷蛋白相互作用,也能削弱或增加面筋的网络结构。

由麦醇溶蛋白和麦谷蛋白组成的水不溶性面筋蛋白在面粉中已经部分伸展,特别是在揉捏面团时其变得更加伸展,故焙烤一般不会引起面筋蛋白质大的再变性,所以在正常温度下焙烤面包时面筋蛋白质不会进一步伸展。焙烤温度高于 70 ~ 80℃,部分糊化的淀粉粒可吸收面筋蛋白质释放出的一些水分,因而即使焙烤,面筋蛋白质仍能使面包柔软和保持水分(含40% ~ 50% 水)。

由清蛋白和球蛋白组成的可溶性小麦蛋白质在焙烤时会发生变性和聚集,此部分胶凝作用有利于面包屑的形成。但水溶性球蛋白对面包的松软体积非常不利,而热变性的大豆、乳清或乳蛋白可避免这种不良影响。糖脂等脂类对面团蛋白质中的疏水键形成起着重要作用,可通过添加面筋来增强面团的网络;面筋的黏性特性可用作肉制品的黏结剂。

5.3.7 蛋白质与风味物质的结合

蛋白质与风味物质的结合指蛋白质通过某种形式与一些气味性物质结合而将这些物质固定的性质。这种性质在食品加工中有重要的用途。风味化合物可以结合食品中本身无气味的蛋白质,从而影响食品的感官特性。醛、酮、醇、酚和氧化脂肪酸等化合物能产生豆腥味、哈味、苦味和涩味等异味,与蛋白质结合,从而使含蛋白质食品降低食用价值。蛋白质如与需宜风味化合物结合可提高食用价值,如通过织构化,植物蛋白可产生肉的风味,从而使风味成分在贮藏和加工中能始终保持不变,并在食用时得到不失真地表达释放。

蛋白质与风味物质的结合通过弱键进行,主要有物理吸附和化学吸附,前者为范德华结合和毛细管吸附,后者包括静电吸附、氢键结合和共价键结合。

风味结合包括食品的表面吸附或经扩散向食品内部渗透,且与蛋白质样品的水分含量和蛋白质与风味物质的相互作用有关。食品的香味是由接近食品表面的低浓度挥发物产生的,挥发物浓度取决于食品和其表层空隙之间的分配平衡。对于液态或高水分含量食品,风味物质与蛋白质结合的机理主要是风味物质的非极性部分与蛋白质表面的疏水性区域空隙的相互作用,以及风味化合物与蛋白质极性基团,例如羟基和羧基,通过氢键和静电相互作用。而醛和酮在表面疏水区被吸附后,还可以进一步扩散至蛋白质分子的疏水区内部。风味物质与蛋白质的相互作用通常是完全可逆的。然而在某些情况下,挥发性物质以共价键与蛋白质结合。然而这种结合通常是不可逆的,例如,醛或酮与氨基的结合、胺类与羧基的结合都是不可逆的结合。这种性质可以用来消除食品中原有挥发性化合物的气味。

挥发性物质与蛋白质的结合，只能发生在那些未参与蛋白质－蛋白质或其他相互作用的位点上。在天然状态下，蛋白质与风味物质是通过疏水相互作用结合。

挥发性的风味物质与水合蛋白之间是通过疏水相互作用结合，因此，任何影响蛋白质疏水相互作用或表面疏水作用的因素，在改变蛋白质构象的同时，都会影响风味的结合。例如水活性、pH、盐、化学试剂、水解酶、变性及温度等。

水可以提高蛋白质对极性挥发物的结合，但对非极性化合物的结合几乎没有影响。在干燥的蛋白质成分中，挥发性化合物的扩散是有限度的，稍微提高水的活性就能增加极性挥发物的迁移和提高它获得结合位点的能力。在水合作用较强的介质(或溶液)中，极性或非极性挥发物的残基结合挥发物的有效性受到许多因素的影响。酪蛋白在中性或碱性 pH 时比在酸性 pH 溶液中结合的羧基、醇或脂类挥发性的物质更多，这是与 pH 引起的蛋白质构象变化有关。盐溶类盐由于使疏水相互作用去稳定，降低风味结合，而盐析类盐提高风味结合。凡能使蛋白质解离或二硫键裂开的试剂，均能提高对挥发物的结合。然而低聚物解离成为亚单位可降低非极性挥发物的结合，因为原来分子间的疏水区随着单体构象的改变易变成被埋藏的结构。

蛋白质经酶彻底水解将会降低它对挥发性物质的结合，例如每千克大豆蛋白能结合6.7 mg正己醛，可是用一种酸性细菌蛋白酶水解后只结合 1 mg。因此，蛋白质水解可减轻大豆蛋白的豆腥味，此外，用醛脱氢酶使被结合的正己醛转变成己酸也能减少异味。

相反，蛋白质热变性一般导致对挥发性物质的结合增强，例如，10% 的大豆蛋白离析物水溶液在有正己醛存在时于 90℃加热 1 h 或 24 h，然后冷冻干燥，发现其对己醛的结合量比未加热的对照组分别大 3 倍和 6 倍。

脱水处理，例如冷冻干燥通常使最初被蛋白质结合的挥发物质降低 50% 以上，例如酪蛋白，对蒸汽压低的低浓度挥发性物质具有较好的保留作用。脂类的存在能促进各种羰基挥发性物质的结合和保留，包括那些脂类氧化形成的挥发性物质。

5.4　蛋白质改性及应用

蛋白质是食品的重要成分，它不仅可以有效地提高食品的营养价值，更重要的是在食品中还可以发挥其功能特性，影响食品的品质(色、香、味、形及质地)，而且对食品在制造、加工或保藏中的物理化学性质也起着重要的作用。因此，蛋白质广泛用于食品加工的各个领域。

蛋白质的功能特性与其结构有关，蛋白质是由氨基酸组成，其功能特性取决于氨基酸排列顺序、种类、构象、分子形状和大小以及分子内和分子间键的作用。如极性残基会对肽链间相互作用、水化作用、溶解性和表面活性产生影响；带电氨基酸能增强静力相互作用，起到稳定球蛋白、结合水分的作用，进而影响蛋白质的水化作用、溶解度、胶凝作用和表面活性；疏水相互作用在蛋白质高级结构折叠中相当重要，它会影响蛋白质的乳化作用、起泡性和风味结合能力；巯基能被氧化形成二硫键、硫醇和二硫化物的相互转化会影响蛋白质的流变特性；共价键和非共价键的性质和数量决定了蛋白质的大小、形状、表面电荷，所有这些性质又受 pH、温度等环境因素及加工处理的影响。不同来源的蛋白质，表现的功能特性是不同的，很多蛋白质(尤其是天然蛋白质)在某些功能特性方面存在不足，不能满足现代食品开发与加工的需要，往往通过特定的方法来改变其功能特性，使其应用领域更广阔。

5.4.1 蛋白质改性

蛋白质改性就是用生化因素（如化学试剂、酶制剂等）或物理因素（如热、射线、机械震荡等）使其氨基酸残基和多肽链发生某种变化，引起蛋白大分子空间结构和理化性质改变，从而获得较好功能特性和营养特性的蛋白质。如压力和热结合处理，可以使新鲜牛肉中的肌球蛋白、胶原蛋白和肌动蛋白等结构蛋白发生变性，提高牛肉的嫩度；在加工的过程中加入一些蛋白酶，同样也可以对牛肉进行嫩化。

5.4.2 蛋白质改性的目的

对蛋白进行改性其目的主要有三：一是防止在食品加工中有害化学反应的发生。如由胺和羰基化合物的反应引发美拉德反应，反应一旦发生，就会产生不溶解的褐色产物类黑色素，这种颜色有时会影响产品的品质，如蛋粉的加工，如果对相应的氨基酸进行适当的修饰便可以避免这类反应。二是改善蛋白质功能性质，拓宽其应用领域。蛋白质的功能特性很多，如溶解度、黏度、起泡、乳化、胶凝等特性，同一种蛋白质被加入到不同的食品中，对其性质要求也不同，如大豆蛋白，在婴儿食品和饮料中，要求其溶解度大，分散性好，黏度和胶凝性小；加入面食中，要求黏度小，分散性快，不容易成团；而在肉制品中，需要大豆蛋白具有一定的溶胀性、持水性和胶凝性，因此，同一种蛋白如果不进行改性，其应用范围会受到很大限制，采用一定的方法对蛋白质进行改性就变得非常重要。例如利用热处理对蛋白质进行改性，可增强蛋白质胶凝或凝聚，增加溶解度；化学法糖基化可通过改变蛋白质表面电荷和形成双亲结构来改善乳化性；在温和的酸性条件下面筋蛋白去酰胺作用导致蛋白质电荷密度增大，使改性蛋白质具有两亲性。三是改善营养。有些食品中含有一些不良成分，如毒素、抗营养因子、不良风味，结合氨基酸等，影响食品的营养价值，而这些不良成分中，有很多是由蛋白质组成（如海蜇毒素蛋白、大豆的胰蛋白酶抑制剂）。通过蛋白质改性手段，可以去除这些不良因子的影响，如利用基因工程对大豆蛋白进行改性处理可以改变大豆球蛋白的组成，补充提高其营养价值，改变脂肪氧化酶同功酶组成，减少大豆产品的异味，改变脂肪合成酶系，使其脂类组成发生变化；在高蛋白质浓度下，酶催化交联反应能在室温下形成蛋白质凝胶和蛋白质膜，将赖氨酸或苯丙氨酸交联至谷氨酰胺残基，提高蛋白质营养；蛋白酶的作用可以减轻鱼肉的腥味。总之，对蛋白质改性，使其更适合食品加工中的需要，生产出优质的食品，给人类的生产生活带来益处。

5.4.3 蛋白质改性的方法

1. 物理改性

所谓蛋白质物理改性是指利用物理的方法，如温度、压力、机械振荡、电磁场、射线等作用形式改变蛋白质分子间的聚集方式和高级结构，而蛋白质的一级结构不发生变化，主要用于蛋白的增溶和凝胶，具有费用低、无毒害、作用时间短、对食品营养影响较小等优点。如生鸡蛋在经过蒸煮、搅打等发生的改性均属于物理改性范畴。蛋白质粉末或浓缩物经过干磨得到不同细度的粉末，与未处理的蛋白质比较，在溶解度、起泡性、乳化性等方面都得到很大的改进。质构化(texturize)也是一种物理改性，即将蛋白质经水等溶剂溶胀、膨化后在一定温度下进行强剪切挤压或经螺杆机挤出或造粒的过程，通常用于膨化食品加工，使蛋白质的密度降低、吸水率和保水性提高。据报道，小麦质构化蛋白产品，被切成薄片时，可吸收 3 倍于自重的水分，它们已成功地被用于汉堡包、咖喱调味食品、炖制辣味肉制品、油炸鸡胸脯和鸡块等制品的加工。

2. 化学改性

蛋白质化学改性是通过改变蛋白质的结构、静电荷、疏水基团，从而改变其功能性质，将化学试剂作用于蛋白质，使部分肽键断裂或者引入各种功能基团如亲水亲油基团、二硫基团、带负电荷基团等，利用蛋白质侧链基团的化学活性，选择地将某些基团转化为衍生物。通过酰化、脱酰胺、磷酸化、糖基化（即美拉德反应）、共价交联、水解及氧化等方法，改变蛋白质的溶解性、表面性质、吸水性、凝胶性及热稳定性等。

1）酸碱盐作用下的改性

蛋白质经酸、碱部分水解可改进其功能特性，如溶解性、乳化能力、起泡性等，并能钝化酶活力、破坏毒素、酶的抑制剂和过敏原，但往往会造成营养价值下降。通过不同条件酸处理对大豆浓缩蛋白（SPC）进行改性，其溶解度随 pH 的降低而降低；用碱液对大豆蛋白粉改性，当加碱量4%（以大豆蛋白粉质量计）、温度60℃、时间0.5 h 时，改性大豆蛋白液的黏度最大，改性大豆蛋白粉的结晶性遭到破坏，蛋白质二级结构中无规卷曲含量达到最大值；磺酸盐处理花生蛋白，溶解性提高，等电点下降，其乳化性能以及起泡性明显改善。

2）酰化作用改性

蛋白质的酰化作用是蛋白质分子的亲核基团（例如氨基或羟基）与酰化试剂中的亲电子基团（例如羰基）相互反应，氨基的氢原子可被酰基取代，生成 N-取代酰胺或 N, N-二取代酰胺的过程。琥珀酸酐和乙酸酐是最常使用的酰化试剂。目前，酰化作用已被用于多种蛋白质的改性。酰化后的蛋白质分子表面电荷下降，多肽链伸展和空间结构改变，导致分子柔韧性提高，从而增加了蛋白质的溶解性、持水束油性、乳化性和发泡性，改善蛋白产品的风味。特定功能特性的改善程度取决于反应条件，尤其是酰化作用的类型和程度。乙酰化程度的提高，有效地"掩盖"了赖氨酸残基，使内部疏水性基团暴露，导致亚基分离。最近，酰化作用还被用于蛋白水解液的脱苦。将大豆分离蛋白的赖氨酸残基酰化后，再进行水解，苦味显著下降。对油菜蛋白粉进行酰化，结果发现随着酰化试剂浓度的提高，其抗营养成分含量显著下降。

3）去酰胺改性

也叫脱酰胺反应，是一种蛋白或肽分子修饰改性重要的手段。脱酰胺顾名思义为蛋白侧链酰胺的基团脱去转变为羧基的反应。该反应可快速改变蛋白电子分布状态，伸展食物蛋白分子空间结构，使食物蛋白获得良好的功能特性，拓宽其应用范围。自然界中大多数食物蛋白富含酰胺基团，食物蛋白仅 2% ~6% 的脱酰胺改性程度能显著地提高食物蛋白的功能特性。科学家们研究发现蛋白或肽的酰胺基团脱去酰胺以两种机制进行：①直接水解反应机制（图 5-3）；②β-转变机制（β-shift mechanism）（图 5-4）。一般情况下，在 pH < 5 的条件下，蛋白质或肽直接水解脱去酰胺基团，在较高的 pH 条件下（pH > 5）则发生 β-转变机制。直接水解反应机制较易理解，即酰胺基团在 H^+ 或 OH^- 或酶催化下，以水为反应介质，酰胺键断裂，形成羧基。因此，酰胺基团需先从蛋白质或肽聚集结构内暴露，转变成脱酰胺催化剂有效作用反应位点，并与水与 H^+ 接触，脱酰胺反应才可启动。β-转变机制（图 5-4）较复杂,除了酰胺基团首先需暴露,该反应生成了一种含有五或六元碳的酰胺中间体(琥珀酸亚胺中间物),该特殊中间体极不稳定,当释放氨后,立即水解生成"异头肽",这种肽的形成会显著降低蛋白的生物活性,使蛋白水解敏感性和自免疫力降低。通常,在中性偏碱环境中,蛋白或肽的脱酰胺反应以 β - 转变机制为主。

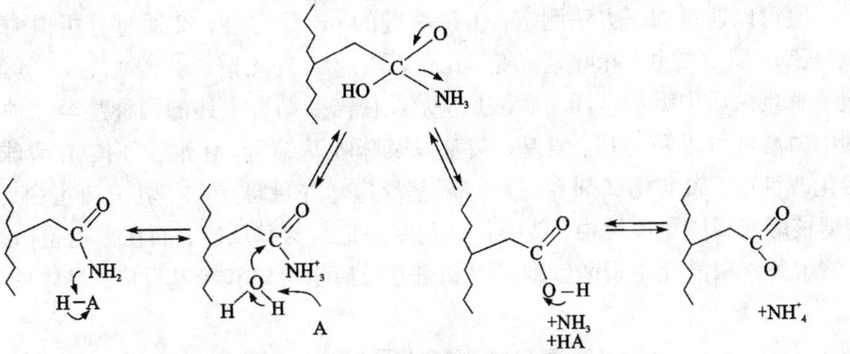

图 5 – 3 蛋白酰胺基团直接水解机制

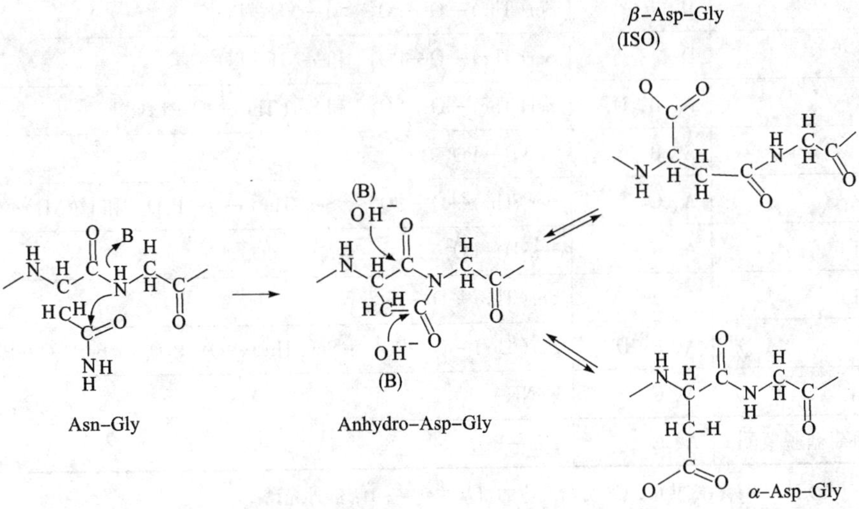

图 5 – 4 β - 转变脱酰胺机制

不管以何种机制进行脱酰胺反应,蛋白质或肽的酰胺基团暴露途径、暴露程度、催化剂作用位点的特点和作用效果、蛋白或肽聚集态和结构特征是影响脱酰胺的关键点。用糜蛋白酶处理大豆蛋白、蛋清蛋白脱酰胺,蛋白的表面疏水性、分子柔性增大,发泡性与乳化性提高。在 75℃ 用 0.1 mol/L 盐酸处理小麦面筋蛋白 30 min 脱酰胺,其溶解性、乳化性、起泡性均提高;用 0.3 mol/L HCl 处理豆粕蛋白脱酰胺,其溶解度显著增加,乳化性能、起泡性能提高。

4)磷酸化作用改性

蛋白质的磷酸化作用是无机磷酸与蛋白质上特定的氧原子(Ser、Thr、Tyr 的 – OH)或氮原子(Lys 的氨基、Arg 的胍基末端 N)作用形成 C – O – Pi 或 C – N – Pi 的酯化反应。蛋白质的磷酸化改性可通过化学方法或酶法予以实现。常用的磷酸化试剂有化学磷酸化试剂和蛋白激酶。化学磷酸化试剂如磷酰氯($POCl_3$)、磷酸、三聚磷酸钠(STP)等,其中大规模应用于工业生产的为 $POCl_3$、STP。蛋白激酶如依赖于 CAMP 激活的蛋白激酶(CAMPdPK)、酪蛋白激酶。

蛋白质的磷酸化是通过有选择地利用蛋白质侧链活性基团来引进大量的磷酸根基团进行反应的。一般可以通过如下方法测定:①磷酸键的 pH 稳定性;②通过分析损失的蛋白质残基(羟基、氨基、酪氨酰基、咪唑基、羧基、巯基);③红外光谱;④核磁共振;⑤蛋白质水解。要全面地了解蛋白质中哪些基团与磷酸反应,往往需要结合上述的两种甚至三种方法。在蛋白质改性中磷酸键可以和羟基、氨基、羧基以及咪唑基结合。在酪蛋白、乳清球蛋白、鲱精蛋白磷酸化改性中,磷酸化试剂专一地与羟基反应。在乳球蛋白、乳清白蛋白、血色素、胰岛素、核糖核酸酶磷酸化改性中,磷酸化试剂专一地与氨基反应;而在大豆蛋白、花生蛋白、精蛋白、溶解酵素磷酸化中磷酸键即可以和氨基反应也可以和羧基反应,具体见表5-1。

表5-1 磷酸化蛋白改性位点

磷酸化蛋白	检测方法	磷酸键位点
大豆蛋白	D	$Ser(Thr)—O—PO_3^{2-}$ 和 $—NH—PO_3^{2-}$
花生蛋白	D	$Ser(Thr)—O—PO_3^{2-}$ 和 $—NH—PO_3^{2-}$
酪蛋白	A,B,D	$Ser(Thr)—O—PO_3^{2-}$ 和 $Ser(Thr)—O—P_2O_6^{2-}$
乳球蛋白	A,B	$—NH—PO_3^{2-}$
溶解酵素	A,C	$Ser(Thr)—O—PO_3^{2-}$,$Ser(Thr)—O—P_2O_6^{2-}$ 和 $O(NH)—P_3O_9^{4-}$
血清白蛋白	A,C	$—NH—PO_3^{2-}$
血清球蛋白	A	$Ser(Thr)—O—PO_3^{2-}$
鲱精蛋白	A,B,D	$Ser(Thr)—O—PO_3^{2-}$;$Ser(Thr)—O—P_2O_6^{2-}$;$Ser—O—P_3O_9^{4-}$
核糖核酸酶	A,C	$—NH—PO_3^{2-}$
6-磷酸葡萄糖脱氢酶	A,C	$His—PO_3^{2-}$

注:A:pH 稳定性;B:核磁共振;C:分析反应的氨基酸残基;D:红外光谱。

据报道,用三磷酸钠改性大豆蛋白,在酸性条件下(pH 2~7),磷酸化作用对大豆蛋白的溶解性没有显著影响,在 pH 3~9 条件下,磷酸化作用对大豆蛋白的乳化性有显著提高。在干热条件下,对食品中的蛋白质进行磷酸化处理,提高蛋白质的热稳定性,增加胶凝特性(硬度,弹性)和持水能力,提高了蛋白的乳化能力和发泡能力。

5)糖基化作用改性

蛋白质一般对热、水解作用很不稳定,但与碳水化合物或生物多聚物的交联能变得稳定,也能被赋予一些新的特性。蛋白质糖基化主要有两种形式:

一种是非酶糖基化,即美拉德反应。美拉德反应是普遍存在于食品体系、涉及蛋白质和碳水化合物的一个反应,是醛、酮、还原糖以及脂肪氧化生成的羰基化合物与胺类、氨基酸、肽、蛋白质甚至氨水中的氨基之间的反应。该反应比较复杂,包括缩合、降解、裂解、聚合等一系列反应。美拉德反应的第一步，是还原糖的羰基和氨基酸的氨基发生的缩合反应，生成糖基化产物(即糖蛋白)。然后，形成的氨基糖经 Amadori 和 Heyns 重排，得到糖醛类、还原酮类或脱氢还原酮类等中间产物。最后，经过一系列反应形成各种化合物，包括类黑色素物质。美拉德反应糖基化引起蛋白质二级结构的改变，主要表现为 α - 螺旋、β - 折叠、β - 转角和无规则卷曲的增减。蛋白质经美拉德反应后，其功能特性会得到改变。如用葡聚糖处理乳清蛋白，使其部分糖基化，糖基化后的乳清蛋白，在溶解性和热稳定性方面均有所提高。

蛋白质的糖基化另一种方式是酶糖基化法，转谷氨酰胺酶能够催化蛋白质分子中谷氨酰胺残基与赖氨酸残基中的 ε - 氨基发生反应，形成分子内和/或分子间形成 ε - (γ - 谷氨酰基)赖氨酸异肽键，结果使蛋白质分子发生交联。如果所导入的胺类化合物是一个氨基糖，就产生蛋白质的糖基化反应。但利用转谷氨酰胺酶对蛋白质进行糖基化的研究较少，同时，蛋白质分子之间的交联反应也是不可避免的。利用转谷氨酰胺酶，将半乳糖胺导入豌豆蛋白和醇溶蛋白，每摩尔豌豆蛋白及醇溶蛋白分别导入 18 和 57 个糖基单位(6 - 乙氨基 - β - D - 1 - 硫代吡喃半乳糖)，糖基化蛋白在等电点处的溶解度增加了 20% 。利用转谷胺酰胺酶分别将氨基葡萄糖共价交联至大豆分离蛋白和酪蛋白，同时诱导蛋白质发生交联反应，并发现糖基化蛋白质的溶解性、乳化性质等都有较大改善，尤其是流变学性质。但有关糖基化反应对蛋白质结构的影响，以及结构变化与功能性质之间的内在关系，还未得到揭示和解释。

6)烷基化改性

蛋白质中的氨基酸可以在温和的碱性环境下与醛、酮发生烷基化反应，得到稳定的非交联的赖氨酸衍生物。如对酪蛋白进行烷基化，使各种疏水基团共价连接到蛋白质上面改变了蛋白质的构象，蛋白质上大量正电荷被保留，氨基的 pKa(pKa 是显示化合物的离子化能力，离子化能力是决定溶解度和渗透性的主要因素)值略有下降，甲基酪蛋白和异丙基酪蛋白的溶解性比原酪蛋白略有提高，而丁基、环己基和苯甲基酪蛋白由于存在过大的疏水基导致溶解性下降。吸附大量疏水性残基而引起链折叠而发生疏水作用。由于带正电荷的氮之间的静电排斥作用，疏水基间不会有最大程度的重叠，所以形成较弱的疏水键结构。烷基化蛋白质的功能特性如黏度、吸水性和乳化性都有所改进。

7)亲脂化改性

蛋白质的亲脂化改性，主要是通过酰基化作用改变蛋白质的乳化特性，一般采用的方法是用蛋白质和不同的脂肪酸发生反应，对蛋白质进行部分修饰，进而改变其乳化功能，乳化功能的改变与蛋白质脂化的程度有很大关系。用酶法将不同链长(6C ~ 18C)的脂肪酸、乳清蛋白多肽和大豆蛋白多肽进行脂化改性，两种蛋白多肽的乳化性均得到提高；化学方法将不同长度的脂肪酸(月桂树脂酸，豆蔻酸，软脂酸和油酸)结合到亲水性大豆球蛋白分子上，将软脂酸共价结合到大豆球蛋白上可提高其乳化能力。用碱催化软脂酸的 N - 羟基琥珀酰亚胺酯通过酯交换反应将软脂酰残基共价结合到 α - 酪蛋白上，与赖氨酸的 ε - NH 形成异肽键。共价连接软脂酰较少的蛋白质表现出较高的乳化能力，而连接软脂酰较多的蛋白质显示出较高的乳化稳定性，起泡能力随共价连接的增多而增强，但超过 6.0 mol/L 蛋白质时逐渐减弱，高共价联接具有较高的泡沫稳定性。

3. 酶法改性

1) 酶法水解改性作用

酶法改性是利用蛋白酶的内切及外切作用将蛋白分子切割成较小的分子，使蛋白的功能有所改变。国内研究的有动物蛋白酶、植物蛋白酶和微生物蛋白酶法改性。酶改性的方式有很多种，酶法改性通常是蛋白酶的有限水解，改性的程度与酶量、底物浓度、水解时间等因素密切相关。酶法改性具有以下几个方面的优点：①酶解过程十分温和，不会破坏蛋白质原有的功能性质；②最终水解产物经平衡后，含盐极少且最终产品的功能性质可通过选择特定的酶和反应因素加以控制；③随着酶反应的进行，蛋白质被水解成了较少的、弱亲水的和较易溶剂化的多肽单位，易被人体消化吸收且具有特殊的生理功能。一般说来，蛋白酶的限制性水解可提高蛋白质的溶解性、乳化性和发泡性。如采用酶法有限水解，可以很好地增加米渣蛋白的水溶性。

2) 共价交联作用

人为地将交联键引入食品中，可以改善蛋白质的功能特性。通过一定化学试剂或催化剂，使蛋白质分子内或分子间产生交联反应（cross-linking），从而起到改善蛋白质功能特性的目的。共价交联作用主要通过两种途径，一种是酶催化的交联反应，如过氧化物酶（POD）、多酚氧化酶（PPO）、转谷氨酰胺酶（TGase）和脂肪氧化酶（LO）等都能使蛋白质发生交联作用。TG 是一种专对蛋白质谷氨酰胺残基的交联催化酶，催化亲核反应，已被用于 β-乳球蛋白、酪蛋白、大豆球蛋白、小麦麦谷蛋白的交联作用，以及不同食品蛋白间，如肌球蛋白、大豆蛋白、酪蛋白或谷蛋白间的交联作用。另一种是化学试剂催化的交联反应，化学交联剂从功能上来分可以分为两类：第一类是具有双官能团的交联剂，例如：二异氰酸酯和环氧化合物（BDDGE、京尼平等），这类试剂在相邻的两条肽链间形成氨基桥键；第二类交联剂可以活化谷氨酸或天冬氨酸残基上的羧酸，使之可以与另一条肽链上的氨基反应形成酰胺结合，提供交联键。戊二醛毒性小，与蛋白质反应时具有活性高、反应快、结合量高、交联性能好、产品稳定等优点，使其成为最常用的一种交联剂。利用戊二醛对胶原蛋白进行改性，改性后蛋白的乳化性和乳化稳定性都最好。改性后胶原蛋白的分子质量变大，导致其吸水性和保水性比改性前差，而吸油性却比改性前好。

4. 基因工程改性

基因工程法是通过重组蛋白质的合成基因，从而改变蛋白质功能特性。但由于该技术周期长、见效慢，目前仍处于试验室阶段。目前针对大豆球蛋白的组成，补充提高其营养价值；二是改变脂肪氧化酶同工酶组成，减少大豆产品的异味；三是改变脂肪合成酶系，使其脂类组成发生变化；其他也有针对抗营养因子的研究。

5.4.4　各类蛋白质在食品加工中的应用

1. 大豆蛋白（soy prorein, SP）

大豆蛋白主要分两种：大豆分离蛋白和大豆浓缩蛋白。

大豆分离蛋白是脱皮脱脂的大豆进一步去除所含非蛋白成分后，所得到的一种精制大豆蛋白产品，大豆分离蛋白中蛋白质含量在90%以上，氨基酸种类有近20种，并含有人体必需的氨基酸。其营养丰富，不含胆固醇，是植物蛋白中为数不多的可替代动物蛋白的品种之一。其主要成分是 β-伴球蛋白（7s）和 11s 球蛋白。次要成分主要有 γ-伴球蛋白、7s 碱性蛋白、脂肪氧合酶、β - 淀粉酶、植物凝集素及胰蛋白酶抑制剂等。纯度高（蛋白质含量高达90% 以上），作为具有加工功能性食品添加用的中间原料，被广泛应用。SPI 具有保水性、起泡性、溶解性、乳化性、黏弹性、结膜性等多种功能性质。在这方面研究较多的美国已把它应用于鱼制品、肉制品、面制品、冷食制品、糖制品和饮料等制品中，而在我国 SPI 的应用比较有限。中国的 SPI 主要集中应用在肉制品上。随着对大豆蛋白适当地改性，可以产生不同的功能性质，拓宽其在食品领域作为中间原料的应用，在中国形成了"大豆蛋白"热。SPI 在饮料、冰制品、面制品、食品保鲜膜方面的产品也会不断推向市场。中国在不断地进行大豆蛋白领域的研究和开发，且力度也是前所未有的。如在档次较高的肉制品中加入大豆分离蛋白，不但改善了肉制品的质构和增加风味，而且提高了蛋白含量，强化维生素。由于其功能性较强，用量在 2% ~5% 之间就可以起到保水、保脂、防止肉汁离析、提高品质、改善口感的作用。将大豆分离蛋白用于代替奶粉、非奶饮料和各种形式的牛奶产品中。营养全面，不含胆固醇，是替代牛奶的食品。大豆分离蛋白代替脱脂奶粉用于冰淇淋的生产，可以改善冰淇淋乳化性质、推迟乳糖结晶、防止"起砂"的现象。生产面包时加入不超过 5% 的分离蛋白，可以增大面包体积，改善表皮色泽，延长货架寿命；加工面条时加入 2% ~3% 的分离蛋白，可减少水煮后的断条率、提高面条得率，而且面条色泽好，口感与强力粉面条相似。国内、国际大豆蛋白的市场发展空间很大，远未饱和，中国大豆蛋白产业的发展空间亦很大，今后将会迈上一个崭新的台阶，SPI 食品将在食品行业中占有举足轻重的地位。

大豆浓缩蛋白（soy protein concentrate，SPC）是用高质量的豆粕除去水溶性或醇溶性非蛋白部分后，所制得的含有 65%（干基）以上蛋白质的大豆蛋白产品。主要有食品级和饲料级两种。食品级 SPC 具有高凝胶性、乳化性或高分散性，大大提高了综合利用率，降低生产成本，广泛应用在肉加工食品、烘焙食品、冰激淋、糖果和饮料的生产中。

2. 花生蛋白

花生是全球最重要的四大油料作物之一。中国是世界上重要的花生生产大国，产量居世界第一位，约占世界总产量的 40%。目前，我国花生的年产量在（1400 ~1500）万 t；花生总产、单产和出口量一直位居全国油料作物之首。我国每年榨油后剩余的花生粕大约有 900 多万 t，蛋白含量约为 40% ~50%。但目前我国榨油后的花生粕大部分用作饲料或肥料（每吨仅为 2000 元左右），造成蛋白质的巨大浪费。花生蛋白质是一种完全蛋白质，含有人体必需的八种氨基酸。花生蛋白质可消化率高，极易被人体吸收利用。花生蛋白质具有诱人食欲的香味，简单的烘焙和磨碎成粉就可以用于多种食品加工，既可以作为食品的主要成分，又可作为食品添加剂。目前，花生油提取多采用热压榨工艺而导致花生蛋白发生变性，营养价值与功能特性降低，从而限制了花生蛋白在食品体系中的广泛应用。因此，通过研究花生蛋白的改性，进而开发利用花生变性蛋白，对生产高附加值的花生食品具有重要意义。通过对花生蛋白的改性，提高其营养价值，并降低过敏原特性，可将改性花生蛋白作为功能性食品基料在大宗食品（肉制品、米面制品和焙烤食品等）、营养配方食品中应用。如采用酸和酶复合水解脱脂花生粉制得的水解产物可代替食盐应用于肉制品（如香肠等）。武汉肽类物质研究所的科技人员利用复合酶解技术定向酶切花生蛋白，制得花生肽具有良好的持水性；在糕点、休闲食品中适量添加还可以改善口感和风味，并提高蛋白质含量。花生蛋白粉经酶法或碱法处理后，是很好的发泡剂，可广泛应用于糖果、中西糕点、冰淇淋等食品中。总之，通过对花生蛋白质改性产品的开发（包括系列功能性蛋白、复合氨基酸和活性多肽）和花生蛋白质改性产品应用于大宗食品、饮料、冷食，调味品、保健食品及其他相关行业，扩大花生蛋白利用途径，提高花生蛋白利用率，推进我国由花生原料大国向花生产品强国转变。

3. 胶原蛋白

胶原蛋白是生物体内一种纤维蛋白，主要存在于皮肤、骨、软骨、血管、牙齿及肌腱等组织中，占人体或其他动物体总蛋白含量的 25% ~33%。胶原蛋白因其优良的低免疫活性、生物相容性和可生物降解性等特性而广泛地应用于医学、食品、化妆品等领域。胶原蛋白富含除色氨酸和半胱氨酸外的18种氨基酸，其中维持人体生长所必需的氨基酸有7种。胶原蛋白中的甘氨酸占30%，脯氨酸和羟脯氨酸共占约25%，是各种蛋白质中含量最高的，丙氨酸、谷氨酸的含量也比较高，同时还含有在一般蛋白中少见的羟脯氨酸和焦谷氨酸和在其他蛋白质几乎不存在的羟基赖氨酸。所以胶原蛋白的营养十分丰富。在食品工业领域，食用胶原一般来源于动物的真皮、肌腱和骨胶原，其中皮胶原是主要的食用胶原。食用级胶原通常外观为白色，口感柔和、味道清淡、易消化。胶原的独特品质，使得它在许多食品中用作功能物质和营养成分，具有其他替代材料无可比拟的优越性：①胶原大分子的螺旋结构和存在结晶区，使其具有一定的热稳定性。②胶原天然的紧密的纤维结构，使胶原材料显示出很强的韧性和强度，适用于薄膜材料的制备。③大量胶原被用作制造肠衣等可食用包装材料，其独特之处是：在热处理过程中，随着水分和油脂的蒸发和熔化，胶原几乎与肉食的收缩率一致。而其他的可食用包装材料还没被发现具有这些品质。④由于胶原分子链上含有大量的亲水基团，所以与水结合的能力很强，这一性质使胶原在食品中可以用作填充剂和凝胶。⑤胶原在酸性和碱性介质中膨胀，这一性质也应用于制备胶原基材料的处理工艺中。胶原蛋白虽然具有自己独特的优点，但不能直接用于实际的生产加工中，只有对其改性，才能满足对产品品质的要求。如胶原蛋白的乳化性是胶原蛋白应用于食品工业的一个重要指标，有人研究了水解胶原蛋白的乳化性，发现胶原蛋白的乳化性和乳化稳定性将随着溶液浓度的增加而增大，在酸、碱溶液中均有较高的乳化性和稳定性；Toledano等研究了改性后的胶原蛋白的乳化性，发现在胶原蛋白链上接入芳香基团，可以提高胶原蛋白的乳化性。胶原蛋白经改性后已经应用于肉制品、冷冻食品、乳制品、饮料、糕点糖果、人造肠衣、包装膜和涂层材料等。

目前，对于胶原蛋白材料改性的研究大多集中于理论性质和半实用性方面，对胶原蛋白改性的新技术也在不断尝试，相信越来越多的改性的胶原蛋白会广泛应用于工业生产中。

4. 小麦蛋白

小麦蛋白(俗称谷朊粉)是小麦淀粉生产的副产物，其蛋白质含量高达72% ~85%，主要由麦醇溶蛋白和麦谷蛋白组成。氨基酸组成比较齐全，是营养丰富、物美价廉的纯天然植物性蛋白源。但由于组成小麦蛋白的氨基酸含有较多的疏水性氨基酸和不带电荷的氨基酸，分子内疏水作用区域较大，溶解度较低，使小麦蛋白往往不能满足食品加工的需要，应用受到很大限制。因此，采用一定的改性手段，改善小麦蛋白的功能性，拓宽其应用领域，提高副产物的综合利用价值。目前小麦蛋白主要应用于面食产品，如馒头、面条和面包等，蛋白经过改性后，可提高面食制品的品质。例如，经碱改性的小麦蛋白，当pH大于11时，分子展开于碱液中，并发生去酰胺反应和双硫键断裂，有助于蛋白质在水中的分散性与溶解性的提高。小麦蛋白经碱处理后，其乳化性、乳化稳定性、吸水力等皆有增加的现象。不同小麦品种、不同制粉方法，得到的小麦蛋白组成不同，表现出的功能特性也不同，在加工过程中，可以通过蛋白质改性的方法，改变小麦蛋白的功能特性，拓宽其适用性。

5. 乳清蛋白

乳清蛋白被称为"蛋白之王"，是从牛奶中提取的一种蛋白质，由多种成分组成，具有较高的营养价值和生物活性，且易消化吸收，因此，被公认为人体优质蛋白补充剂之一。乳清蛋白含有必需氨基酸和支链氨基酸，氨基酸种类齐全，含量丰富，同时还含有 β - 乳白蛋白、乳铁蛋白、免疫球蛋白、α - 乳球蛋白等多种活性蛋白。乳清蛋白在食品加工过程中已经被广泛应用于焙烤类食品、乳制品、冷冻食品、肉类制品、可食用膜及配方食品中。但在加工过程中，适当的对乳清蛋白进行改性，可改变其加工性能，提高产品质量。如转谷氨酰胺酶是一种催化酰基转移反应的转移酶，具有交联聚合、脱酰胺化和一级胺引进等三种反应机理。酰基供体为蛋白质或多肽链上谷氨酰胺残基的 γ - 羟基酰胺基，受体可以为蛋白质肽链上赖氨酸残基的 ε - 氨基，游离氨基酸的 ε - 氨基，初级胺或水，在分子内及分子间形成交联键。转谷氨酰胺酶对乳蛋白质的改性作用表现在改善凝胶特性、提高乳化性、提高热稳定性、制备可食用膜等几个方面。在乳制品加工中，乳清蛋白较难形成凝胶，TGase 可催化乳蛋白质的分子内或分子间形成 G-L 共价键，从而明显改善蛋白质的功能特性。由于引入了新的共价键，蛋白质分子内或分子间的网络结构增强，会使通常条件下不能形成凝胶的乳蛋白形成凝胶，或使凝胶特性发生很大改变，表现在：凝胶的强度提高；凝胶的耐热性、耐酸性增强；凝胶的水合作用增强，使凝胶网络中的水分不易析出。

乳清蛋白以其卓越的生物利用价值和突出的生理功能特性，在食品、医药等诸多领域享有较高的声誉并得到了广泛使用，在营养保健制品和食品加工方面的应用前景尤为广阔。随着科学技术和科研手段日新月异地发展，乳清蛋白的功能特性必将得到更充分的开发和利用，从而使乳清蛋白及其衍生产品最大限度地造福于人类的生产和生活。

6. 鸡蛋蛋白

鸡蛋蛋白是食品中功效比值最高的蛋白质，是自然界提供给人类最理想的完全蛋白质。鸡蛋蛋白主要包括蛋清蛋白和蛋黄蛋白，每种蛋白里含有很多组成成分。蛋清蛋白具有良好的搅打性、起泡性、乳化性和凝胶形成等功能，它赋予食品独特的颜色、风味以及质构。蛋清蛋白功能性质发挥的好坏，与很多因素有关，如搅打程度、均质程度、温度、pH 及介质中其他物质的影响等。作为一种重要的食品原料，鸡蛋蛋白液在食品行业中得到广泛的应用，如蛋糕、饼干、面包、冰淇淋、蛋白糖等的制作。然而，在实际应用中却发现，鸡蛋蛋白在食品加工中，由于受到加工条件的影响，其功能特性会发生变化，如经过巴氏杀菌的蛋白液的起泡性有所降低，严重影响了使用的效果，采用改性技术，可以减轻这种不良影响，扩大其应用范围。蛋黄蛋白具有良好的乳化功能、凝胶形成功能，在黏结食品成分成为一体的功能方面具有很好的作用。蛋黄蛋白的乳化功能受温度、pH、水分活度及介质的性质的影响。

5.4.5 改性蛋白质的营养及安全性

（1）对蛋白进行热处理改性时，若加热过度（150℃以上）可引起氨基酸脱硫、脱酰胺、异构化，这些变化中大部分不可逆，有些变化会形成有毒的氨基酸。

（2）氧化改性蛋白在酸性、温和氧化条件下，主要被氧化成 β - 氧代吲哚基丙氨酸。但是色氨酸在酸性、激烈氧化条件下，被氧化成 N - 甲酰犬尿氨酸、犬尿氨酸和其他未被鉴定的产物，导致营养价值降低、甚至产生毒性。

（3）对于化学改性蛋白的怀疑，由于化学改性的氨基酸残基是必需氨基酸，化学改性蛋白质和其消化产物可能有毒性；化学试剂残留的毒性；这也是造成化学改性蛋白难以大量推广的原因，这就要求在生产中必须选用相对安全的化学试剂，尽量降低化学试剂的残留量。

（4）对基因工程对蛋白进行改性的怀疑，它与人们对于转基因食品的态度比较相似：①转基因作物中所导入的外源基因是否来自某种过敏原，从而可能引起人和动物的过敏反应；②转基因作物中的抗性基因是否会转移到人和动物的肠道病原微生物中而产生耐抗生素的病原微生物；③抗虫转基因作物产品中的杀虫蛋白、蛋白酶活性抑制剂和残留的抗昆虫内毒素，是否会危害人和动物的健康；④抗病毒转基因作物中导入的病毒外壳蛋白基因有可能对人和动物健康产生危害。

5.4.6 应用前景

酶法或化学法改性蛋白质，是提高其功能特性的重要途径。在改变结构和功能性方面，化学法比酶法更有效。磷酸化、糖基化、共价交联反应，有利于提高蛋白质功能特性。但酶法改性和物理改性的安全性优于化学改性，现已逐步应用于实际生产。随着酶制剂工业的发展，酶品种及食用级酶也将大增，微囊包埋酶、固定化酶等技术的开发，使酶改性在食品工业中应用前景可观。生物工程可以从根本上改变蛋白质的性质，具有很大的发展潜力。此外，使用两种或两种以上的改性方法也是今后蛋白质改性的一个主要发展方向。蛋白质经改性后，其功能特性得到了显著地提高，一方面拓宽了蛋白质的应用领域，另一方面可以作为一些昂贵原材料的替代品，因此在食品工业中具有广阔的应用前景。然而，关于改性所产生的营养和毒理学上的问题研究还需增强，这将会推动蛋白质改性的迅速发展。

5.5 食品加工对蛋白质的影响

蛋白质是食品的重要组成成分，在食品中蛋白质不仅能提高食品的营养价值，而且它的功能特性对食品的品质也发挥着重要的作用。蛋白质在食品加工过程中会受到加工条件的影响，或在加工过程中食品中其他的成分和蛋白质相互作用，对蛋白质的功能特性和营养价值都会产生影响，有些影响是有利的，如适度的变性和水解，有利于蛋白质的消化吸收，抑制毒素蛋白和过敏原的活性，改变不良风味等；但有时影响是不利的，如温度过高的情况下，会使蛋白质水解，氨基酸发生变化，产生有毒有害物质，影响食品的品质。因此，清楚在食品加工过程中不同的处理对蛋白质的影响，不仅可以避免蛋白质的结构和功能性质遭到破坏，还能有目的地对某一蛋白质现有的性质进行改变，以便提高其营养价值和功能特性。

5.5.1 物理因素引起的变化

1. 热处理

在食品加工中，热处理是经常会用到的加工技术，如原料的烫漂、熟化、灭菌等，也是对蛋白质影响最大的处理方式，热处理对蛋白质影响程度取决于处理的温度、时间、湿度、介质的性质等因素。热处理涉及的化学反应有：变性、分解、氨基酸氧化、键之间的交换以及新键的形成等。蛋白质经过温和的热处理后所发生的变化，从营养学角度分析，一般是有利的。因为在适宜的加热条件下，蛋白质发生变性后，有些不良因子会被破坏，如酶的失活、微生物的抑制和杀灭、有毒蛋白和酶的抑制剂的钝化等，从而使营养素免遭水解，并提高消化吸收率。如大豆球蛋白、胶原蛋白和卵清蛋白经适度热处理后更易消化，其原因是蛋白质伸展，被掩蔽的氨基酸残基暴露，因而使专一性蛋白酶能更迅速地与蛋白质底物发生作用。通过热处理使食品中天然存在的大多数蛋白质毒素或抗营养因子变性或钝化。植物性食品毒素，如凝集素、皂苷、生物碱及酚类衍生物等，大豆等豆科植物的种子或叶中均含有胰蛋白酶抑制剂和胰凝乳蛋白酶抑制剂，这些蛋白质能降低膳食蛋白质的消化力和营养价值，可以通过加热使之钝化；微生物源毒素，如可在水、乳、肉类等食品中生存较长时间的沙门氏菌，在100℃水中立即死亡，肉毒杆菌毒素、黄曲霉毒素在100℃长时间作用下会失活。但过度热处理也会发生一些不利营养的反应，如对蛋白质或蛋白质食品进行高强度热处理时，会引起氨基酸的脱硫、脱二氧化碳、脱氨等反应，使食品中原有的氨基酸被破坏，从而降低食品的营养价值。此外，含有苯环的氨基酸，经过剧烈热处理后，可反应生成环状衍生物，其中有些具有致突变作用。有研究发现烧烤鱼和牛排会产生致癌物质，其中就有色氨酸受热产生的致癌衍生物。赖氨酸在220℃下作用22 min，发现有赖氨酸产生自由基。此外，蛋白质在高温作用下，还会发生消旋、消除和几种交联反应，生成 D - 型氨基酸、脱氢丙氨酸和几种氨基酸的交联物，这些物质的安全性还需考察。

在食品加工过程中，热处理通常会在酸碱以及其他压力等条件下共同对蛋白质进行作用，这些条件有时会促使一些不良反应的发生。总之，热处理的影响是两方面的。适当的热处理有利于蛋白质功能性的发挥，过热处理会产生对人体有害的物质，因此，在加工过程中，要掌握适当火候，才能减少蛋白质营养价值的损失，提高含蛋白质的食品的营养价值和改善食品的品质。

2. 冷处理下的变化

食品的低温储藏可延缓或阻止微生物的生长，并抑制酶的活性及化学反应，延长储藏期。食品的低温处理有两种方法：一是冷却，即将储藏温度控制在稍高于食品冻结温度之上，食品中蛋白质较稳定，微生物生长繁殖也会受到抑制，食品的色、香、味及质地变化较小，这种方法适合短期贮藏。二是冷冻或冻藏，这种方法对食品的气味和质地有些影响，若控制得好，蛋白质的营养价值就不会受到影响。关于冷冻使蛋白质变质的原因，主要是由于蛋白质质点分散密度的变化而引起的。由于温度下降，冰晶逐渐形成，使蛋白质分子中的水化膜减弱甚至消失，蛋白质侧链暴露出来，同时加上冰晶的挤压，使蛋白质质点相互靠近而结合，致使蛋白质质点凝集沉淀。这种作用主要与冻结速率有关，冻结速率越快，冰晶越小，挤压作用也越小，变性程度就越小。食品工业根据该原理常采用快速冷冻法以避免蛋白质变性，保持食品原有的风味。冷冻食品解冻后，细胞及细胞膜在冰晶的挤压下被破坏，细胞内源酶被释放出来，随着温度的升高，酶活性增强，致使蛋白质降解，改变蛋白质的功能特性，进而影响食品的质地。如鱼肉蛋白质很不稳定，经冷冻或冻藏后，组织非常容易发生变化，此时肌球蛋白变性，然后与肌动蛋白反应，使肌肉变硬，持水力降低，风味破坏。而且鱼中的脂肪在冻藏期间会自动氧化，生成过氧化物和自由基，再与肌肉作用，使蛋白聚合、氨基酸破坏。以盐溶性蛋白质含量、ATPase 活性、巯基含量、pH、感观评定等为指标，研究鲻鱼在 -20℃和 -80℃冻藏过程中肌肉蛋白质生化特性的变化情况。结果表明，无论是 -20℃直接冻结还是 -80℃低温速冻，随着贮藏时间的延长，鲻鱼的肌动球蛋白盐溶性、ATPase 活性以及巯基含量均呈下降趋势；低温速冻处理对鲻鱼冻藏过程中肌动球蛋白盐溶性和巯基含量影响较大，而对其 ATPase 活性的变化影响不明显。

3. 脱水干燥处理下的变化

食品脱水的目的在于减轻重量，降低水分活度，增加食品稳定性，利于保藏。但由于脱水的方式、脱水程度不同，也会产生许多不利的变化。当蛋白质溶液中的水分被全部除去时，由于蛋白质－蛋白质的相互作用，引起蛋白质大量聚集，特别是在高温下除去水分时，可导致蛋白质溶解度和表面活性急剧降低。干燥条件对粉末颗粒的大小以及内部和表面孔率的影响，将会改变蛋白质的可湿润性、吸水性、分散性和溶解度。干燥处理对蛋白质的影响，与干燥方式、温度、时间有很大关系。

食品脱水干燥方式主要有热风干燥、真空干燥、冷冻干燥、喷雾干燥、微波干燥等，不同的干燥方式都有其优缺点，对食品中蛋白质的影响也不同。如在水产品的热风干燥过程中，由于干燥温度较高，干燥时间长，并且与氧长时间接触，会引起脂肪氧化和美拉德褐变，产生不良气味并进而破坏水产品的组织结构，水产品中的热敏性成分和生理活性成分也会遭到很大破坏，从而使产品品质严重降低，维生素和芳香物质损失，表面硬化开裂，过度收缩，低复水性和明显的颜色改变等。利用真空冷冻干燥水产品，使水产品在冻结状态下脱水，可以最大限度地保留食品原有的营养、味道和芳香，保持食品原来的形状和颜色，并抑制酶和细菌的生长。冻结后均匀分布的细小冰晶在升华后留下大量空穴，使冻干食品呈多孔海绵状，复水时水分能迅速渗入到冻干品内部，与干物质充分迅速接触，因而复水性很好，然而，由于真空冷冻干燥设备一次性投资大、干燥时间长、能耗大，因而加工成本高，使得真空冷冻干燥技术在水产品加工中的应用受到很大限制。微波干燥具有加热快且均匀，选择性好，含水率较高的区域加热较快，反应灵敏、便于控制和能源利用率高，主要被待干燥物吸收等优点。同时，微波干燥时干燥终点不易判别，容易产生干燥过度，出现边缘或尖角部分焦化现象。因此，目前利用微波干燥多是采用微波与真空干燥结合，微波与热风干燥结合或微波与热泵干燥相结合等的联合干燥方法，联合干燥方法提高了能源利用率，改善了产品品质，同时使干燥时间大大缩短，降低了生产成本。

4. 机械处理下的变化

机械处理对食品中的蛋白质有较大的影响，如充分干燥的蛋白质粉或浓缩物可形成小的颗粒和大的表面积，与未磨细的对应物相比，它提高了蛋白质的吸水性、溶解性、脂肪的吸收和起泡性。蛋白质悬浊液或溶液体系在强剪切力的作用下可使蛋白质聚集体碎裂成亚单位，这种处理一般可提高蛋白质的乳化能力。在空气/水界面施加剪切力，通常会引起蛋白质的变性和聚集，而部分蛋白质变性可以使泡沫变得更稳定。本书主要介绍两种机械处理的方式。

1) 超高压处理下的变化

超高压处理就是将食品密封于弹性或置于无菌压力系统中，在100 MPa 以上，在常温或较低温度下，对食品物料进行处理，使食品中的生物大分子改变活性、变性或糊化，而食品天然味道、风味和营养价值不受或很少受影响，具有低能耗、高效率、无毒素产生等特点，是近年来发展较快的食品加工方法。超高压对蛋白质结构中的非共价键，如氢键、二硫键、离子键，有一定的破坏作用，而对共价键影响很小。超高压处理对蛋白的影响与压力和介质的性质有很大关系。研究表明，不同超高压处理对肌球蛋白凝胶硬度的影响不显著，对凝胶保水性影响显著，随着压力升高，凝胶保水性逐渐下降。与对照组相比，100 MPa、200 MPa 处理的凝胶保水性无显著差异；与对照组相比，300 MPa 以上处理的凝胶保水性显著减少。超高压致使肌球蛋白分子结构展开，使蛋白质 β - 折叠等有序结构减少而 β - 转角等无序结构增加。从相关性分析结果得出，凝胶的黏附性、弹性与各二级结构之间存在显著的相关性。

超高压微射流技术，被认为是一种新的食品加工中最具潜力和发展前途的物理改性技术，食品中的蛋白质经过超高压微射流处理后，空间结构会发生变化，进而影响其功能特性，如大豆蛋白在动态超高压微射流均质的机械力作用下，蛋白颗粒粒度变小，粒度分布范围变窄，蛋白内部的二硫键和疏水基团被破坏，致使巯基和疏水基团暴露，并随着工作压力的增大破坏作用力增强，蛋白的稳定性增加；花生蛋白在超高压微射流技术作用下，其高级结构和微观结构发生明显变化，导致其溶解性和乳化性也随之变化。

2）挤压蒸煮引起的变化

挤压蒸煮是一个连续混合、熔炼以及成型的加工过程，作为高温瞬时生化反应器，它具有高效、低成本和低能耗等突出优势，因此挤压蒸煮技术越来越广泛地应用于食品领域中。天然蛋白质在挤压机内受到热和剪切挤压的综合作用，使蛋白质三级和四级结构的结合力变弱，在向模具移动的过程中，蛋白分子由折叠状变为直线状（即发生变性作用）。由于蛋白质种类、分子量和氨基酸组成的不同，使得这种变化非常复杂。蛋白质变性后，原封闭的分子内的氨基酸残基暴露在外，可与还原糖及其他成分发生反应，而暴露在分子外的疏水基团，如苯丙氨酸和酪氨酸残基会降低蛋白在水合体系中的溶解性，蛋白质分子间化学键在离开挤压模具已形成，它们主要是分子间二硫键和其他键，通过改变挤压温度、螺杆转速、水分含量等工艺参数，可以改善蛋白质的功能性质，挤压蒸煮能提高蛋白质的消化率，同时降低蛋白中蛋白酶抑制素、过敏原、毒素等有害物质含量。利用双轴挤压蒸煮处理技术对大豆蛋白进行处理，从质构特性、功能特性及营养特性等三方面对挤出物的组织化效果进行研究发现：随着腔体温度升高，挤出物的复水率和持水率持续降低；螺杆转速对挤出物复水率的影响不大，而对持水率有明显影响；随着螺杆转速的增加，挤出物持水率持续降低，对挤出物的消化率影响不大；腔体温度对挤出物的质构特性，功能特性（复水率、持水率）和营养特性（蛋白质体外消化率）的影响最为突出。低质鱼肉原料经检验清洗后进行去头、去脏、清洗、沥水等预处理，然后用采肉机进行骨肉分离，对分离出来的鱼肉进行脱脂脱色脱臭处理，添加适量辅料，做预混调质处理，最后用双轴挤压蒸煮机进行质构重组处理，便得到组织化的重组鱼肉蛋白质。该组织化产物具有畜肉咀嚼特性，可以作为高蛋白模拟肉素材，用于开发多种模拟食品。

5. 辐照处理下的变化

食品辐照技术是在 1905 年申请专利，并于 20 世纪发展起来的一种灭菌保鲜技术，以辐射加工技术为基础，运用 X 射线、γ 射线或高速电子束等电离辐射产生的高能射线对食品进行加工处理，达到杀虫、杀菌、抑制生理过程、提高食品卫生质量、保持营养品质及风味、延长货架期的目的。辐照食品营养成分检测表明，低剂量辐照处理不会导致食品营养品质的明显损失，食品中的蛋白质、糖和脂肪保持相对稳定，而必需氨基酸、必需脂肪酸、矿物质和微量元素也不会有太大损失。但是高剂量辐照处理所产生的营养成分及其辐照副产物等问题仍存在安全隐患。不同种类、不同状态的蛋白质的辐射敏感性各不相同，食品蛋白质受辐照会发生诸如脱氨、脱羟、交联、降解、硫氢键氧化等一系列复杂的化学反应，从而影响蛋白质的功能性质。为了探明液态蛋白液经辐照处理后有关特性的变化情况，为液态蛋的辐照杀菌技术应用提供试验依据。有人研究不同辐照条件下鸡蛋蛋白液的 pH、色度、黏度、热变性、起泡性和乳化性的变化。试验结果表明，在辐照剂量 0 ~ 3.0 kGy 范围内随辐照剂量增大，蛋白液的 pH 有所下降，但变化相对不大；蛋白液的黏度在辐照剂量 0 ~ 0.4 kGy 范围内随辐照剂量增大有较大下降；但剂量大于 0.4 kGy 以后，蛋白黏度随辐照剂量增大变化较小；蛋白液的色度随剂量增大无变化，但蛋液经加热凝固后，2.0 kGy 以上剂量辐照组蛋白胶体颜色出现褐色，且随辐照剂量增大而加深；随辐照剂量增大，蛋白液起泡性能增强，但泡沫稳定性下降；随辐照剂量增大辐照后蛋白液的乳化性、乳化稳定性均下降。

5.5.2　化学因素引起的变化

食品蛋白质在大批生产过程中常常需要进行一定的处理，目的在于改善食品的质地和风味，破坏微生物、酶、毒素、蛋白质水解抑制物或者蛋白质的浓缩物等，通常采用的化学方式主要有碱处理、氧化处理等。

1. 碱处理下的变化

对食品进行碱处理，尤其是与热处理同时进行时，对蛋白质的功能特性和营养价值影响很大。蛋白质的碱处理，通常是在 40 ~ 80℃ 的温度下，将蛋白质在 0.1 ~ 0.4 mol/L 的 NaOH 溶液中浸泡数小时，经碱处理后，能发生很多变化，生成各种新的氨基酸。能引起变化的氨基酸有赖氨酸、丝氨酸、色氨酸和精氨酸。如 pH = 12.5 的碱液浓度处理蛋白浓度为 1% ~ 7%（w/V）的大米谷蛋白，黏度变化不明显；蛋白浓度至 9%（w/V）时，黏度迅速增加，形成凝胶。9%（w/V）的蛋白浓度下，pH < 11 时，碱液中大米谷蛋白的黏度变化不大，pH > 11，黏度迅速增大，pH = 12 时，黏度最大，开始呈下降趋势，pH > 13，黏度减小到初始值。pH = 12.5 时，碱处理大米谷蛋白的表面疏水性变化与蛋白浓度有关，谷蛋白浓度 < 7%（w/V）时，蛋白的表面疏水性基本维持不变，谷蛋白浓度达到 9%（w/V），表面疏水性大幅上升。当谷蛋白浓度 9%（w/V），pH < 11.5 时，蛋白的表面疏水性基本维持不变，pH = 12.0 ~ 12.5 时蛋白的表面疏水性增大；pH > 13.0 时，蛋白的表面疏水性减小，pH = 13.5，蛋白的表面疏水性降至很低。pH = 12.5 的碱处理对不同浓度大米谷蛋白巯基与二硫键的变化没有显著影响，但均比谷蛋白的巯基与二硫键含量有所降低。在 9%（w/V）的谷蛋白含量条件下，pH < 12.0 时，巯基与二硫键含量变化不大，pH > 12.5，巯基与二硫键含量开始降低；pH = 13.5 时，二硫键含量显著降低。

2. 氧化处理下的变化

有时利用过氧化氢、过氧化乙酸等作为冷灭菌剂和漂白剂，用于无菌包装系统，或对面粉、乳清粉、鱼浓缩蛋白进行漂白，在此过程中可引起蛋白质氧化变化，蛋白质残基和氨基酸被氧化。对氧化反应最敏感的氨基酸是含硫氨基酸，如蛋氨酸、半胱氨酸、胱氨酸和色氨酸。蛋白质氧化反应的发生，会导致蛋白质营养价值的降低，甚至还产生有害物质。有人通过比较不同氧化体系对乳清蛋白理化性质的影响发现，乳清蛋白对 $FeCl_3$ 氧化系统较为敏感。在铁/过氧化氢/抗坏血酸氧化系统中，羰基和二聚酪氨酸的含量均随氧化剂浓度的增加以及氧化时间的延长而增加。巯基和游离氨基酸含量均随氧化剂浓度的增加以及氧化时间的延长而降低。由此可见，氧化极大程度地改变了蛋白的理化性质，并可能导致蛋白结构的改变，进而影响其功能性质。肌原纤维蛋白（MP）在羟自由基（·OH）氧化体系中其凝胶特性的变化：随 H_2O_2 浓度的增加，MP 中羰基值上升，蛋白氧化程度加剧，凝胶白度、保水性、硬度、咀嚼性及弹性模量则与 H_2O_2 浓度呈显著负相关。

5.5.3 酶处理下的变化

酶法处理是当前蛋白质改性的研究重点，与物理处理和化学处理相比，酶法具有酶促反应速度快，条件温和，专一性强，无氨基酸破坏或消旋现象，原料中有效成分保存完全，无副产物和有害物质产生，无环境污染，酶解作用过程可控等特点。蛋白质在各种酶的作用下，实现蛋白质功能多样化、拓宽其应用范围。酶解处理是利用蛋白酶的内切作用及外切作用，将蛋白质分子降解成肽类以及更小的氨基酸分子的过程，其产物的理化特性较原始蛋白有所改变。蛋白质经酶解后，分子量变小，很多可电离的氨基和羧基随着水解暴露出来，它们改变了蛋白质表面的电荷分布，使得等电点偏移，蛋白质在原来的等电点处带净的正电荷或负电荷，分子中表面亲水性残基的数量远高于疏水性残基的数量，带电的氨基酸残基的静电 排斥和水合作用促进了蛋白质的溶解。蛋白质酶解处理可以改善蛋白质加工的功能特性（溶解性、乳化性、起泡性、热稳定性、风味特性等）。影响蛋白质酶解的因素包括：酶的特性、蛋白质变性范围、底物和酶的浓度、pH、离子浓度、温度和抑制物的有无，其中酶的特性是关键因素，它影响着蛋白质酶解肽链的位点和区域。目前食品加工中采用的酶处理方法有酶水解方法和酶合成法，以酶解法为主。酶法处理的工具是从动物体、植物体、微生物中得到的食品级蛋白酶。研究胰蛋白酶处理对花生蛋白起泡性的影响，在 pH = 7.5，酶解温度 45℃，加酶量为 0.1% 的作用条件下，所得水解花生蛋白比未水解的花生蛋白的起泡性提高了79.9%。

目前，酶法处理在我国蛋白质资源深加工中应用力度还不够，基础理论研究薄弱，相信在不久的将来，酶法处理会在蛋白质深加工领域发挥更广泛的作用。

蛋白质是生命活动的基本物质，它不仅仅是营养的补充，还提供丰富的功能特性。在食品的加工过程中，蛋白质的功能性质和营养价值会发生一定的变化，对食品的品质、安全性等产生一定的影响。随着人们膳食结构的改变，高蛋白以及具有高活性的蛋白食品将会越来越受到人们的欢迎，科技的发展将会在食品加工领域应用越来越多的新兴的技术，在蛋白质的处理方面也会有进一步的提高，了解食品加工对蛋白质的影响，指导食品加工生产和人们日常生活，有利于提高对蛋白质的认识，加大其利用率，避免损失，从而使人们生活更趋科学、合理化。

思考题

1. 简述蛋白质变性的结果及常用的变性方法。
2. 解释小麦粉在形成面团时蛋白质所发挥的作用。
3. 比较蛋白质热变性和非热变性的异同点。
4. 简述蛋白质的空间结构有哪几种类型,稳定这些结构的主要化学键分别有哪些?
5. 良好的食品泡沫应该具有哪些特点?
6. 蛋白质的织构化的方法有哪些?

第 6 章

维生素

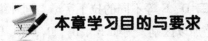

本章学习目的与要求

- 了解食品中常见维生素的种类及其在机体中的主要作用。
- 理解常见维生素的理化性质、稳定性，以及对食品品质的影响。
- 掌握常见维生素的降解机制。
- 掌握常见维生素在食品加工和贮藏过程中所发生的变化。

6.1 概述

6.1.1 维生素的定义及其特点

维生素也称"维他命"（Vitamins），既不参与构成人体细胞，也不为人体提供能量，但却是人和动物为维持正常的生理功能而必须从食物中获得的一类微量有机物质，在人体生长、代谢和发育过程中发挥着重要的作用。维生素为种类众多的低相对分子质量的有机化学物，具有不同的化学结构，其在人体内的作用主要包含以下几个方面：① 作为辅酶或前体（烟酸、硫胺素、核黄素、生物素、泛酸、维生素 B_6、维生素 B_{12} 以及叶酸）；② 作为抗氧化保护体系的组分（抗坏血酸、某些类胡萝卜素及维生素 E）；③ 基因调控过程中的影响因素（维生素 A 和维生素 D）；④ 具体特定功能，如维生素 A 对视觉、抗坏血酸对各类羟基化反应以及维生素 K 对特定羟基反应具有影响。

人体对维生素的需求量极低，常以毫克或微克计，但绝大部分维生素在人体内无法进行合成或合成量不足，需从外界食品中进行补充，因此维生素是食品的重要营养评价指标。同时，与碳水化合物、脂肪和蛋白质等 3 大物质相比，维生素虽参与人体内的能量代谢，但却不直接产生能量，因此摄入过量的维生素也无肥胖的隐患，但会由此加重人体各脏器的负担，易发生维生素中毒现象。例如，维生素 A 过量可降低细胞膜和溶酶体膜的稳定性，损伤细胞膜，引起肝、脑、皮肤和骨骼等组织病变；维生素 B 族摄入过量会出现脸部发红、皮肤瘙痒和胃病，严重过量会导致口腔溃疡和肝损伤；长期大量补充维生素 C 会导致尿道结石，孕妇过量服用还可能使婴儿出现坏血病。

6.1.2　维生素的命名、分类和作用

维生素即是由 Vitamine(Vitamin) 翻译而来，此一名词系美国的生化学家 Funk 所命名。维生素的具体命名通常是按照发现的先后顺序逐一按字母表进行排序，即在维生素的第一个大写字母"V"后面加 A，B，C，D，E 等不同的拉丁字母。同种维生素中的不同类型用拉丁文字母下方注以 1，2，3 等数字加以区别，例如 B_1，B_2，B_3，B_5，B_6，B_7，B_9，B_{12} 等。

由于维生素的结构、分子量和生理作用存在较大差异，无法按传统的方法进行分类。现今流行的分类法是依据溶解性将维生素分为两大类，即脂溶性维生素和水溶性维生素。脂溶性维生素主要包括维生素 A、维生素 D、维生素 E 以及维生素 K，而水溶性维生素主要包括 B 族维生素和维生素 C。表 6-1 列出了常见维生素的分类、功能及其来源。

此外，有些物质虽符合维生素的定义，但仅少数动物需要，视这些物质为类维生素或者"其他微量有机营养素"，主要有：肌醇、肉毒碱、对氨基甲酸、黄酮类、辅酶 Q、葡萄糖耐受因子、硫辛酸、乳清酸、V_{B17}，V_{H3}，V_U 等。

表 6-1　常见维生素分类、功能及其来源表

溶解性	名称	别名	生理功能	主要食物来源
脂溶性	维生素 A	视黄醇，抗干眼病维生素	1.构成视觉细胞内的感光物质维持正常视觉；2.维持机体正常免疫功能；3.促进上皮组织细胞的生长与分化；4.促进生长发育；5.抑制肿瘤生长；6.维生素 A 和胡萝卜素促进铁的吸收	各种动物肝脏、鱼肝油、奶油、鸡蛋、牛奶，植物提供类胡萝卜素，如胡萝卜、红心红薯、芒果、辣椒
	维生素 D	抗佝偻病维生素	1.调节血钙平衡(与甲状旁腺素、降钙素共同调节)；2.促进小肠钙和磷的吸收转运；3.促进肾小管对钙、磷的重吸收	海鱼、鱼卵、动物肝脏、鱼肝油、蛋黄、乳类，植物几乎不含量维生素 D
	维生素 E	生育酚，抗不孕不育维生素	1.抗氧化作用；2.促进生殖；3.提高免疫力；4.抗肿瘤；5.抑制血小板的聚焦；6.保护红细胞；7.减低胆固醇水平	麦胚、大豆、坚果和植物油(橄榄油、椰子油除外)，动物油脂几乎不含维生素 D
	维生素 K	凝血维生素	参与凝血过程、参与骨骼代谢	大豆、动物肝脏、乳酸、绿叶蔬菜

续表 6－1

溶解性	名称	别名	生理功能	主要食物来源
水溶性	维生素 B_1	硫胺素,抗神经炎因子	1. 辅酶功能:在体内以 TPP 形式构成重要辅酶,参与机体、能量代谢;2. 非辅酶功能:维持神经、肌肉的正常功能;3. 促进胃肠蠕动,增强消化功能	动物内脏(肝、肾、心)、瘦猪肉、未加工精细的粮食、豆类、酵母、坚果
	维生素 B_2	核黄素	1. 体内生物氧化与能量代谢;2. 参与 VB_6 烟酸的代谢;3. 参与机体的抗氧化防御体系;4. 促进铁的吸收和储存	动物肝脏、肾脏、心脏、蛋黄、乳制品、大豆和绿叶蔬菜
	维生素 B_3	烟酸尼克酸,抗癞皮病因子	1. 是构成辅酶 1 和辅酶 2 的重要成分;2. 参与碳水化合物、脂肪和蛋白质的合成分解、DNA 复制和修复、细胞分化;3. 参与脂肪酸、胆固醇以及类固醇激素的生物合成;4. 大剂量烟酸有降低血甘油三脂、总胆固醇及扩张血管的作用	肝、肾、瘦肉、鱼及花生中含量丰富;玉米中含量也高,但为结合型,不能被人吸收利用,烹调时加碱处理,能使结合型烟酸分解为游离型,可被机体利用。
	维生素 B_5	泛酸	辅酶 A 结构的一部份	酵母、动物肝脏
	维生素 B_6	吡哆醇	1. 参与氨基酸、糖原、脂肪代谢;2. 影响核酸和 DNA 的合成;3. 催化血红蛋白的合成	水果、蔬菜,但柠檬类水果含量较少
	维生素 B_9	叶酸盐	1. 影响 DNA 和 RNA 的合成;2. 影响血红蛋白的合成	动物肝脏、肾脏、鸡蛋、绿叶菜、花椰菜、坚果
	维生素 B_{12}	钴胺素	1. 在甲硫氨酸代谢循环中参与转甲基反应;2. 核酸代谢	主要来源为畜禽鱼肉类、动物内脏、贝壳类及蛋类;乳及乳制品中含量少。植物性食物基本不含有,素食者易缺乏;在一定条件下肠道微生物可以合成一部分
	维生素 C	抗坏血酸	1. 促进胶原组织的合成,是构成体内结缔组织、骨及毛细血管的重要构成成分;2. 抗氧化作用,是机体内一种很强的还原剂,增强抵抗力,还与其他还原剂一起清除自由基;3. 参与机体的造血机能;4. 预防恶性肿瘤	新鲜蔬菜和水果,辣椒、菠菜、油菜、花菜含量丰富,新鲜红枣、柑桔、柠檬、柚子、草莓含量也较高;干豆及种子不含维生素 C,但当豆类发芽后则可产生维生素 C;苹果维生素 C 含量极低

6.1.3 维生素的稳定性

维生素是一类化学结构复杂的功能性化学物,在食品中含量相对较低,且收获、加工、运输以及贮藏过程中会发生降解和破坏,因此其含量会有不同程度的损失。各种复杂的因素如光、热、酸、碱、氧等都能引起维生素的损失。例如,鲜牛奶中每升约含维生素 C 5.1mg,巴氏杀菌后降为3.8 mg,喷雾干燥制成奶粉后只含2.2 mg;脱脂奶粉在加工中维生素 A 损失6%,但在室温中贮藏时,每年损失近30%。因此,食品在加工过程中必须考虑加工条件对食品中维生素含量的影响。一般而言,由于各种维生素的结构不同,其稳定性(如最适稳定 pH 范围及氧化敏感性)和反应性显著不同。例如,四氢叶酸与叶酸的营养价值几乎完全相同,但四氢叶酸(天然存在形式)见光极易分解,而叶酸(用于食物强化的人工合成形式)却异常稳定。因而,难以对维生素的性质进行概括,现阶段通常以化学反应的速率常数与温度之间的关系式 Arrhennius 方程为基础构建简单数学模型来描述维生素在加工以及贮运中的损失,但这与复杂的食品体系相差较大,因而存在较大误差。每一种维生素都有各种不同的形式,稳定性也各不相同。表6-2总结了维生素在不同条件下的稳定性。

表6-2 常见维生素的稳定性

营养素	中性	酸性	碱性	空气或氧气	光	热	最大烹调损失/%
维生素 A	S	U	S	U	U	U	40
抗坏血酸	U	S	U	U	U	U	100
生物素	S	S	S	S	S	U	60
胡萝卜素	S	U	S	U	U	U	30
胆碱	S	S	S	S	S	S	5
维生素 B₁₂	S	S	S	U	U	S	10
维生素 D	S	S	U	U	U	U	40
叶酸	U	U	U	U	U	U	100
维生素 K	S	U	U	S	U	S	5
烟酸	S	S	S	S	S	S	75
泛酸	S	U	U	S	S	U	50
维生素 B₆	S	S	S	U	U	U	40
核黄素	S	S	U	U	U	U	75
硫胺素	U	S	U	U	S	U	80
生育酚	S	S	S	U	U	U	55

注:S—稳定(未受重大破坏);U—不稳定(显著破坏)。

6.2 维生素分类

6.2.1 脂溶性维生素及其结构

1. 维生素 A

1) 结构

维生素 A(Vitamin A)是 1913 年由美国科学家 McCollum 和 Davis 在鱼肝油里发现的一系列具有生物活性的化合物,是一类具有营养活性的不饱和烃,包括视黄醇(retinal)及其衍生物(图 6 - 1)和某些类胡萝卜素(图 6 - 2)。维生素 A 与视觉有关,在视觉杆状细胞中构成视紫红质。维生素 A 的主要化学结构单元由 20 个碳构成的不饱和碳氢化学物,其羟基可被脂肪酸酯化成对应的酯,可以转化为醛或酸,也可以游离醇的形式存在。

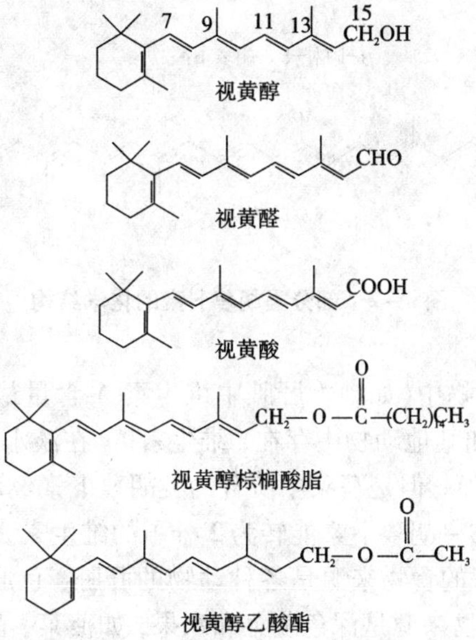

图 6 - 1　视黄醇及其衍生物的化学结构

通常所说的维生素 A_1 即视黄醇。由于视黄醇结构中有共轭双键,属于异戊二烯类,所以它可有多种顺、反立体异构体,全反式结构视黄醇的生物效价最高,但在加热过程中转化为顺式异构体,从而引起维生素 A 的损失。此外,视黄醇脱氢转化为脱氢视黄醇即维生素 A_2,存在于淡水鱼中,其生物效价仅为维生素 A_1 的 40%。而 1,3 - 顺式异构体即所谓的新维生素 A,它的生物效价为全反式的 75%。

维生素 A 的主要生理功能有以下几点:① 维持正常视觉。它可以促进视觉细胞内感光物质的合成和再生,维持正常视觉;② 维持上皮的正常生长和分化。维生素 A 可以影响黏膜细胞中糖蛋白的生物合成以及黏膜的正常结构;③ 维持机体免疫力。

维生素 A 的含量常用国际单位(International Unit,IU)来表示,一个 IU 相当于 0.344 μg 结晶维生素 A 醋酸盐或 0.600 μg β - 胡萝卜素(或 1.2 μg 其他的类胡萝卜素),目前维生素

A 的含量常用视黄醇当量(RE)来表示,1 RE = 1 μg 视黄醇。中国营养学会制定的维生素的每日推荐量(RDA),成人每天所需的维生素 A 为 5000 IU 或 1 mg,青少年、孕妇或哺乳期妇女需要依据个体情况增加供应量。

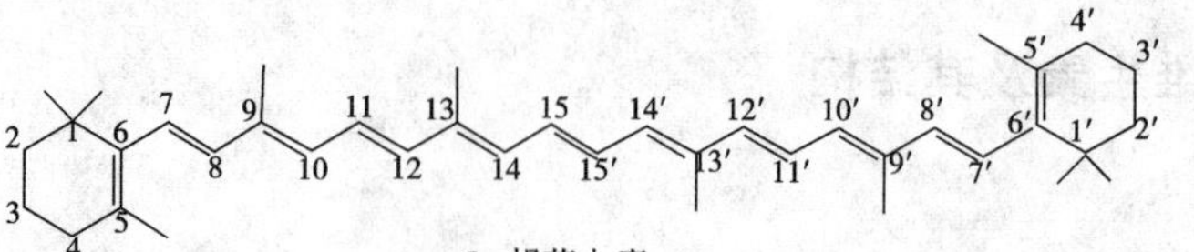

β-胡萝卜素

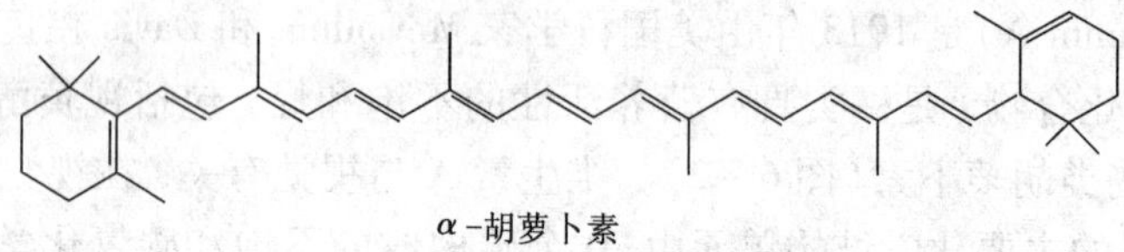

α-胡萝卜素

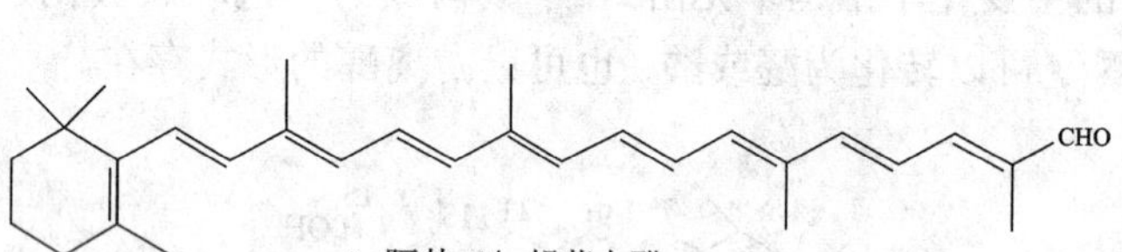

β-阿朴-8′-胡萝卜醛

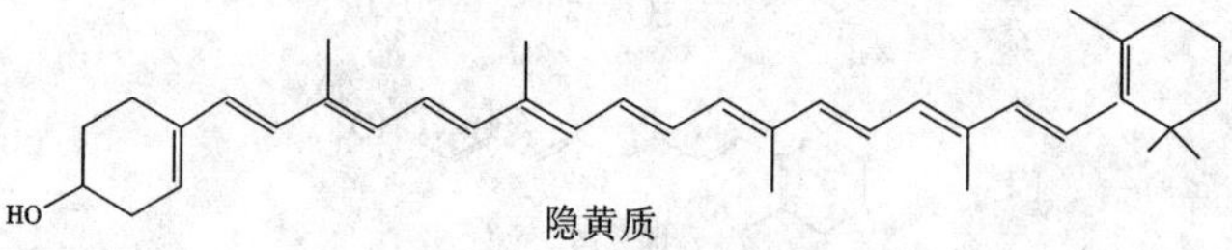

隐黄质

图 6-2 部分类胡萝卜素的化学结构

维生素 A 主要存在于动物中(如动物肝脏中维生素 A 含量最高),而几乎不存在于植物组织中。维生素 A_1 在海鱼和其他动物中存在,维生素 A_2 在淡水鱼中存在而在陆地动物中不存在。蔬菜中虽不含维生素 A,但是蔬菜中所含的类胡萝卜素经动物肠道吸收后可以部分转化成维生素 A,如 1 分子的 β-胡萝卜素能转为 2 分子的维生素 A,故此类胡萝卜素又被称为维生素 A 原。维生素 A 最好的食物来源是各种动物的肝脏、鱼肝油、鱼卵、全奶、奶油、禽蛋类;维生素 A 原的良好食物来源是深色蔬菜和水果,如菠菜、苜蓿、空心菜、莴笋叶、芹菜叶、胡萝卜、豌豆苗、红心红薯、辣椒以及水果中的芒果、杏子及柿子等,果蔬颜色的深浅与维生素 A 或维生素 A 原含量无明确的相关性。

2) 维生素 A 的性质

维生素 A 和维生素 A 原的氧化降解与不饱和脂肪酸的氧化降解类似。无论是直接氧化还是自由基诱发,凡是促进脂质氧化的因素同样能加速维生素 A 的氧化。因此,维生素 A 对氧、氧化剂和光热等均较为敏感,光照、加热、酸化、加次氯酸钠或稀碘时均可导致全反式的视黄醇和类胡萝卜素变成不同的顺式异构体,从而丧失或损失生理活性。维生素 A 的降解和破坏随反应条件不同而有不同的途径(图 6-3)。具体来说,分为两种途径:一种是直接氧化作用;另一种是脂肪酸氧化产生的自由基导致的间接氧化。在氧分压较低时(< 150 mmHg 柱),β-胡萝卜素与其他类胡萝卜素具有抗氧化作用;在氧分压较高时可起到助氧化剂的功效。β-胡萝卜素可起到抑制单线态氧(singlet oxygen)、羟基和超氧阴离子自由基的生成,并阻止过氧化自由基(ROO·)作用生成 ROO-β-胡萝卜素,从而起到抗氧化剂的作用。

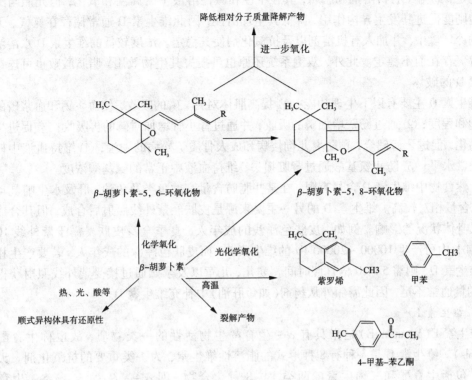

图 6-3　维生素 A 降解的主要途径和产物

2. 维生素 D

维生素 D(Vitamin D)即甾醇类衍生物,由美国科学家 McCollum 在 1921 发现,为一类具有胆钙化醇生物活性的类固醇的统称,又称为钙化甾醇和麦角甾醇。同时,维生素 D 又具抗佝偻病作用,故称抗佝偻病维生素或阳光维生素。维生素 D 家族成员中最重要的包含人工合成的 D_2(麦角钙化甾醇)和动物来源的 D_3(胆钙化甾醇),两者的化学结构式非常相似,维生素 D_2 较维生素 D_3 多一个双键,其具体结构式见图 6-4。

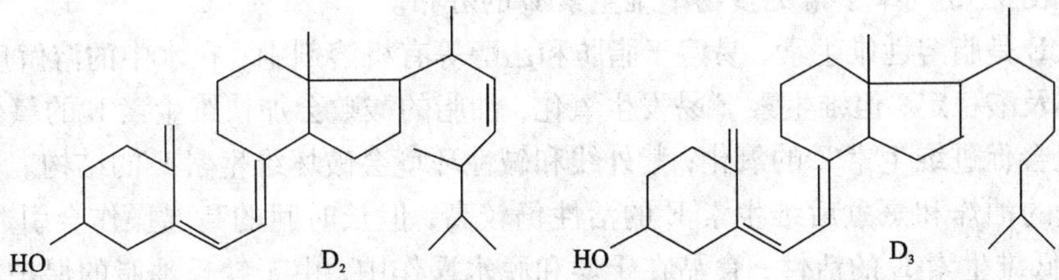

图 6-4　胆钙化甾醇(维生素 D_3)和麦角钙化甾醇(维生素 D_2)的结构

维生素 D 可由维生素 D 原(Provitamin D)经紫外线 270~300 nm 辐照而形成。动物皮下 7-脱氢胆固醇、酵母细胞和植物食品中的麦角固醇都是维生素 D 原,经紫外线激活分别转化为维生素 D_3 及维生素 D_2。

维生素 D 在自然界中常以酯的形式存在,为白色晶体,最大吸收峰为 265 nm。维生素 D

比较稳定，易溶于有机溶剂和脂肪，其在中性和碱性溶液中耐高温和氧化，但光照与酸性溶液环境则能促进其发生异构作用，降低其生理活性，因此维生素 D 通常储存在氮气、无光与无酸的冷环境中，并加入有机溶剂以及抗氧化剂使其稳定。浓度较低的维生素 D 水溶液由于有溶解氧存在而不稳定。此外，双键系统还原也可损失其生物效用，脂肪酸败也可连锁引起维生素 D 的破坏。

维生素 D 主要有以下生理功能：① 提高肌体对钙、磷的吸收，使血浆钙和血浆磷的水平达到饱和程度；② 通过肠壁增加磷的吸收，并通过肾小管增加对磷的再吸收；③ 促进生长和骨骼钙化，促进牙齿健全，预防婴儿佝偻病和成人骨质疏松病的发生；④ 维持血液中柠檬酸盐的正常水平；⑤ 防止氨基酸通过肾脏损失，维持血液中正常的氨基酸浓度。

天然食物中维生素 D 含量有限，在某些脂肪含量高的鱼类及鱼油、肝及水生哺乳动物脂肪中，含量相对较高。维生素 D 的另一主要来源是皮肤经紫外线照射后合成，但其合成量受到个人身体状况的影响。例如，皮肤色泽浅的成年人，夏季全身皮肤暴露于紫外线 10 ~ 15 min，24 h 内可产生 10000 ~ 20000 IU 的维生素 D；而皮肤色泽深的成年人，若要产生相同当量的维生素 D，则需 5 ~ 10 倍日照时间。婴儿、儿童以及孕妇通过接受紫外线照射获得维生素 D 的量通常不足，因此需额外从药剂（如鱼肝油）中补充维生素 D。

3. 维生素 E

维生素 E（Vitamin E）是指具有 α - 生育酚生物活性的一类物质，故也称生育酚（Tocopherols）。维生素 E 是一种有 8 种形式的脂溶性维生素，为一类重要的抗氧化剂。天然维生素 E 包括生育酚和三烯生育酚两类，共 8 种化合物，即 α -、β -、γ -、δ - 生育酚和 α -、β -、γ -、δ - 三烯生育酚。人工半合成的维生素 E 衍生物包括生育酚乙酸酯以及母生育酚（图 6 - 5）。α - 生育酚是自然界中分布最广泛含量最丰富且生理活性最高的维生素 E 形式。

维生素 E 较多存在于植物油脂中，如棉籽油、玉米油、花生油、芝麻油等以及菠菜、莴笋、甘薯等蔬菜中，现阶段采用稻谷和玉米胚来压榨制取的油脂中，维生素 E 含量也较高；蛋类、禽类、动物肝脏、豆类、坚果类、植物种子、绿色蔬菜中也含有一定的维生素 E；肉、鱼类动物性食品、水果以及其他蔬菜中维生素 E 含量较少。在大多数动物类食品中，α - 生育酚是维生素 E 的主要形式，而在植物性食品中，维生素 E 的形式变化较多，与植物品种的关系密切。表 6 - 3 列举了常见食物中维生素 E 的分布。

维生素 E 是脂溶性维生素，易溶于脂肪和乙醇等有机溶剂中，在水中的溶解度较小。维生素 E 对热及酸稳定；但维生素 E 易发生氧化，油脂的酸败会加快维生素 E 的氧化，金属离子如 Fe^{2+} 也会促进维生素 E 的氧化；紫外线和碱性环境会破坏维生素 E 的结构。因此，食品经过短时间的油炸和烹煮后维生素 E 的活性仍较高，但长时间的高温操作会引起脂肪的氧化，从而降低维生素 E 的活性；食品在干燥和脱水操作中，由于缺乏油脂的保护，维生素 E 更易被氧化。

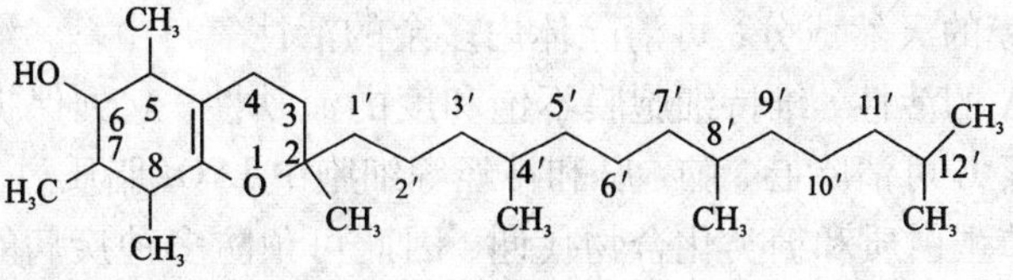

α-生育酚

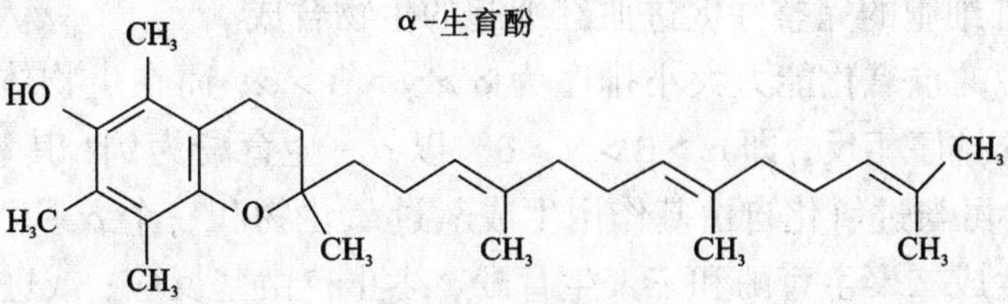

生育三烯酚

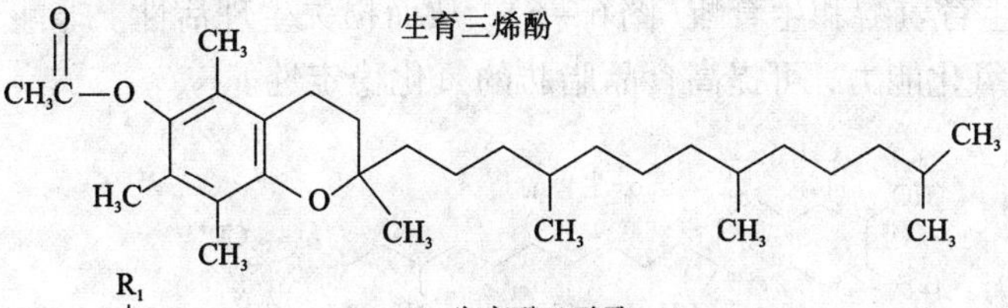

α-生育酚乙酸酯

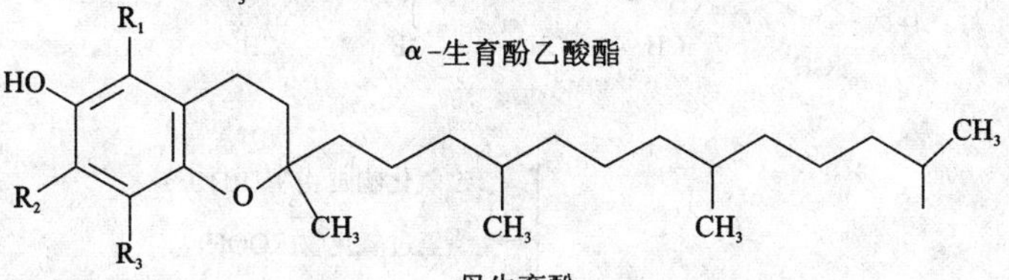

母生育酚

衍生物	R₁	R₂	R₃
α	CH₃	CH₃	CH₃
β	CH₃	H	CH₃
γ	H	CH₃	CH₃
δ	H	H	CH₃

除在 3′, 7′ 和 11′ 位置上有双键之外，生育三烯酚的结构与生育酚完全一致。

图 6 – 5 生育酚的化学结构

表 6 – 3 常见食物(可食部分)中维生素 E 的含量(mg/100g)

食物种类	含量	食物种类	含量
棉子油	90	牛肝	1.4
玉米油	87	胡萝卜	0.45
花生油	22	番茄	0.40
甘薯	4.0	苹果	0.31
鲜奶油	2.2	鸡肉	0.25
大豆	2.1	香蕉	0.22

生育酚和生育三烯酚可提供酚羟基的质子和电子，捕获自由基，是性能优良的天然抗氧化剂。生育酚是生物膜的天然成分，可清除体内多余的活性氧自由基，维持活性氧代谢的平衡，同时抑制磷脂酶 A 的活性，维持细胞膜不饱和度的流动性，起到保护细胞膜的功能；从保健角度上说，维生素 E 可清除心、脑、肝和神经等细胞中 LPO（脂质过氧化物）与蛋白质结合形成的脂褐质，调节蛋白质和糖类化合物代谢，因此可预防多种疾病的发生。此外，维生素 E 还具有保持血红细胞的完整并促进血红细胞的生物合成。

生育酚在食品中的抗氧化能力大小排序为 δ > γ > β > α；而在生物体内，生育酚抗氧化能力却与在食品中的排序相反，即 α > β > γ > δ。以 α-生育酚为例，其氧化过程中具体为：未酯化的 α-生育酚可与过氧化自由基作用生成氢过氧化物和一个 α-生育酚自由基，生育酚自由基随后通过生成二聚生育酚和三聚生育酚，终止自由基反应；或进一步氧化和重排生成生育酚氧化物、生育氢醌和生育醌（图6-6），从而损失生理活性。非醌化的生育酚具有类似酚类化合物的抗氧化能力，可提高食品脂肪的氧化稳定性。

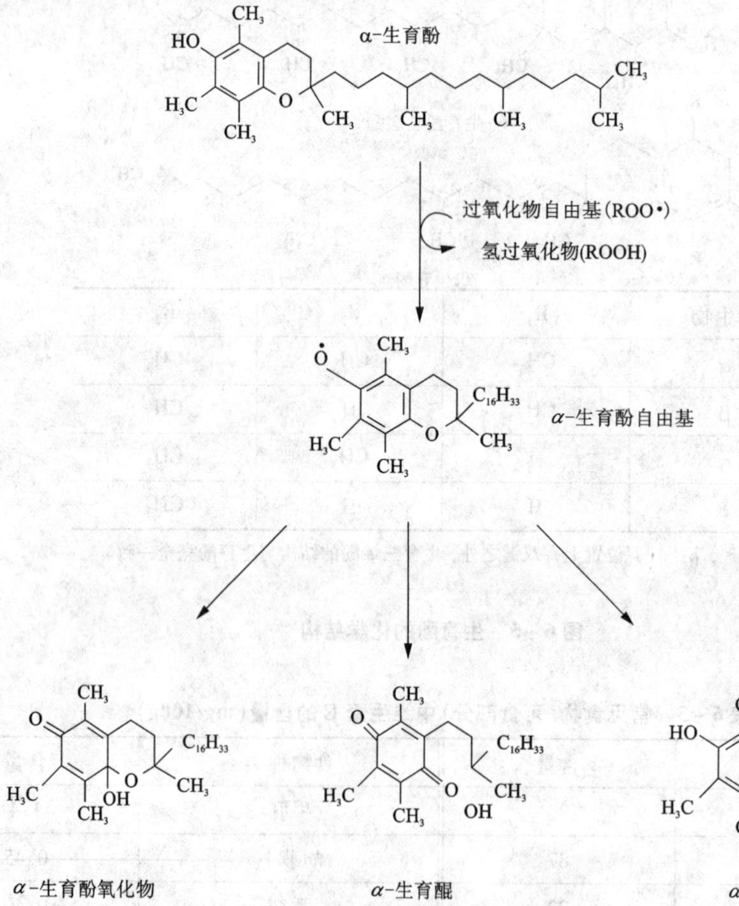

图6-6 维生素 E 降解途径

4. 维生素 K 的结构

维生素 K（Vitamin K）又称凝血维生素，是一种由萘醌类化合物（具有叶绿醌生物活性的 2-甲基-1,4-萘醌衍生物）组成的能促进血液凝固的脂溶性维生素。维生素 K 广泛存在于绿色植物如苜蓿、菠菜中，动物肝脏、蛋黄中也富含维生素 K。维生素 K 有 K_1、K_2、K_3、K_4 等四种形式，其中 K_1、K_2 是天然存在的，即从绿色植物中提取的维生素 K_1 和肠道细菌（如大肠杆菌）合成的维生素 K_2；维生素 K_3、K_4 可通过人工合成制得。天然维生素 K_1 和 K_2 生物效价最高。维生素 K_1 的化学形式是 2 - 甲基 - 3 - 植基 - 1,4 - 萘醌，也称为 2 - 甲基 - 3 - 叶绿基 - 1,4 - 萘醌；而维生素 K（简写为 MK - n）为系列化合物，统称为甲基萘醌类，其侧链有一不饱和的多异戊烯基，根据侧链长短的不同有多种形式，最常见的是侧链上有 6~10 个类异戊二烯基的甲基萘醌（从 MK - 6 到 MK - 10），维生素 K_1 和 K_2 的结构式如图 6 - 7。此外，体外合成的维生素 K_3（2 - 甲基 - 1,4 - 萘醌）本身不具备活性，在人体肝脏中可被烷化为 MK - 4 而有生物活性。

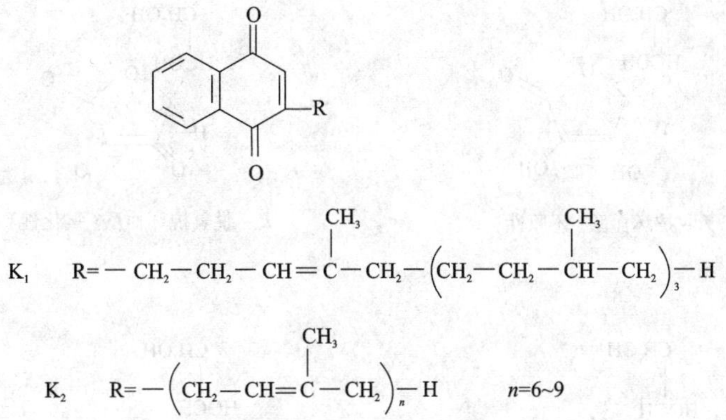

图 6 - 7　维生素 K_1 和 K_2 的化学结构式

　　维生素 K 为黄色晶体，熔点 52~54℃，通常呈油状液体或固体，不溶于水，可溶于油脂及醚等有机溶剂。所有维生素 K 的化学性质都较稳定，耐酸、耐热，正常烹调中只有很少损失，但对光敏感，也易被碱和紫外线分解。维生素 K 的衍生物如维生素 K_3 磷酸酯、琥珀酸酯或亚硫酸氢盐均为水溶性，耐热但也易被光破坏；而有些衍生物甲基萘氢醌乙酸酯则对光不敏感。

　　维生素 K 在植物光合作用中可发挥一定功能。在动物体内是生成凝血酶原的必需因素，因而能促进血液凝固。动物缺乏维生素 K，血凝时间延长，可引起创伤流血不止。成人一般不易缺乏维生素 K，因为自然界绿色植物中含量丰富，而且人的肠道中的某些细菌可以合成维生素 K，供给人体。新生儿或胆管阻塞病人会因维生素 K 的缺乏而凝血时间延长，故维生素 K 制剂在临床上可用于止血。维生素 K 还具有还原性，在食品体系中可以消灭自由基（与 β - 胡萝卜和维生素 E 作用相同），防止食品氧化变质。维生素 K 还可减少腌肉中亚硝胺的生成。

6.2.2　水溶性维生素及其结构

1. 维生素 C

1) 结构和性质

　　维生素 C（Vitamin C）又称抗坏血酸（ascorbic acid，AA），分子式为 $C_6H_8O_6$，相对分子质量 176.1，是一种含有 6 个碳原子的酸性多羟基羧酸的内酯，具有烯二醇和内酯环羧基共轭结构，因而有较强的还原性。维生素 C 在水溶液中，C_3 位置上的羟基易电离（$pKa_1 = 4.04$，

25℃)，其游离酸水溶液 pH 为 2.5，C_2 位置上的羟基较难电离(pKa_2 = 11.4)。维生素 C 在高温加工和烹饪时损失严重；低温可增加维生素 C 的稳定性，但也有研究表明在冷冻过程中，一些果蔬中维生素 C 的降解较明显。

维生素 C 自 1907 年挪威化学家 Holst 在柠檬汁中首先发现，后由匈牙利生化学家 Szent - Gyorgyi 成功分离出维生素 C。现知维生素 C 有四种异构体：*D* - 抗坏血酸、*D* - 异抗坏血酸、*L* - 抗坏血酸和 *L* - 脱氢抗坏血酸(图 6 - 8)；其中以 *L* - 抗坏血酸生物活性最高，*D* - 异抗坏血酸虽然具有还原性，并且还原性还强于 *L* - 抗坏血酸，但却无抗坏血酸的生理活性；而 *D* - 抗坏血酸的生理活性仅是 *L* - 抗坏血酸的 10%；脱氢抗坏血酸与抗坏血酸可以相互转化，也有生理活性。

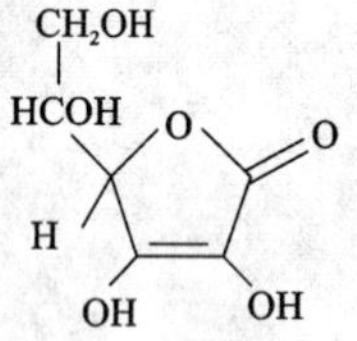

L - 抗坏血酸(还原性) *

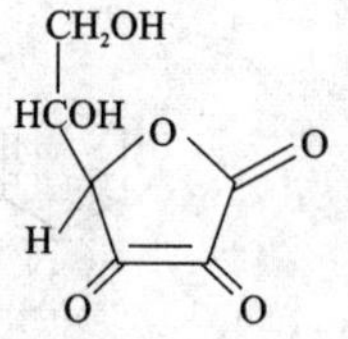

L - 脱氢抗坏血酸(氧化性) *

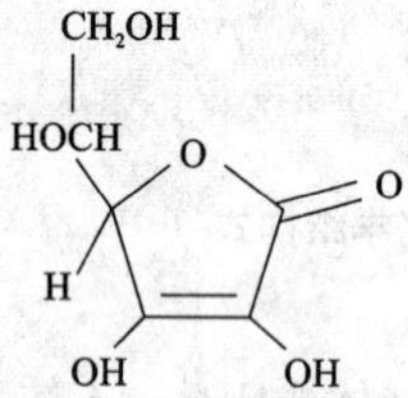

L - 异抗坏血酸

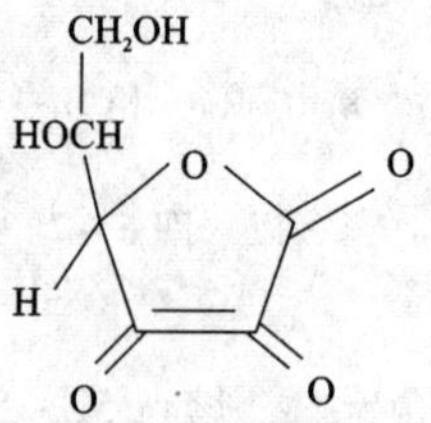

L - 异脱氢抗坏血酸

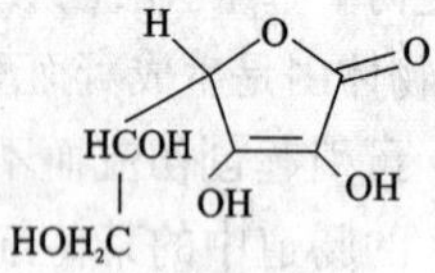

D - 抗坏血酸

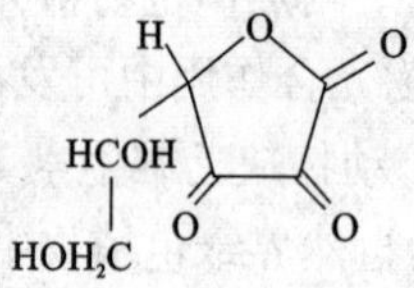

D - 脱氢抗坏血酸

图 6 - 8 *L* - 抗坏血酸及其异构体的化学结构式

(* 表明有维生素 C 活性)

在人体内，维生素 C 是高效抗氧化剂，用来减轻抗坏血酸过氧化物酶(ascorbate peroxidase)基底的氧化压力(oxidative stress)。维生素 C 也作为辅酶参与到机体的羟化反应和还原反应中，同时也在胶原羟化上发挥重要作用。在食品加工中，*D* - 抗坏血酸和 *D* - 异抗坏血酸可作为抗氧化剂添加到食品中，而不作为补充维生素的用途。

2）稳定性

维生素 C 极易受温度、盐和糖浓度、pH、氧、酶、水分活度、抗坏血酸起始浓度、抗坏血酸与脱氢抗坏血酸比例以及金属催化剂，特别是 Cu^{2+} 和 Fe^{3+} 等因素的影响而发生降解。图 6-9 表明了氧和重金属对降解反应途径和产物的影响。在有氧存在下，抗坏血酸首先降解形成单阴离子（AH^-），其可与金属离子和氧形成三元复合物，单阴离子 AH^- 的氧化有多种途径，取决于金属催化剂（M^{n+}）的浓度和氧分压的大小。一旦 AH^- 生成后，很快通过单电子氧化途径转变为脱氢抗坏血酸（A），A 的生成速率近似与 $[AH^-]$、$[O_2]$ 和 $[M^{n+}]$ 的一次方成正比。当金属催化剂为 Cu^{2+} 或 Fe^{3+} 时，速率常数要比自动氧化大几个数量级，其中 Cu^{2+} 催化反应速率比 Fe^{3+} 大近 80 倍。即使这些金属离子含量为 mg/kg 水平，也会引起食品中维生素 C 的严重损失。在真实的食品体系中，当金属离子与其他组分（如氨基酸）结合或催化其他反应时，可能生成活泼的自由基或活性氧，从而加速抗坏血酸的氧化。在氧分压低时，非催化氧化反应与氧浓度不成正比，当氧分压低于 0.4 atm 时，反应速率几乎趋向稳定，这表明它是一种不同的氧化途径，可能是由于过氧氢自由基（$HO_2 \cdot$）或氢过氧化物直接氧化的结果。与此相反，在催化反应历程中，当氧分压在 1.0 ~ 0.4 atm 时，反应速率与氧分压成正比，而在氧分压低于 0.2 atm 时，氧化速率与溶解氧分压无关。这一反应历程是这样假定的，即在催化氧化反应中，金属与阴离子形成复合物 $MHA^{(n-1)+}$，此复合物与氧结合成为金属 - 氧 - 配位体三元复合物 $MHAO_2^{(n-1)+}$，后一种复合物含有一个双自由基共振结构，能迅速分解为抗坏血酸自由基负离子 $AH \cdot$ 及原来的金属离子 Mn 和过氧氢自由基（$HO_2 \cdot$）。抗坏血酸自由基负离子 $AH \cdot$ 迅速与 O_2 反应生成脱氢抗坏血酸 A。可见在催化反应中，氧与催化剂的依赖关系是确定反应历程的关键，而 $MHAO_2^{(n-1)+}$ 的形成是该氧化反应过程中的限速步骤。在解释糖和其他溶质对抗坏血酸稳定性的影响时，氧是相当重要的，高浓度的溶质对溶解氧有盐析效应。

在非催化氧化反应过程中，抗坏血酸单阴离子（AH^-）在限速步骤中是直接与分子氧起化学反应的，首先生成自由基（$AH \cdot$）和过氧氢自由基（$HO_2 \cdot$），随后又迅速生成脱氢抗坏血酸 A 和 H_2O。

从上述反应机理可以看出，催化反应和非催化反应的过程中都有共同中间体，因此较难区分两者。但脱氢抗坏血酸通过温和的还原反应可转化为抗坏血酸，因此抗坏血酸与脱氢抗坏血酸的转化在一定条件下是可逆的，而脱氢抗坏血酸的氧化却是不可逆的，尤其在碱性介质中，它可以使内酯水解形成 2，3 - 二酮基古洛糖酸（DKG），从而丧失生理活性。另一方面，2，3 - 二酮基古洛糖酸加热可逐渐降解生成木糖酮（X）或 3 - 脱氧戊糖酮（DP），木糖酮继续降解生成还原酮和乙基乙二醛，3 - 脱氧戊糖酮则降解生成糠醛（F）和 2 - 呋喃甲酸（FA），所有这些物质又与氨基结合从而引起食品的非酶促褐变（美拉德反应），最终形成风味化合物的前体物质。某些糖、糖醇和螯合剂能防止抗坏血酸的氧化降解，这可能是因为它们能够结合或螯合金属离子，有利于保护食品中维生素 C，但其确切机理仍待研究。

3）分布、生理作用和毒性

维生素 C 广泛存在于自然界中，主要是存在于植物组织如水果和蔬菜中，由于维生素 C 在酸性溶液中较为稳定，因此可滴定酸较多的水果以及新鲜绿叶蔬菜中维生素 C 含量较多，如樱桃、葡萄、柚子、柠檬、酸橙、橘子、木瓜、菠萝、草莓、柑橘等中维生素 C 含量较高；杏子、香蕉、樱桃、芒果、桃、柿子和西瓜等含量中等；维生素 C 含量低的有苹果、山葡萄、梨、南瓜和卷心菜等。常见食物中维生素 C 含量见表 6-4。

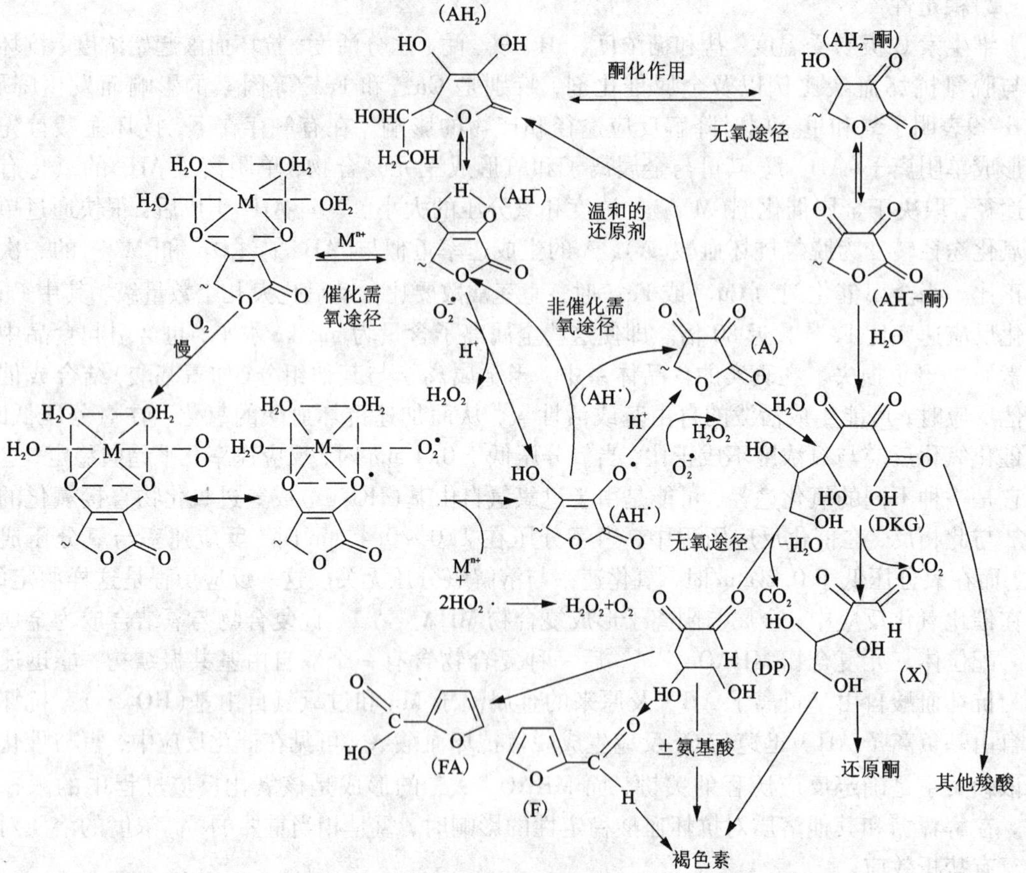

图 6-9 抗坏血酸降解途径

表 6-4 常见食物(可食部分)中维生素 C 的含量(mg/100g)

食物种类	含量	食物种类	含量
樱桃	10	草莓	80
蕃石榴	270	柿子	75
辣椒	170	柠檬	70
猕猴桃	130	西红柿	65
西兰花	110	苦瓜	60

维生素 C 为人体不能合成却又必需的一种维生素,其生理作用非常显著,具体体现在以下几个方面:① 促进胶原的生物合成,有利于组织创伤的愈合,这是维生素 C 被公认的生理活性;② 促进骨骼和牙齿生长,增强毛细血管壁的强度,避免骨骼和牙齿周围出现渗血现象。一旦维生素 C 不足或缺乏会导致骨胶原合成受阻,使得骨基质出现缺陷,骨骼钙化时钙和磷的保持能力下降,结果出现全身性骨骼结构的脆弱松散;③ 促进酪氨酸和色氨酸的代谢,加速蛋白质或肽类的脱氨基代谢作用;④ 影响脂肪和类脂的代谢;⑤ 改善对铁、钙和叶

酸的利用;⑥作为一种自由基清除剂,维持人体内活性氧代谢的平衡;⑦增加机体对外界环境的应激能力。

维生素 C 的毒性很小,但服用过多仍可产生一些不良反应。有报告指出,成人维生素 C 的每日摄入量超过 2 g,可引起渗透性腹泻,此时维生素加速小肠蠕动,导致出现腹痛、腹泻等症状;当成人每日摄入量小于 1 g 时,一般不会引起高尿酸症,当超过 1 g 时,尿酸排出明显增加。研究发现,过量使用维生素 C,绝大部分被肝脏代谢分解,最终产物为草酸,草酸从膀胱和尿道排泄成为草酸盐,每日服用 4 g 维生素 C,在 24 h 内,尿道中的草酸盐含量会从 58 mg 激增到 620 mg,若继续长期超量服用,草酸盐增加,极易形成泌尿系统结石。此外,长期过量服用维生素 C,会减少肠道对维生素 B_{12} 的吸收,导致巨幼红细胞性贫血的病情加剧。若病人先天性缺乏 6 - 磷酸葡萄糖脱氢酶,每日服用维生素超过 5 g 会促使红细胞破裂,发生溶血现象,从而导致贫血。妊娠期服用过量的维生素 C,可能影响胚胎的发育,导致胎儿出生后对维生素 C 产生依赖作用,若不继续给新生胎儿使用维生素 C,可能出现坏血病。因此,过量服用维生素 C 及其制品的情况要引起重视。

2. 维生素 B_1

1) 结构、生理功能与分布

维生素 B_1(Vitamin B_1)即硫胺素(thiamin),又称抗神经炎或抗脚气病维生素,为白色晶体,在有氧化剂存在时容易被氧化产生脱氢硫胺素,后者在有紫外光照射时呈现蓝色荧光。它由一个嘧啶分子和一个噻唑分子通过一个亚甲基连接而成。它广泛分布于植物和动物体中,在 α - 酮基酸和糖类化合物的中间代谢中起着十分重要的作用。硫胺素的主要功能形式是焦磷酸硫胺素,即硫胺素焦磷酸酯,然而各种结构式的硫胺素都具有维生素 B_1 活性(图 6 - 10)。硫胺素分子中有两个碱基氮原子,一个在初级氨基基团中,另一个在具有强碱性质的四级胺中。因此,硫胺素能与酸类反应形成相应的盐。

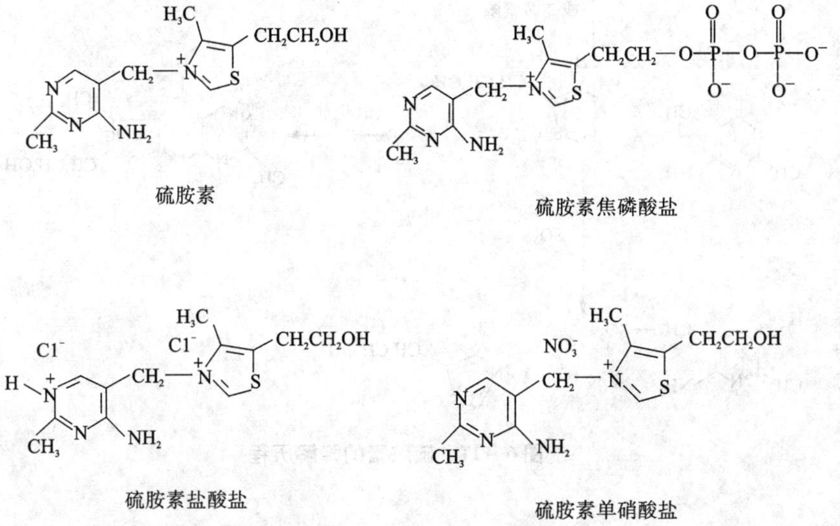

图 6 - 10　维生素 B_1 的化学结构

硫胺素在体内参与糖类的中间代谢，机体内硫胺素不足时，辅羧化酶活性下降，糖代谢受阻，从而影响整个机体代谢过程。这其中，最明显的是丙酮脱羧受阻，不能进入三羧酸循环，不继续氧化，从而在组织中堆积。这时，神经组织供能不足，于是出现相应的神经肌肉症状，如多发性神经炎、肌肉萎缩和水肿，严重时还可以影响心肌和脑组织的功能。硫胺素不足还会引起消化不良、食欲不振和便秘等病症。此外，硫胺素缺乏可引起多种神经炎症，最典型的就是脚气病；若硫胺素严重缺乏，则会引起严重的多发性神经炎，患者的周围神经末梢有发炎和退化现象，并伴有四肢麻木、肌肉萎缩、心力衰竭、下肢水肿等症状。

硫胺素主要存在于种子的外皮和胚芽中，如米糠和麸皮中含量很丰富，在酵母菌中含量也极丰富。瘦肉、白菜和芹菜中含量也较丰富。但由于提取困难，目前所用的维生素 B_1 几乎都是化学合成的产品。在食品加工中，维生素 B_1 可用作营养强化剂进行添加；在养殖业中，维生素 B_1 可用作饲料添加剂，以增进畜禽的食欲。

2）稳定性

维生素 B_1 为最不稳定的 B 族维生素。虽然硫胺素对热、光和酸较稳定，但在中性和碱性条件下易降解。维生素 B_1 在酸性溶液($pH<3.0$)中较稳定并且耐高温；在碱性溶液中不稳定，易降解生成5－（羟乙基）－4－甲基噻唑以及相应的嘧啶取代物(2－甲基－5－磺酰甲基嘧啶)。食品中其他组分也会影响硫胺素的降解，例如单宁能与硫胺素形成加成物而使之失活；SO_2 或亚硫酸盐对其也有破坏作用；胆碱能使其分子裂开而加速其降解。蛋白质与硫胺素的硫醇形式形成二硫化物可阻止硫胺素降解。硫胺素的降解过程见图6-11。

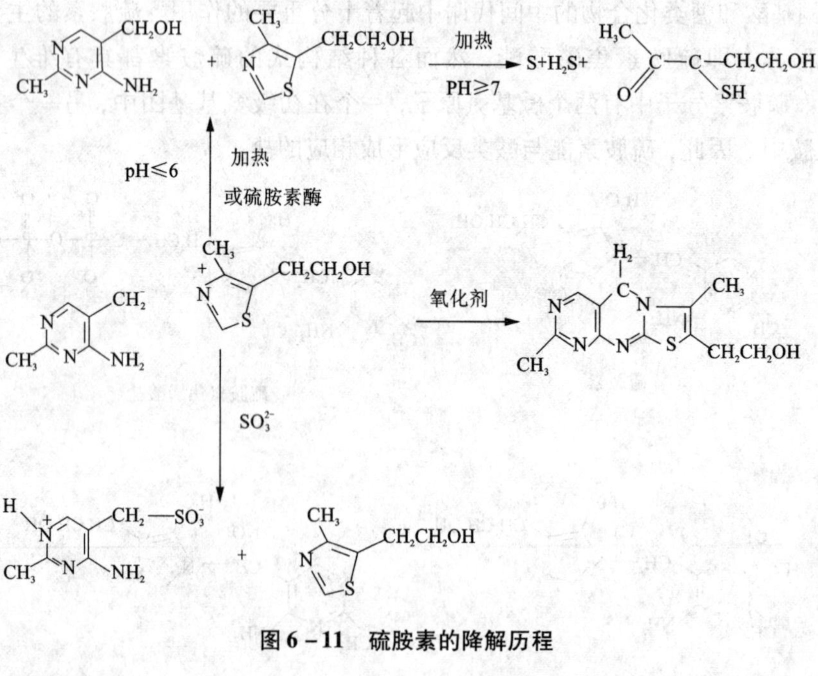

图6-11 硫胺素的降解历程

硫胺素在低水分活度(A_w)和室温下贮藏表现良好的稳定性，而在高 A_w 和高温下长期贮藏损失较大。例如，早餐谷物制品 A_w 为 0.1~0.65 和 37℃以下贮存时，硫胺素的损失几乎为零；但在45℃时降解反应加速；当$A_w>0.4$时，硫胺素的降解更快，在A_w为$0.5\sim0.6$时，其降解达到最大值，然后水分活度继续增加至0.85时，硫胺素降解速率下降。亚硝酸盐也能使硫胺素失活，其原因可能是NO_2^-与嘧啶环上的胺基发生反应破坏了硫胺素的活性。

硫胺素在一些鱼类和甲壳动物类中不稳定，过去认为这是由于硫胺素酶的作用，但现在认为至少应部分归因于含血红素的蛋白对硫胺素降解的非酶催化作用。在降解过程中，硫胺素的分子虽未裂开，也可能发生了分子修饰，从而影响了硫胺素的生物活性。现已证实，热变性后的含血红素的蛋白参与了金枪鱼、猪肉和牛肉贮藏加工中硫胺素的降解，但具体机理仍待进一步研究。

硫胺素的热降解通常包括分子中亚甲基桥的断裂，其降解速率和机制受pH和反应介质影响较大。当pH小于6时，硫胺素热降解速度缓慢，亚甲基桥断裂释放出较完整的嘧啶和噻唑组分；pH为6~7硫胺素的降解速度加快，噻唑环碎裂程度增加；在pH=8时降解产物中几乎没有完整的噻唑环，而是许多种含硫化合物等。因此，硫胺素热分解产生“肉香味”可能与噻唑环释放下来后进一步形成硫、硫化氢、呋喃、噻唑和二氢噻吩有关。

3. 维生素B_2

维生素B_2(Vitamin B_2)又叫核黄素(riboflavin)，为含有核糖醇侧链的异咯嗪衍生物，可作为辅酶在葡萄糖、脂肪酸、氨基酸的氧化中起作用，可防治口、眼部位炎症。动物性食品中含量较高，尤其肝、肾和心以及蛋黄、乳类、鱼类(以鳝鱼中含量最高)。植物性食品中则以绿叶类蔬菜如菠菜、韭菜、油麦菜以及豆类中含量较多，野菜中核黄素含量也较高，其他蔬菜核黄素含量则较低。粮食精加工过程中核黄素破坏较多。我国居民膳食结构以植物性食品为主，较易发生核黄素摄入不足的问题，故应酌情在饮食中补充维生素B_2。

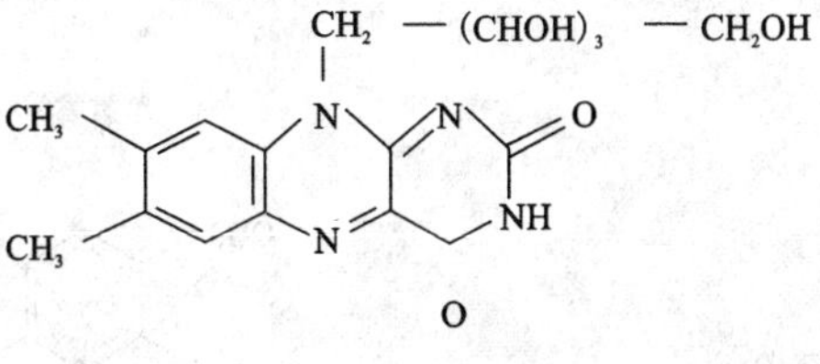

核黄素

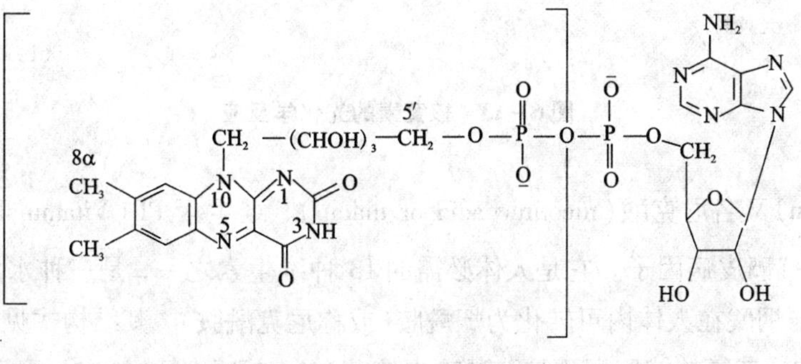

黄素单核苷酸　　黄素嘌呤二核苷酸

图6-12　核黄素的化学结构

维生素 B_2 为具有生物活性的一类结构复杂的化合物，其母体化合物为 7，8 - 二甲基 - 10(1′ - 核糖醇)异咯嗪，所有衍生物均称为黄素。在核黄素中异咯嗪结构上由于存在活泼的共轭双键，因此既可做氢供体，又可做氢递体，其在人体内以黄素腺嘌呤二核苷酸(FAD)和黄素单核苷酸(FMN)两种形式(图 6 - 12)参与氧化还原反应，起到递氢的作用，是机体中一些重要的氧化还原酶的辅基，如：琥珀酸脱氢酶、黄嘌呤氧化酶及 NADH 脱氢酶等，所以核黄素为一种重要的功能性维生素。

核黄素在酸性介质中稳定性最高，在中性 pH 条件下稳定性下降，而在碱性环境中则快速降解。在常规的热处理、加工和制备过程中，多数食品中核黄素的保留率较高。核黄素的典型降解机制为光化学过程，生成 2 个无生物活性产物——光黄素和光色素(图 6 - 13)，以及一系列自由基。光黄素为一种强氧化剂，对其他维生素尤其是抗坏血酸有强烈的破坏作用。牛奶存放于玻璃容器中后，由于上述反应，会造成营养价值的降低并且产生异味，即牛奶的"日光臭味"。

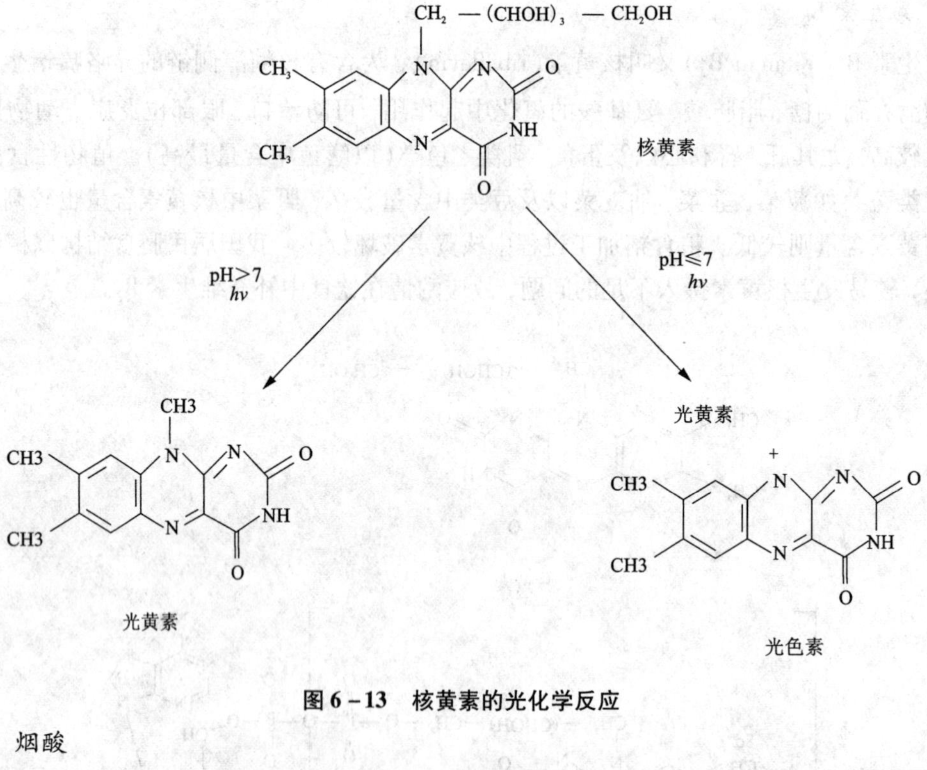

图 6 - 13　核黄素的光化学反应

4. 烟酸

烟酸(niacin)又名尼克酸(nicotinic acid or niacin)、维生素 PP(Vitamin PP)、维生素 B_3 (Vitamin B_3)、抗癞皮病因子。它是人体必需的 13 种维生素之一，是一种水溶性维生素，属于维生素 B 族。烟酸在人体内可转化为烟酰胺(或称尼克酰胺)，其结构式见图 6 - 14。在生物体内，烟酰胺是带氢的辅酶烟酰胺腺嘌呤二核苷酸(NAD，辅酶Ⅰ)和烟酰胺腺嘌呤二核苷酸磷酸(NADP，辅酶Ⅱ)的组分，参与体内脂质代谢、组织呼吸的氧化过程和糖类无氧分解过程。烟酸缺乏会导致皮肤粗糙、皮炎、舌炎以及糙皮病等疾病。

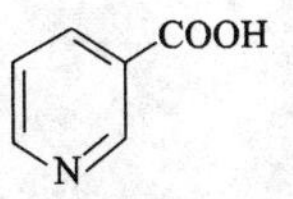

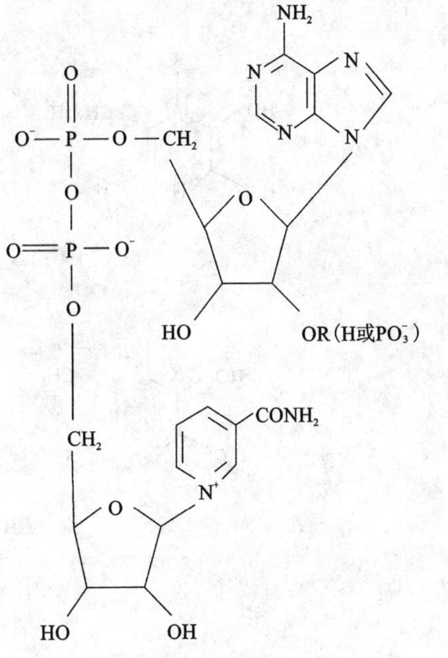

烟酰胺腺嘌呤二核苷酸

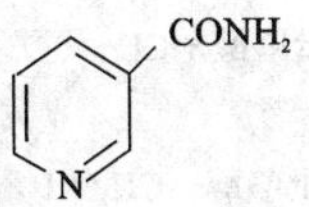

图 6 – 14　烟酸的化学结构

烟酸是最稳定的一种维生素,对热、光、空气和碱都不敏感,在食品加工中也无明显损失。烟酸广泛存在于动植物食物中,良好的来源为动物肝、肾、瘦肉、全谷、豆类等,乳类、绿叶蔬菜也有相当含量。成人推荐摄入量 12 mg/d。烟酸除了直接从食物中摄取外,也可以在体内由色氨酸转化而来,平均约 60 mg 色氨酸转化 1 mg 烟酸,因此高蛋白膳食者对烟酸的需求量较少。在温和碱性条件下焙炒咖啡豆,其中的葫芦巴碱脱甲基生成烟酸,结果使咖啡中的烟酸含量和活性提高近 30 倍。高粱、玉米中的烟酸有 64% ~ 73% 为结合型烟酸,不能被人体吸收,导致以玉米为主食的人群较易发生癞皮病。但是,结合型烟酸在碱性溶液中可以分离出游离烟酸,而被动物和人体所吸收。

5. 维生素 B_6

维生素 B_6(Vitamin B_6)包括吡哆醛(pyridoxal)、吡哆醇(pyridoxine)和吡哆胺(pyridoxamine)3 种化学物(图 6 – 15),在体内以磷酸酯的形式存在,易溶于水和酒精。维生素 B_6 为人体内某些辅酶的组成成分,参与多种代谢反应,尤其是和氨基酸代谢(如转氨作用、消旋作用和脱羧作用)有密切关系,可帮助糖类、脂肪、蛋白质的分解利用,也有助于糖原的分解作用。

维生素 B_6 的 3 种形式都具有热稳定性,遇碱则分解,其中吡哆醛最为稳定,通常用来强化食品。吡哆醛和吡哆胺若暴露在空(氧)气中,加热或紫外线照射后即转变为无生物活性的4 – 吡哆醇。维生素 B_6 与半胱氨酸反应生成双 – 4 – 吡哆二硫化物,或与氨基酸、肽或蛋白质的氨基相互作用可生成席夫(Schiff)碱,这些席夫碱还可进一步重排生成多种环状化合物,从

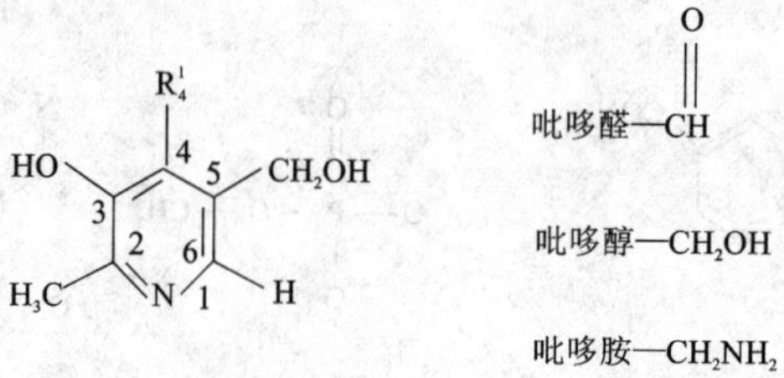

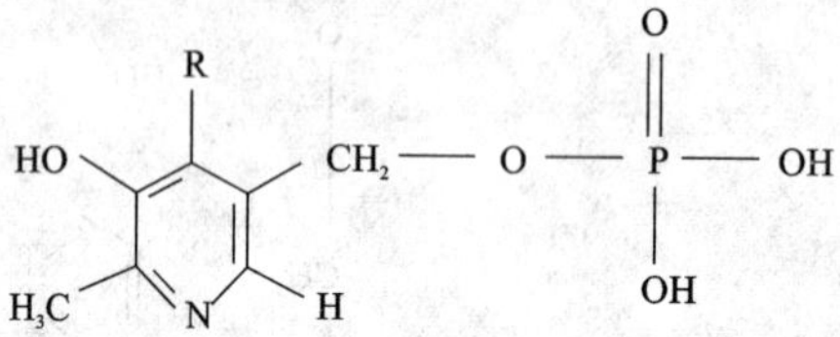

维生素B-5′-磷酸盐

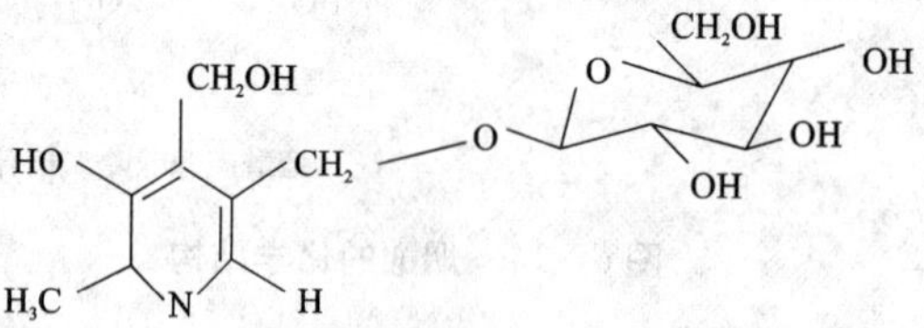

吡哆醇-5′-β-D-葡萄糖苷

图6-15 维生素 B_6 的化学结构

而降低维生素 B_6 活性。

　　维生素 B_6 摄入不足可导致维生素 B_6 缺乏症,主要表现为脂溢性皮炎、口(舌)炎、口唇干裂和精神异常等。维生素 B_6 可以通过食物摄入和肠道细菌合成两条途径获得。虽然维生素 B_6 的食物来源很广泛,但一般质量分数均不高。动物性食物中的维生素 B_6 大多以吡哆醛、吡哆胺的形式存在,含量和质量均相对较高,植物性食物中维生素 B_6 大多与蛋白质结合,不易被吸收。

　　6. 维生素 B_{11}

　　维生素 B_{11}(Vitamin B_{11})即叶酸,包括一系列化学结构相似、生理活性相同的化合物,它们的分子结构中均包括3个部分,即蝶呤、对氨基苯甲酸和谷氨酸部分(图6-16)。叶酸在人体内具有生物活性的形式是四氢叶酸。叶酸对于核苷酸和氨基酸的代谢具有重要的作用,缺乏叶酸会造成各种贫血病、口腔炎等症状的发生。叶酸在绿色蔬菜和动物肝脏中含量最为丰富。

　　叶酸为黄色结晶,微溶于水,钠盐易溶于水,不溶于乙醇、乙醚及其他有机溶剂。叶酸的水溶液很容易被光解破坏而裂解为蝶啶和氨基苯甲酰谷氨酸盐。叶酸在酸性溶液中对热不稳定,在中性和碱性条件下十分稳定,即使加热到100 ℃维持1 h也不被破坏。亚硫酸能导致叶酸侧链解离，生成还原性蝶呤-6-羧酸和氨基苯甲酰谷氨酸。在低温条件下，当叶酸与亚硝酸盐作用则生成 N-10-硝基衍生物，该物质对大鼠有弱的致癌作用。

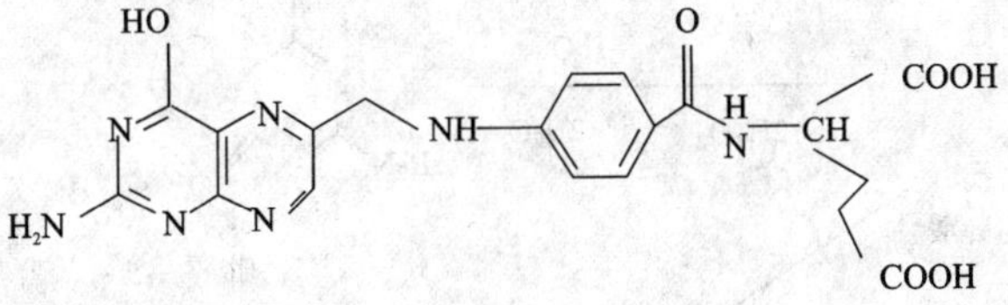

叶酸

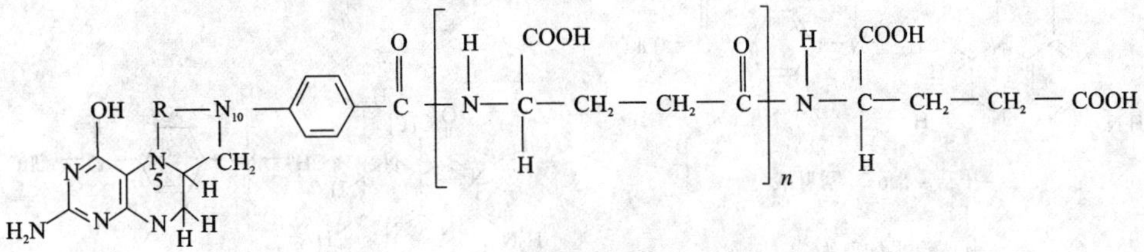

聚谷氨酰基四氢叶酸

取代基（R）	位置
—CH₃	5
—CHO	5 或 10
—CH = NH	5
—CH₂	5 和 10
—CH =	5 和 10

图 6-16 叶酸的结构

四氢叶酸的几种衍生物稳定性顺序为：5-甲酰基四氢酸钠 >5-甲基-四氢酸钠 >10-甲基-四氢酸钠 >四氢酸钠。在叶酸的氧化反应中铜离子和铁离子具有催化作用，并且铜离子的作用大于铁离子的作用，四氢叶酸被氧化降解后转化为两种产物，即蝶呤类化合物和对氨基苯甲酰谷氨酸（图 6-17），同时失去生物活性。如果加入还原物质如维生素 C、硫醇等物质，可使 5-甲基-二氢叶酸还原为 5-甲基四氢叶酸，从而增加叶酸的稳定性。

叶酸广泛存在于动植物食物中，其良好来源为肝、肾、绿叶蔬菜、马铃薯、豆类、麦胚和坚果等。各种加工处理对食品中叶酸的影响程度见表 6-5。

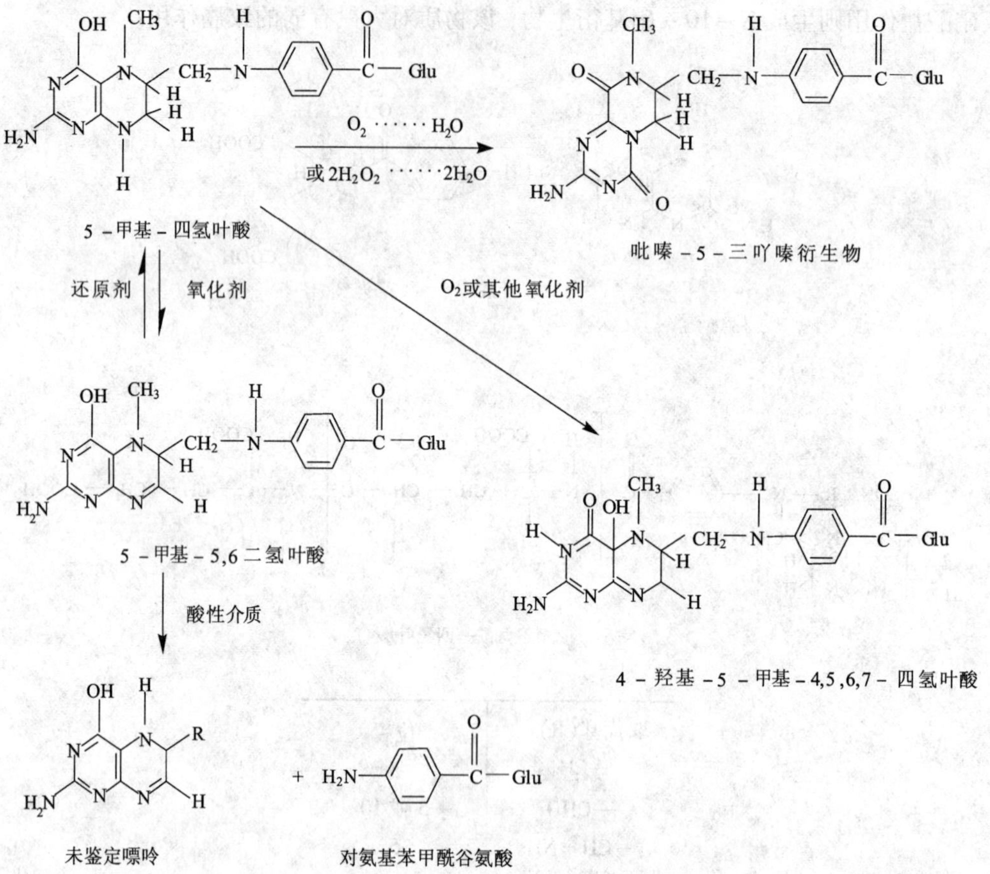

图 6-17 5-甲基四氢叶酸的氧化降解

表 6-5 加工过程对蔬菜中叶酸含量的影响

蔬菜(水煮 10 min)	100 g 鲜样中总叶酸含量/μg		
	新鲜	煮后	蒸煮水中叶酸的含量
芦笋	175 ± 25	146 ± 16	39 ± 10
绿叶菜	169 ± 24	65 ± 7	116 ± 35
芽甘蓝	88 ± 15	16 ± 4	17 ± 4
卷心菜	30 ± 12	16 ± 8	17 ± 4
花菜	56 ± 18	42 ± 7	47 ± 20
菠菜	143 ± 50	31 ± 10	92 ± 12

7. 维生素 B₁₂

维生素 B₁₂（Vitamin B₁₂）为一类具有氰钴胺素维生素活性物质的总称。其结构显示，钴离子被 4 个吡咯环上的四个氮螯合，二甲基苯并咪唑上的氮与钴形成第五个配位共价键，钴的第六个配位键上的基团可能是氰基、5′-脱氧腺苷基、甲基、水、羟基或其他配基（如亚硝基、氨基或亚硫酸根），见图 6-18。

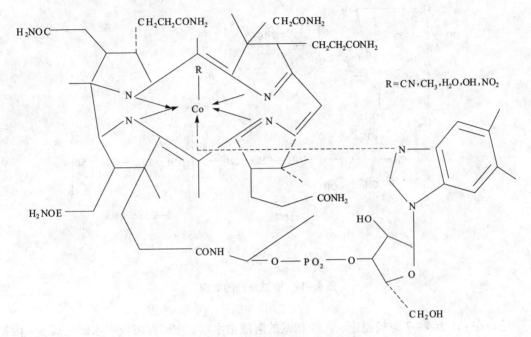

图 6-18　维生素 B₁₂的化学结构式

维生素 B₁₂的辅酶形式为甲基钴胺素和 5′-脱氧腺苷钴胺素。甲基钴胺素以辅酶的形式在蛋氨酸合成酶中参与甲基（从 5′-甲基四氢叶酸）的转运；而 5′-脱氧腺苷钴胺素则以辅酶的形式，在由甲基丙二酰-CoA 变构酶催化的酶促重排反应中起作用。

维生素 B₁₂主要存在于动物组织中，它是维生素中唯一只能由微生物合成的维生素。许多酶的作用需要维生素 B₁₂辅酶，如催化谷氨酸转变为甲基天冬氨酸的甲基天冬氨酸变位酶、催化甲基丙二酰辅酶 A 转变为琥珀酰辅酶 A 的甲基丙二酰 CoA 变位酶，维生素 B₁₂辅酶同时也参与甲基及其他一碳单位的转移反应。维生素 B₁₂的合成产品是氰钴胺素，为红色结晶，非常稳定，可用于食品和营养补充。

8. 泛酸

泛酸（pantothenic acid）又称维生素 B₅（Vitamin B₅），是人和动物所必需的，是辅酶 A（CoA）的重要组成部分，在人体代谢中起重要作用。泛酸是泛解酸和 β-丙氨酸组成的，学名称为 D(+)-N-(2,4-二羟基-3,3-二甲基-丁酰)-β-丙氨酸，其结构式如图 6-19。

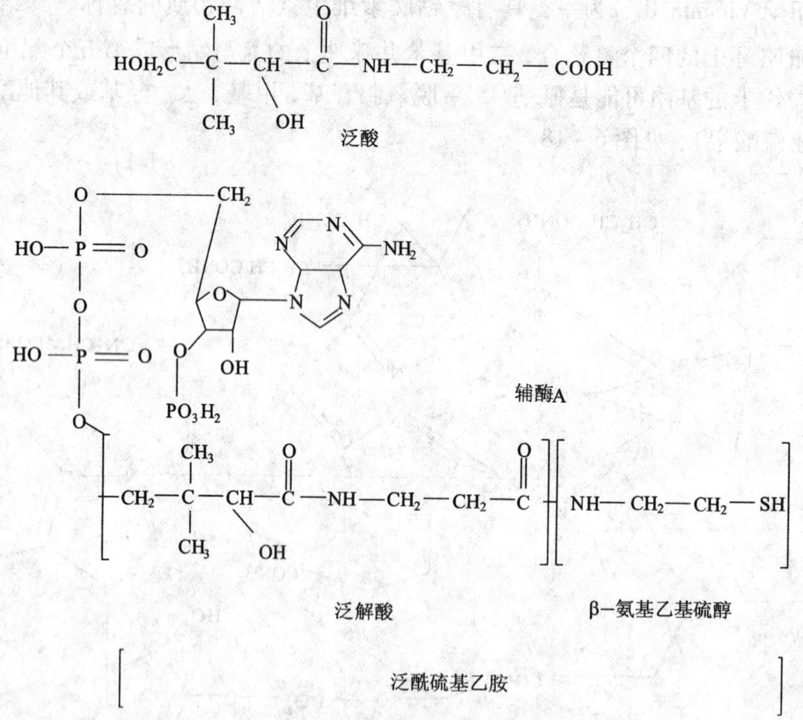

图 6 – 19 各式泛酸的结构

泛酸在 pH 为 4 ~ 7 时较稳定,在酸和碱的溶液中水解,在碱性溶液中水解生成 β – 丙氨酸和泛解酸,在酸性溶液中水解成泛解酸的 γ – 内酯。食品在贮藏过程中,尤其在低水分活度时,泛酸稳定性极佳。在加热过程中,泛酸的降解遵循一级反应动力学。

泛酸广泛分布于生物体中,富含泛酸的食物主要是肉、未精制的谷类制品、麦芽与麦麸、动物肾脏/心脏、绿叶蔬菜、啤酒酵母(单细胞蛋白)、坚果类、鸡肉、未精制的糖蜜。泛酸主要作为辅酶 A 的组成部分,参与许多代谢反应,因此是所有生物体的必需营养素。在许多食品中和大多数生物原料中,泛酸主要以辅酶 A 的形式存在,大多为各类有机酸的硫酯衍生物。

9. 生物素

生物素(Vitamin H)又称维生素 B_7(Vitamin B_7),是由脲和带有戊酸侧链噻吩的两个五元环组成。由于有 3 个不对称碳原子,所以它有 8 个立体异构体。天然存在的为右旋 D 型生物素,只有它才具有相应的生物活性。生物素与蛋白质中的赖氨酸残基结合形成生物胞素(biocytin),生物素和生物胞素是两种天然的维生素 H(图 6 – 20)。

生物素广泛存在于动植物食品中,其中在蔬菜、牛奶、水果中以游离态存在,在内脏、种子和酵母中则与蛋白质结合。胰液中生物素酶和肠黏膜能分解与蛋白质结合的生物素,释放出具有生物活性的游离生物素。人体生物素的供应部分依靠膳食摄入,而其他大部分是由肠道细菌合成。食用生鸡蛋清,可使生物素的人体利用率下降,这是由于生鸡蛋中含有一种抗生物素蛋白,能抑制生物素的吸收。一些食品中生物素的含量如表 6 – 6 所示。

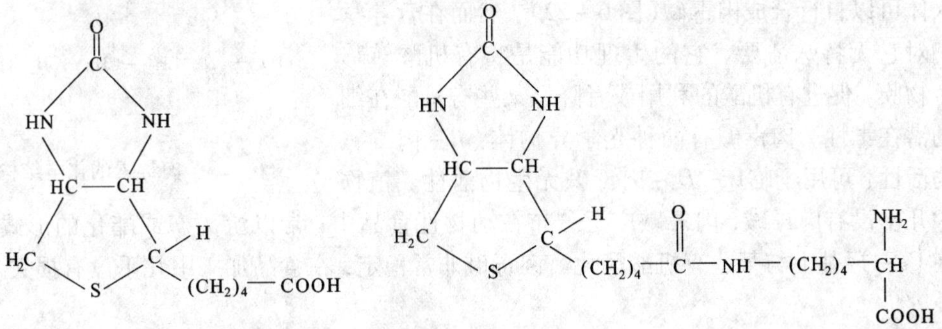

图 6 - 20　生物素(左)和生物胞素(右)的结构

表 6 - 6　常见食物中生物素的含量(μg/g)

食物种类	含量	食物种类	含量
苹果	0.9	草莓	16.0
大豆	3.0	柿子	2.0
牛肉	2.6	柠檬	30.0
牛肝	96.0	西红柿	0.6
乳酪	1.8 - 8.0	苦瓜	7.0
莴苣	3.0	番茄	1.0
牛乳	1.0 - 4.0	小麦	5.0

6.2.3　维生素类似物

1. 胆碱

胆碱(choline)可以游离态(图 6 - 21)或许多细胞组分的一个构成成分存在于活体生命中, 这些细胞组分包括磷脂酰胆碱(膳食中胆碱最主要的来源)、鞘磷脂(神经)和乙酰胆碱。尽管人和哺乳动物体内可以合成胆碱, 但在成长过程中仍需要自膳食中摄取胆碱, 胆碱的氯化物和酒石酸氢盐常被用于婴儿食品的强化。磷脂酰胆碱亦可作为乳化剂。胆碱非常稳定, 在食品贮存和加工过程中不会有太大损失。

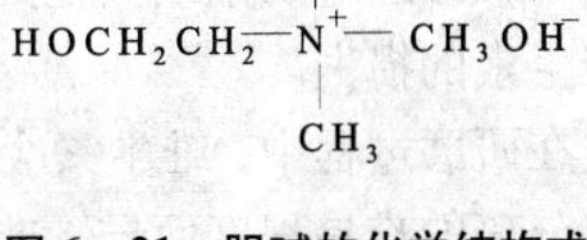

图 6 - 21　胆碱的化学结构式

2. 肉毒碱(carnitine)

人体可以自行合成肉毒碱(图6-22),然而在营养学上人们对它无特殊需要。它的生理功能是将有机酸转移通过生物膜,促进有机酸的利用或者降低某些有机酸在细胞内的潜在毒性。肉毒碱有两种光学异构体:L-肉毒碱有生物活性,可用于临床;D-肉毒碱无生物活性。植物

$$H_3C - \overset{\overset{\displaystyle CH_3}{|}}{\underset{\underset{\displaystyle CH_3}{|}}{N^+}} - CH_2 - \overset{\overset{\displaystyle OH}{|}}{CH} - CH_2COO^-$$

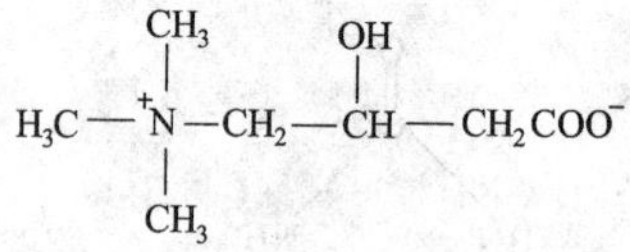

图6-22　肉毒素的化学结构式

制品中几乎没有肉毒碱,肉毒碱广泛分布在动物性食品中,常以游离态或酯化的形式存在,可以在C_3-羟基上与某些有机酸酯化。肉毒碱非常稳定,在食品加工中几乎没有损失。

6.3　食品加工及贮藏过程中维生素的变化

6.3.1　采后(宰后)食品中维生素含量的变化

食品从采收或屠宰到加工这段时间,维生素会发生明显的变化。因为许多维生素衍生物是酶的辅助因子(cofactor),它易受酶,尤其是动、植物死后释放出的内源酶所降解。细胞受损后,原来分隔开的氧化酶和水解酶会从完整的细胞中释放出来,从而改变维生素的化学形式和活性。例如,维生素B_6、硫胺素或核黄素辅酶的脱磷酸化反应,维生素B_6葡萄糖苷的脱葡萄糖基反应和聚谷氨酰叶酸酯的去共轭作用都会导致植物采收或动物屠宰后的维生素的分布和天然存在的状态发生变化,其变化程度与贮藏加工过程中的温度高低和时间长短有关。一般而言,维生素的净浓度变化较小,主要是引起生物利用率的变化。相对来说,脂氧合酶的氧化作用可以降低许多维生素的浓度,而抗坏血酸氧化酶则专一性的引起抗坏血酸效价的损失。对豌豆的研究表明,从采收到运往加工厂贮水槽的一小时内,所含维生素会发生明显的还原反应。新鲜蔬菜如果处理不当,在常温或较高温度下存放24 h或更长时间,维生素也会造成严重的损失。

6.3.2　食品加工前的预处理

1. 切割、去皮

植物组织经过修整或细分(如水果除皮)均会导致维生素的部分丢失。据报道,苹果皮中抗坏血酸的含量比果肉高,凤梨心比食用部分含有更多的维生素C,胡萝卜表皮层的烟酸含量比其他部位高,土豆、洋葱和甜菜等植物的不同部位也存在维生素含量的差别。因而在修整这些蔬菜和水果以及摘去菠菜、花椰菜、绿豆、芦笋等蔬菜的部分茎、梗和梗肉时,会造成部分维生素的损失。在一些食品去皮过程中由于使用强烈的化学物质,如碱液处理,将使外层果皮甚至果肉中的维生素遭到破坏。

动植物产品经过切割或其他处理而损伤的组织,在遇到水或水溶液时会由于浸出而造成水溶性维生素的损失。

谷类在研磨过程中,维生素会不同程度受到损失,其损失程度依种子内的胚乳与胚芽同种子外皮分离的难易程度而异,难分离的研磨时间长,损失率高,反之则损失率低。

2. 漂洗、热烫

食品中水溶性维生素损失的一个主要途径是经由切口或受破损的表面而流失。此外,在

加工过程中洗涤、水槽传送、漂烫、冷却和烹调等亦会造成维生素的损失，其损失特性和程度与 pH、温度、水分含量、切口表面积、成熟度以及其他因素有关。

在食品加工过程中，如食物暴露在空气中，容易受到空气的氧化或微量元素的污染；在浸渍过程中，亦可增加食品的矿物质含量，如浸渍在硬水中，会增加食品中钙的含量，而这些金属离子极有可能降低维生素的效价。在上述加工过程中，漂烫可导致许多重要的营养素损失。漂烫通常采用蒸汽或热水两种方法，一般来说，蒸汽处理造成的维生素损失最小。食品在工厂加工，如果是在良好的操作条件下进行，其浸提、热烫、烹调造成的维生素损失一般不会大于家庭操作的平均损失。

3. 化学药剂处理的影响

由于贮藏和加工的需要，常常向食品中添加一些化学物质，其中有的能引起维生素损失。例如，在面粉加工中常使用漂白剂或改良剂会降低面粉中维生素 A、C 和 E 等的含量，即使传统的面粉加工方法，由于天然氧化作用也会造成同样的损失；二氧化硫(SO_2)及其亚硫酸盐、亚硫酸氢盐和偏亚硫酸盐常用来防止水果和蔬菜中的酶或非酶褐变，作为还原剂它可防止抗坏血酸氧化，但作为亲核试剂，在葡萄酒加工中它又会破坏硫胺素和维生素 B_6。

在腌肉制品中，亚硝酸盐常作为护色剂和防腐剂。它既可以是人工添加于食品中，又可由微生物还原硝酸盐而产生。例如菠菜、甜菜等一些蔬菜本身就含有高浓度的硝酸盐，常通过微生物作用而产生亚硝酸盐。亚硝酸盐不但能与抗坏血酸迅速反应，而且还能破坏类胡萝卜素、硫胺素及叶酸。

环氧乙烯(ethylene oxide)和环氧丙烯(propylene - 7 - oxide)主要用作消毒剂，使蛋白质和核酸烷基化，并以类似的反应机理同硫胺素类维生素反应导致它们失去活性。蛋白质常在碱性条件下提取，食物在烹调过程中 pH 也会增高，这些碱性环境都易破坏维生素。例如蛋类及肉制品在碱性条件下，硫胺素、抗坏血酸和泛酸这类维生素的破坏大大增加。食品呈强酸性的情况甚为少见，而且维生素对此种条件不敏感。

4. 冷冻保藏

冷冻是最常用的食品储藏方法。冷冻的全过程，包括预冷冻、冷冻储存、解冻 3 个阶段，维生素的损失主要包括贮存过程中的化学降解和解冻过程中水溶性维生素的流失。例如，蔬菜类经冷冻后会损失 37% ~ 56% 的维生素 B_6，肉类食品经冷冻后泛酸的损失为 21% ~ 70%。在 -18℃ 贮存 6 ~ 12 个月的条件下，芦笋、利马豆、甘蓝、菜花、菠菜的维生素 C 损失率分别为 12%、51%、49%、50% 和 65%。可见，蔬菜的种类在冷冻中是影响维生素 C 损失的一重要参数。水果及其产品经冷冻后维生素 C 的损失较复杂，与许多因素有关，如种类、品种、汁液固体比、包装材料等。

思考题

1. 维生素按其溶解性分成几类？每一类中各包括哪些维生素？
2. 简述维生素 A 和维生素 D 的稳定性和生理功能。
3. 维生素 E 是一种天然的优良抗氧化剂，其抗氧化的作用包括哪几个方面？
4. 分析维生素 C 的降解途径及其影响因素，并从结构上说明维生素 C 为什么不稳定。
5. 分别图示 L - 抗坏血酸、L - 脱氢抗坏血酸、L - 异抗坏血酸及 D - 抗坏血酸的结构，并简要说明它们在抗氧化性和生理活性上的差别。

5.影响维生素生物利用的因素有哪些？

6.食品中维生素在食品加工中损失途径有哪些？为尽量降低维生素的损失，加工时应注意什么？

[阅读材料]

新研究称维生素D过多会"伤心"或增房颤可能

很多研究表明，缺乏维生素D的人易患心脏病和中风。但日前，美国盐湖城山间医疗心脏中心的一项新研究表明，维生素D含量高于正常值时同样损害心脏。如会加快心脏跳动节律，增加心房颤动的发生率。

"伤心"还是"补心"，有争议

早在2009年，美国海蒂医疗中心的Tami L Bair医生，在2009年美国心脏病协会科学大会上公布了一项研究，维生素D水平缺乏与增加心血管疾病的风险和死亡相关。

Bair和他的同事对超过2.7万50岁以上、没有心血管疾病病史的老年人群，随访一年多时间，他们发现维生素D水平很低的患者77%更容易引起死亡，45%的患者较容易发展为冠心病。维生素D缺乏的患者发展为心力衰竭的比例是正常水平人群的近两倍。

最终的结果显示维生素D缺乏的高血压患者出现心血管疾病症状的几率要比维生素D含量正常的高血压患者高一倍。而在没有高血压的患者中，维生素D缺乏则与心血管疾病症状之间没有明显联系。

研究人员认为，维持维生素D的正常水平有助于防范心血管疾病的并发症。

然而，另一种声音则透露：维生素D过多会损伤心脏。2011年，美国心脏协会年会上提出的一项最新研究来看：维生素D过剩未必对心脏有利，反而甚至会给心脏带来伤害。

过去，科学家们一直认为营养成分一旦低了会对心脏造成伤害，但这项最新研究结果显示：维生素D超出正常水平的话反而有可能增加房颤发生的机会。

在犹他州的医疗中心开展的该项研究，参与人员多达132000例患者。研究人员发现当这些患者血液中维生素D的水平过高时，房颤出现的几率也增加了2.5倍。

专家提醒：服用维生素一定要在安全范围内

针对两种说法，中国医学科学院阜外心血管病医院心内科主任张澍教授认说："当人们通过补给获取营养成分的时候，维生素D水平过高现象就会发生。因为消费者普遍认为从柜台上购买的营养品是安全的，他们意识不到摄入过多的维生素D是存在一定风险的"。张澍补充说：一个人体内维生素D的正常范围在41至80 $\mu g/dL$ 之间，而参与该项研究的患者体内维生素D的水平达到了100 $\mu g/dL$ 以上。"对于人体而言，任何种类的维生素、替代品均存在利弊。我们的目的是确定一安全的剂量范围，这样患者能明确多大剂量是有益于健康，多大剂量下具有一定的毒性。"

最后，张澍教授建议那些最近被诊断为房颤，并且正在服用维生素D补充剂的患者一定要提醒自己的医生，是否做一些检测，来了解患者体内血液中营养物质的水平，帮助分析产生房颤的原因。

哪些人易缺乏维生素D

"维生素D的主要功能是调剂体内钙、磷代谢，维持血钙和血磷的水平，从而维持牙齿和骨骼的正常生长、发育。儿童缺乏维生素 D，易发生佝偻病。"中国医学科学院阜外心血管病医院心内科主任张澍教授在接受科技日报记者采访时说。

张澍教授解释说，人体内维生素 D 主要有两个来源：阳光中的紫外线照射皮肤合成和饮食提供（食物和补充剂）。"许多类型的组织和细胞在体内都有维生素 D 受体，维生素 D 的活化性是受钙和甲状旁腺激素调控的。"对体内的一些系统炎症标记物和肾素血管紧张素系统两者都具有潜在的下游影响。

维生素 D 缺乏的最高危险人群主要包括：缺乏阳光或者在阳光下遮盖皮肤、深色皮肤、生活在高纬度地区、老年人（因为血液中有较少的维生素 D 的预兆因子，随着年龄的增长，老年人外出的时间减少）、过度肥胖，以及孕妇和哺乳期妇女。

（科技日报　李颖）

第7章

矿物质

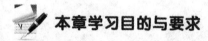

本章学习目的与要求

- 了解食品中矿物质的种类、来源、存在形式以及在机体中的作用；了解常见的有毒矿物质种类。
- 掌握矿物质在食品加工、储藏中所发生的变化以及对机体利用率产生的影响。

7.1　概述

食品中存在着含量不等的矿物元素，其中有许多是人类营养必不可少的。这些矿物元素以无机态或有机盐类的形式存在，或与有机物质结合而存在，如磷蛋白中的磷和酶中的其他金属元素。在这些矿物元素中，已发现约 25 种矿物元素是构成人体组织、维持生理功能、生化代谢所必需的，它们除以有机化合物出现的碳、氢、氧、氮之外，其余的统称为无机盐或矿物质。同时这些矿物元素在体内不能合成，需由食物来提供。

7.1.1　矿物质在体内的作用

1）机体的重要组成部分

机体中的矿物质主要存在骨骼中，维持骨骼的刚性，99% 的钙元素和大量的磷、镁元素就存在于骨骼、牙齿中；此外，磷、硫还是蛋白质的组成元素，细胞中则普遍含有钾、钠元素。

2）维持细胞的渗透压及机体的酸碱平衡

矿物质和蛋白质一起维持细胞内外的渗透压平衡，对体液的贮留与移动起重要作用；此外，还有碳酸盐、磷酸盐等组成的缓冲体系与蛋白质一起构成机体的酸碱缓冲体系，以维持机体的酸碱平衡。

3）保持神经、肌肉的兴奋性

K，Na，Ca，Mg 等离子以一定比例存在时，对维持神经肌肉组织的兴奋性、细胞膜的通透性具有重要作用。

4)对机体具有特殊的生理作用

例如,铁对血红蛋白、细胞色素酶系的重要性,碘对甲状腺素合成的重要性等,均属于此。

5)对食品感观质量的作用

矿物质对改善食品的感观质量也具有重要作用,如磷酸盐类对肉制品的保水性、黏结性的作用,钙离子对一些凝胶的形成的作用和食品质地的硬化的影响等。

食物中有些常量元素(尤其是单价的)一般以可溶性状态存在,而且大多数为游离态,如钠、钾等阳离子和氯、硫酸根等阴离子。而一些多价离子常处于一种游离的、溶解而非离子化的胶态形式的平稳状态之中,如在肉和牛乳中就存在这种平稳;金属元素还常常以一种螯合状态存在,如维生素 B_{12} 中的钴元素。

食品中矿物质含量的变化主要取决于环境因素,如植物赖以生长的土壤成分或动物饲料的成分。化学反应导致食品中矿物质的损失不如物理去除或形成生物不可利用的形式所导致的损失那样严重。矿物质最初是通过水溶性物质的浸出以及植物非食用部分的剔除而损失掉的,如大米中的矿物质主要是在谷物碾磨过程中损失,且加工精度越高,矿物质的损失就越严重。因此,在膳食中有必要补充一些微量矿物质。矿物质与食品中其他成分之间的相互作用是同样重要的,如一些食品中存在的草酸和植酸等多价阴离子,能与二价金属离子形成极难溶解的盐,而不能在肠中吸收利用。因此,测定矿物质的生物利用率就显得非常必要。

7.1.2 矿物质的特点

(1)矿物质在体内不能合成,每天必须从食物和饮水中摄取。

摄入体内的矿物质经过机体的新陈代谢,每天都有一定数量从粪、尿、汗、头发、指甲及皮肤黏膜脱落而排出体外,因此矿物质必须不断地从膳食中供给。

(2)矿物质在体内分布极不均匀。

如钙和磷主要分布在骨骼和牙齿,铁分布在红细胞,碘集中在甲状腺,钴分布在造血系统,锌分布在肌肉组织等。

(3)矿物质相互之间存在协同或拮抗作用。

如膳食中钙和磷比例不合适,可影响该两种元素的吸收;过量的镁干扰钙的代谢,过量的锌影响铜的代谢;过量的铜可抑制铁的吸收。

(4)某些微量元素在体内需要量很少,但其生理剂量与中毒剂量范围较窄,摄入过多易产生毒性作用,如硒易因摄入过量引起中毒,对硒的强化应注意用量不宜过大。

7.1.3 食品中矿物质吸收与利用

为了充分合理地利用矿物质,首先必须了解矿物质的性质、存在状态及在食品加工或储藏过程中的变化。下面就其相关的物理和化学性质做简单介绍。

1)溶解性

在所有的生物体系中都含有水,大多数矿物元素的传递和代谢都是在水溶液中进行的。因此,矿物质的生物利用率和活性在很大程度上与它们在水中的溶解性直接相关。镁、钙、钡是同族元素,仅以(+2)价氧化态存在。

虽然这一族的卤化物都是可以容性的，但其重要的盐，包括氢氧化物、碳酸盐、磷酸盐、硫酸盐、草酸盐和植酸盐都极难溶解。各种价态的矿物质在水中有可能与生命体中的有机物质，如蛋白质、氨基酸、有机酸、核酸、核苷酸、肽和糖等形成不同类型的化合物，这有利于矿物质的稳定和在器官间的输送。此外，元素的化学形式同样影响元素的利用率和作用，如三价的铁离子很难被人体吸收利用，但二价的铁离子却较容易被吸收利用；三价的铬离子是人体必需的营养元素，而六价的铬离子则是有毒元素。

2）酸碱性

任何矿物质都有阳离子和阴离子。但从营养学的角度看，只有氟化物、碘化物和磷酸盐的阴离子才是重要的。水中的氟化物成分比食品中更常见，其摄入量极大地依赖于地理位置。

3）氧化还原性

碘化物和碘酸盐与食品中其他重要的无机阴离子（如磷酸盐、硫酸盐和碘酸盐）相比，是比较强的氧化剂。阳离子比阴离子种类多，结构也更复杂，它们的一般化学性质可以通过其所在的元素周期表中的族来考虑。

4）微量元素的浓度

微量元素的浓度和存在状态将会影响各种生化反应。许多原因不明的疾病（如癌症和地方病）都与微量元素有关，但实际上对必需微量元素的确认绝非易事，因为矿物元素的价态和浓度不同，乃至排列的有序性和状态不同，对生物的生命活动都会产生不同的作用。

5）螯合效应

许多金属离子可作为有机分子的配位体或螯合剂，如血红素中的铁，细胞色素中的铜，叶绿素中的镁以及维生素 B_{12} 中的钴。具有生物活性结构的铬称为葡萄糖耐量因子（GTF），它是三价铬的一种有机络合物形式。在葡萄糖耐量生物检测中，它比无机三价铬效能高 50 倍。葡萄糖耐量因子除含有约 65% 的铬外，还含有烟酸、半胱氨酸、甘氨酸和谷氨酸，精确的结构还不清楚。六价铬无生物活性。金属离子的螯合效应与螯合物的稳定性受其本身结构和环境因素的影响。一般五元环和六元环螯合物比其他更大或更小的环稳定。

6）食品中矿物质的利用率

测定特定食品或膳食中一种矿物元素的总量，仅能提供有限的营养价值，而测定为人体所利用的食品中这种矿物元素的含量却具有更大的实用意义。食品中铁和铁盐的利用率不仅取决于它们的存在形式，而且还取决于它们吸收或利用的各种条件。测定矿物质生物率的方法有化学平衡法、生物测定法、体外实验和同位素示踪法，这些方法已广泛应用于测定家畜饲料中矿物质的消化率。

矿物质的生物利用率与很多因素有关。主要有：

（1）矿物质在水中的溶解性和存在状态。矿物质的水溶性越好，越利于肌体的吸收利用。另外，矿物质的存在形式也同样影响元素的利用率。

（2）矿物质之间的相互作用。机体对矿物质的吸收有时会发生拮抗作用，这可能与它们的竞争载体有关，如过多铁的吸收会影响锌、锰等矿物元素的吸收。

（3）螯合效应。金属离子可以与不同的配位体作用，形成相应的配合物或螯合物。食品体系中的螯合物，不仅可以提高或降低矿物质的生物利用率，而且还可以发挥其他的作用，如防止铁、铜离子的助氧化作用。矿物质形成螯合物的能力与其本身的特性有关。

（4）其他营养素摄入量的影响。蛋白质、维生素、脂肪等的摄入会影响机体对矿物质的吸收利用，如维生素C的摄入水平与铁的吸收有关，维生素D对钙的吸收影响更加明显，蛋白质摄入量不足会造成钙的吸收水平下降，而脂肪过度摄入则会影响钙质的吸收。食物中含有过多的植酸盐、草酸盐、磷酸盐等也会降低人体对矿物质的生物利用率。

（5）人体的生理状态。人体对矿物质的吸收具有调解能力，以达到维持机体环境的相对稳定，如在食品中缺乏某种矿物质时，它的吸收率会提高；在食品中供应充足时，吸收率会降低。此外，机体的状态，如疾病、年龄、个体差异等均会造成机体对矿物质利用率的变化。例如，在缺铁者或缺铁性贫血病人群中，对铁的吸收率提高；女性对铁的吸收比男性高；儿童随着年龄的增大，铁的吸收减少。铁的利用率同样受到各种饮食和个体因素的影响。

（6）食物的营养组成。食物的营养组成也会影响人体对矿物质的吸收，如肉类食品中矿物质的吸收率就比较高，而谷物中矿物质的吸收率与之相比就低一些。

7.2 矿物质的分类

根据这些矿物元素在人体内的含量水平和人体需要量的不同，习惯上分为两大类：一类是常量元素或宏量元素，如钙、磷、钠、钾、氯、镁与硫7种，它们的含量占人体总灰分的60%~80%，体内含量>0.01%，人体需要量为100 mg/d。另一类是微量元素，仅含微量或超微量，有Fe、I、Cu、Zn、Se、Mo、Co、Cr、Mn、F、Ni、Si、Sn、V共14种，前8种目前被认为是人体必需的必需元素；后者是人体可能必需的。微量元素可分为三种类型：①必需元素，其中包括Fe、I、Cu、Zn、Se、Mo、Co、Cr共8种。②非营养非毒性元素Al，B，Sn等。③非营养有毒性元素，包括Hg，Pb，As，Cd和Sb。

7.2.1 常见的大(宏)量矿物质

1. 钙

钙(calcium, Ca)，相对原子质量40.078，属周期系ⅡA族，为碱土金属成员。钙是人体内最重要的，含量最多的矿质元素。一般情况下，成人体内含钙量1200~1500g。其中99%的钙磷形成羟磷灰石结晶[$3Ca_3(PO_4)_2 \cdot (OH)_2$]和磷酸钙，集中于骨骼和牙齿中，其余1%的钙或与柠檬酸螯合或与蛋白质结合，但多以离子状态存在于软组织、细胞液及血液中，这一部分钙统称混溶钙池。其中，肝中为100~360 mg/kg，肌肉中为140~700 mg/kg，血液中为60.5 mg/dm³，骨骼中为170000 mg/kg，日摄入量为600~1400 mg。

钙的生理功能是构成骨骼和牙齿，维持神经和肌肉活动，促进体内某些酶的活性。此外，钙还参与血凝过程、激素分泌、维持体液酸碱平衡以及细胞内胶质稳定性。

食品中的一些成分将影响钙的吸收和利用(表7-1)，如膳食中的草酸盐、植酸盐可与钙结合而形成难于吸收的盐类；膳食纤维干扰钙的吸收，可能是其中的醛糖酸残基与钙结合所致；维生素D可促进人体对钙的吸收；乳糖可与钙结合，形成低分子量的可溶性络合物，有利于钙的吸收；膳食蛋白质有利于钙的吸收等。所以，膳食的钙吸收很不完全，只能吸收29%~30%。

表7-1 膳食成分对钙吸收利用的影响

提高吸收利用	降低吸收利用	无作用
乳糖	植酸盐	磷
某些氨基酸	膳食纤维	蛋白质
	草酸盐	维生素 C
维生素 D	脂肪(消化不良时)	柠檬酸
	乙醇	果胶

　　钙的食物来源应考虑两个方面:一是食物中钙的含量,二是食物中钙的吸收率。奶和奶制品是食物中钙的最好来源,不但含量丰富,而且吸收率高,是婴幼儿最佳钙源;小虾米皮、海带和发菜含钙也特别丰富;在儿童与青少年膳食中加入骨粉、蛋壳粉也是补充膳食钙的有效措施;豆和豆制品以及油料种子中也含钙不少,见表7-2。

表7-2 常用食物(100g 可食部分)中的钙含量　　　　　　　mg

食物名称	含量	食物名称	含量	食物名称	含量
人奶	34	海带	1177	蚕豆	93
牛奶	120	发菜	767	腐竹	280
奶酪	590	银耳	380	花生仁	67
蛋黄	134	木耳	375	杏仁(生)	140
标准粉	24	紫菜	343	西瓜子(炒)	273
标准米	10	大豆	367	南瓜子(炒)	235
虾皮	2000	豆腐丝	284	核桃仁	119
猪肉(瘦)	11	豆腐	240~277	小白菜	93~163
牛肉(瘦)	6	青豆	240	大白菜	61
羊肉(瘦)	13	豇豆	100	油菜	140
鸡肉(瘦)	11	豌豆	84	韭菜	105

2. 磷

　　磷(phosphorus, P),相对原子量30.973762。磷是在人体内含量较多的元素之一,仅次于钙。磷和钙都是骨骼牙齿的重要材料,其中钙/磷比值约为2:1。正常成年人体含磷1%。骨中的含磷总量为600~900 g,占总含磷量的80%,剩余的20%分布于神经组织等总组织中。人体每100 mL 全血中含磷35~45 mg,肝中为3~8.5 mg/kg,肌肉中为3000~8500 mg/kg,骨骼中为67000~71000mg/kg,日摄入量为900~19000 mg。

　　磷是骨组织中的一种必需成分,在成人体内含量为650 g 左右,是体重的1%左右,其与钙的比值为1:2。成人体内近85%(700 g)的磷分布于骨骼中。磷在软组织中以可溶性磷酸盐离子的形式存在，在脂肪、蛋白质和碳水化合物及核酸中以酯类或苷类化合物键合形式存在。在酶内则以酶活性调节因子形式存在。磷也在机体许多不同的生化反应中发挥重要作用。代谢过程中所需要的能量大部分来源于三磷酸腺苷、磷酸肌酸盐及类似化合物的磷酸键。

磷的生理作用有：骨骼、牙齿及软组织中的重要成分；调节能量的释放，机体代谢中能量多以 ADP + 1 磷酸 + 能量 = ATP 及磷酸肌醇的形式储存；生命物质成分，如磷酸、磷蛋白和核酸等；酶的重要成分，如焦磷酸硫胺素、磷酸吡哆醛、辅酶Ⅰ、辅酶Ⅱ等的辅酶或辅基都需要磷参与；物质的活化。此外，磷酸盐还参与调节酸碱平衡的作用。

磷在食物中分布很广，特别是谷类和含蛋白质丰富的食物，如瘦肉、蛋、鱼(籽)、内脏、海带、花生、豆类、坚果和粗粮等。因此，一般膳食都能满足人体的需要。

3. 镁

镁(Magnesium, Mg)，相对原子质量 24.3050。镁占人体体重的 0.05%，其中约 60% 以磷酸盐的形式存在于骨骼和牙齿中，38% 与蛋白质结合成络合物存在于软组织中，2% 存在于血浆和血清中。如肝中为 590 mg/kg，肌肉中为 900 mg/kg，血液中为 37.8 mg/dm³，骨骼中为 700~1800 mg/kg，日摄入量为 250~380 mg。

镁的生理功能：镁是人体内含量较多的阳离子之一，是构成骨骼、牙齿和细胞浆的主要成分，可调节并抑制肌肉收缩及神经冲动，维持体内酸碱平衡、心肌正常功能和结构；镁还是多种酶的激活剂，可使很多酶系统(碱性磷酸酶、烯醇酶、亮氨酸氨肽酶)活化，也是氧化磷酸化所必需的辅助因子。

镁较广泛地分布于各种食物中，新鲜的绿叶蔬菜、海产品、豆类是镁较好的食物来源，咖啡、可可粉、谷类、花生、核桃仁、全麦粉、小米、香蕉等也含有较多的镁，但奶中含镁较少。因此，一般不会发生膳食镁的缺乏。但长期慢性腹泻将引起镁的过量排出，可出现抑郁、眩晕、肌肉软弱等镁缺乏症状。

4. 钾

钾(Kalium, Ka)，相对原子质量 39.0983，属周期系 IA 族，为碱金属成员。正常人体内约含钾 175 g，其中 98% 的钾储存于细胞液内，是细胞内最主要的阳离子。其中肝中为 16000 mg/kg，肌肉中为 16000 mg/kg，血液中为 1620 mg/dm³，骨骼中为 2100 mg/kg，日摄入量为 1400~1700 mg。

钾的生理功能：维持碳水化合物、蛋白质的正常代谢；维持细胞内正常的渗透压；维持神经肌肉的应激性和正常功能；维持心肌的正常功能；维持细胞内外正常的酸碱平衡和电离子平衡；可降低血压。

钾广泛分布于食物中，肉类、家禽、鱼类、各种水果和蔬菜都是钾的良好来源，如脱水水果、糖浆、马铃薯粉、米糠、海草、大豆粉、香料、向日葵籽、麦麸和牛肉等。但当限制钠时，这些食物的钾也受到限制。急需补充钾的人群为大量饮用咖啡的人、经常酗酒和喜欢吃甜食的人、血糖低的人和长时间节食的人。

5. 钠

钠(Natrium, Na)，相对原子质量 22.990，钠在人体体液中以盐的形式存在。其中肝中的钠含量为 2000~4000 mg/kg，肌肉中为 2600~7800 mg/kg，血液中为 1970 mg/dm³，骨骼中为 2100 mg/kg，日摄入量为 2000~15000 mg。

钠的生理功能：①细胞外液中带正电的主要离子，参与水的代谢，保证机体内水的平衡。②与钾共同作用可维持人体体液的酸碱平衡。③钠和氯是胃液的组成成分，与消化机能有关，也是胰液、胆汁、汗和泪水的组成。④可调节细胞兴奋性和维持正常的心肌运动。⑤和氯离子组成的食盐是不可缺少的调味品。

除烹调、加工和调味用盐以外，钠以不同含量存在于所有食品中。一般而言，蛋白质食物中的含钠量比蔬菜和谷物中多，水果中很少或不含钠。食物中钠的主要来源有熏腌猪肉、大红肠、谷糠、玉米片、泡黄瓜、火腿、青橄榄、午餐肉、燕麦、马铃薯片、香肠、海藻、虾、酱油和番茄酱等。因此，人很少发生钠缺乏问题。

6. 氯

氯（Chlorinum，Cl），相对原子质量35.4527，属周期系ⅦA族，为卤素成员。氯约占人体重量的0.15%，以氯化物的形式分布于全身各组织中，以脑脊液和胃肠道分泌物中最多，在体液中以盐的形式存在。其中肝中为3000～7200 mg/kg，肌肉中为2000～5200 mg/kg，血液中为2890 mg/dm^3，骨骼中为900 mg/kg，日摄入量为3000～6500 mg。

氯的生理功能：是消化道分泌液如胃酸、肠液的主要组成成分，与消化机能有关。氯离子和钠离子还是维持细胞内外渗透压及体液酸碱平衡的重要离子，并参与水的代谢。

食盐和含盐食物都是氯的来源。值得注意的是，机体失氯与失钠往往相平衡，当氯化钠的摄入量受到限制时，尿中含氯量下降，紧接着组织中的氯化物含量也下降。出汗和腹泻时，钠损失增加，也会引起氯的损失。

7.2.2 常见的微量矿物质

1. 铁

铁（Ferrum，Fe），相对原子质量55.847，属周期系Ⅷ族。铁是人体需要最多的微量元素，健康成人体内含铁0.004%，3～5 g，其中60%～70%存在于血红蛋白内，约3%在肌红蛋白中，各种酶系统（细胞血红酶、细胞色素氧化酶、过氧化物酶与过氧化氢酶等）中不到1%，约30%的铁以铁蛋白和含铁血黄素形式存在于肝、脾与骨髓中，还有一小部分存在于血液转铁蛋白中。其中肝中为250～1400 mg/kg，肌肉中为180 mg/kg，血液中为447 mg/dm^3，骨骼中为3～380 mg/kg，日摄入量为6～40mg。

铁的生理功能：与蛋白质结合构成血红蛋白与肌红蛋白，参与氧的运输，促进造血，维持机体的正常生长发育；是体内许多重要酶系如细胞色素酶、过氧化氢酶与过氧化物酶的组成成分，参与组织呼吸，促进生物氧化还原反应；作为碱性元素，也是维持机体酸碱平衡的基本物质之一；可增加机体对疾病的抵抗力。

食物中含铁化合物为血红素铁和非血红素铁，前者的吸收率为23%，后者为3%～8%。动物性食品如肝脏、动物血、肉类和鱼类所含的铁为血红素铁（也称亚铁），能直接被肠道吸收。植物性食品中的谷类、水果、蔬菜、豆类及动物性食品中的牛奶、鸡蛋所含的铁为非血色素铁（也叫高铁），以络合物形式存在，络合物的有机部分为蛋白质、氨基酸或有机酸，此种铁需先在胃酸作用下与有机酸部分分开，成为亚铁离子，才能被肠道吸收。所以动物性食品中的铁比植物性食品中的铁容易吸收。为预防铁缺乏，应该首选动物性食品。

2. 锌

锌（zinc，Zn），相对原子质量65.39，在人体中锌的含量约为铁的一半（1.4～2.3 g），广泛分布在人的神经、免疫、血液、骨骼和消化系统中，在骨骼和皮肤中较多。红细胞膜上锌浓度也较高，锌主要以金属酶和碳酸酐酶，碱性磷酸酶的组分存在；血浆中的锌主要与蛋白质相结合，游离的锌含量很少。头发中锌的含量可以反映膳食锌的长期供应水平和人体锌的营养状况。其中肝为 240 mg/kg，肌肉中为 240 mg/kg，血液中为 7 mg/dm³，骨骼中为 75 ~ 170 mg/kg，日摄入量 5 ~ 40 mg。

锌的生理功能：锌是体内许多酶（醇脱氢酶、谷氨酸脱氢酶）的组成成分或酶的激活剂；与核酸、蛋白质的合成、碳水化合物和维生素 A 的代谢及胰腺、性腺的脑下垂体的活动都有密切关系。锌能维护消化系统和皮肤的健康，并能保持夜间视力正常。

一般认为，高蛋白食品含锌都较高，海产品是锌的良好来源，乳品及蛋白次之，蔬菜水果不高。经过发酵的食品含锌量增多，如面筋、麦芽都含锌。但是谷类中的植酸会影响锌的吸收，精白米和白面粉含锌量较少，即饮食越精细、高档，含锌量较少。因此，以谷类为主食的幼儿，或者只吃蔬菜，不吃荤菜的幼儿，就容易发生缺锌。

虽然锌来源广泛，但动植物食物的锌含量与吸收率有很大的差异。按每 100 g 含锌量（mg）计算，牡蛎中可达 100 mg 以上，禽畜肉及肝脏、蛋类中为 2 ~ 5 mg，鱼及其他海产品中为 2.5 mg 左右，禽畜制品中为 0.3 ~ 0.5mg，豆类及谷类中为 1.5 ~ 2.0 mg，而蔬菜及水果类含量较低，一般在 1.0 mg 以下。

3. 碘

碘（iodine，I），相对原子质量 126.90447，属周期系ⅦA 族，为卤素的成员。

人体内约含碘 25 mg，其中约 15 mg 存在于甲状腺中，其他则分布在肌肉、皮肤、骨骼及其他内分泌腺和中枢神经系统中。其中肝中为 0.7mg/kg，肌肉中为 0.05 ~ 0.5 mg/kg，血液中为 0.057 mg/dm³，骨骼中为 0.27 mg/kg，日摄入量为 0.1 ~ 0.2 mg。

碘的生理作用：碘在体内主要参与甲状腺素（三碘甲腺原氨酸和四碘甲腺原氨酸）的合成；促进生物氧化，协调氧化磷酸化过程，调节能量转化；促进蛋白质合成，调节蛋白质合成和分解；促进糖和脂肪代谢；调节组织中水盐代谢；促进维生素的吸收和利用；能活化包括细胞色素酶系统、琥珀酸氧化酶系等 100 多种酶系统，对生物氧化和代谢都有促进作用；促进神经系统发育、组织的发育和分化及蛋白质的合成。

机体所需的碘可以从饮水、食物及食盐中获取，其碘含量主要决定于各地区的生物地质化学状况。一般情况下，远离海洋的内陆山区，其土壤和空气中含碘较少，水和食物中含碘也不高。因此，可能成为地方性甲状腺高发地区。

含碘量较高的食物为海产品，每 100 g 海带（干）含碘 24000 μg、紫菜（干）中为 1800 μg、淡菜（中）中为 1000 μg、海参（干）中为 600 μg。对于不能常吃到海产品的地区，体内碘的需要也可通过膳食中添加碘化钾的食盐而获得。如每日摄入食盐 15 g，即可得到碘化钾 150 μg，相当于摄入碘 115 μg，已能满足机体的需要。

4. 硒

硒（selenium，Se），相对原子质量 78.96。人体内硒的含量为 14 ~ 21 mg，广泛分布于所有组织和器官中。指甲中最多，其次为肝和肾，肌肉和血液中含硒量约为肝的 1/2 或肾的 1/4。其中肝中为 0.35 ~ 2.4 mg/kg，肌肉中为 0.42 ~ 1.9 mg/kg，血液中为 0.171 mg/dm³，骨骼中为 1 ~ 9 mg/kg，日摄入量为 0.006 ~ 0.2 mg。

硒的生理功能：①是谷胱肝肽过氧化物酶的组成成分，可清除体内过氧化物，保护细胞和组织免受损害。②具有很好的清除体内自由基的功能，可提高机体的免疫力，抗衰老，抗化学致癌。③可维持心血管系统的正常结构和功能，预防心血管病。④可与体内的重金属元素如镉、铅等结合并排出体外，从而起到了解毒排毒的作用。

硒缺乏是引起克山病的一个重要病因，缺乏硒还会诱发肝坏死及心血管疾病。动物性食物肝脏、肾、肉类及海产品是硒的良好来源。但食物中硒含量受当地水土中硒含量的影响很大。

5. 铜

铜(cuprum, Cu)，相对原子质量63.546。人体内含铜量50～100 mg，广泛分布于各器官、组织中，肝脏、肾脏、心脏、头发和大脑中的铜含量最高。肝中铜含量约占人体总铜的15%，脑中约占10%，肌肉中浓度较高，但含量约占人体铜总量的40%。肝和脾是铜的储存器官，婴幼儿肝脾中铜含量相对成人高。血清中铜含量为10～24 μmol/L，与红细胞中的含量非常接近。

铜的生理功能：①参与体内多种酶的构成，已知有100多种酶含铜，且都是氧化酶，如铜蓝蛋白、细胞色素氧化酶、过氧化物歧化酶、酪氨酸酶、多巴羟化酶、赖氨酸氧化酶等，铜在体内也以上述酶的形式参与许多作用。②能促进铁在胃肠道的吸收，并将铁送到骨骼去造血，促进红细胞成熟。③体内弹性组织和结缔组织中有一种含铜的酶，可以催化胶原成熟，保持血管弹性和骨骼的坚韧性，保持人体皮肤的弹性和润泽性，毛发正常的色素和结构。④参与生长激素、脑垂体素、性激素等重要生命活动，维护中枢神经系统的健康。⑤能调节心搏，缺铜会诱发冠心病。

铜在动物肝脏、肾、鱼、虾、蛤蜊中含量较高，在豆类、果类、乳类中含量较少。

6. 铬

铬(Chromium, Cr)，相对原子质量51.9961，密度单晶为7.22 g/cm³，多晶为7.14 g/cm³。人体内含铬总量为6～7 mg，广泛分布于各个器官、组织和液体中。其中肝中为0.02～3.3 mg/kg，肌肉中为0.024～0.84 mg/kg，血液中为0.006～0.11 mg/dm³，骨骼中为0.1～0.33 mg/kg，日摄入量为0.01～1.2 mg。

铬的生理功能：①是葡萄糖耐量因子(GTF)的组成成分，对调节体内糖代谢、维持体内正常葡萄糖耐量起重要作用。②影响机体的脂质代谢，降低血中胆固醇和甘油三酯的含量，预防心血管病。③是核酸类(DNA和RNA)的稳定剂，可防止细胞内某些基因物质的突变并预防癌症。因此，缺铬将主要表现为葡萄糖耐量受损，并可能伴随有高血糖、尿糖；缺铬也会导致脂质代谢失调，易诱发冠状动脉硬化导致心血管病。

铬的主要食物来源为粗粮、肉类、啤酒酵母、干酪、黑胡椒、可可粉。食品加工越精，其中铬的含量越少，精制白糖、面粉几乎不含铬。

7. 钼

钼(Mohhybdenum, Mo)，相对原子质量95.94，钼在人体内的含量总共不到9 mg，分别积聚在肝脏、心脏等器官中。肝中为1.3～5.8 mg/kg，肌肉中为0.018 mg/kg，血液中为0.001 mg/dm³，骨骼中为<0.7 mg/kg，日摄入量为0.05～0.35 mg。

钼的生理功能：是人体黄嘌呤氧化酶或脱氢酶、醛氧化酶和亚硫酸盐氧化酶等的组成成分，能参与细胞内电子的传递，影响肿瘤的发生，具有防癌抗癌的作用。近年来又发现钼是大脑必需的7种微量元素(Fe、Cu、Zn、Mn、Mo、I、Se)之一，缺钼会导致神经异常，智力发育迟缓，影响骨骼生长。

人体钼缺乏时，心肌缺氧引起心悸、呼吸急促；尿酸排泄减少，形成肾结石和尿路结石；可以引起龋齿，补充适量钼可增强氟的防龋作用。

钼在肉类、粗粮、豆类、小麦等食物中含量较多，叶菜中含量也较丰富。一般来说，食物越精细，含钼量就越少。

8. 钴

钴（Cobalt，Co），相对原子质量 58.9332，属周期系 VIII 族。钴在人体中的含量一般为 1.1~1.5 mg，广泛分布于人体的各个部位，肝、肾和骨骼中含量较高。红细胞中钴的含量为 0.059~0.13 mg/kg，血清中为 0.005~0.04 mg/dm³，全血平均为 0.238 mg/kg 左右，50 岁以上老年人血液中钴的含量低于 20~50 岁的中、青年。在人体生长的各个阶段，男性血液中的钴的含量总是高于女性的水平。正常人血液中钴的含量 8 月份最高，1 月份最低，这与 5~7 月份人体从蔬菜和奶制品中摄入的钴最高，而 1 月份相对最少相关。其中，肝中为 0.06~1.1 mg/kg，肌肉中为 0.28~0.65 mg/kg，血液中为 0.0002~0.04 mg/dm³，骨骼中为 0.01~0.04 mg/kg，日摄入量为 0.005~1.8 mg。

钴的生理功能：主要以维生素 B₁₂ 和 B₁₂ 辅酶的组成形式储存于肝脏中发挥其作用，对蛋白质、脂肪、糖类代谢、血红蛋白的合成都具有重要的作用，并可扩张血管，降低血压。能防止脂肪在肝细胞内沉着，预防脂肪肝；可激活很多酶，如能增加人体唾液中淀粉酶的活性，增加胰淀粉酶和脂肪酶的活性；能刺激人体骨骼造血系统，促使血红蛋白的合成及红细胞数目的增加；能促进锌在肠道吸收。因此，钴缺乏会引起营养性贫血症。

钴在动物内脏（肾、肝、胰）中含量较高，牡蛎、瘦肉中也含有一定量的钴；发酵的豆制品如臭豆腐、豆豉、酱油等中都含有少量维生素 B₁₂，可作为钴的食物来源；乳制品和谷类一般含钴较少。

7.3 食品加工及贮藏过程中矿物质的变化

食品中矿物质的含量在很大程度上受到各种环境因素的影响，如受土壤中矿物质的含量、地区分布、季节、水源、施用肥料、杀虫剂、农药和杀菌剂以及膳食的性质等因素的影响。此外，加工过程中矿物质可直接或间接进入食品中，导致食品中矿物质的含量变化很大。

在食品加工中，食品中存在的矿物质，无论是本身存在的或是人为添加的，它们或多或少都会对食品中的营养成分和感官品质产生影响。例如，果蔬制品的变色多是由于多酚类物质（花青素）与金属形成复合物而造成的。抗坏血酸的氧化损失是由于含金属的酶类而引起的，而含铁的脂肪氧合酶能使食品产生不良风味。螯合剂的应用可以消除或减轻上述金属对食品的不良影响。

在加工过程中，食品矿物质的损失与维生素不同，因为它在多数情况下不是由于化学反应引起的，而是通过矿物质的流失与其他物质形成一种不适宜于人体吸收利用的化学形式。食品在加工和烹调过程中对矿物质的影响是食品中矿物质损失的常见现象，如罐藏、烫漂、汽蒸、水煮、碾磨等加工工序都可能对矿物质造成影响。据报道，罐藏的菠菜比新鲜的损失 81.7% 的锰、70.8% 的钴和 40.1% 的锌。番茄制成罐头后损失 83.8% 锌，胡萝卜要经过烫漂工序,由于要用水,在沥滤时可能会引起某些矿物质的损失,表7-3为菠菜热烫对矿物质的影响,可见矿物质损失的程度与其溶解度有关。有时在加工中矿物质的含量反而有所增加,表7-4中豌豆中钙就是这种情况。但是,在煮熟的豌豆中矿物质损失的情况与上述菠菜中的略有不同,即豌豆中钙的损失情况与其他矿物质相同,微量元素的损失也与以上相似(表7-4)。

表7-3　烫漂对菠菜中矿物质损失的影响(以100 g计)

矿物质名称	矿物质损失量/g		损失/%
	未热烫	热烫	
钾	6.9	3.0	56
钠	0.5	0.3	43
钙	2.2	2.3	0
镁	0.3	0.2	36
磷	0.6	0.4	36
亚硝酸盐	2.5	0.8	70

表7-4　每100 g生豌豆和煮过的豌豆中矿物质的含量

矿物质名称	矿物质含量/mg		损失/%
	生	煮	
钙	135	69	49
铜	0.80	0.33	59
铁	5.3	2.6	51
镁	163	57	65
锰	1.0	0.4	60
磷	453	156	65
钾	821	298	64
锌	2.2	1.1	50

　　此外,碾磨对谷类食物中矿物质的含量也有影响。由于谷类食物中的矿物质主要分布于糊粉层和胚组织中,因而碾磨过程能引起矿物质的损失。损失量随碾磨的精细程度而增加,但各种矿物质的损失有所不同。例如,小麦经碾磨后,铁损失较严重,此外,铜、锰、锌、钴等也会大量损失;精碾大米时,锌和铬大量损失,锰、钴、铜也会受到影响。但是在大豆的加工中则有所不同,因为大豆加工主要是一些脱脂、分离、浓缩等过程,大豆经过这些加工工序其蛋白质的含量有所提高,而很多矿物质正是与蛋白质组分结合在一起的,所以实际上大豆经过加工后,矿物质基本上没有损失(硅除外)。

　　食品中矿物质的损失的另一个途径就是矿物质与食品中其他成分的相互作用,导致生物利用率下降。一些多价阴离子，如广泛存在于植物性食品中的草酸、植酸等，能与两价的金属阳离子如镁、钙等形成盐，而这些盐是非常不容易溶解的，可经过消化道而不被人体吸收。因此，它们对矿物质的生物效价有很大的影响。

　　总之，有关食品加工对矿物质影响的研究目前还比较少。在研究过程中，取样技术和分析方法不一致，食品种类、品种、来源不统一，使得一些有限的数据不能直接用来比较，也就不能充分说明加工对矿物质的影响。但人体内缺乏矿物质会对机体造成不同程度的危害，所以在食品中强化矿物质是很必要的。

思考题

1. 食品中矿物质吸收利用的基本性质和它们在机体中的作用是什么？
2. 为什么谷物和豆类食品中的钙吸收利用率低呢？如何提高其吸收利用率？
3. 矿物质营养强化应注意哪些方面的问题？
4. 你认为最合理的补钙方法是什么？

第8章

食品色素

> ## 本章学习目的与要求
>
> - 掌握食品色素的分类,熟悉常见色素的名称。
> - 掌握常见天然色素的化学结构、基本理化性质以及在食品加工和储藏过程中发生的重要变化。
> - 掌握酶促褐变反应、美拉德反应、焦糖化反应的反应历程、产物种类(包括阶段性中间反应产物)和控制措施。
> - 熟悉褐变对食品品质的影响。

　　本章主要介绍食品中天然色素的分类、分布、结构、理化性质、应用和在食品加工和储藏过程中发生的重要变化。讲述了酶促褐变和非酶促褐变反应的定义、分类、反应机理及食品加工过程中褐变的控制措施。

8.1 概述

　　评价食品质量的标准除了营养价值、质地、风味等指标外,还包括食品的色泽。色泽是对食品感官质量最有影响的因素之一。食品的色泽主要由其所含的色素决定,如肉及肉制品的色泽主要是由肌红蛋白及其衍生物决定,绿叶蔬菜的色泽主要是由叶绿素及其衍生物决定。在食品原料中天然存在的有色物质,或在加工、储藏过程中天然成分发生化学变化而产生的有色物质称为食品固有色素,即天然色素。

　　食品中的天然色素按来源不同可分为植物色素(如叶绿素、类胡萝卜素、花青素等)、动物色素(如血红素、虾青素等)和微生物色素(如红曲色素)三类;按溶解性质不同可分为水溶性色素(如花青素、类黄酮类色素等)和脂溶性色素(如叶绿素、类胡萝卜素等);按化学结构不同可分为四吡咯色素(如叶绿素、血红素等)、类胡萝卜素(如胡萝卜素、叶黄素等)、多酚类色素(如花青素、类黄酮色素、单宁、儿茶素等)、酮类色素(如红曲色素、姜黄色素等)、醌类色素(如紫胶虫色素、胭脂虫色素等)和其他色素(如焦糖色素等)。

　　天然色素一般对热、光、pH 及氧等敏感,因此食品在加工和储藏过程中容易发生褪色或变色现象,这种色泽的变化有时候是有利的,如面包烘烤后产生的褐黄色,但更多时候是不利的,如苹果切开后颜色迅速变深,鲜肉贮放过程中颜色变成褐色等,这不仅影响了食品的感观品质,而且降低甚至失去了商品价值。因此需要有针对性地采取有效的措施,防止食品褪色和不良色泽的产生。

8.2　食品中天然色素的性质

8.2.1　四吡咯色素

1.血红素

1)血红素的结构

　　血红素是高等动物肌肉和血液中的主要红色色素,在肌肉中主要以肌红蛋白的形式存在,在血液中主要以血红蛋白的形式存在。动物肌肉的红色主要来自于肌红蛋白(70% ~80%)和血红蛋白(20% ~30%),动物被屠宰放血后,大部分血红蛋白随血液流失,此时肌肉色泽90%以上是由肌红蛋白产生的。肌肉组织中肌红蛋白的含量随动物种类、育龄、雌雄和部位的不同有很大的差异,比如老牛肉中肌红蛋白的含量比小牛肉高,家禽胸部肌肉中的肌红蛋白含量比小腿和大腿肌肉高。

　　血红素是一种卟啉类化合物,由 1 个平面卟啉环和 1 个铁原子两部分组成,结构如图8 - 1所示。卟啉环是由 4 个吡咯通过亚甲基桥连接构成,是色素的发色基团。中心铁原子共有 6 个配位键,其中 4 个分别与 4 个吡咯环的氮原子配位结合,第 5 个与肌红蛋白或血红蛋白中球蛋白的组氨酸残基的咪唑基氮原子配位结合,第 6 个可与各种配位体中带负电荷的原子相结合。

　　肌红蛋白是由 1 个血红素分子和 1 条约含 153 个氨基酸的多肽链组成的球状蛋白质,分子量为 17000,其中蛋白质部分称为球蛋白。因此,肌红蛋白是由球蛋白和血红素组成的络合物(结构如图 8 - 2 所示),可看成是血红素基团的铁原子周围有 8 股折叠的 α 螺旋肽段的复杂分子。

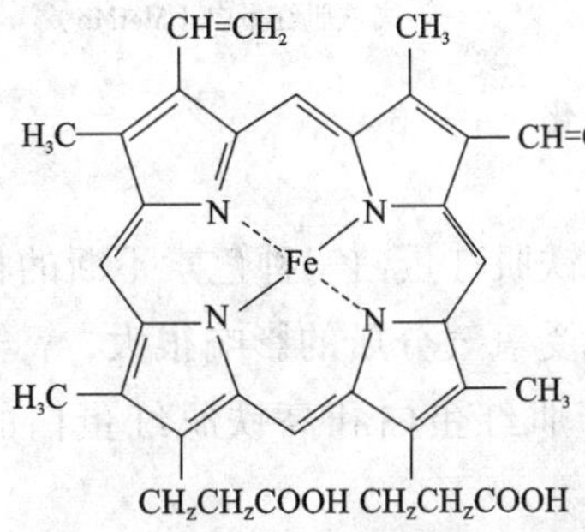

图 8 - 1　血红素基团的结构

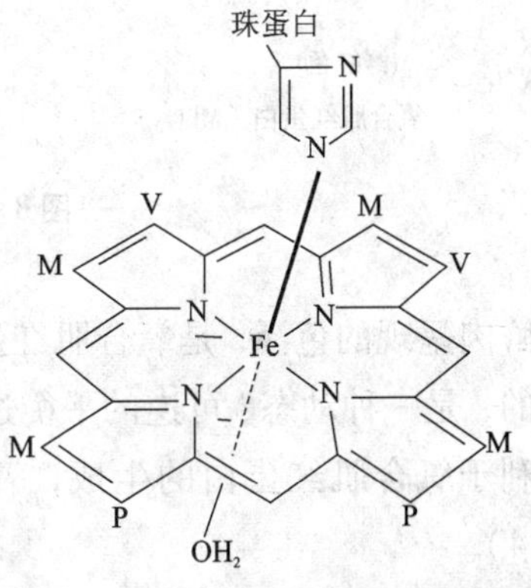

图 8 - 2　肌红蛋白的结构

血红蛋白是由4个血红素分子分别和4条多肽链结合而组成的球蛋白，可粗略看成是由4个肌红蛋白分子相互连接构成的4聚体，分子量为67000，约为肌红蛋白的4倍。

2）血红素的功能和物理性质

肌红蛋白和血红蛋白都是生物代谢中氧气的载体。血红蛋白的功能是在肺中与分子氧可逆的结合，并通过血液将结合物输送至全身各组织。肌红蛋白存在于细胞中，它可接受血红蛋白运送的氧，作为向血液中血红蛋白提供氧的临时储藏库。

血红素为紫红色粉末或结晶体，可溶于水和稀盐酸溶液。肌红蛋白的特征光谱是在555 nm波长处出现最大吸收谱带，外观呈红紫色。

肉的颜色是评价肉品质的重要指标之一。肉对光的总反射使肉呈现出颜色，总反射的特性取决于肉色素的吸收(K)和肌肉纤维基质的散射系数(S)两个主要因素。K/S表示吸收和散射两者对眼睛产生的总效应。在解释肌肉组织基质中肌红蛋白的颜色时，不仅要考虑色素的光谱特性，还要考虑肌肉基质的散射特性。鲜红色肉的K值大于S值，当K值逐渐降低时，肌红蛋白的光谱曲线特征吸收峰下降，当K值较小时，则曲线偏离肌红蛋白的特征光谱，肉的品质出现问题。

3）血红素的化学反应与加工、储藏过程中肉的颜色变化

除肌红蛋白外，肌肉中还含有少量其他色素，如细胞色素、维生素B_{12}、辅酶黄素等，由于这些色素含量较少，所以肌肉的颜色主要取决于肌红蛋白的化学性质、氧化状态、与血红蛋白键合的配体类型以及球蛋白的状态。卟啉环中的铁以两种形式存在：还原型亚铁离子(Fe^{2+})和氧化型高铁离子(Fe^{3+})。当肌红蛋白与分子氧结合发生氧合反应时，形成鲜红色的氧合肌红蛋白(MbO_2)，当肌红蛋白发生氧化反应时，铁原子从二价态转变成三价态，形成了棕褐色的高铁肌红蛋白(MMb)。肌红蛋白和氧合肌红蛋白都能够发生氧化，使Fe^{2+}氧化成Fe^{3+}，生成高铁肌红蛋白。反应式见图8-3。

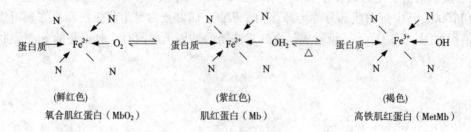

图8-3　肌红蛋白的相互转化

新鲜肉呈现的色泽，是氧合肌红蛋白、肌红蛋白和高铁肌红蛋白三种色素不断的相互转化产生的，是一种动态、可逆的平衡过程。这种平衡变化受氧气分压的影响很大，氧气分压高时有利于氧合肌红蛋白的生成，氧气分压低时有利于肌红蛋白和高铁肌红蛋白的生成（图8-4）。

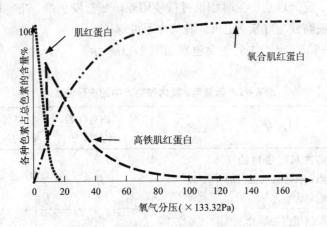

图 8-4　氧气分压对肌红蛋白相互转化的影响

动物被屠宰放血后，对肌肉组织的供氧停止，新鲜肉中的肌红蛋白保持还原状态，肌肉呈稍暗的紫红色(肌红蛋白的颜色)。当动物胴体被分割后，肉放置在空气中不断与氧气接触，肉表面的肌红蛋白与氧气氧化形成鲜红色的氧合肌红蛋白，肉中间部分的肌红蛋白仍处于还原状态(为紫红色)。随着在空气中存放时间的延长，在有氧或氧化剂存在时，血红素的 Fe^{2+} 被氧化为 Fe^{3+}，生成高铁肌红蛋白，且生成量逐渐增大，褐色成为主要色泽。

鲜肉在热加工时，由于温度升高和氧气分压降低，肌红蛋白中的球蛋白发生变性，铁被氧化成 Fe^{3+}，产生高铁肌色原，使熟肉呈现褐色。当热加工后肉的内部有还原性物质存在时，铁被还原成 Fe^{2+}，产生暗红色的肌色原。

肉类制品在腌制时，通常使用硝酸盐或亚硝酸盐作为发色剂。血红素的中心铁离子可与氧化氮以配价键结合转变为氧化氮肌红蛋白，加热则生成鲜红色的氧化氮肌色原，因而使腌肉制品的颜色更加鲜艳诱人，并对热和氧的稳定性加强。但可见光可促使氧化氮肌红蛋白和氧化氮肌色原重新分解为肌红蛋白和肌色原，并被继续氧化为高铁肌红蛋白和高铁肌色原。这就是腌肉制品见光褐变的原因(图 8-5)。

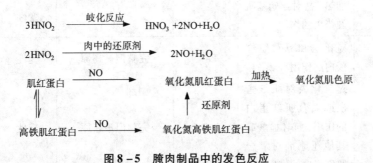

图 8-5　腌肉制品中的发色反应

鲜肉贮存不合理时会产生绿色物质，这是由于微生物的大量繁殖使蛋白质分解，产生过氧化氢、硫化氢等化合物。其中，过氧化氢可与血红素中的 Fe^{2+} 和 Fe^{3+} 反应生成绿色的胆绿色素，使肌红蛋白形成胆绿蛋白。硫化氢在有氧气存在的条件下和肌红蛋白反应生成绿色的硫肌红蛋白。此外，腌肉制品加工时如果过量使用亚销酸盐发色剂，卟啉环的 α - 亚甲基被硝基化，生成亚硝酰高铁血红素，也可使腌肉制品变绿。

以上描述的不同加工肉类中的主要色素如表 8 - 1 所示。

表 8 - 1　新鲜肉、腌肉和熟肉中的主要色素

色素	形成方式	铁的价态	高铁血红素环的状态	球蛋白的状态	颜色
肌红蛋白	高铁肌红蛋白的还原，氧合肌红蛋白的脱氧合	Fe^{2+}	完整	天然	紫红色
氧合肌红蛋白	肌红蛋白的氧合	Fe^{2+}	完整	天然	鲜红色
高铁肌红蛋白	肌红蛋白和氧合肌红蛋白的氧化	Fe^{3+}	完整	天然	褐色
亚硝基肌红蛋白	肌红蛋白与一氧化氮结合	Fe^{2+}	完整	天然	鲜红（粉红）色
亚硝基高铁肌红蛋白	高铁肌红蛋白和过量的亚硝酸盐结合	Fe^{3+}	完整	天然	红色
白肌色原	加热、变性剂对肌红蛋白、氧合肌红蛋白的作用，高铁血色原受辐照	Fe^{2+}	完整	变性	暗红色
高铁肌色原	加热、变性剂对肌红蛋白、氧合肌红蛋白、高铁肌红蛋白、血色原的作用	Fe^{3+}	完整	变性	棕色
亚硝酰肌色原	加热、盐对亚硝基肌红蛋白的作用	Fe^{2+}	完整	变性	鲜红（粉红）色
硫肌红蛋白	硫化氢和氧对肌红蛋白的作用	Fe^{2+}	完整但被还原	变性	绿色
胆绿蛋白	过氧化氢对肌红蛋白或氧合肌红蛋白的作用，抗坏血酸或其他还原剂对氧合肌红蛋白的作用	Fe^{2+} 或 Fe^{3+}	完整但被还原	变性	绿色
氯铁胆绿素	试剂过量对硫肌红蛋白的作用	Fe^{3+}	卟啉环开环	变性	绿色
胆色素	过量的试剂对硫肌红蛋白的作用	不含铁	卟啉环被破坏	不存在	黄红色

2. 叶绿素

1）叶绿素的结构

叶绿素是绿色植物、海藻和光合细菌等所有能进行光合作用的生物体内含有的一类绿色色素，主要存在于绿色植物细胞内的叶绿体中。叶绿素是由叶绿酸、叶绿醇和甲醇缩合而成的二醇酯，绿色来自叶绿酸部分。叶绿素包括叶绿素 a、叶绿素 b、叶绿素 c 和叶绿素 d，与食品有关的叶绿素主要是高等植物中的叶绿素 a 和叶绿素 b 两种，两者含量比一般为 3∶1，前者为青绿色，后者为黄绿色。其分子结构见图 8-6。二者区别仅在于其中一个吡咯环中 3 位碳原子上的取代基不同，叶绿素 a 为甲基，叶绿素 b 为醛基。

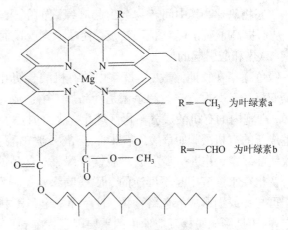

图 8-6 叶绿素的结构

2）叶绿素的性质

纯叶绿素 a 是蓝黑色粉末，熔点 117~120℃，其乙醇溶液呈蓝绿色并有深红色荧光。叶绿素 b 是深绿色粉末，熔点 120~130℃，其乙醇溶液呈绿色或黄绿色，有红色荧光。二者均不溶于水，难溶于石油醚，易溶于乙醇、乙醚、丙酮等有机溶剂。

在活体植物细胞中，叶绿素与类胡萝卜素、类脂物及脂蛋白结合成复合体，共同存在于叶绿体中。当细胞死亡后，叶绿素就从叶绿体内游离出来，游离的叶绿素很不稳定，对光、热、酸、碱等均敏感，易发生多种反应，生成不同的衍生物，如图 8-7 所示。在酸性条件下，叶绿素分子的中心镁离子被两个质子取代，生成褐色的脂溶性脱镁叶绿素。在叶绿素酶的作用下，叶绿素分子中的植醇被羟基取代，生成绿色的水溶性脱植叶绿素。脱镁叶绿素的甲酯基脱去，同时该环上甲酯基中的酮基转为烯醇式，形成了比脱镁叶绿素色泽更暗的焦脱镁叶绿素。脱去镁和植醇后形成橄榄绿色的水溶性焦脱镁脱植叶绿素。

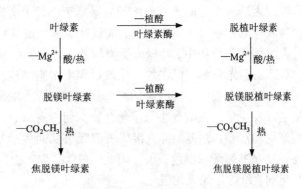

图 8-7 叶绿素的衍生物

3）叶绿素在食品加工与储藏中的变化

食品在采用浸漂、脱水、酸浸或热加工等处理和储藏过程中，叶绿素会发生褪色或脱色，主要有以下反应。

（1）酶促反应。

引起叶绿素分解破坏的酶促反应有两类。一类是直接作用，直接以叶绿素为底物的只有叶绿素酶，它可以催化植醇从叶绿素及其无镁衍生物（脱镁叶绿素）上解离，分别形成脱植叶绿素和脱镁脱植叶绿素。但是,叶绿素酶只有在采后并经热激活后方可在新鲜叶片上催化叶绿素水解形成脱植叶绿素。蔬菜中叶绿素酶的最适温度为 $60 \sim 82.2 ℃$,当受热超过 $80 ℃$ 时,酶活性会降低,当超过 $100 ℃$ 时,酶活性则完全丧失。另一类是间接作用,起间接作用的酶有蛋白酶、脂肪酶、脂肪氧合酶、过氧化物酶、果胶酯酶等。蛋白酶和脂酶通过分解叶绿素 - 脂蛋白复合体,使叶绿素失去脂蛋白的保护而更易遭到破坏。脂肪氧合酶和过氧化物酶可催化相关底物氧化,其中间产物会引起叶绿素的氧化和分解。果胶酯酶是将果胶水解为果胶酸,从而提高了质子(氢离子)浓度,使叶绿素脱镁而被破坏。

(2)热和酸引起的变化。

绿色蔬菜在长期储藏中,蔬菜中的有机酸会使叶绿素发生脱镁反应生成脱镁叶绿素,使蔬菜变黄甚至变褐。热烫和杀菌是食品加工中造成叶绿素损失的主要原因,组织由于受热被破坏,细胞内的有机酸成分不再区域化,从而加强了与叶绿素的接触。同时,加热促使植物又生成新的有机酸,如草酸、苹果酸、乙酸、琥珀酸、柠檬酸等。由于酸的作用,使叶绿素生成脱镁叶绿素,并进一步生成焦脱镁叶绿素,食品的色泽由绿色转变为橄榄绿、甚至褐色。这种变化在水溶液中是不可逆的。脱镁叶绿素是一种螯合剂,当存在足量的锌或铜离子时,它们可与锌或铜形成绿色络合物,且色泽稳定,其中叶绿素铜钠的色泽最鲜亮,对光和热均稳定。pH 是影响脱镁反应速度的重要因素:在 pH 为 9.0 时,叶绿素对热很稳定;在 pH 为 3.0 时,易被降解。烹调绿色蔬菜时,添加醋会使蔬菜脱色,通常可加适量碱来护色,但不可加入过多,否则会影响食品的风味并破坏维生素 C。加热会导致植物组织 pH 的下降,这对叶绿素降解的影响很大。提高罐藏蔬菜的 pH 是一种有效的护绿方法,加入适量钙、镁的氢氧化物或氧化物以保持热烫液的 pH 接近 7.0,可防止生成脱镁叶绿素,但会促使组织软化并产生碱味。在低温或干燥状态时,叶绿素的性质稳定,所以也可采用冷冻法或冷冻干燥法护绿。

(3)加氧作用和光降解。

叶绿素溶解在乙醇或其他溶剂后暴露于空气中会发生氧化,该过程称为加氧作用。当叶绿素吸收等摩尔氧分子后,生成的加氧叶绿素呈现蓝绿色。

在活体绿色植物中,叶绿素受类胡萝卜素和其他脂质的保护,因而在进行光合作用的同时,不易发生光分解。但在加工储藏过程中细胞结构受到破坏,游离的叶绿素易发生不可逆的光分解和褪色现象。叶绿素的光降解使四吡咯结构开环并裂解成乳酸、柠檬酸、琥珀酸、马来酸以及少量丙氨酸等小分子化合物。而在有氧时,叶绿素或类似的卟啉在光照下可产生单重态氧和羟基自由基,可直接攻击四吡咯从而生成过氧化物并释放出更多活性氧自由基,最终导致卟啉裂解和颜色丧失。因此,在食品加工中应正确选择包装材料和方法并适当使用抗氧化剂,以防止光氧化褪色。

此外,黄瓜在乳酸发酵过程中,叶绿素降解成为脱镁叶绿素、脱植叶绿素和脱镁脱植叶绿素。

8.2.2 类胡萝卜素

类胡萝卜素广泛分布于生物界中,蔬菜、根用作物和红色、黄色、橙色的水果均富含类胡萝卜素。类胡萝卜素可以游离态溶于细胞的脂质中,也能与碳水化合物、蛋白质或脂类形成结合态存在,或与脂肪酸形成酯。类胡萝卜素按其化学组成和溶解性可分为两大类,即胡萝卜素类和叶黄素类。

1. 类胡萝卜素的结构

1)胡萝卜素类

胡萝卜素类色素是含40个碳的纯碳氢化合物,由多个异戊二烯经首尾相连构成的共轭多烯烃,包括4种化合物:α-胡萝卜素、β-胡萝卜素、γ-胡萝卜素和番茄红素,结构见图8-8。α-胡萝卜素、β-胡萝卜素和γ-胡萝卜素在胡萝卜、甘薯、蛋黄和牛奶中含量较高,其中胡萝卜中主要存在的是α-胡萝卜素、β-胡萝卜素和少量的番茄红素。番茄红素是番茄中的主要色素,呈红色,也存在于西瓜、杏、桃、辣椒、柑橘、南瓜等果蔬中。在自然界中,胡萝卜素以β-胡萝卜素含量最多,分布最广。在植物组织中,胡萝卜素可能以固态微粒或以与蛋白质、脂质或糖类复合的形式存在,特别是在有色体中。在动物体中,大多分布在富含脂质的特定组织中,如蛋黄。

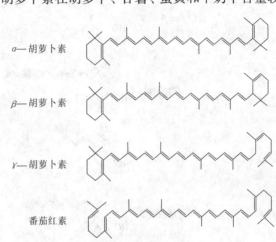

图8-8 4种胡萝卜素的结构

2)叶黄素类

叶黄素类色素是共轭多烯烃的加氧衍生物,分子结构中含有羟基、甲氧基、羧基、酮基、环氧基等含氧基团。颜色多呈浅黄色、黄色或橙色,少数呈红色(辣椒红素)。叶黄素类广泛存在于各种生物材料中,通常含胡萝卜素类的组织也富含叶黄素类,叶黄素类在绿叶中含量一般为叶绿素的两倍,食品中常见的叶黄素类色素及其结构如下(图8-9):

(1)叶黄素:3,3′-二羟基-α-胡萝卜素,广泛存在于绿叶中,在柑橘、蛋黄、南瓜和绿色植物中,含量较高;

(2)玉米黄素:3,3′-二羟基-β-胡萝卜素,主要存在于玉米、柑橘、蛋黄、蘑菇、肝脏等中;

(3)隐黄素:3-羟基-β-胡萝卜素,主要存在于柿子、玉米、柑橘、蛋黄等中;

(4)辣椒红素:是红辣椒中的主要红色色素;

(5)虾黄素:3,3′-二羟基-4,4′-二酮-β-胡萝卜素,存在于虾、蟹、鱼、牡蛎中;

(6)藏红素:由两分子龙胆二糖与藏花酸结合而成,是藏红花的主要色素。

2. 类胡萝卜素的功能和物理性质

类胡萝卜素在植物组织的光合作用和光保护作用中起着重要的作用,它是所有含叶绿素组织中能够吸收光能的第二种色素。类胡萝卜素能够淬灭活性氧或使其失活,从而起到光保护的作用。植物的根、叶中存在某些特定的类胡萝卜素,是脱落酸(一种化学信使和生长调节剂)的前体物质。类胡萝卜素对人和动物的作用主要是作为维生素A的前体物质。因只有具备5,6-β-紫罗酮环的类胡萝卜素才具有维生素A的功能,是维生素A原。所以β-胡萝卜素裂解后形成两分子的维生素A,是最有效的维生素A原,α-胡萝卜素和γ-胡萝卜素断裂后均可形成一分子的维生素A,而番茄红素是直链结构,不具备维生素A的功能。

所有的类胡萝卜素都是脂溶性色素,能溶于油和有机溶剂。胡萝卜素类微溶于甲醇和乙

叶黄素

玉米黄素

隐黄素

虾黄素

辣椒红素

藏红素

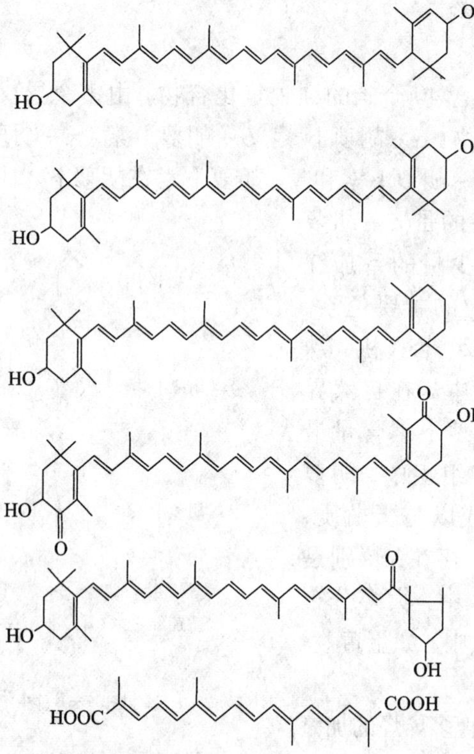

图8-9　常见的叶黄素类色素的结构

醇，易溶于乙醚和石油醚。叶黄素类随着羟基、羰基等增加，脂溶性下降，易溶于甲醇和乙醇，难溶于乙醚和石油醚。从植物中提取类胡萝卜素时应选用复合的并能很好穿透亲水性植物基质的溶剂，如己烷-丙酮混合溶剂，可有效将类胡萝卜素与其他脂溶性杂质分离。目前多采用 HPLC 法对类胡萝卜素酯，顺、反异构体和光学异构体进行分离和鉴定。

类胡萝卜素热稳定性一般，易发生氧化而褪色，在热、酸或光的作用下很容易发生异构化，颜色也会在黄色和红色范围内轻微变动，检测的波长范围为 430～480 nm。为了防止叶绿素的干扰，常选择较高的波长检测叶黄素。类胡萝卜素溶解于丙酮、氯仿、苯、甲苯后，最大吸收波长会向长波方向移动，即红移效应。

3. 类胡萝卜素的化学性质

类胡萝卜素的化学性质主要表现在降解、抗氧化和异构化三个方面。

1）降解

类胡萝卜素具有许多共轭双键，因此极易被氧化，这是类胡萝卜素在食品中降解的主要原因。氧化作用主要包括自动氧化、光敏氧化和酶促氧化三种途径。氧化程度与类型很大程度上取决于类胡萝卜素所处的环境条件。在未受损伤的植物或动物组织中，类胡萝卜素通常因受到隔离而免受氧化，一旦组织受到物理损伤或色素被提取后，直接与氧接触，类胡萝卜素的氧化敏感性增加。例如番茄红素在番茄果实中非常稳定，但从番茄中提取分离的纯色素不稳定。

由于具有高度共轭的不饱和结构，类胡萝卜素的降解产物非常复杂。以 β-胡萝卜素为例，在氧化反应初期生成一些环状氧化物。位于类胡萝卜素结构两端的烯键先被氧化，使两端的环状结构开环并产生羰基。接下来的氧化可发生在任何一个双键上，形成可能是四元环过氧化物的中间体，然后裂解产生分子量较小的多种含氧化合物（如 β-紫罗酮环氧化物）。当发生过度氧化时，类胡萝卜素会完全褪色。亚硫酸盐或金属离子的存在会加速 β-胡萝卜素的氧化。

在有氧气存在条件下，类胡萝卜素对光敏感，容易发生光敏氧化反应。当有光敏剂存在或光强度增加时，光敏氧化反应加速。在有抗氧化剂存在时，类胡萝卜素的稳定性会提高。β-胡萝卜素的光敏氧化产物包括它的异构体、5，6-环氧产物和5，8-环氧产物，还有一些其他产物，如金色素。

某些酶（尤其是脂肪氧合酶）可加速类胡萝卜素的氧化降解。脂肪氧合酶首先催化不饱和或多不饱和脂肪酸的氧化，形成过氧化物，后者再与类胡萝卜素发生反应，使颜色褪去。因而可根据溶液的褪色程度和吸光度的变化来测定脂肪氧合酶的活力。

油炸、烤制和其他过度热处理时，类胡萝卜素会发生高温热解，产生小分子裂解物和挥发性小分子化合物。在有氧条件下高温分解的一些产物与氧化降解的产物相同。

2）抗氧化

类胡萝卜素具有一定的抗氧化活性，可在细胞内和体外对单重态氧引起的反应起保护作用，这种作用与氧分子层的大小有关。在低氧浓度（分压）下可以抑制脂肪的过氧化，但在高氧浓度（分压）下，类胡萝卜素则起着促进氧化的作用。某些类胡萝卜素如叶黄素、番茄红素、β-胡萝卜素等能够淬灭单重态氧，从而防止细胞的氧化损伤。淬灭主要通过物理方式完成，物理淬灭是将单重态氧 $^1O_2$ 上的能量转移到类胡萝卜素上，形成基态的氧和一个三线态的类胡萝卜素。类胡萝卜素将其上的能量传递到周围的溶剂中，从而使这种能量消失而获得基态的类胡萝卜素和热能。类胡萝卜素淬灭单重态氧的速度取决于共轭双键的个数，末端环上4，4位被羰基取代时，淬灭速率有些微增大。研究表明，番茄红素是所有类胡萝卜素中最有效的单重态氧淬灭剂。类胡萝卜素的抗氧化活性使其具有抗癌、抑制白内障、防止动脉硬化和抗衰老等多种功效。

3）顺、反异构化

天然的类胡萝卜素双键多为全反式构型，少数顺式异构体存在于一些植物组织（尤其是藻类）中。热处理、有机溶剂处理、与某些表面活性剂长期接触、酸性环境及溶液经光照（尤其是有碘存在时）等都易引起类胡萝卜素的异构化反应，使一部分反式双键异构化成为顺式结构。由于类胡萝卜素双键很多，因而理论上异构化反应可形成几何倍数的异构体，例如，β-胡萝卜素可能形成272种顺式异构体。不同异构体的维生素 A 原活性不同，其中，顺式 β-胡萝卜素的生物活性仅为全反式 β-胡萝卜素的13%～53%。

4. 类胡萝卜素在食品加工与储藏中的变化

一般说来，常规的食品加工和储藏对类胡萝卜素的影响很小。碱液去皮（如土豆、红薯）仅造成极微的类胡萝卜素的破坏或异构化。冷冻处理几乎不会改变类胡萝卜素的含量。热烫处理通常可以增加类胡萝卜素的含量，因为植物组织中的水溶性成分在热烫过程中减少或被除去，从而提高了色素的提取率。此外，适当的热烫处理可钝化降解类胡萝卜素的酶类，保护类胡萝卜素不被氧化分解。在脱水食品中类胡萝卜素的稳定性较差，尤其是在没有避光、脱氧或充入惰性气体时，类胡萝卜素可能被迅速氧化褪色。因此采用真空干燥、充氮包装可以有效的保护类胡萝卜素。

加热或热灭菌会诱导类胡萝卜素的顺反异构化反应，因此应尽量降低热处理的程度。油脂在挤压蒸煮和高温加热的精炼过程中，类胡萝卜素不仅会发生异构化，还会发生热降解；尤其当有氧气存在时，反应加速进行。类胡萝卜素在碱性条件下比较稳定，因此采用碱精炼处理油脂，油脂中类胡萝卜素不会被破坏。

当类胡萝卜素发生异构化时，仅会产生轻微的红移或蓝移，因而产品的色泽基本不受影响；全反式类胡萝卜素颜色最深，但随着顺式双键数目的增加，颜色略微变浅。但从营养价值考虑，维生素 A 原的活性有所降低。

类胡萝卜素与蛋白质形成的复合物，比游离的类胡萝卜素更稳定，而且颜色会发生变化。例如，虾黄素在活体组织中，其与蛋白质结合，呈蓝青色。当久存或煮熟后，蛋白质变性与色素分离，同时虾黄素被氧化为红色的虾红素。烹熟的虾蟹呈砖红色就是虾黄素被氧化的结果。

一些富含类胡萝卜素的干制品在光照下储藏会发生褪色现象，光照促进了类胡萝卜素的氧化。因此，像辣椒红素、玉米黄素、番茄红素、虾红素和栀子黄素等天然着色剂应在避光或阴凉处保存。

8.2.3 多酚类色素

多酚类色素在自然界分布很广泛，是植物组织水溶性色素的主要成分。这类色素的分子结构特点是含有多个酚羟基和一个苯并吡喃环，所以又可称为苯并吡喃衍生物。多酚类色素的颜色跨度非常大，从无色(单宁)到黄色、橙色、红色、紫色以及蓝色。根据多酚类色素结构上的差异，可分为花青素类、类黄酮色素、单宁、儿茶素等多种类型。

1. 花青素和花色苷

花青素类色素是植物界分布最广的一类色素，存在于植物细胞液中，赋予了植物的花、果实、茎和叶各种美丽鲜艳的色彩，包括蓝、紫、紫罗兰、红和橙色等。自然状态的花青素都以糖苷形式存在，称为花色苷，很少有游离的花青素存在。

1)结构和物理性质

花青素泛指花色苷分子中的非糖部分，是带有羟基或甲氧基的 2 - 苯基苯并吡喃环的多酚化合物。不同的花青素根据其在苯并吡喃环上取代基的不同而命名。目前已报道的自然界存在的花青素共有 20 多种，其中食物中重要的有 6 种，即天竺葵色素、矢车菊色素、飞燕草色素、芍药色素、牵牛花色素和锦葵色素。花青素之所以呈现出不同的色泽，主要与结构中的羟基和甲氧基的取代数目有关。随着羟基数目的增加，颜色逐渐向蓝色、紫色方向变动；随着甲氧基数目的增加，颜色则向红色方向变动(图 8 - 10)。

花色苷是花青素与一个或几个单糖结合后的名称。结合的糖主要有葡萄糖、鼠李糖、半乳糖、木糖和阿拉伯糖。花青素可在不同的位置上与糖键合，最多可同时键合 3 个单糖。结合的糖基有时被脂肪族或芳香族有机酸酰化，主要的有机酸包括对香豆酸、咖啡酸、芥子酸、阿魏酸、丙二酸、对羟基苯甲酸、苹果酸、琥珀酸和乙酸。花色苷的种类很多，已报道的有250 余种。各种植物所含花色苷种类多少不一，有的仅一种(如黑莓)，有的则多达几十种(如葡萄)。不同植物和不同生长期或成熟期植物的花色苷含量也不相同，在 20 ~ 600 mg/

100 g 鲜重内变化。

2)在食品加工与储藏中的变化

花青素和花色苷的结构与其稳定性之间有一定的规律性。通常,花色苷的稳定性比花青素好,分子中甲氧基数目增加则稳定性提高,羟基数目增加则稳定性降低,糖基化有利于色素的稳定。

花青素和花色苷的化学稳定性不高,在食品加工和储藏中经常因化学作用而变色。影响变色反应的因素包括 pH、温度、光照、氧、氧化剂、金属离子、酶等。

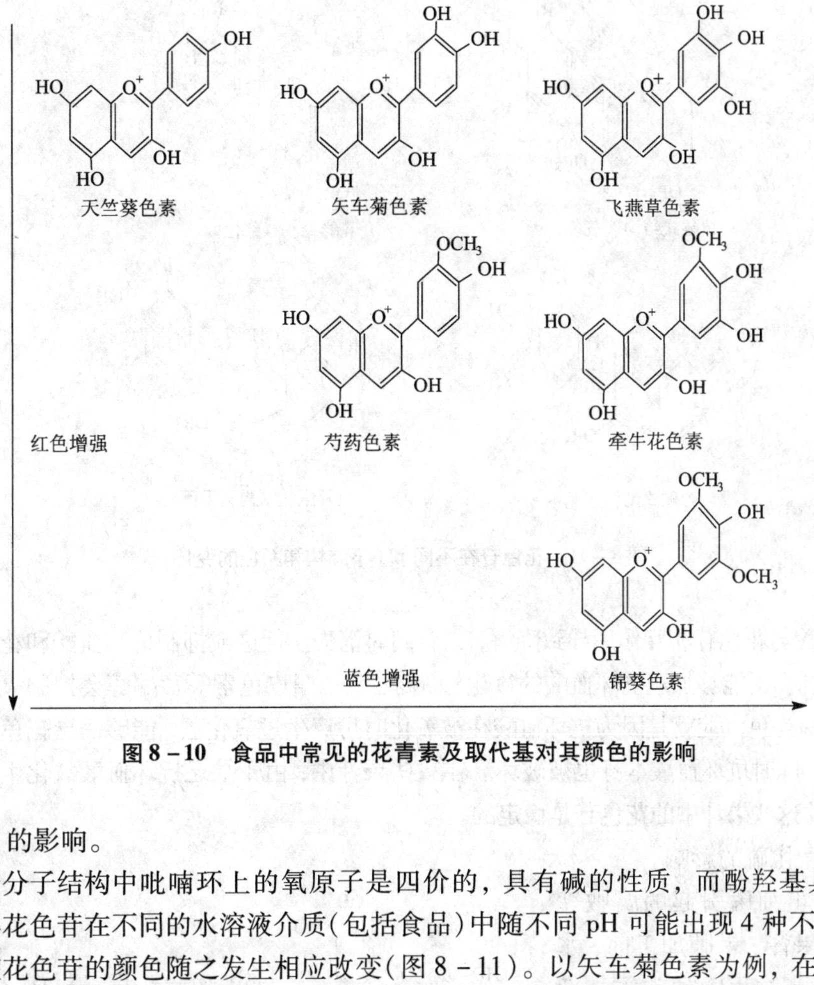

图8-10 食品中常见的花青素及取代基对其颜色的影响

（1）pH 的影响。

花色苷分子结构中吡喃环上的氧原子是四价的,具有碱的性质,而酚羟基具有酸的性质。这使得花色苷在不同的水溶液介质(包括食品)中随不同 pH 可能出现 4 种不同结构,结构的变化使花色苷的颜色随之发生相应改变(图8-11)。以矢车菊色素为例,在酸性 pH 中呈红色, pH 为 8~10 时呈蓝色, pH >11 时吡喃环开裂,形成无色的查尔酮。

（2）温度和光照的影响。

温度对花青素和花色苷的稳定性影响很大。高温和光照都会加速花色苷的降解变色。温度造成的影响程度还与环境中氧气含量、花色苷的种类及 pH 有关。一般来说,含羟基多的花色苷的热稳定性低于含甲氧基或含糖苷基多的花色苷。光照下,酰化和甲基化的二糖苷比非酰化的二糖苷稳定,二糖苷比单糖苷稳定。其他辐照能也能引起花色苷降解,例如电离辐照保藏果蔬时就有花色苷光降解作用。

(3)氧气、水分活度和抗坏血酸的影响。

花青素的高度不饱和的结构使它对氧气颇为敏感,氧气对花青素和花色苷起破坏作用。因此工业上很多采用充氮灌装或真空条件下加工含花色苷的果汁,以达到延长果汁保质期的目的。

水分活度对花色苷的稳定性也有影响,但影响机理尚不清楚。研究表明,当水分活度为0.63~0.79,花色苷的稳定性相对最高。

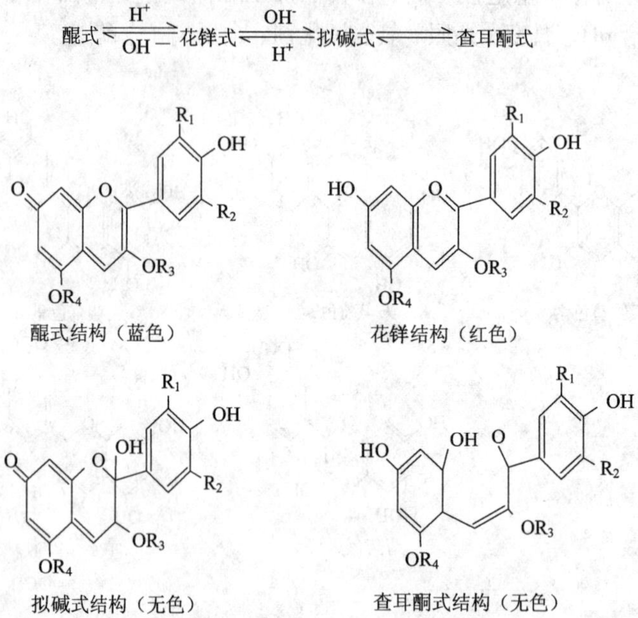

$$醌式 \underset{OH^-}{\overset{H^+}{\rightleftharpoons}} 花锌式 \underset{H^+}{\overset{OH^-}{\rightleftharpoons}} 拟碱式 \rightleftharpoons 查耳酮式$$

醌式结构(蓝色)　　　　花锌结构(红色)

拟碱式结构(无色)　　　　查耳酮式结构(无色)

图 8-11　花色苷在不同 pH 下结构和颜色的变化

抗坏血酸与花色苷相互作用导致降解,二者同时消失。促进或抑制抗坏血酸和花色苷氧化降解的条件相同。铜能够加速抗坏血酸的氧化,而槲皮苷、槲皮色素等黄酮醇会抑制氧化反应。果汁中常见的棕褐色沉淀就是因为抗坏血酸在被氧化时可产生过氧化氢,能够诱导花色苷降解或聚合生成沉淀,同时抗坏血酸本身也被破坏。在一些果汁中,由于缺乏抗坏血酸氧化生成过氧化氢的条件,因此这些果汁中的花色苷是稳定的。

(4)二氧化硫的影响。

为了防止细菌引起的腐败变质,以往的果酱、果脯加工前,水果原料在储藏过程中通常添加亚硫酸盐或二氧化硫,这会导致水果中的花青素褪色成微黄色或无色。其原因是花青素很容易与亚硫酸盐或二氧化硫作用,反应一

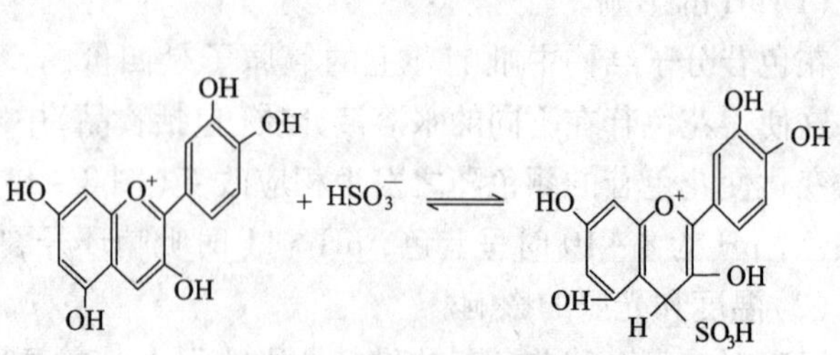

图 8-12　花青素与二氧化硫形成无色复合物

般是在 2,4 位置上发生加成反应,生成无色化合物(图 8-12)。该反应也可用于果蔬的护色,因为当酸化与加热时,加入到花青素中的二氧化硫又可以游离出来,再次呈现出花青素

原有的色泽。

(5)糖及糖降解产物的影响。

当高浓度糖存在时,水分活度降低,花色苷生成拟碱式结构的速度减慢,此时花色苷的颜色较稳定。在果汁等食品中,糖的浓度较低,花色苷的降解速度加快。果糖、阿拉伯糖、乳糖和山梨糖的这种作用比葡萄糖、蔗糖和麦芽糖更强。这些糖自身先降解(非酶褐变)成糠醛或羟甲基糠醛,然后再与花色苷缩合生成褐色物质。提高温度和有氧气存在等条件都会促使反应加快。

(6)金属元素的影响。

花色苷可与 Ca、Mg、Mn、Fe、Al 等金属元素形成络合物,如图 8-13 所示,产物通常为暗灰色、紫色、蓝色等深色色素,使食品失去吸引力。因此,含花色苷的果蔬加工与灌装时应尽可能避免接触金属制品,最好采用涂料罐或玻璃罐包装。

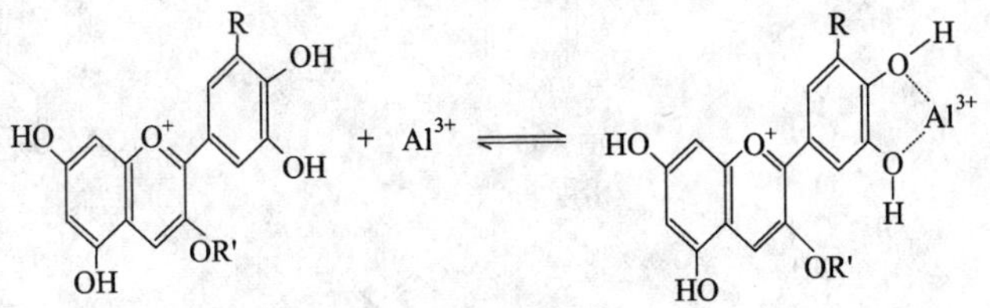

图 8-13 花色苷与金属离子形成络合物

(7)酶促变化。

糖苷水解酶和多酚氧化酶能够引起花色苷降解而失去颜色。糖苷水解酶能将花色苷水解为稳定性差的花青素,加速花色苷的降解。多酚氧化酶是在有氧和邻二酚存在时,先将邻二酚氧化成醌,然后邻苯醌与花色苷反应形成氧化花色苷和降解产物,从而导致褪色。

2. 原花色素

原花色素又称为无色花色素或无色花色苷。是一类结构与花青素相似,味涩、无色的化合物。它的基本结构单元是黄烷-3,4-二醇(图 8-14),可通过 4→8 或 4→6 键缩合并以二聚体、三聚体或多聚体形式存在。原花色素最早是在可可豆中发现,后来发现在果汁中也普遍存在。

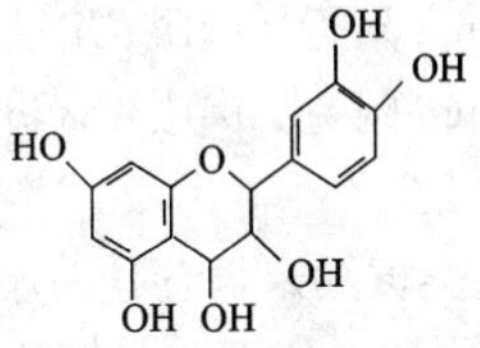

图 8-14 原花色素的基本结构

原花色素在酸性条件下加热时,原花色素水解为一分子矢车菊色素和一分子表儿茶酸,在苹果、梨、可乐果、山楂等都有发现二聚原花色素。原花色素在加工或储藏中还会生成氧化物。当果汁暴露在空气中和光照下,果汁中的原花色素可降解为稳定的红棕色化合物,导致果汁变色(色泽加深)。原花色素也会使某些食品带有涩味,这一般是 2~8 个原花色素与蛋白质相互作用的结果。

3. 类黄酮

1)类黄酮的结构和物理性质

类黄酮色素包括类黄酮苷和游离的类黄酮苷元,是广泛分布于植物组织细胞中的一类水溶性色素,在花、叶、果中多以苷的形式存在,而在木质部组织中,多以游离苷元的形式存在。类黄酮的基本结构是2-苯基苯并吡喃酮,与花色苷类似。成苷的糖基主要有葡萄糖、鼠李糖、半乳糖、阿拉伯糖、木糖、芸香糖、新橙皮糖和葡萄糖酸。目前已知的类黄酮化合物大约有1000种以上,黄酮和黄酮醇的衍生物是最重要的类黄酮化合物,此外,查耳酮、黄烷酮、异黄酮、异黄烷酮和双黄酮等衍生物也非常重要。食品中常见的类黄酮色素有很多,例如,槲皮素广泛存在于苹果、梨、柑橘、茶叶、玉米、啤酒花、芦笋等中,圣草素和橙皮素分别在柑橘和柑橘皮中含量较多。柚皮素主要存在于柚子、柠檬、柑橘等中。常见类黄酮色素的结构如图8-15所示。

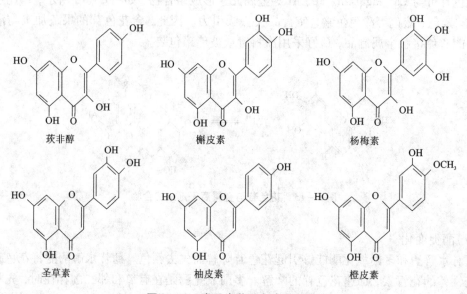

图8-15 常见类黄酮色素的结构

类黄酮色素多呈浅黄色或无色,少数呈橙黄色。类黄酮的光吸收特性表明其色泽与分子结构存在一定的联系。如果苯并吡喃环与苯环结构共轭,则最大吸收波长发生红移,一般为400 nm附近,肉眼可以观察到黄色;如果苯并吡喃环与苯环间不存在共轭,最大吸收波长为280 nm附近,肉眼看不出它们的色泽。各环上存在的羟基,使类黄酮的最大吸收波长产生红移现象。

类黄酮未糖苷化时不易溶于水,形成糖苷后水溶性增强,所以采用水浸提取植物类黄酮时,提取的主要是类黄酮苷。提取游离苷元时则常用氯仿、乙醚、乙酸乙酯等。

2)类黄酮在食品加工与储藏中的变化

在碱性条件下,原来无色的类黄酮易开环生成查耳酮型结构而呈黄色、橙色或褐色;在酸性条件下,查耳酮又恢复为闭环结构,颜色复原。一些食品如马铃薯、小麦粉、芦笋、荸荠、黄皮洋葱、菜花和甘蓝等在碱性水中烫煮都会出现由白变黄的现象,就是因为这些食品中类黄酮在碱作用下形成了查耳酮结构。因此,在果蔬加工中,用柠檬酸调整预煮水pH的目的之一就在于控制类黄酮色素的变化。

类黄酮可与多价金属离子形成络合物,这些络合物比类黄酮的呈色效应更强。例如,与Al^{3+}络合后会增强黄色,与铁离子络合后可呈蓝、黑、紫、棕等不同颜色。芦笋中的芸香苷遇到铁离子后会产生难看的深色，使芦笋产生深色斑点。相反，芸香苷与锡离子络合时，则产生诱人的黄色。类黄酮色素在空气中久置易发生氧化产生褐色沉淀，这就是含类黄酮色素的果汁存放过产生褐色沉淀的原因之一。

富含类黄酮的食品护色主要是防止褐变和防止与金属离子发生反应，因此除氧、避免碱性加工条件等有利于保护类黄酮色素。

4. 单宁

单宁又名单宁酸、倍单宁酸(鞣酸)，通常称为鞣质，是栎树、苏摸鞣科植物和诃子等植物树皮中的一种复杂混合物，属于特殊的高分子多酚类化合物。单宁广泛存在于五倍子、柿子、茶叶、咖啡、石榴等植物组织中，在这些植物尚未成熟时，单宁含量更高。我国和土耳其产的五倍子中单宁含量可分别高达 70% 和 50%。

单宁的相对分子质量为 500～3000，其化学结构非常复杂，都是由一些含酚羟基的单体缩合而成，常见的单体如儿茶酚、根皮酚、没食子酸、原儿茶酸等。因此，单宁水解后通常可生成三类物质：没食子酸或其他多酚酸、葡萄糖。单宁的结构和组成因来源不同而有差异，其种类很多，最常见的是焦性没食子酸。

食品中的单宁分为两种类型：一类是缩合型单宁，这类单宁具有完整的碳骨架，水解作用不能破坏其分子骨架，在稀酸作用下会进一步缩合成高分子，如原花色素；另一类是水解型单宁，包括倍单宁和鞣花单宁，其中鞣花单宁是没食子酸和鞣花酸的聚合物。典型的鞣花单宁是诃黎勒鞣花酸，它是没食子酸、鞣花酸和一个葡萄糖分子的聚合物。水解型单宁分子的碳骨架内部有酯键间隔，因此，在较温和的条件下(如稀酸、酶、煮沸等)，易被水解成单体，随后这些单体又相互缩合成酯、酐或苷等新的化合物。

单宁的显色范围在黄白色至浅褐色区域内，它对红茶的呈色起着非常大的作用。单宁易被氧化，它与金属离子(Fe^{3+})反应生成黑色物质，能够与生物碱、明胶和其他蛋白质形成不溶于水的沉淀，因此可用作澄清剂(如果汁的澄清处理)。单宁使食品具有收敛性涩味，并能产生酶促褐变反应，它的涩味与其和蛋白质等结合的性质密切相关。在食品加工储藏中，单宁会在一定条件下(加热、氧化或遇到醛类)缩合，从而使涩味消除。

5. 儿茶素

儿茶素是存在于茶叶等植物中的多酚类化合物，在茶叶中含量很高，是茶叶中非常重要的化学成分之一。常见的儿茶素有 6 种：L-表儿茶素、L-表没食子儿茶素、L-表儿茶素没食子酸酯和表没食子儿茶素没食子酸酯，L-没食子儿茶素、L-儿茶素结构见图 8-16。命名前均有"表"字，这是指母核中 2，3 位的取代基处于吡喃环的同侧。此外还具有一些聚合态及蛋白质结合态的儿茶素。

儿茶素本身无色，具有较轻的涩味。儿茶素与金属离子结合会产生白色或有色沉淀。例如，儿茶素遇三氯化铁生成黑绿色沉淀，遇醋酸铅生成灰黄色沉淀。

儿茶素作为多酚类物质，容易被空气中的氧气氧化生成褐色物质，在高温、潮湿的条件下更易发生氧化。许多含儿茶素的植物组织中还含有多酚氧化酶或过氧化物酶，在组织受到伤害时，儿茶素就会发生酶催化氧化反应。酶促褐变的中间生成物——邻醌是引起儿茶素进一步氧化或彼此氧化聚合变色的重要物质，这对于茶叶加工非常重要。例如，红茶加工中产生了两种儿茶素氧化产物，即茶黄素和茶红素，茶黄素色亮，茶红素色深，二者的适当配比形成了红茶的颜色。高温、潮湿条件下遇氧，儿茶素也可自动氧化。

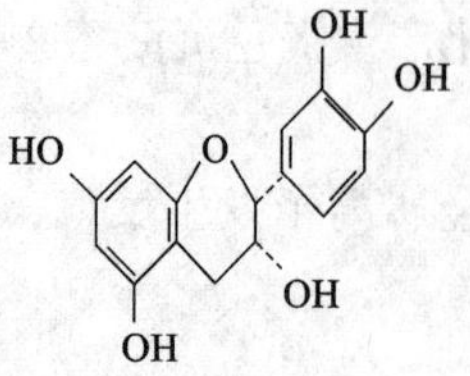

表儿茶素 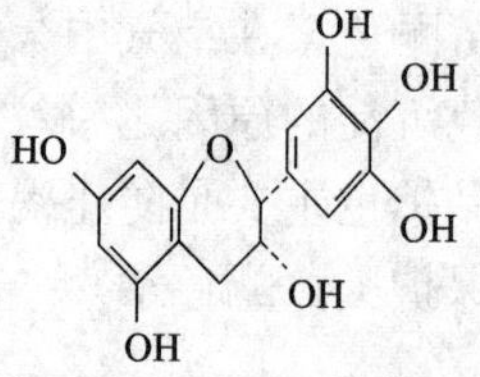　　　　　　　　　　　表没食子儿茶素

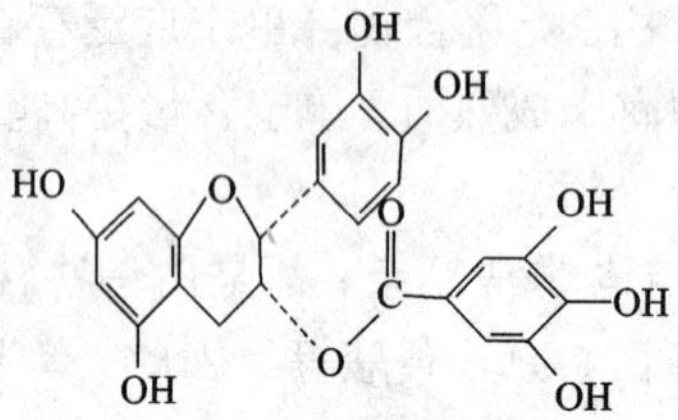

表儿茶素没食子酸酯 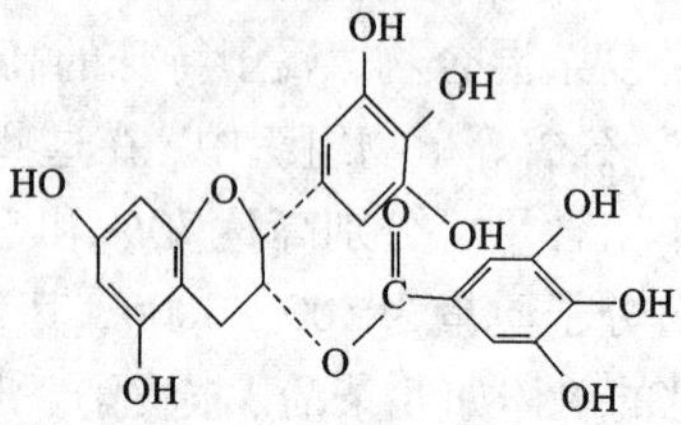　　　　　表没食子儿茶素没食子酸酯

图8-16　常见的几种儿茶素的结构

8.2.4　其他色素

1. 甜菜色素

甜菜色素是存在于食用红甜菜(俗称紫菜头)、苋菜、莙达菜、仙人掌果实、商陆浆果及一些植物的花中的天然植物色素。含有甜菜色素的植物颜色与含有花色苷的植物颜色类似。

甜菜色素属于吡啶衍生物,由红色的甜菜红素和黄色的甜菜黄素所组成。甜菜红素一般以糖苷的形式存在,有时也有游离的甜菜红素。通常自然情况下甜菜红素会与葡萄糖结合成糖苷,称为甜菜红苷,它是甜菜红素的主要成分,占全部甜菜红素的75%～95%,其余还有异甜菜苷、前甜菜苷等糖苷和游离的甜菜红素、前甜菜红素等。甜菜黄素是一类酮酸与1,7-二偶氮七甲碱的缩合物,包括甜菜黄素Ⅰ和甜菜黄素Ⅱ。甜菜色素的结构见图8-17。

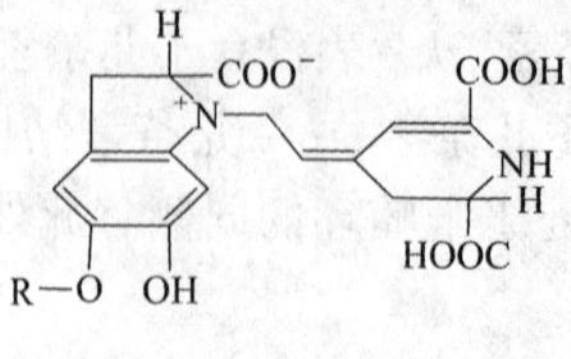

甜菜红素
甜菜红素: R＝H
甜菜红苷: R＝β-葡萄糖
前甜菜红素: R＝6-硫酸葡萄糖

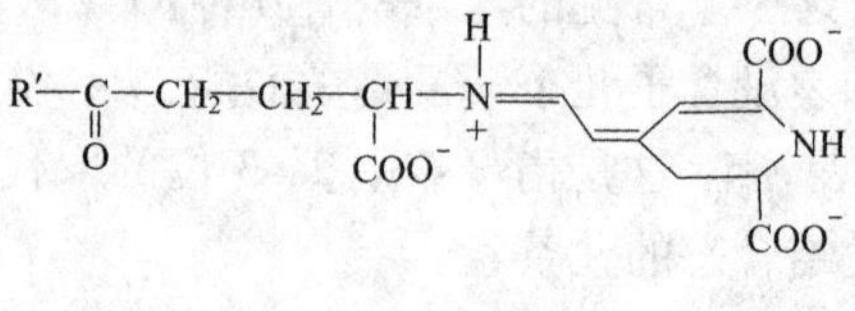

甜菜黄素
甜菜黄素Ⅰ: R'＝—NH₂
甜菜黄素Ⅱ: R'＝—OH

图8-17　甜菜色素的结构

甜菜红素为鲜红色固体粉末,易溶于水和含50%乙醇的水溶液。甜菜黄素为黄色,易溶于水和乙醇水溶液,两者均不溶于无水乙醇、乙醚、氯仿、丙酮等有机溶剂,均具有旋光性。

甜菜红素水溶液呈红至紫红色，色泽受 pH 影响，当 pH < 4.0 或 pH > 7.0 时，溶液颜色由红变紫；当 pH > 10.0 时，溶液颜色迅速变黄，此时甜菜红素转变成甜菜黄素；当 pH 为 3.5 ~ 7.0 时甜菜红素比较稳定，其中 pH 为 4.0 ~ 5.0 时最稳定。食品中 pH 大多都在 4.0 ~ 7.0，因此食品中使用甜菜红素着色比较稳定。

甜菜色素的耐热性不高，在热加工(如罐头生产)过程中容易被降解，但食品(如甜菜)中通常含有足够量的色素，所以仍具有吸引人的暗红色。在温度 100℃ 和 pH 为 5.0 ~ 7.0 时甜菜色素的热稳定性相对较好。光照、氧、某些金属离子如 Cu^{2+}、Mn^{2+}、某些含氯化合物如次氯酸钠可加速甜菜色素的降解，使其褪色。抗氧化剂如抗坏血酸和异抗坏血酸可增加甜菜色素的稳定性，铜离子和铁离子可以催化分子氧对抗坏血酸的氧化反应，降低抗坏血酸对甜菜色素的保护作用，因此，加入金属螯合剂 EDTA 或柠檬酸可以提高甜菜色素的稳定性。水分活度对甜菜色素的稳定性影响较大，其稳定性随水分活度值的降低而增大。

甜菜红素对食品的着色性好，无异味，能使食品具有杨梅或玫瑰的鲜红色泽，目前已广泛应用于糖果、冷饮、乳制品和肉制品的着色，添加量根据正常生产需要而定。甜菜红素与抗坏血酸同时用于火腿肠着色时，产生的色泽和风味与添加亚硝酸盐的效果相似。需要注意的是，甜菜红素在 100℃ 加热时，红色会逐渐变为黄褐色，但降解的量不大，仍可作为较好的食品着色剂。

2. 红曲色素

红曲色素是存在于红曲米中的一类色素的总称，是一组由红曲霉菌丝分泌产生的微生物色素。红曲米又被称为红米、红曲，它是用水将大米浸泡、蒸熟后接种红曲霉菌进行发酵制成，粉碎后可直接用于食品的着色，也可使用乙醇提取出其中的色素再用于食品的着色，用乙醇提取出的红曲色素还可以进行精制、结晶等处理。红曲色素是含有 6 种不同成分的混合物，属于酮类衍生物。其中显黄色、橙色和紫红色的各两种，黄色红曲色素包含红曲素和黄红曲素，橙色红曲色素包含红斑红曲素和红曲玉红素，紫色红曲色素包含红斑红曲胺和红曲玉红胺。它们的化学结构见图 8 - 18。6 种成分中应用最多的是两种橙色红曲色素。

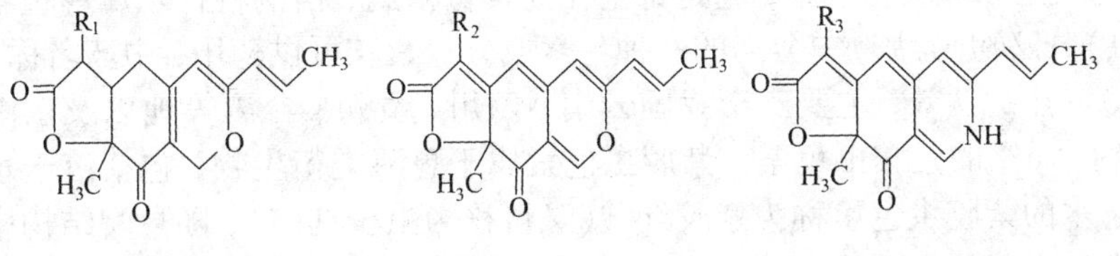

（黄色红曲色素）
R_1=—COC_3H_{11}
红曲素
R_1=—COC_7H_{15}
黄红曲素

（橙色红曲色素）
R_2=—COC_5H_{11}
红斑红曲素
R_2=—COC_7H_{15}
红曲玉红素

（紫色红曲色素）
R_3=—COC_5H_{11}
红斑红曲胺
R_3=—COC_7H_{15}
红曲玉红胺

图 8 - 18 红曲色素的结构

使用不同菌种培养的红曲米中，各种色素的含量不同，如红曲霉发酵得到的主要是红曲素和黄红曲素，紫红曲霉发酵得到的主要是红曲素和红斑红曲素。采用不同的发酵工艺生产的红曲色素溶解性不同。对食品加工有价值的色素部分是醇溶性的红色色素，目前已经能从红曲霉的深层发酵培养液中制备红曲素。

红曲色素为暗红色带油脂状粉末，略有异臭，不溶于水，可溶于乙醇、氯仿、乙醚、冰醋酸等溶剂。红曲色素具有较强的耐光、耐热和耐碱性。它对可见光甚至紫外线也很稳定，但在太阳光直射下色度降低。色泽不随 pH 变化而变化，在 pH 高达 11 时色泽还稳定；它几乎不受金属离子（如 Ca^{2+}、Mg^{2+}、Fe^{2+}、Cu^{2+}）的影响，也不易与氧化剂、还原剂（如过氧化氢、抗坏血酸、亚硫酸氢钠等）作用，但遇强氧化剂如次氯酸钠等可使其褪色。

红曲色素对蛋白质的着色力强，安全性高，我国允许按正常生产需要量将红曲色素添加到食品中，已广泛用于肉制品、豆制品、糖、果酱和果汁等的着色。

3. 姜黄色素

姜黄色素是从多年生草本植物姜黄的根茎中提取的黄色色素，属于二酮衍生物，它在自然界中比较稀少，含量为姜黄的 1% ~3%。姜黄色素的主要成分是姜黄素、脱甲基姜黄素和双脱甲基姜黄素。其核心结构见图 8－19。

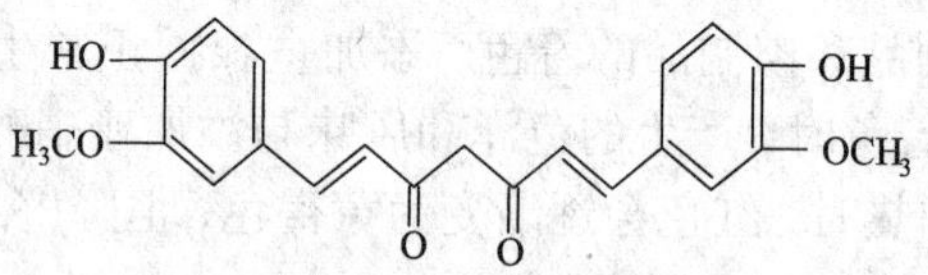

图 8－19 姜黄色素的结构

姜黄色素纯品为橙黄色粉末，有胡椒气味并略带苦味。它不溶于冷水（其钠盐溶于冷水），易溶于醇、醚、酸中。在中性和酸性条件下呈黄色，在碱性条件下呈红褐色。对光和热的稳定性较差。不易被还原，由于具有相邻的羟基和甲氧基，所以与 Fe^{3+} 结合会变色。姜黄色素对食品的着色性较好，尤其对蛋白质的着色力强。常用于咖喱粉、蔬菜加工品及调料的着色和增香。精制的姜黄色素也已应用于肉制品、水产品、酒类和化妆品的着色。我国允许的添加量因食品而异，以姜黄素计一般为 10 mg/kg。

4. 紫胶虫色素

紫胶虫色素是一种动物色素，它是寄生在豆科黄檀属、梧桐科芒木属等植物上的一种寄生虫（紫胶虫）分泌物（紫胶）中分离的一种色素成分。紫胶可供药用，中药名称为紫草茸，具有清热解毒、凉热的功效，主要产于我国云南、四川、贵州、台湾等地以及东南亚国家和地区。紫胶中约含 6% 的紫胶虫色素。紫胶虫色素属于蒽醌类衍生物，包括溶于水和不溶于水两大类，溶于水的紫胶虫色素称为紫胶红酸（又可称为虫胶红酸），随蒽醌结构中羟基对位取代不同，分别称为紫胶红酸 A、B、C、D、E，结构见图 8－20。其中紫胶红酸 A 为最主要的成分，含量约占 85%。

紫胶虫色素为紫红色粉末，微溶于水（20℃时在水中的溶解度为 0.0335%），溶于乙醇，易溶于碱性溶液，易与碱金属以外的金属离子生成沉淀。紫胶虫色素在酸性条件下对光、热稳定，在强碱条件下（pH > 12）容易褪色。其溶液颜色随 pH 而变化，pH < 4 呈黄色，pH 为 4.5 时呈橙色，pH 为 6 时呈红色，pH 为 8 时呈紫色。需要注意的是，Fe^{3+}、Cu^{2+} 的存在会对色泽产生一定的影响。

紫胶虫色素的着色力较强，安全性高，常用于饮料、糖果、罐头等食品的着色，我国允许的最大使用量为 50 mg/kg。

5. 胭脂虫色素

胭脂虫色素也是一种动物色素，它是一种寄生在胭脂仙人掌上的昆虫（胭脂虫）体内的蒽

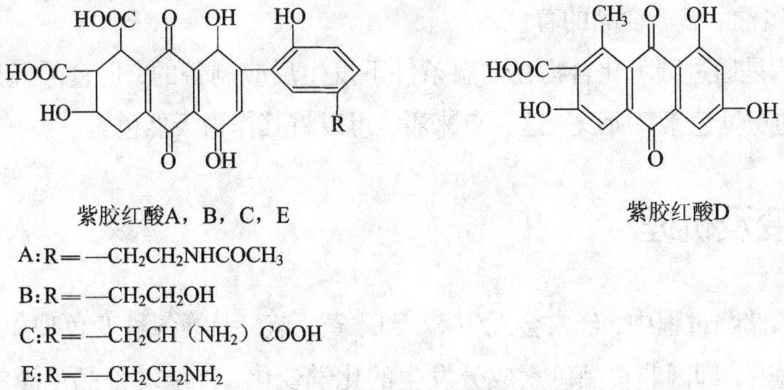

紫胶红酸A，B，C，E

A:R＝—CH₂CH₂NHCOCH₃

B:R＝—CH₂CH₂OH

C:R＝—CH₂CH（NH₂）COOH

E:R＝—CH₂CH₂NH₂

紫胶红酸D

图8－20　紫胶红酸的结构

醌衍生物色素，这种色素的主要成分是胭脂红酸，其结构见图8－21。胭脂仙人掌原产于墨西哥、秘鲁、约旦等地。

胭脂红酸可溶于水、乙醇、丙二醇，不溶于油脂中。与紫胶红酸类似，其色泽随 pH 的不同而发生变化，pH ＜4 时呈黄色，pH 为4 时呈橙色，pH 为6 时呈红色，pH 为8 时呈紫色。与铁等金属离子形成复合物也会改变颜色，因此在添加此色素时，可同时加入能与金属离子配位的配位剂（如磷酸盐），以防止颜色发生变化。胭脂红酸的稳定性非常好，对光、热和微生物都有很好的耐受性，尤其在酸性条件下。

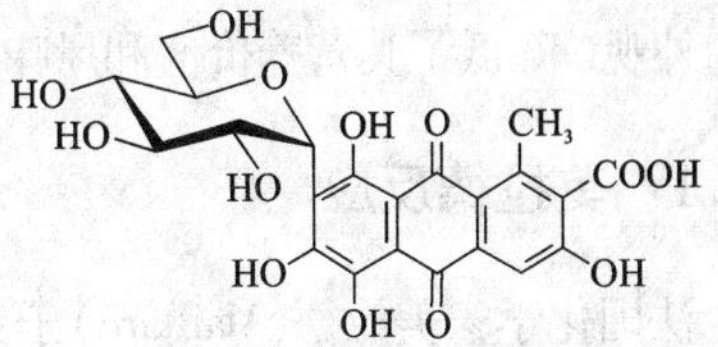

图8－21　胭脂红酸的结构

胭脂红酸很久以来一直应用于化妆品和食品的着色，但它的染着力很弱，通常做为饮料着色剂，用量约为 0.005%。

6. 焦糖色素

焦糖色素又称酱色，是蔗糖、饴糖、糖浆等多种糖在高温（控制一定温度）下发生不完全分解并脱水缩合生成复杂的红褐色或黑褐色混合物。例如蔗糖，在 160℃下形成葡聚糖和果聚糖，在185～190℃下形成异蔗聚糖，在200℃左右聚合成焦糖烷和焦糖烯，200℃以上则形成焦糖块，酱色即上述各种脱水聚合物的混合物。焦糖色素一般呈褐色的胶状或块状，也可以通过喷雾干燥制成干粉。

焦糖色素的生产方法可分为铵盐法和非铵盐法。铵盐法生产的焦糖色素比非铵盐法生产的焦糖色素色泽更好，但可能存在4－甲基咪唑（一种惊厥剂），慢性毒性试验结果表明，它会使动物白细胞减少，生长缓慢，因此我国已明确规定不允许使用铵盐法生产的焦糖色素。非铵盐法生产焦糖色素是将糖置于180～200℃高温下，使其直接发生焦糖化作用形成稠液状或块状的焦糖色素。

焦糖色素具有焦糖香味和愉快的苦味，易溶于水和稀醇，耐光、耐热性好，在不同 pH 下呈色稳定，红色色度高，但着色力差，当 pH ＞6 时易发霉。

焦糖色素是我国传统使用的色素之一，已有悠久的使用历史。非铵盐法生产的焦糖色素比较安全, 在全球范围内的食品中使用量都很大, 我国允许按正常生产需要量添加于食品中, 多用于罐头、糖果、饮料、酱油、醋等食品的着色。

焦糖色素虽然是通过碳水化合物在高温条件下发生反应制备的, 但食品经过热加工处理, 自然会含有一定量的焦糖色素, 所以从这一点来看, 可以将其作为天然色素。

8.3　食品褐变及机理

食品在加工和储藏过程中, 经常会发生褐、红、黄、蓝、绿等各种变色现象, 其中最普遍、最重要的是食品的褐变, 即因非食品色素成分发生的化学变化, 伴随着食品色泽的转褐变深。食品的褐变按其发生机理可分为非酶褐变和酶促褐变两大类。非酶褐变是食品中常见的一类重要反应, 主要包括糖类化合物与蛋白质或胺之间进行的美拉德反应、糖类化合物直接加热进行的焦糖化反应。例如, 在面包、糕点、咖啡等食品的焙烤过程, 发生褐变产生诱人的焦黄色和特征香气。酶促褐变(又称氧化褐变)与非酶褐变完全不同, 这种反应与糖类无关。它是酚类物质和氧在多酚氧化酶催化下发生的一系列反应, 如新鲜水果和蔬菜切开后产生的褐变现象, 这种褐变影响了果蔬的外观、降低了其营养价值和风味等。

8.3.1　美拉德反应

法国化学家美拉德(Maillard)于 1912 年提出, 当葡萄糖与甘氨酸溶液共热时会产生褐色色素。此后, 我们把胺、氨基酸、蛋白质等含有氨基的化合物与糖、醛、酮等含有羰基的化合物之间发生缩合、聚合等生成类黑色素的反应统称为美拉德反应, 又称羰氨反应。几乎所有的食品均含有羰基(来源于糖或油脂氧化酸败产生的醛和酮)和氨基(来源于蛋白质), 因此都可能发生羰氨反应, 故在食品加工中由羰氨反应引起食品颜色加深的现象比较普遍。如焙烤面包产生的金黄色, 烤肉产生的棕红色, 熏干产生的棕褐色, 松花蛋蛋清的茶褐色, 啤酒的黄褐色, 酱油和陈醋的黑褐色等均与其有关。

1. 美拉德反应的机理

美拉德反应比较复杂, 至今仍未得到彻底的了解。其过程大致分为初始阶段、中间阶段和末期阶段, 每一个阶段又包括若干个反应。

1)初始阶段

羰氨反应的初始阶段包括羰氨缩合和分子重排两种作用。

(1)羰氨缩合。

羰氨反应的第一步是氨基酸等含氨基化合物中的游离氨基与糖等含羰基化合物中的游离羰基(醛基)之间的缩合反应, 生成不稳定的亚胺衍生物 – 薛夫碱(Schiffs base), 该产物随即环化为 N – 葡萄糖基胺(图 8 – 22)。

羰氨缩合反应是可逆的, 在稀酸条件下, 该反应产物极易水解。羰氨缩合反应过程中由于游离氨基的逐渐减少, 使反应体系的 pH 下降, 所以在碱性条件下有利于羰氨反应的发生。

(2)分子重排。

N-葡萄糖基胺在酸的催化下经过阿姆德瑞(Amadori)分子重排作用,生成1-氨基-1-脱氧-2-酮糖(果糖胺)(图8-23)。如果反应物是酮糖(例如果糖),则可与氨基化合物通过与醛糖相同的机制生成酮糖基胺,然后再经过海因斯(Heyenes)分子重排作用异构成2-氨基醛糖(图8-24)。

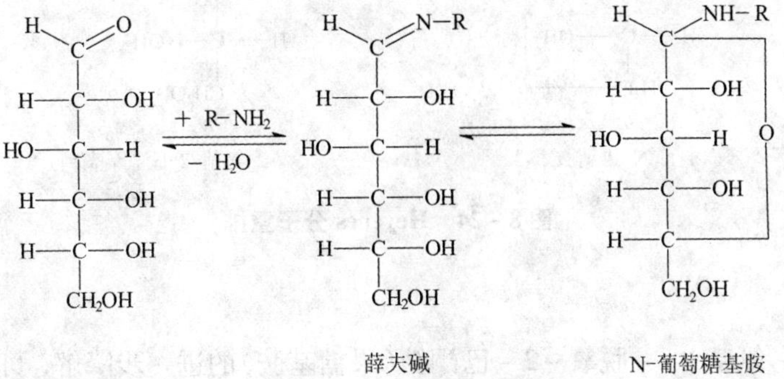

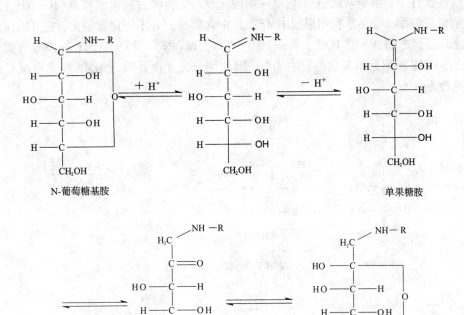

图 8-22 羰氨缩合

N-葡萄糖基胺

单果糖胺

1-氨基-1-脱氧-2-酮糖

环式果糖胺

图 8-23 Amadori 分子重排

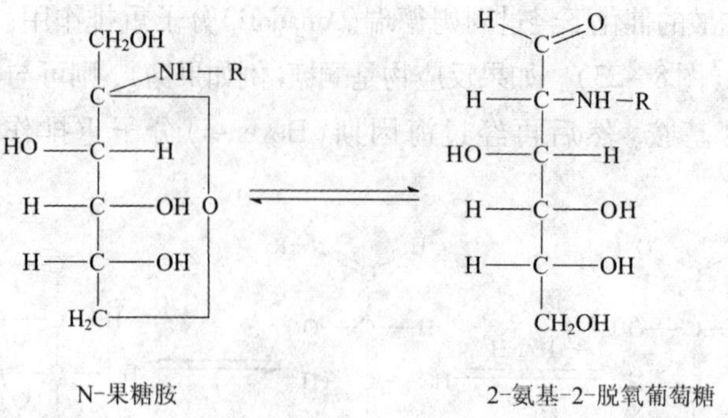

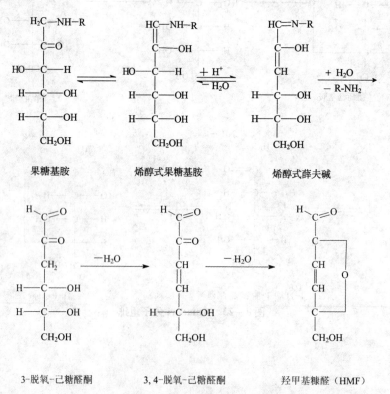

图 8 – 24　Heyenes 分子重排

2）中间阶段

重排产物 1 – 氨基 – 1 – 脱氧 – 2 – 己酮糖（果糖基胺）的进一步降解，可能有多条途径。

（1）果糖基胺脱水生成羟甲基糠醛（hydroxy methy lfurfural，HMF）。

在酸性条件下，果糖基胺进行 1，2 – 烯醇化反应，再经过脱去胺残基（R – NH$_2$）后转变为脱氧葡萄糖醛酮，经逐步脱水形成 HMF。其中含氮基团并不一定被消去，它可以保留在分子上，此时最终产物就不是 HMF，而是 HMF 的薛夫碱（图 8 – 25）。HMF 的积累与褐变速度密切相关，HMF 积累后不久就可发生褐变，因此用分光光度计测定 HMF 积累情况可作为预测褐变速度的指标。

图 8 – 25　果糖基胺脱水形成 HMF

(2)果糖基胺脱去胺残基重排生成还原酮。

在碱性条件下，酮式果糖胺进行2，3-烯醇化反应，脱去胺残基重排形成甲基α-二羰基化合物，再转变为还原酮类化合物(图8-26)。还原酮类化合物的化学性质比较活泼，可进一步脱水后再与胺类缩合，也可裂解成较小的分子如二乙酰、乙酸、丙酮醛等。

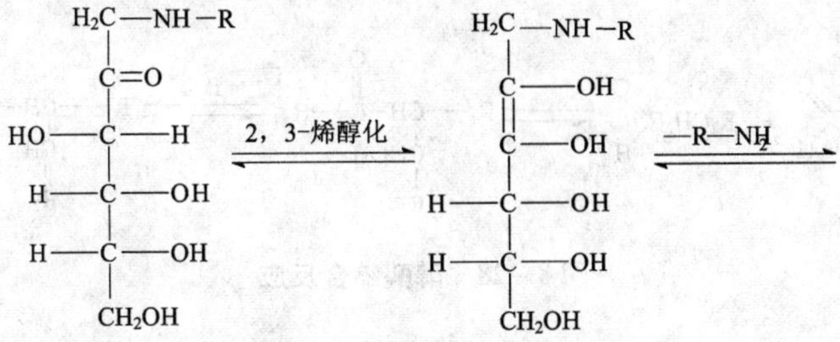

酮式果糖基胺　　　　烯二醇胺

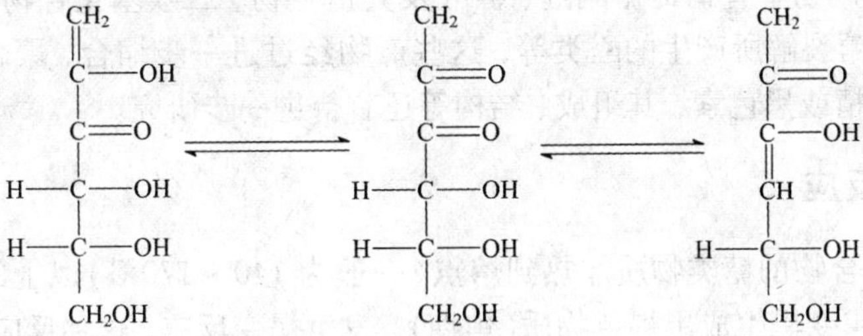

甲基α-二羰基化合物

图8-26　果糖基胺脱胺残基重排生成还原酮

(3)氨基酸与二羰基化合物的作用。

在二羰基化合物的存在下，氨基酸可发生脱羧、脱氨作用，成为少一个碳的醛，氨基则转移到二羰基化合物上，这一反应称为斯特勒克(Strecker)降解反应(图8-27)。二羰基化合物接受了氨基，进一步形成褐色色素。

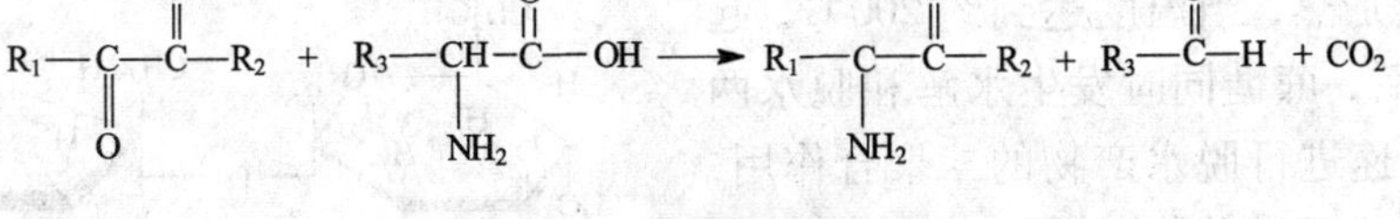

图8-27　斯特勒克降解反应

美拉德发现在褐变反应中有二氧化碳放出，食品在贮存过程中会自发放出二氧化碳的现象也早有报道。通过同位素示踪法已证明，在羰氨反应中产生的二氧化碳中90%~100%来自氨基酸残基而不是来自糖残基部分。所以，斯特勒克反应在褐变反应体系中即使不是唯一的，也是产生二氧化碳的主要来源。

3)末期阶段

羰氨反应的末期阶段包括两类反应：

（1）醇醛缩合反应。

经 Strecker 反应降解产生的醛类自相缩合，并进一步脱水生成更高级的不饱和醛（图 8 – 28）。

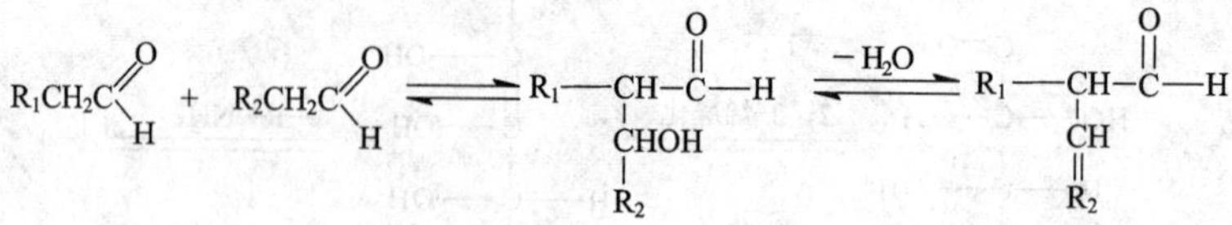

$$R_1CH_2C \underset{H}{\overset{O}{\parallel}} + R_2CH_2C \underset{H}{\overset{O}{\parallel}} \rightleftarrows R_1 - \underset{CHOH}{\underset{\mid}{\overset{\mid}{C}H}} - C \overset{O}{\overset{\parallel}{-}} H \underset{-H_2O}{\rightleftarrows} R_1 - \underset{R_2}{\underset{\mid}{\overset{\mid}{C}H}} - C \overset{O}{\overset{\parallel}{-}} H$$

图 8 – 28　醇醛缩合反应

（2）生成黑色素的聚合反应。

中间阶段生成产物中有葡萄糖酮醛、糠醛及其衍生物、二羰基化合物、还原酮类、以及由 Strecker 降解和糖裂解所产生的醛类等，这些产物经过进一步缩合、聚合形成复杂的高分子色素，称为类黑精或黑色素，其组成、结构等还有待进一步研究。

8.3.2　焦糖化反应

将不含氨基化合物的糖类物质加热到熔点（一般为 140 ~ 170℃）以上的温度，糖类物质会脱水、降解，发焦变黑生成黑褐色物质（焦糖），发生褐变反应，这种反应称为焦糖化反应，又称卡拉蜜尔作用（caramelizatioon）。糖在受到这种强热的情况下会生成两类物质：一类是糖的脱水产物，即焦糖（又称酱色）；另一类是糖的裂解产物，即一些挥发性的醛、酮类物质，它们可进一步缩合、聚合最终形成黏稠状的黑褐色物质。焦糖化反应包括这两类深色物质。

1. 焦糖的形成

糖类在无水条件下加热，或高浓度糖浆用稀酸处理，可发生焦糖化反应。由葡萄糖可生成右旋葡萄糖酐（1，2 – 脱水 – α – D – 葡萄糖）和左旋葡萄糖酐（1，6 – 脱水 – β – D – 葡萄糖），前者的比旋光度为 +69°，后者的为 – 67°，酵母菌只能发酵前者，因此两者很容易区别。在同样条件下，果糖可形成果糖酐（2，3 – 脱水 – β – D – 呋喃果糖）。

蔗糖形成焦糖的过程可分为三个阶段。

第一阶段，从蔗糖熔融开始，有一段时间的起泡，继续加热，当温度达到约 200℃，起泡约 35 min 后，蔗糖同时发生水解和脱水两种反应，并迅速进行脱水产物的二聚合作用，脱去一分子水生成异蔗糖酐（图 8 – 29），异蔗糖酐无甜味而具有温和的苦味，此时，起泡暂时停止。

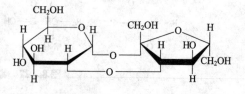

图 8 – 29　异蔗糖酐

第二阶段，继续加热，随后发生第二次起泡现象，持续时间比第一阶段长，约 55 min，在此期间失水量约 9%，形成的产物是一种平均分子式为 $C_{24}H_{36}O_{18}$ 的焦糖酐色素。其熔点为 138℃，可溶于水及乙醇，味苦。

$$2C_{12}H_{22}O_{11} - 4H_2O \rightarrow C_{24}H_{36}O_{18}$$

第三阶段，焦糖酐进一步脱水生成焦糖稀。焦糖稀的平均分子式为 $C_{36}H_{50}O_{25}$，熔点为 154℃，可溶于水。若再继续加热，焦糖稀失水生成难溶性的高相对分子质量深褐色物质，称为焦糖素。焦糖素的分子式为 $C_{125}H_{188}O_{80}$，其结构目前尚不清楚，但具有羰基、羧基、羟基和酚羟基等官能团。

$$3C_{12}H_{22}O_{11} - 8H_2O \rightarrow C_{36}H_{50}O_{25}$$

2. 糠醛和其他醛类的形成

糖在强热下的另一类变化是裂解脱水等，形成一些醛类物质，由于这类物质性质活泼，故被称为活性醛。如单糖（包括醛糖和酮糖）在酸性条件下加热会脱水生成糠醛或糠醛衍生物。它们经聚合或与胺类反应，可生成深色色素。单糖在碱性条件下加热，会首先互变异构化，生成烯醇糖，然后断裂生成甲醛、五碳糖、乙醇醛、四碳糖、甘油醛、丙酮醛等。这些醛类形成后可经过复杂缩合、聚合反应或发生羰氨反应生成黑褐色物质。

3. 焦糖化反应的应用

焦糖是一种胶态物质，等电点 pH 大多为 3.0～6.9，有的甚至可低于 3.0，随制备方法不同而异。焦糖的等电点在食品加工中有着重要意义。例如，若在一种 pH 为 4～5 的饮料中加入等电点 pH 为 4.6 的焦糖，就会发生凝絮、浑浊乃至出现沉淀现象。

焦糖化反应在酸、碱条件下均可进行，但速度不同，提高温度和 pH 可加快反应速度。如 pH 为 8 时反应速率要比 pH 为 5.9 时快 10 倍。少量酸和某些盐如磷酸盐、无机酸、碱、柠檬酸、延胡索酸、酒石酸、苹果酸等可以加速焦糖化反应的进行，大多数热解反应能引起糖分子脱水，并把双键引入或者形成无水环。双键引入产生不饱和的环状中间体，如呋喃环。共轭双键具有吸收光和产生颜色的特性。不饱和环常发生缩合反应使之聚合，生成有颜色的高聚物，使食品产生色泽和风味。催化剂可加速这类反应，使反应产物具有不同类型的焦糖色素、溶解性以及酸性。

各种单糖因熔点不同，其反应速度也各不相同，葡萄糖的熔点为 146℃，果糖的熔点为 95℃，麦芽糖的熔点为 103℃，因此，果糖引起焦糖化反应最快。与美拉德反应类似，对于某些食品如焙烤、油炸食品，焦糖化作用得当，可使产品得到悦人的色泽与风味。作为食品色素的焦糖色，也是利用此反应制备的。例如，蔗糖是用于生产焦糖色素和食用色素香料的常用物质，蔗糖在酸或酸性铵盐存在的溶液中加热，可制得适用于食品、糖果和饮料的各种产物。

商业上生产的焦糖色素有三种：第一种是由蔗糖溶液与亚硫酸氢铵加热制得的耐酸焦糖色素，这种色素的水溶液是酸性的（pH 为 2～4.5），它含有带负电荷的胶体粒子。可用于可乐饮料、其他酸性饮料、烘焙食品、糖浆、糖果以及固体调味料等，使用量是三种焦糖色素中最大的。第二种是将蔗糖溶液与铵盐（非酸性）混合加热，产生红棕色并含有带正电荷胶体粒子的焦糖色素，其水溶液的 pH 为 4.2～4.8，用于烘焙食品、糖浆以及布丁等。第三种是由蔗糖直接热解产生红棕色并含有略带负电荷胶体粒子的焦糖色素，其水溶液的 pH 为 3～4，用于啤酒和其他含醇饮料中。

糖的某些热解反应能产生不饱和环体系，除了产生有色物质外，它们还具有独特的风味与香味。如麦芽酚（3 - 羟基 - 2 - 甲基吡喃 - 4 - 酮）和异麦芽酚（3 - 羟基 - 2 - 乙酰基呋喃）具有面包的风味。2 - H - 4 - 羟基 - 5 - 甲基呋喃 - 3 - 酮具有像烤肉一样的焦香味，可作为食品各种风味和甜味的增强剂。

8.3.3 酶促褐变

酶促褐变发生在水果、蔬菜等新鲜植物性食物中。水果和蔬菜在采收以后,组织的新陈代谢活动仍很活跃。在正常情况下,完整的果蔬组织中氧化还原反应是偶联进行的,但当发生机械性的损伤(如削皮、切开、压伤、虫咬、磨浆等)或处于异常的环境(如受冻、受热等)时,便会影响氧化还原作用的平衡,发生氧化产物的积累,造成果蔬变色。这类变色作用非常迅速,需要与氧接触,且由酶催化,称为"酶促褐变"。在大多数情况下,食物的酶促褐变是不期望发生的,例如,香蕉、苹果、梨、马铃薯等易在削皮切开后褐变,应尽可能避免。但像茶叶、可可豆等食品,适当的褐变则是形成良好风味与色泽所必需的。

催化产生褐变的酶类主要是多酚氧化酶,其次是抗坏血酸氧化酶和过氧化物酶类等氧化酶类。

1. 多酚氧化酶催化的褐变反应

多酚氧化酶通常又称为酪氨酸酶、多酚酶、酚酶、儿茶酚氧化酶、甲酚酶或儿茶酚酶,广泛存在于植物、动物和一些微生物(尤其是霉菌)中。在果蔬中,多酚氧化酶分布于叶绿体和线粒体中。但也有少数植物,如马铃薯块茎,几乎在所有细胞结构中都有分布。

酚酶是一种以 Cu 为辅基、分子氧为受氢体的末端氧化酶。它能催化酚类物质发生两类不同的反应:一类是单酚的羟基化反应,产生酚的邻羟基化;另一类是多酚的氧化反应,使邻二酚氧化为邻苯醌(图8-30)。所以,酚酶可能是一种复合酶,有两种活性类型,一种是酚羟化酶,又称甲酚酶;另一种是多元酚氧化酶,又称儿茶酚酶。而称为酪氨酸酶的酚酶则能同时催化两类反应,故酚酶可能含有两种以上不同的亚基,分别催化酚的羟基化作用和氧化作用。醌的形成需要氧气和酶的催化,邻苯醌不稳定,它会进一步通过与氧气的非酶催化氧化反应和聚合反应形成黑色素。这是导致香蕉、桃、苹果、马铃薯、蘑菇等发生非需要的褐变和茶叶、咖啡、葡萄干、梅干等产生需宜褐变的原因。邻苯醌与蛋白质中赖氨酸残基的 ε-氨基反应可导致蛋白质的营养质量损失和溶解度下降。此外,褐变反应也会造成食品质地和风味的变化。

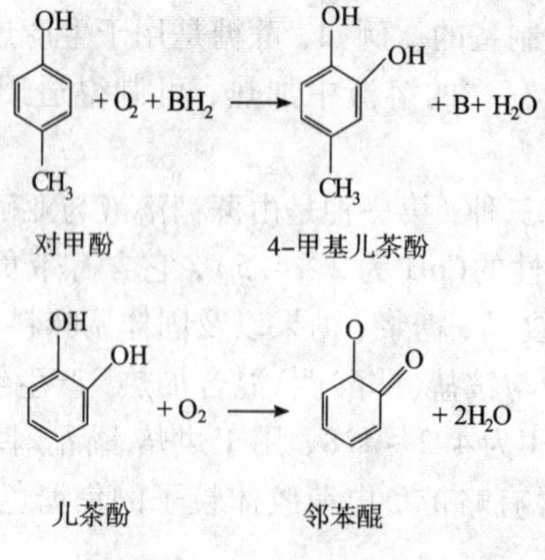

图8-30 酚酶催化的两类反应

植物组织中含有酚类物质,在完整的细胞中作为呼吸传递物质,在酚-醌之间保持着动态平衡,因此,褐变不会发生。当细胞受到破坏时,氧气大量进入,造成醌的形成和还原之间的不平衡，于是发生了醌的积累，醌再进一步氧化聚合形成褐色素或黑色素。

水果蔬菜中的酚酶底物以邻二酚类及一元酚类最丰富。通常，在酚酶作用下反应最快的是邻二酚，如儿茶酚、咖啡酸、原儿茶酸、绿原酸。其次是对位二酚。间位二酚则不能被氧化，甚至对酚酶还有抑制作用，邻二酚的取代衍生物也不能被酚酶催化，如愈疮木酚(邻甲氧基苯酚)、阿魏酸。可作为酚酶底物的还有其他一些结构比较复杂的酚类衍生物，例如花青素、黄酮类、鞣质等，它们都具有邻二酚型或一元酚型的结构。

绿原酸是许多水果特别是桃、苹果等褐变的关键物质。马铃薯褐变的主要底物是酪氨酸。香蕉发生褐变的主要底物是一种含氮的酚类衍生物，即3，4-二羟基苯乙胺。红茶加工过程中，新鲜茶叶中酚酶的活性增大，儿茶素经过酶促氧化，生成茶黄素和茶红素等有色物质，这些有色物质是构成红茶色泽的主要成分。

2. 其他氧化酶类催化的褐变反应

广泛存在于水果、蔬菜细胞中的抗坏血酸氧化酶和过氧化物酶也可引起酶促褐变。抗坏血酸氧化酶催化抗坏血酸的氧化，其产物脱氢抗坏血酸经脱水、脱羧后形成羟基糠醛后再经复合反应或和氨基酸等胺类物质反应形成黑色素。过氧化物酶类可催化酚类物质的氧化，引起褐变，也可将抗坏血酸间接氧化。

8.4　食品加工过程中的褐变控制

8.4.1　褐变对食品质量的影响

褐变特别是非酶褐变是食品加工及储藏过程中的主要反应之一。参与反应的成分主要有糖类、氨基酸、酚类及维生素C等。反应产物主要有挥发性和非挥发性两大类，它们不仅改变食品的色泽，而且对食品的营养和风味等都有重要的影响，所以褐变与食品质量有着密切关系。

1. 褐变对食品色泽的影响

非酶褐变是面包、肉类等食品加工色泽(如焙烤类食品的色泽)和浓郁芳香的各种风味的主要来源，并且反应的中间产物具有抗氧化作用，这在食品生产上具有特殊的意义。此外，茶叶的制作、可可豆、咖啡的烘焙，酱油的后期加热等也是人们期望看到的结果；另一方面，对于某些食品，褐变反应可引起其色泽变劣，影响其感观品质，需要严格控制，如乳制品、植物蛋白饮料的高温杀菌等。对于果蔬来讲，凡能影响其自然色泽和风味的酶促褐变反应也是不期望发生的。

2. 褐变对食品营养的影响

食品褐变后，有些营养成分不能被消化造成营养损失。因此，食品发生褐变后，其营养价值有所下降。

1) 氨基酸和蛋白质的损失

当一种氨基酸或一部分蛋白质链参与美拉德反应时，显然会造成氨基酸的损失。这种破坏对必需氨基酸来说特别严重，其中以含有游离 ε - 氨基的赖氨酸最为敏感，也最容易损失。碱性 L - 精氨酸和 L - 组氨酸对美拉德降解反应也很敏感，因为碱性氨基酸侧链上有相对呈碱性的氮原子存在，所以对降解反应更敏感。氨基酸的损失除了美拉德反应外，还有大量的二羰基化合物产生，使氨基酸在 Strecker 降解中损失。色素以及与糖结合的蛋白质不易被酶所分解，故氮的利用率低，从而降低了蛋白质的营养效价。奶粉和脱脂大豆粉中加糖贮存时，随着褐变蛋白质的增加，溶解度也随之降低。

2）糖、维生素 C 和矿物质的损失

从非酶褐变反应历程可知，可溶性糖及维生素 C 有大量损失。如果蛋白质上的氨基参与了非酶褐变反应，其溶解度也会降低。因此，人体对氮源和碳源的利用率及对维生素 C 的利用率也随之降低。此外，水果加工品中维生素 C 也因氧化褐变而减少。一旦发生非酶褐变，食品中矿质元素的生物有效性也有下降。

3. 褐变对食品风味的影响

非酶褐变反应的中间产物及终产物中有一些是呈味物质，它们能赋予食品以优或劣的气味和风味。在高温条件下，糖类脱水后，碳链裂解、异构、氧化及还原可产生一些化学物质，如乙酰丙酸、甲酸、丙酮醇、3 - 羟基丁酮、二乙酰、乳酸、丙酮酸和醋酸等；非酶褐变反应过程中产生的二羰基化合物，可促进很多成分的变化，如氨基酸在二羰基化合物作用下脱氨脱羧，产生大量的醛类；非酶褐变反应产生大量小分子杂环化合物类呈香物质，如吡嗪类及某些醛类等是食品高火味及焦糊味的主要成分。当还原糖与牛奶蛋白质反应时，可产生乳脂糖、太妃糖及奶糖的风味。

Strecker 降解产生了 CO_2。CO_2 的逸出率与二羰基化合物的含量成正比。当还原糖与氨基酸反应时，可生成各种还原性醛酮，它们都易氧化成酸性物质。因此，非酶褐变反应能降低食品的 pH，这对食品的风味也有一定的影响。

此外，由于非酶褐变过程中伴随有二氧化碳的产生，会造成罐装食品出现不正常的现象，如粉末酱油、奶等装罐密封发生非酶褐变后会出现"膨听"现象。

4. 褐变产生的有害成分

非酶褐变的反应历程比较复杂，会产生大量的中间体或终产物，它们统称为美拉德反应产物（maillard reaction products，MRPs），其中一些成分对食品风味的形成有重要作用，但一些成分对食品安全构成了隐患。近几年来，随着仪器分析手段的提高，人们对有害成分的研究报道越来越多，推测食物中氨基酸和蛋白质生成了能引起突变和致畸作用的杂环胺物质；美拉德反应产生的典型产物 D - 糖胺可以损伤 DNA；美拉德反应对胶原蛋白的结构有负面作用，这将影响到人体的老化和促使糖尿病形成。但由于非酶褐变反应的复杂性、中间体的不稳定性等原因，目前对非酶褐变产生的有害成分研究较为清楚只有丙烯酰胺。

丙烯酰胺是制造塑料的化工原料，为一种已知的致癌物，具有潜在的神经毒性、遗传毒性和致癌性。急性毒性实验表明，大鼠、小鼠、豚鼠和兔的丙烯酰胺 LD_{50} 为 150 ~ 180 mg/kg，属于中等毒性物质。2002 年 4 月，瑞典国家食品管理局（National Food Administration，NFA）和斯德哥尔摩大学研究人员报道，在一些油炸和烧烤的淀粉类食品，如炸油条、油炸土豆片、谷物、面包等中存在丙烯酰胺，挪威、英国、瑞士和美国等国家随后也报道了类似结果。食品中丙烯酰胺的污染引起了国际社会和各国政府的高度重视。

丙烯酰胺在食品中的分布范围很宽，一般小于 1.5 mg/kg，主要存在于油炸、焙烤、膨化、烧烤食品和其他高温加工的食品中，高温加工处理的高碳水化合物食品可产生高过饮水限量数千万倍的丙烯酰胺。在不加热或加热温度不超过 100℃ 的蒸煮食品（如煮土豆）中则未检出。在罐头、冷冻水果、蔬菜及植物蛋白产品（除成熟去核的橄榄外），如蔬菜夹饼及相关产品中通常未检出，或即使检出其水平也非常低，但在成熟去核的橄榄中丙烯酰胺含量为 0 ~ 1925 μg/kg。

食品中的丙烯酰胺多来自高糖类、低蛋白质食品的热加工（120℃以上）过程，反应的最低温度是 120℃，最适温度为 140 ~ 180℃。热加工食品中形成丙烯酰胺的机理尚未完全阐明。目前认为，丙烯酰胺主要通过美拉德反应产生，反应机制可能是：氨基酸与还原糖反应产生薛夫碱，薛夫碱通过脱羧，并随之发生 C—C 键断裂，最后生成丙烯酰胺。也有人认为，除此之外食品中丙烯酰胺的形成途径还有多条，即丙烯酰胺形成的机制可能不止一种。

5. 非酶褐变产物的抗氧化作用

随着食品褐变反应生成醛、酮等还原性物质，它们对食品有着一定的抗氧化能力，尤其对防止食品中油脂的氧化较为显著。如葡萄糖与赖氨酸共存，经焙烤后着色，对稳定油脂的氧化有较好的作用。众所周知，脂质过氧化是食品在有氧条件下腐败的主要机理，脂质过氧化会损坏食品的风味、芳香、色泽、质地和营养价值，而且会生成一些有毒物质，如醛和环氧化物等，对食品稳定性和安全性造成极大危害。传统食品工业主要是添加人工合成抗氧化剂（如 BHA，BHT，TBHQ 等）来抑制脂质过氧化。鉴于人工合成添加剂对人体的慢性损伤及其他负面影响，天然安全的抗氧化剂就备受青睐。因此，自 20 世纪 80 年代以来，MRPs 的抗氧化性引起广泛关注，研究也已经很全面。

1）类黑精

MRPs 的终产物——类黑精被认为是 MRPs 中主要的抗氧化成分，具有很强的消除活性氧的能力。某些类黑精的抗氧化能力在亚油酸中超过 BHA 和没食子酸丙酯等。类黑精的组成因起始原料、反应条件的不同而不同，其抗氧化活性可能源于结构中的还原酮、烯胺或杂环类部分所起的作用。

2）挥发性杂环化合物

主要是一些能赋予食品香味的呋喃、吡咯、噻吩、噻唑和吡嗪等含硫、氮化合物。这些化合物具有抗氧化活性，特别是在碱性条件下，表现出很强的抗氧化能力。

3）还原酮

MRPs 的中间体——还原酮类化合物通过提供氢原子而终止自由基的链，具有螯合金属离子和还原过氧化物的特性，这对美拉德反应产物的抗氧化能力有一定的贡献。

8.4.2　非酶褐变的控制

由于非酶褐变的机制较复杂，不仅与参与的糖类等羰基化合物及氨基酸等氨基化合物的种类有关，同时还受到温度、氧气、水分及金属离子等环境因素的影响。充分利用这些因素可抑制褐变，对食品加工具有重要意义。

1. 使用不易发生褐变的食品原料

羰基化合物和氨基化合物是发生褐变反应的主要成分，种类、结构不同，发生褐变的反应速度不同。

在羰基化合物中，褐变速度最快的是 α、β 不饱和醛，如 α - 己烯醛（$CH_3(CH_2)_2CH=CHCHO$），其次是 α - 双羰基化合物，酮的褐变速度最慢。具有烯二醇结构的还原酮类（如抗坏血酸），具有较强的还原能力，而且在空气中易被氧化成 α - 双羰基化合物，故也易褐变。

还原糖是参与非酶褐变反应的主要成分，它提供了与氨基相作用的羰基。各种糖的褐变反应速度，五碳糖：核糖 > 阿拉伯糖 > 木糖；六碳糖：半乳糖 > 甘露糖 > 葡萄糖 > 果糖；双糖：乳糖 > 蔗糖 > 麦芽糖 > 海藻糖。一般来说，五碳糖的褐变速度大约是六碳糖的 10 倍，非还原性双糖类，因其分子比较大，故反应比较缓慢。

对于氨基化合物，氨基酸、肽类、蛋白质、胺类均与褐变有关。通常，胺类比氨基酸褐变速度更快。在氨基酸中，碱性氨基酸的褐变速度快，包括赖氨酸、精氨酸和组氨酸。氨基在 ε - 位或在末端者，比在 α - 位的易褐变。所以不同氨基酸引起褐变的程度不同，赖氨酸褐变的损失率最高，天冬氨酸、谷氨酸和半胱氨酸的褐变损失率相对较低。蛋白质的褐变速度比肽和氨基酸缓慢，主要涉及的是末端氨基和侧链残基 R 上的氨基(第二氨基)。

脂类通过氧化和热裂解，可产生不饱和醛、酮和二羰基化合物。因此，不饱和度高、易氧化的脂类也易与氨基化合物发生褐变反应。

2. 降低温度

褐变反应受温度影响很大，温度每差 10℃，褐变速度差 3 ~ 5 倍。一般在 30℃ 以上时，褐变较快，而在 20℃ 以下褐变则进行较慢。例如，酿造酱油时，提高发酵温度，酱油颜色也加深，温度每提高 5℃，着色度提高 35.6%，这是由于发酵中氨基酸与糖发生的美拉德反应随温度的升高而速度加快。在室温下，氧能促进褐变。当温度提高到 80℃ 时，不论有无氧存在，其褐变速度相同，因此，容易褐变的食品，应尽量避免高温长时间处理，贮存时以低温为宜，例如，将食品采用真空(或充氮)包装置于 10℃ 以下贮存，可以较好的抑制褐变。此外，降低温度可以减缓所有的化学反应速度，因而在低温冷藏下的食品可以延缓非酶褐变的进程。

3. 降低 pH

在稀酸条件下，羰氨缩合产物很易水解。羰氨缩合过程中封闭了游离的氨基，反应体系的 pH 下降，所以碱性条件有利于羰氨反应，当 pH > 3 时，其反应速度随 pH 的升高而加快，降低 pH 是控制褐变的有效方法。例如，蛋粉脱水干燥前先加酸降低 pH，在复水时加 Na_2CO_3 恢复 pH 以防止褐变；泡菜类高酸食品不易褐变。在酸性条件下，维生素 C 的自动氧化速度较慢，且可逆。

4. 控制水分含量

褐变反应的发生需要有水分存在，在完全干燥的条件下，很难产生褐变。当水分含量为 10% ~ 15% 时，容易发生褐变。奶粉、冰淇淋粉等容易褐变的食品应将水分控制在 3% 以下，才能抑制其褐变。美拉德反应速度与反应物浓度成正比，适当降低产品浓度，通常可降低褐变速率。对于液体食品，由于其水分含量较高，基质浓度低，因此褐变速度较慢。此外，褐变与脂肪有关，当水分含量超过 5% 时，脂肪氧化加快，褐变也加快。例如，干制猪肉制品虽然水分较低，但能加速油脂氧化，所以能促进褐变(油烧)的发生。

5. 避免金属离子的不利影响

由于铁和铜等金属离子在能量有利的条件下，通过单电子氧化(在色素形成的后期)的游离基反应促进褐变反应，且 Fe^{3+} 比 Fe^{2+} 作用更强，但 Na^+ 对褐变没有影响。因此，在食品加工处理过程中应避免铜、铁等金属离子的混入。

6. 使用褐变抑制剂

羰基可与 SO_3^{2-} 形成加成化合物，其加成物能与氨基化合物缩合，但缩合产物不能再进一步生成薛夫碱和 N – 葡萄糖基胺，因此，可用 SO_2 或亚硫酸盐来抑制美拉德反应发生的褐变。SO_2 和亚硫酸盐是最广泛用于抑制褐变的化学物质，但它们不能防止参与美拉德反应的氨基酸的营养价值遭受损失，因为在 SO_2 抑制褐变前，氨基酸已开始参与反应，并随之发生降解。此外，Strecker 反应是引起必需氨基酸营养价值损失的重要途径，而 SO_2 和亚硫酸盐对该反应几乎无抑制作用。

钙可与氨基酸结合形成不溶性化合物，因此钙盐有协同 SO_2 或亚硫酸盐控制褐变的作用。这在马铃薯等多种食品加工中已经得到成功应用。这类食品在单独使用亚硫酸盐时有迅速褐变的倾向，但结合使用 $CaCl_2$ 以后可有效抑制褐变。

7. 去除反应底物

有的食品含糖量甚微，可加入酵母用发酵法除去糖来减少褐变。便如生产蛋粉和脱水肉末时就采用此法。另一个生物化学方法是用葡萄糖氧化酶及过氧化氢酶混合酶制剂除去食品中的微量葡萄糖和氧，氧化酶把葡萄糖氧化为不会与氨基化合物结合的葡萄糖酸，也可除去罐（瓶）装食品容器顶隙中的残氧，从而防止食品的褐变。

8.4.3 酶促褐变的控制

食品发生酶促褐变，必须具备三个条件，即有多酚类物质、氧化酶类和氧。在控制酶促褐变的实践中，要除去食品中的多酚类物质不仅困难，而且也不现实。比较有效的控制方法主要从控制酶和氧两方面入手，主要包括以下方法。

1. 加热处理

在适当的温度和时间条件下对新鲜果蔬加热，使酚酶及其他相关酶失活，是使用最广泛的控制酶促褐变的方法。加热处理必须严格控制时间，要求在最短时间内抑制酶的活性，如果加热时间过长会影响食品的质量；相反，如果热处理不彻底，热烫虽破坏了细胞结构，但未钝化酶，反而会利于酶和底物的接触从而促进褐变。例如，白洋葱、韭葱等如果热烫不足，变粉红色的程度比未热烫的更严重。

虽然来源不同的氧化酶类对热的敏感性不同，但在 $70 \sim 95℃$ 时加热约 7 s，可使大部分氧化酶类失活。在 $80℃$ 时加热 $10 \sim 20$ min 或置入沸水中 2 min，可使氧化酶类完全失活。热烫、巴氏消毒和微波加热都是目前使用较普遍的热处理方法。其中，微波加热法可使组织内外迅速一致地受热，有利于较好地保持食品原有的质地和风味。

2. 调节 pH

多数酚酶的最适 pH 范围为 $6 \sim 7$，pH 小于 3.0 时，酚酶几乎完全失去活性。例如，苹果在 pH 为 4 时，能够发生褐变，在 pH3.7 时，褐变速度降低，在 pH2.5 时褐变完全被抑制。所以通过加酸处理来控制酶促褐变也是目前常用的方法。一般多用柠檬酸、苹果酸、磷酸、抗坏血酸等以及它们的混合液。

柠檬酸对抑制酚酶的氧化有双重作用，既能降低 pH，又能螯合酚酶活性中心的 Cu 辅基导致酶失活，但作为褐变抑制剂来说，其单独使用的效果不佳，通常与抗坏血酸或亚硫酸联用，如 0.5% 柠檬酸与 0.3% 抗坏血酸合用效果较好。切开后的水果常浸在此混合酸的稀溶液中，对于碱法去皮的水果，还有中和残碱的作用。抗坏血酸也具有双重作用，除了降低 pH，还具有还原作用，能使醌还原成酚从而阻止醌的聚合。也有人认为，抗坏血酸能使酚酶本身失活。在果汁中，抗坏血酸在酶的催化下能消耗掉溶解氧，从而抑制褐变。抗坏血酸是相对更有效的酚酶抑制剂，即使浓度极大也无异味，对金属无腐蚀作用，而且作为一种维生素，具有很高的营养价值。据报道，在每千克水果制品中，加入 660 mg 抗坏血酸，即可减少苹果罐头顶隙中的含氧量并有效控制褐变。苹果酸是苹果汁中的主要有机酸，在苹果汁中对酚酶的抑制作用比柠檬酸更好。

3. 加 SO_2 及亚硫酸盐处理

SO_2 及常用的亚硫酸盐如亚硫酸钠（Na_2SO_3）、亚硫酸氢钠（$NaHSO_3$）、焦亚硫酸钠（$Na_2S_2O_5$）、连二亚硫酸钠即低亚硫酸钠（$Na_2S_2O_4$）等都是广泛应用于食品工业中的酚酶抑制剂。在蘑菇、马铃薯、桃、苹果等加工中常被使用。SO_2 及亚硫酸盐溶液在微偏酸性（pH≈6）的条件下对酚酶抑制的效果最好，只有游离的 SO_2 才能起作用。在实验条件下，10 mg/kg SO_2 即可几乎完全抑制酚酶，但在实践中因有挥发损失及与醛、酮类物质生成加成物等原因，实际使用量常达 300 ~ 600 mg/kg。1974 年我国食品添加剂协会规定使用量不得超过 300 mg/kg（以 SO_2 计），成品食品中最大残留量不得超过 20 mg/kg。SO_2 对酶促褐变的抑制机理目前尚无定论，可能有三方面原因：①抑制酶的活性；②抑制酪氨酸转变成 3,4 - 二羟基苯丙氨酸；③将已氧化的醌还原成酚，减少醌的积累和聚合。

二氧化硫及亚硫酸盐处理方法简便、效力可靠、成本低、可避免维生素 C 的氧化，还具有一定的防腐作用。残存的 SO_2 可用抽真空、炊煮或使用 H_2O_2 等方法除去。不足之处是对色素物质有漂白作用，可腐蚀铁罐的内壁，破坏食品中的硫胺素，产生不愉快的嗅感与味感。

4. 减少与金属离子的接触

金属（如铁、铜、锡、铝等）离子是酚酶的激活剂，减少食品与这些金属离子的接触，也可控制酶促褐变发生。

5. 驱除或隔绝氧气

最简单的方法是将去皮切开的果蔬用清水、糖水或盐水浸渍以隔绝空气。真空和充氮包装等措施也可以有效地防止或减缓酶促褐变。对于果肉组织中含氧较多的水果如苹果、梨等，宜将水果浸在糖水或盐水中进行真空抽气处理，使糖水或盐水渗入组织内部，以驱除出细胞间隙中的氧气。一般在 93.3 kPa 真空度下保持 5 ~ 15 min，然后突然破除真空即可。也可使用较高浓度的抗坏血酸溶液浸涂果蔬表面，使其表面生成一层氧化态抗坏血酸隔离层，以达到隔绝氧气的目的。此外，氯化钠也有一定的防止褐变的作用，通常多与柠檬酸和抗坏血酸混合使用，单独使用时，质量分数需达 20% 时才能抑制酚酶的活性。

6. 改变底物的结构

利用甲基转移酶，将邻二羟基化合物进行甲基化处理，生成甲基取代衍生物，可有效防止褐变。例如，以 S - 腺苷蛋氨酸作为甲基供体，在甲基转移酶的作用下，可将儿茶酚、咖啡酸和绿原酸分别甲基化为愈疮木酚、阿魏酸和 3 - 阿魏酰金鸡钠酸。

7. 加入酚酶底物类似物

在食品加工过程中，可用酚酶底物类似物如肉桂酸、对位香豆酸及阿魏酸等酚酸竞争性地抑制酚酶的活性，从而有效地控制酶促褐变。由于这三种酸都是果蔬中天然存在的芳香族有机酸，安全性好。其中以肉桂酸的效率最高，当浓度大于 0.5 mmol/L 时即可有效控制空气中的苹果汁在 7 h 内不发生褐变。肉桂酸钠盐的溶解性较好，价格便宜，可以抑制果蔬在较长时间内不发生褐变。但通常食品中酚类物质含量均较高，而酶促褐变的程度又主要取决于酚类物质的含量，加上酚酶活性的高低对褐变影响较小，所以，采用改变底物结构及添加酚酶底物类似物抑制酶促褐变的方法在实际应用方面有一定的局限性。

思考题

1. 生产中的天然色素按其化学结构可以分为哪几类？
2. 简述叶绿素在食品加工与储藏过程中的变化。
3. 氧气分压对肌红蛋白的相互转化有什么影响？
4. 简述腌肉制品中的发色反应。
5. 简述花青素在食品加工与储藏过程中的变化。
6. 常见的黄酮类色素有哪些？
7. 什么是酶促褐变？什么是非酶褐变？
8. 金属离子在食品褐变中起的作用是什么？
9. 如何看待褐变对食品品质的影响？如何控制食品加工过程中的褐变？

第9章

食品风味

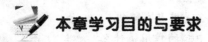

本章学习目的与要求

- 了解食品中呈味物质的相互作用，重要动植物食品的香气特征效应化合物。
- 熟悉食品呈味物质的呈味机理和食品中香气形成的途径。
- 掌握常见食品呈味物质的呈味特点及在食品加工中的应用。

9.1 概述

9.1.1 食品风味的概念与分类

风味是食品品质的一个非常重要的方面，它直接影响人类对食品的摄入及其营养成分的消化和吸收。食品所产生的风味是建立在复杂的物质基础之上的，就风味一词而言，"风"指的是挥发性物质，一般引起嗅觉反应；"味"指的是水溶性或油溶性物质，在口腔引起味觉的反应。因此狭义上讲，食品风味是指摄入口腔的食物，刺激人的各种感觉受体，使人产生的短时的、综合的生理感觉。这类感觉主要包括味觉、嗅觉、触觉、视觉等综合生理效应(表9－1)。其中化学感觉包括味觉和嗅觉。味觉俗称滋味，是食物在人的口腔内对味觉器官产生的刺激作用。味的分类相对简单，有酸、甜、苦、咸4种基本味，另外还有涩、辛辣、热和清凉味等。嗅觉俗称气味，是各种挥发成分对鼻腔神经细胞产生的刺激作用，通常有香、腥、臭之分。嗅感千差万别，其中香又可描述为果香、花香、焦香、树脂香、药香、肉香等若干种。

表9-1 食品的感官反应分类

感官反应	分类
味觉(甜、苦、酸、咸、辣、鲜、涩)	化学感觉
嗅觉(香、臭)	
触觉(硬、黏、热、凉)	物理感觉
运动感觉(滑、干)	
视觉(色、形状)	心理感觉
听觉(声音)	

由于食品风味是一种主观感觉，所以对风味的理解和评价往往会带有强烈的个人、地区或民族的特殊倾向性和习惯性。在食品生产中风味和食品的营养价值、质地一起都受到生产者、消费者的极大重视。

9.1.2 食品风味的研究方法

研究食品中风味成分的基础是风味成分的分离、分析技术和评价方法。一般步骤是：首先应尽量完全地从食品中抽提出风味组分，然后借助现代仪器进行定性、定量的分析，最后是重要的特殊挥发性组分对风味贡献的评价。由于目前还没有任何一种仪器能准确地测定各个食品风味物质的类型和质量，所以风味物质的鉴定必须配合感官评定，包括香气质、香气量及对加香产品质量改善的评价。

1.风味物质提取方法

迄今为止，对风味物质提取方法主要包括顶空分析法、固相萃取法、蒸馏法、溶剂辅助风味蒸发等。

1)顶空分析

顶空分析是密闭容器中的样品在一定温度下，挥发性成分从食品基质中释放到顶空，平衡后，再将一定量的顶空气体进行色谱分析。顶空分析可专一性地收集样品中易挥发的成分，避免了冗长烦琐的样品前处理过程及溶剂对分析过程带来的干扰，因此在气味分析方面有独特的意义和价值。顶空分析法分两类：静态顶空采样和动态顶空技术。

静态顶空采样是直接取顶空物进样，受容器温度和平衡时间等因素的影响。样品制备简便、不用试剂、采集组分无干扰，但由于不同的香气组分挥发性不同，其存在于容器顶空中的含量会不同，这种方法有时必须进行大体积的气体进样，会影响色谱的分离效果，因此仅适于高度挥发性或高含量组分的检测。

动态顶空技术是指用一种惰性气体流(如高纯氮气)从热的恒温样品中将顶空挥发性被分析物连续地"吹扫"出来，再将挥发性组分加以富集，最后将抽提物进行脱附分析。这种分析方法不仅适用于复杂基质中挥发性较高的组分，对浓度较低的组分也同样有效，具有取样量少、受基体干扰小、容易实现在线检测等优点，但是此系统提取步骤繁琐、效率低下、费用也较高。

2）固相萃取

固相萃取法适用于液体样品，优点是有机溶剂用量少，易处理，使用方便迅速而且价廉，装置的吸附剂效能高、可选择范围广，给固相萃取法的应用带来极大的方便。但固相萃取法批与批效率的不同会影响分析的重复性；有时会发生不可逆的吸附，导致样品组分丢失；有时会发生表面降解反应；有时吸附剂孔道易堵塞等问题。目前固相萃取法已广泛用于农药残留、水质监测、水果中色素分离和酒类、奶粉等的香味物质的检测。

3）蒸馏法

水蒸气蒸馏法属于传统的提取方法，该方法只适用于具有挥发性的，能随水蒸气蒸馏而不被破坏，与水不发生反应，且难溶或不溶于水的成分的提取。水蒸气蒸馏法提取进程时间长、温度高、体系开放，但易造成热不稳定及易氧化成分的损坏及挥发丧失，对部分组分有损坏现象。

同时蒸馏萃取法是由 Likens 和 Nickerson 在 1964 年发展起来的，是一种集蒸馏与萃取于一体，收集挥发性、半挥发性成分的有效方法。但该方法操作繁琐、费时，溶剂和样品消耗量大，制备时间长，因此效率低下，且长时间高温沸腾会引起热降解，产生一些降解物。

4）溶剂辅助风味蒸发

溶剂辅助风味蒸发是一种从复杂食品基质中温和、全面地提取挥发性物质的方法，是德国 W. Engel 等在 1999 年发明的。溶剂辅助风味蒸发系统是蒸馏装置和真空泵的紧凑结合，样品中的热敏性挥发性成分损失少，萃取物具有样品原有的自然风味，特别适合于复杂的天然食品中挥发性化合物的分离分析。

2. 风味物质的检测

目前检测出的食品挥发性成分已有 8000 多种，但每种食品中起主要作用的挥发性物质成分含量不同，对香味的贡献大小不一，所以要对挥发性成分进行定性、定量分析。常用的分析方法有：气相色谱法、气相色谱－质谱联用、气相色谱－嗅闻技术、高效液相色谱、液相色谱－质谱联用和电子鼻技术等。

1）气相色谱法

色谱分析由色谱分离和检测两部分组成，以气体为流动相的色谱法称为气相色谱法。气相色谱法按固定相的物态分类，分为气－固色谱法和气－液色谱法两类。气相色谱法的特点是：气体流动相的黏度小，传质速率高，能获得很高的柱效；气体迁移速率高，分析速度就快，一般几分钟可完成一个分析周期；气相色谱具有高灵敏度的检测器，最低检测限达 $10^{-7} \sim 10^{-4}$ g，检出浓度为 $\mu g/kg$，适用于痕量分析；分析样品可以是气体、液体和固体。

2）气相色谱－质谱联用

气相色谱主要用于定量分析，难以进行定性分析，而质谱仪则具有灵敏度高、定性能量强的特点，它可以确定化合物的分子量、分子式甚至官能团。但是一般的质谱仪只能对单一的组分才能给出良好的定性，对混合物效果不佳，且进行定量分析也复杂，所以两者联用时就可发挥各自的特点。气相色谱仪是质谱仪理想的"进样器"，质谱仪是气相色谱仪的"检测器"，联用技术的问世起到一种特殊的作用，满足鉴别能力强、灵敏度高、分析速度快和分析范围广等要求，该方法在有机化学、生物化学、食品化学、医药、化工和环境监测等方面得到广泛的应用。

3）气相色谱－嗅闻技术

气相色谱－嗅闻技术属于一种感官检测技术，即气味检测法，是在气相色谱柱末端安装分流口，将经毛细管柱分离后得到的流出组分，分流到化学检测器，如氢火焰离子检测器或质谱和鼻子。它将气相色谱的分离能力和人鼻子敏感的嗅觉联系起来，实现从某一食品基质的所有挥发性化合物中区分出关键风味物质。不足之处在于，检测人员的专业水平和自身对香味的敏感度不同、浓度稀释度与香味阈值的关系等，都会很大地影响测试结果。

4）高效液相色谱

高效液相色谱是 20 世纪 60 年代末，在经典液相色谱的基础上，引入了气相色谱的理论和实验方法。根据分离机制的不同，高效液相色谱可分为四大基础类型：分配色谱、吸附色谱、离子交换色谱、凝胶色谱。高效液相色谱不受试样挥发性的限制，可用于分离分析高沸点、大分子、热稳定性差的有机化合物；可用于各种离子的分离分析；可利用组分分子尺寸大小的差别、离子交换能力的差别以及生物分子间亲和力的差别进行分离；可选择固定相和流动相以达到最佳分离效果，对于性质和结构类似的物质，分离的可能性比气相色谱法更大，还有色谱柱可反复使用、样品不被破坏、易回收等优点。但高效液相色谱有"柱外效应"。在从进样到检测器之间，除了柱子以外的任何死空间（进样器、柱接头、连接管和检测池等）中，如果流动相的流型有变化，被分离物质的任何扩散和滞留都会显著地导致色谱峰的加宽，柱效率降低。另外高效液相色谱检测器的灵敏度不及气相色谱。

5）高效液相色谱－质谱联用法

高效液相色谱－质谱联用法将高效液相色谱对复杂基体化合物的高分离能力与质谱的强大的选择性、灵敏度、相对分子质量及结构测定功能组合起来，提供了可靠、精确的相对分子质量及结构信息，特别适合亲水性强、挥发性强的有机物，热不稳定化合物及生物大分子的分离分析，为香味化学成分的快速分析提供了一个重要的新技术。但是，高效液相色谱的固定相的分离效率、检测器的检测范围以及灵敏度等方面，与目前已成熟的气相色谱－质谱联用技术相比，高效液相色谱－质谱联用还处于发展阶段，对于气体和易挥发物质的分析方面远不如气相色谱法，因此，它在香味检测中的应用还不是很广泛，但高效液相色谱－质谱联用法所具备的一系列优点，决定了它的应用前景将会更广泛。

6）电子鼻技术

1964 年，Wilkens 和 Hatman 利用气体在电极的氧化－还原反应对嗅觉过程进行了电子模拟，这是关于电子鼻的最早报道。1994 年，Gardne 发表了关于电子鼻的综述性文章，正式提出了"电子鼻"的概念，标志着电子鼻技术进入到发展、成熟阶段。电子鼻主要有三个组成部分：气敏传感器阵列、信号处理系统和模式识别系统。电子鼻对气味的分析识别分为三个过程：气敏传感器阵列与气味分子反应后，通过一系列物理化学变化，将样品中挥发成分的整体信息（指纹数据）转化产生电信号；电信号经过电子线路，根据各种不同的气味测定不同的信号，将信号放大并转换成数字信号输入计算机中进行数据处理；处理后的信号通过模式识别系统，最后定性或定量的输出对气体所含成分的检测结果。电子鼻技术与以往的检测技术相比的优势是客观性强，不受人为因素的影响；检测速度快，重复性好，不易疲劳；易于操作、样品无需前处理、检测时对环境要求低；灵敏度高，对浓度低的样品也能检测；有毒无毒的气味均能检测；灵活性好，价格有优势。因此，电子鼻有可能远离装备精良的化学实验室和技术专家而进入我们的生活。目前，国内外对电子鼻的研究比较活跃，尤其是在食品行业中的应用，如酒类、烟草、饮料、肉类、奶类、茶叶等具有挥发性气味的食品的识别和分类，主要是为其进行等级划分和新鲜度的判断。由于电子鼻可在几小时、几天甚至数月的时间内连续地、实时地监测特定位置的气味状况,还可用于生产在线监控和保质期的调查等,在医药、化妆品、石油化工、包装材料、环境检测等领域同样得到了广泛的应用。

9.1.3　风味物质的特点

食品中体现风味的化合物称为风味物质。食品的风味物质一般有多种并相互作用,其中的几种风味物质起主导作用,其他的作为辅助作用。如果以食品中的一个或几个化合物来代表其特定的食品风味,那么这几个化合物称为食品的特征效应化合物。如香蕉香甜味的特征效应化合物乙酸异戊酯,黄瓜的特征效应化合物为2,6-壬二烯醛等。食品的特征效应化合物的数目有限,浓度极低且不稳定,但它们的存在为研究食品风味化学基础提供了重要依据。

体现食品风味的风味物质一般有如下特点。

(1)种类繁多,相互之间影响作用明显。

如目前已分离鉴定茶叶中香气成份达500多种;咖啡中风味物质有600多种;白酒中风味物质也有300多种。一般食品中风味物质越多,食品的风味越好。另外,风味物质之间存在相互拮抗或协同作用,使得单体成分很难简单重组其原有的风味。

(2)含量微小,但效果显著。

除少数几种味感物质作用浓度较高以外,大多数风味物质作用浓度都很低。很多嗅感物质的作用浓度在10^{-6},10^{-9},10^{-12}数量级。如香蕉特征物在每千克水中仅5×10^{-6} mg就会具有香蕉味道。

(3)稳定性比较差。

很多风味物质易挥发、易氧化、热分解等。如风味较浓的茶叶,会因其风味物质的自动氧化而变劣。

(4)风味物质的分子结构缺乏普遍的规律性。

风味物质的分子结构是高度特异的,结构的稍微改变将引起风味的较大的差别,即使相同或相似的风味的化合物,其分子结构也难以找到规律性。

风味物质还受到其浓度、介质等外界条件的影响。

9.2　食品的味觉效应

9.2.1　味感的生理

滋味是食品感官质量中最重要的属性之一,食品的滋味虽然多种多样,但都是食品中的可溶性呈味物质溶于唾液或食品的溶液刺激口腔内的味觉感受器,再通过一个收集和传递信息的味神经感觉系统传导到大脑的味觉中枢,最后通过大脑的综合神经中枢系统的分析,从而产生相应的味感或味觉。

口腔内的味觉感受器是味蕾,其次是自由神经末梢。人的味蕾是一种微结构(图9-1),具有味孔,并与味感神经相通。正常成人口腔中约有9000个味蕾,儿童可能超过10000个。随着年龄增长，味蕾逐渐减少，所以味觉能力减退。味觉的形成一般认为是呈味物质作用于舌面上的味蕾（taste bud）而产生的。味蕾是由 40～60 个椭圆形味细胞构成，细胞膜含蛋白质等，是味觉感受器与呈味物质相互作用的部位。味蕾中味细胞寿命不长，从味蕾表皮细胞上有丝分裂出来后只能存活 6～8 天，因此，味细胞一直处于变化状态。味蕾顶端存在着许多长约 2 μm 的微绒毛，由于这些微绒毛呈味物质才被迅速吸附，从而产生味觉。与味蕾相连的是传递信号的神经纤维，在其传递系统中存在几个独特的神经节，它们在自己的位置上支配相应的味蕾，以便选择性的响应不同的化合物。味细胞表面是由蛋白质、脂质和少量其他化合物组成，呈味化合物通过与味细胞表面的不同受体作用从而产生刺激，一般认为甜味化合物的受体是蛋白质，苦味和咸味的受体是脂质（也有人认为苦味的受体与蛋白质有关）。味觉化合物同味觉感受器的作用机制还未完全了解。由于舌部的不同部位味蕾结构有差异，因此，不同部位对不同的味感物质灵敏度不同，一般舌头的前部甜味最敏感，舌尖和边缘对咸味较为敏感，而靠腮两边对酸敏感，舌根部则对苦味最敏感。

对食品中呈味物质评价和描述中，味觉敏感性是主要的，评价或是衡量味的敏感性的常用的标准是阈值。通常把人能感受到某种物质的最低浓度称为阈值。以一定数量的味觉专家在一定的条件下进行品尝评定，半数以上的人感受到的最低呈味浓度就作为该物质的阈值。表 9-2 列出几种呈味感物质的阈值。物质的阈值越小，表示其敏感性越强。

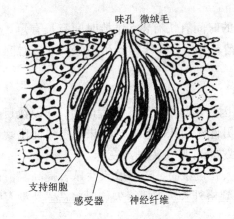

图 9-1 味蕾结构

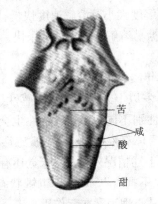

图 9-2 舌的不同部位对味觉敏感性

表 9-2 几种呈味物质的阈值

呈味物质	味感	阈值（%）	
		25℃	0℃
蔗糖	甜	0.1	0.4
食盐	咸	0.05	0.25
柠檬酸	酸	2.5×10^{-3}	3.0×10^{-3}
核酸奎宁	苦	1.0×10^{-4}	3.0×10^{-4}

9.2.2 影响味感的主要因素

1)呈味物质的结构

呈味物质的结构是影响味感的内因。一般来说,糖类如葡萄糖、蔗糖等多呈甜味;羧酸如醋酸、柠檬酸等多呈酸味;盐类多呈咸味;生物碱、重金属盐则多呈苦味。但也有例外,如糖精、乙酸铅等非糖有机盐也有甜味,草酸无酸味而有涩味,碘化钾呈苦味而无咸味等。总之,物质结构与其味感间的关系非常复杂,有时分子结构上的微小改变也会使味感发生极大的变化。

2)温度

相同数量的同一种物质,温度不同其阈值也存在差别。实验表明,温度在 $10 \sim 40 \,^\circ\text{C}$ 较为敏锐,其中以 $30 \,^\circ\text{C}$ 最为敏锐,低于 $10 \,^\circ\text{C}$ 或高于 $50 \,^\circ\text{C}$ 时各种味觉大多变得迟钝。如表9-2可以看出,温度对不同味感的影响不同,对食盐的咸味影响最大,对柠檬酸的酸味影响最小。

3)浓度和溶解度

物质味感在不同浓度的感觉是不同的,味感物质在适当浓度时通常会使人有愉快感,而不适当的浓度则会使人产生不愉快的感觉。一般说来,甜味在任何被感觉到的浓度下都会给人带来愉快的感受;单纯的苦味差不多总是令人不快的;而酸味、咸味在低浓度时使人有愉快感,高浓度时使人感到不愉快。

溶解度大小及溶解速度快慢,也会使味感产生的时间有快有慢,维持时间有长有短。例如,蔗糖易溶解,故产生甜味快,消失也快;而糖精较难溶,则味觉产生较慢,维持时间也较长。

4)年龄、性别、生理状态

60 岁以上人群的味感敏感性显著降低,主要是因为年龄增长到一定程度后,味蕾数目会减少;性别不同,味感敏感性也会有差别,女性比男性对甜味敏感,对酸味则是男性比女性敏感;身体有疾病时,味感敏感性显著降低,会导致失味、味觉迟钝或变味。

除上述情况外,人的味觉还有很多影响因素。人在饥饿时,味感敏感性显著提高。俗话讲,“饥不择食”,当处于饥饿状态时,吃什么都感到格外香;当情绪欠佳时,总感到没有味道,这是心理因素在起作用。

9.2.3 呈味物质的相互作用

不同的呈味物质共存时会互相影响。

1)味的对比作用

有时由于两种味感物质的共存会对人的感觉或心理产生影响,也有人将这种现象称为味的对比作用。如味精中有食盐存在时,使人感到味精的鲜味增强,在西瓜上撒上少量的食盐会感到提高了甜度,粗砂糖中由于杂质的存在也会觉得比纯砂糖更甜。

2)味的消杀作用

一种物质的味感因为另一种味感物质的存在而减弱或抑制的现象,称为味的消杀作用。如蔗糖、食盐、柠檬酸、奎宁之间,在适当浓度下,两两混合,会使任何一种味感减弱。葡萄酒或饮料中,糖的甜味会掩盖部分酸味,而酸味也会掩盖部分甜味。

3)味的疲劳作用

在较长时间受到某种味感物质的刺激,再吃相同的味感物质时,就会感到味感强度下降的现象,这种现象称为味的疲劳作用。经常吃鸡鸭鱼肉,即使山珍海味,美味佳肴也不感觉新鲜,这是味觉疲劳现象。

4)味的变调作用

两种物质相互影响会使味感改变的现象,称为味的变调作用。如吃酸味的橙子,有时会有甜的感觉。尝过食盐或奎宁后,再饮无味的水,会感到甜味。

5)味的相乘作用

两种同味物质共存时,会使味感显著增强,这就是味的相乘作用。如5′-肌苷酸与谷氨酸钠共存时会相互增强鲜味。

6)味的适应现象

味的适应现象是指一种味感在持续刺激下会变得迟钝的现象。不同的味感适应所需要的时间不同,酸味需经 1.5 ~ 3.0 min,甜味 1.0 ~ 5.0 min,苦味 1.5 ~ 2.5 min,咸味 0.3 ~ 2.0 min才能适应。

食品呈味物质之间的或呈味物质与味感之间的相互作用,以及它们所引起的心理作用,都是非常微妙的,机理也十分复杂,许多至今尚不清楚,还需深入研究。

9.2.4 甜味和甜味物质

甜味是人们最喜欢的基本味感,常作为饮料、糕点、饼干等焙烤食品的原料,用于改进食品的可口性和食用性。具有甜味的物质分天然甜味剂和合成甜味剂两大类,其中前者较多,主要是几种单糖和低聚糖、糖醇等,俗称糖,既是食品工业中主要的甜味剂,也是日常生活中的调味品,以蔗糖为典型代表物。除了糖及其衍生物外,还有许多非糖的天然化合物、天然化合物的衍生物和合成化合物也都具有甜味,有些已成为正在使用或潜在的甜味剂。

1.呈甜机理

早期人类对甜味认识有很大的局限性,一般认为甜味与羟基有关,因为糖类分子中含有羟基,可是这种观点不久被否定,很多的物质中并不含羟基,也具有甜味。如糖精、某些氨基酸、甚至氯仿分子也具有甜味。所以确定一个化合物是否具有甜味,还要从甜味化合物的结构共性上寻找联系,因此发展出从物质的分子结构上解释物质与甜味关系的相关理论。

1967 年,席伦伯格(Shallenberger)等人提出的产生甜味的化合物都具有单位 AH/B 理论被广泛接受。该理论认为:甜味化合物中都含有一个电负性的 A 原子(可能是 O、N 原子),与氢原子以共价键形成 AH 基团(如—OH、 =NH 、—NH$_2$),它们为质子供给基;在距 AH 基团 0.25 ~ 0.4 nm 的处同时还具有另外一个电负性原子 B(通常是 N、O、S、Cl 原子),为质子接受基;而在人体的甜味感受器内,也存在类似 AH/B 结构单元。当甜味化合物的 AH/B 结构单元通过氢键与甜味感受器内 AH/B 结构单元结合时,便对味觉神经产生刺激,从而产生甜味。席伦伯格的理论应用于分析氯仿、糖精、葡萄糖等结构不同化合物,形象地说明该类物质具有甜味(结构见图 9 – 3)。

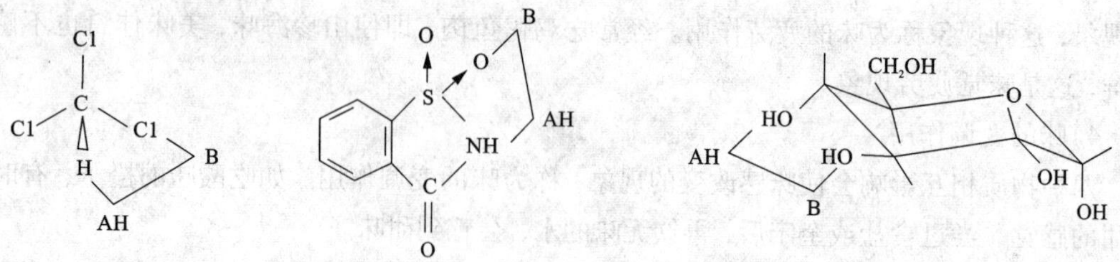

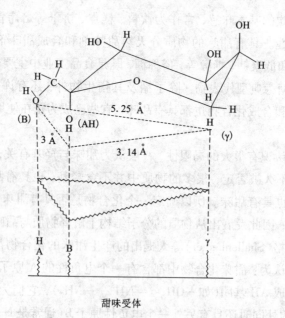

图 9-3 几种甜味化合物的 AH/B 关系

Shallenberger 理论适用于一般甜味化合物,不能解释具有相同 AH/B 结构的糖或 D - 氨基酸为什么它们的甜度相差数千倍。后来科尔(Kier)又对 Shallenberger 理论进行了补充和发展。他认为在甜味化合物中除了存在 AH/B 结构以外,分子中还存在一个亲脂区域 γ,γ 区域一般是亚甲基(—CH₂—)、甲基(—CH₃)或苯基(—C₆H₅)等疏水基团,若有疏水基团存在,它能与甜味感受器的亲油部位通过疏水键结合,产生第三接触点,形成一个三角形的接触面(图 9-4)。此疏水基团易与甜味感受器的疏水部位结合,加强了甜味物质与感受器的结合,或许是甜味化合物间甜味质量差别的一个重要原因,这就是目前甜味学说的理论基础,甜味理论为寻找新的甜味物质提供了方向和依据。

图 9-4 吡喃果糖中 AH/B 和 γ 关系

2. 甜味强度及其影响因素

甜味的强弱称作甜度。甜度只能靠人的感官品尝进行评定,通常是以在水中较稳定的非还原天然蔗糖为基准物(如以 15% 或 10% 的蔗糖水溶液在 20 ℃时的甜度为 1.0 或 100),用以比较其他甜味剂在同温度同浓度下的甜度大小,根据浓度关系来确定甜度,这样得到的甜度称为相对甜度。评定甜度的方法有极限法和相对法。前者是品尝出各种物质的阈值浓度，与蔗糖的阈值浓度相比较，得出相对甜度；后者是选择蔗糖的适当浓度（10%），品尝出其他甜味剂在该相同的甜味下的浓度，根据浓度大小求出相对甜度，部分甜味剂的相对甜度见表 9 - 3。

表 9 - 3 部分甜味剂的相对甜度（蔗糖为 100）

甜味剂	相对甜度	甜味剂	相对甜度
$\beta - D -$ 果糖	100 ~ 175	转化糖浆	80 ~ 130
$\alpha - D -$ 葡萄糖	40 ~ 79	木糖醇	90 ~ 140
$\alpha - D -$ 半乳糖	27	麦芽糖醇	75 ~ 95
$\beta - D -$ 甘露糖	59	半乳糖醇	58
$\beta - D -$ 麦芽糖	46 ~ 52	糖精	30000 ~ 50000
$\beta - D -$ 乳糖	48	甜蜜素	3000 ~ 4000

影响甜味化合物甜度的主要外部因素分为以下几个。

1）浓度

甜度一般随着甜味化合物浓度的增大而提高，但各种甜味化合物甜度提高的程度不同，大多数糖及其甜度随浓度增高的程度都比蔗糖大，尤以葡萄糖最为明显。如当蔗糖与葡萄糖的浓度均小于 40%，蔗糖的甜度大；但当两者的浓度均大于 40%，其甜度却几乎无差别。人工合成的甜味剂在较高浓度下，其苦味变得非常突出，所以食品中甜味剂的使用量是有一定限度的。

2）温度

温度对甜味剂甜度的影响表现在两方面。一是对味觉器官的影响，二是对化合物结构的影响。一般在 30 ℃时感觉器官的敏锐性最高，所以滋味的评价在 10 ~ 40℃ 较为适宜。在较低的温度范围内，温度对大多数糖的甜度影响不大，尤其对蔗糖和葡萄糖影响很小；但果糖的甜度随温度的变化较大，当温度低于 40℃ 时，果糖的甜度较蔗糖大，而在温度大于 50℃ 时，其甜度反比蔗糖小。这主要是由于高甜味的果糖分子向低甜味异构体转化的结果。

3）溶解

甜味化合物与其他呈味化合物一样，在溶解状态时才能够与味觉细胞上受体产生作用，从而产生相应的信号并被识别。商品蔗糖结晶颗粒大小不同，可分成细砂糖、粗砂糖，还有绵白糖。一般认为绵白糖的甜度比白砂糖甜，细砂糖又比粗砂糖甜，实际上这些糖的化学组成相同。产生甜度的差异是结晶颗粒大小对溶解速度的影响造成的。糖与唾液接触，晶体越小，表面积越大，与舌头的接触面积越大，溶解速度越快，能很快达到甜度高峰。甜味化合物的溶解性能也会影响甜味的产生快慢与维持时间长短。蔗糖产生甜味较快但维持时间短，糖精产生甜味较慢但维持时间较长。

3. 甜味物质

甜味物质的种类很多，按来源分成两大类。一类是天然甜味剂，如蔗糖、淀粉糖浆、果糖、葡萄糖、麦芽糖、甘草甜素和甜菊苷等；另一类是合成甜味剂，如糖醇、甜蜜素等。合成甜味剂热值低、无发酵性，对糖尿病患者和心血管患者有益。

1）糖类天然甜味剂

葡萄糖的甜味有凉爽感，甜度为蔗糖的65%～75%，可直接食用，也可用于静脉注射。

果糖比其他糖类都甜，吸湿性特别强，难结晶，容易消化，代谢不需要胰岛素，适应糖尿病人食用。木糖由木聚糖水解而制成的，无色针状结晶粉末，易溶于水，甜度为蔗糖的65%，溶解性和渗透性大而吸湿性小，易引起褐变反应，不被微生物发酵，不产生热能，适应糖尿病人、高血压患者食用。蔗糖的甜味纯正，甜度大，广泛存在于植物中，尤其在甘蔗和甜菜中含量最多，是用量最大的天然甜味剂。麦芽糖在糖类中，营养价值高，甜味爽口温和，不像蔗糖会刺激胃黏膜，甜度为蔗糖的1/3。乳糖是乳中特有的糖，甜度为蔗糖的1/5，水溶性较差，食用后在小肠内受半乳糖酶的作用，分解成葡萄糖和半乳糖而被人体吸收，有利于促进人体对钙的吸收。

淀粉糖浆由淀粉经不完全水解而制得，也称转化糖浆，由葡萄糖、麦芽糖、低聚糖及糊精等组成。工业上常用葡萄糖值（DE）表示淀粉转化的程度，DE指淀粉转化液中所含转化糖（以葡萄糖计）干物质的百分率。DE小于20%，称为低转化糖浆；DE为38%～42%，称为中转化糖浆；DE大于60%的，称为高转化糖浆。异构糖浆是葡萄糖在异构酶的作用下一部分异构化为果糖而制得，也称果葡糖浆。目前生产的异构糖浆，果糖转化率一般达42%，甜度相当于蔗糖。异构糖浆甜味纯正，结晶性、发酵性、渗透性、保湿性、耐贮性均较好，近年来发展很快。

2）非糖天然甜味剂

这是一类天然的、化学结构差别很大甜味的物质。如图9-5所示，甘草苷主要由甘草酸与2分子葡萄糖醛酸缩合而成，相对甜度为100～300；甜叶菊苷的糖基为槐糖和葡萄糖，配基是二萜类的甜菊醇，相对甜度为200～300。以上两种甜味剂中甜叶菊苷的甜味最接近蔗糖。

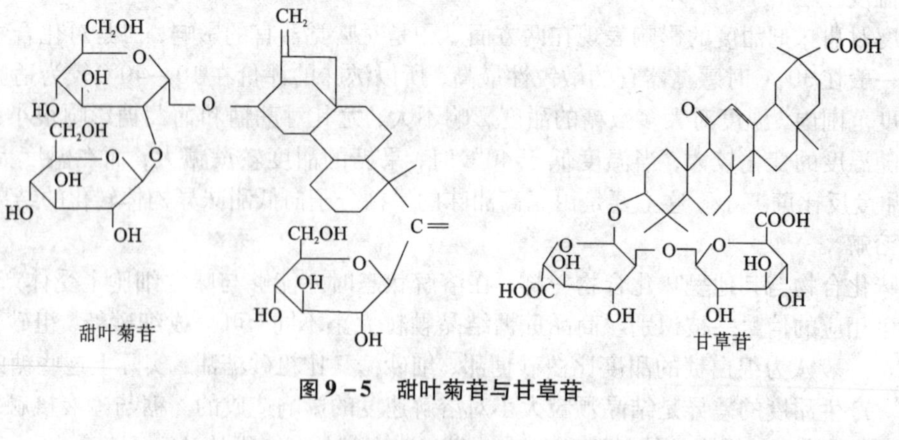

图9-5 甜叶菊苷与甘草苷

3）天然衍生物甜味剂

如二氢查耳酮衍生物是由一些本来不甜的非糖天然物经过改性加工，成为高甜度的安全甜味剂。但它们的热稳定性较差。二氢查耳酮衍生物（图9-6）是柚苷、橙皮苷等黄酮类物质在碱性条件下还原生成的开环化合物。利用柑桔下脚料中提取的橙皮苷，采用酶反应与化学反应相结合的工艺，可制取二氢查耳酮，100 ~ 2000 倍于蔗糖的甜味。由于热值低，又不被细菌利用，所以广泛用于防龋齿和糖尿病人食品。我国盛产柑桔，每年果树落下来大量未成熟果实，因无食用价值被浪费，若用来生产甜味剂，必将产生良好的社会效益和经济效益。

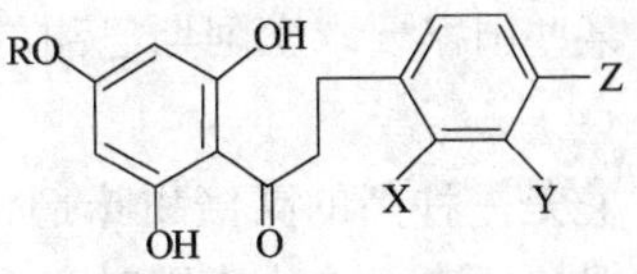

图 9 - 6　二氢查耳酮衍生物

4）合成甜味剂

合成甜味剂是一类用量大、用途广的食品甜味添加剂。不少合成甜味剂对哺乳动物有致癌、致畸作用。我国目前允许使用的合成甜味剂有：糖精钠、甜蜜素、甜味素（阿斯巴甜）和安赛蜜。

（1）糖精钠。

糖精钠又名邻甲酰磺酰亚胺钠盐，俗称糖精。糖精钠分子本身有苦味，但在水中离解出负离子而具有甜味，其甜度为蔗糖的 300 ~ 500 倍，后味微苦。对热不稳定，中性或碱性溶液中短时加热无变化，一般不经过代谢即排出体外。糖精钠是甜味剂的老品种，生产工艺虽日趋成熟，但对其安全性一直有争议。部分国家限制其使用量，一些国家甚至出台法律法规，规定食物商品中如果使用了糖精，必须在标签上注明"使用本产品可能对健康有害"的警示。虽然糖精在一些发达国家仍被禁用，但我国食品法规允许在安全范围内使用糖精钠。我国允许使用的糖精的最大用量不得超过 0.15 g/kg，在婴儿食品中不允许使用。

（2）甜蜜素。

它的甜度是蔗糖的 30 ~ 40 倍，是我国应用最多的高倍甜味剂之一。目前，中国、欧共体、澳大利亚、新西兰等 80 多个国家和地区已批准使用甜蜜素。美国与日本仍禁用甜蜜素。在食品加工中具有良好的稳定性，能应用在各类食品。与糖精混合后（即 1 : 10 混合液），会产生协同作用，增强甜度并减少糖精的后苦味。曾有研究表明，摄入大量的甜蜜素与糖精，可以导致雄性大鼠患膀胱癌。

（3）甜味素。

甜味素又称为蛋白糖、阿斯巴甜（化学式：$C_{14}H_{18}N_2O_5$），是一种食品添加剂。化学名：天门冬酰苯丙氨酸甲酯。天门冬酰苯丙氨酸甲酯是 1965 年，是由 James Schlater 在研究一种抗癌药时发现的，它是一种二肽化合物，其甜度约为蔗糖的 200 倍。由于其具有高甜度、低热量等优点，并且分子中含有两个氨基酸残基，阿斯巴甜在体内迅速代谢为天冬氨酸、苯丙氨酸和甲醇（图 9 - 7）。即使大量摄入阿斯巴甜（200 毫克每千克体重），在血液内也不能检测到阿斯巴甜。在体内可与其他蛋白质一样参与代谢，因此曾认为它是理想的人工甜味剂。

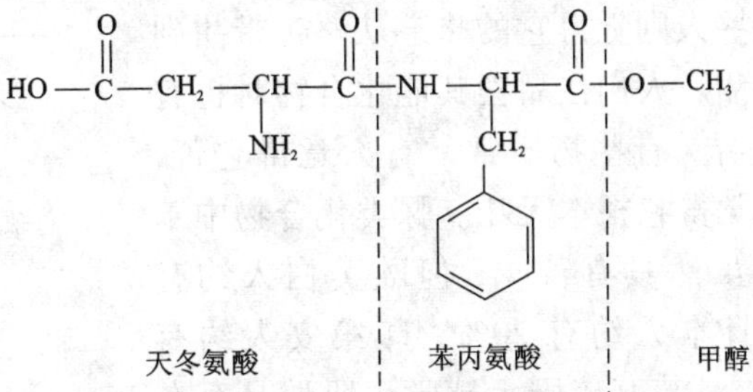

图 9 - 7　阿斯巴甜代谢产物

它已在中国及美国、日本、欧共体、澳大利亚等 100 多个国家和地区被批准使用。在食品生产中应用适量的阿斯巴甜，不仅可避免糖精的后苦味，还有助于增强橙、柠檬等水果的风味，但在高温和酸性环境中表现不太稳定。苯丙酮酸尿症患者需要控制苯丙氨酸的摄入量，某些国家要求含阿斯巴甜的饮料需标明其成分。

(4)安赛蜜。

它是一种新的高倍甜味剂，甜度是砂糖的 200 倍左右。在食品生产中具有极佳的稳定性，但在高浓度单独使用时会有轻微的后苦味，适宜与其他甜味剂混合使用。目前，中国、美国、欧共体、澳大利亚等 90 多个国家和地区已批准使用。我国规定最大使用量 0.3 g/kg。它具有极优的耐酸、耐热和耐酶分解性，在口腔中不分解，不会引起龋齿，人体摄入后不会吸收，24 h 内可以从尿排出，对人体安全无害，使用安全性甚高，几乎没有副作用。

9.2.5 苦味和苦味物质

食品中有不少苦味物质，单纯的苦味人们是不喜欢的，但当它与甜、酸或其他味感物质调配适当时，能起到丰富或改进食品风味的特殊作用。如苦瓜、白果、莲子的苦味被人们视为美味，啤酒、咖啡、茶叶的苦味也广泛受到人们的欢迎。当消化道活动发生障碍时，味觉的感受能力会减退，需要对味觉受体进行强烈刺激，用苦味能起到提高和恢复味觉正常功能的作用，可见苦味物质对人的消化和味觉的正常活动是重要的。

1. 呈苦机理

有机化合物产生苦味的机制与甜味化合物类似。苦味化合物与味觉感受器的位点之间的作用也为 AH/B 结构，不过，苦味化合物分子中的质子给体(AH)，一般是—OH、—C(OH)COCH$_3$、—CHCOOCH$_3$、—NH 等，而质子受体(B)为—CHO、—COOH、—COOCH$_3$、并且 AH 和 B 之间距离为 0.15 nm，远小于在甜味化合物 AH/B 之间的距离。与甜味化合物产生甜味的单一机制形成对比的是，解释苦味化合物的苦味机制还包括其他的解释，例如，对于盐类、氨基酸等产生苦味的原因就不能够用 AH/B 理论。除了 AH/B 理论，解释苦味产生机理的学说还有内氢键学说、三点接触学说和诱导适应学说，这里就不一一介绍了。

由于遗传上的差异，每个人觉察某些苦味物质的能力不同。在觉察某些分子的能力上的遗传差异，似乎与受体腔的大小、受体腔壁上的原子本质和排列有关，这些原子支配着哪些分子被允许进入受体，哪些分子被排斥。例如，某些人觉得糖精的味感是纯甜的，但另一些人则觉得它的味道从略苦带甜到很苦带甜。人们在品尝其他化合物时也有很大差异，有些物质常常有人觉得它苦，而有人觉得它根本无味。脲类化合物中苯基硫脲虽然具有苦味，但欧美白人约有30%，日本人约有 20%，印第安人约有6%左右对苯基硫脲无感觉。肌酸是存在

图 9-8 苯基硫脲和肌酸的化学结构

于动物肌肉组织中的一个含氮化合物，它的性质与苯基硫脲类似，在瘦肉中它的含量在 mg/kg 的水平，一些对苦味敏感的人足可以感受到肉汤中的苦味。苯基硫脲和肌酸两种苦味化合物的化学结构如图 9-9 所示。

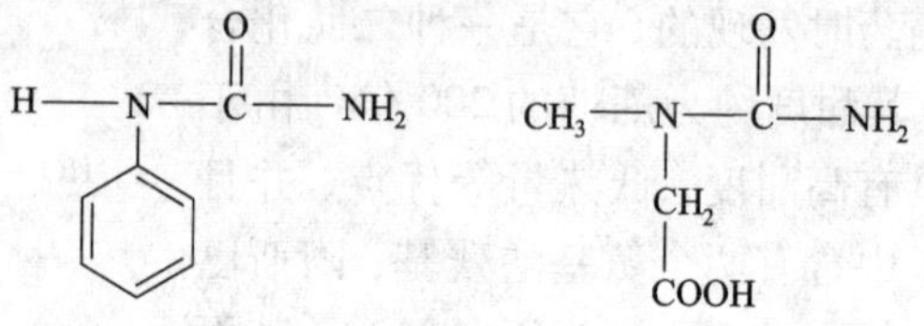

2. 食品中常见的苦味物质及其应用

存在于食品和药物中的苦味物质，来源于植物的主要有 4 类：生物碱、萜类、糖苷类和

苦味肽类；来源于动物的主要有苦味酸、甲酰苯胺、甲酰胺、苯基脲、尿素等。

苦味物质的化学结构多种多样，一般都含有下列基团中的一种原子团：—NO_2、$\equiv N$、—SH、—S—S—、—SO_3H、$=C=S$；无机盐类：Ca^{2+}、Mg^{2+}、NH^{4+}；生物碱、黄酮类、单宁类、蛋白质水解产生的。苦肽、胆汁、脲类、蛇麻子等都是苦味物质。苦味物质的化学结构多种多样，生物碱分子中含有氮，具有苦且辛辣的味道。番木碱是目前已知的最苦的物质。奎宁是最常用的苦味基准物，在评价苦味物质的苦味强度时一般就是利用盐酸奎宁为标准物质（强度为 100，阈值为 0.0016%）。

1）咖啡碱和可可碱

咖啡碱和可可碱的化学结构如图 9-10 所示，都是嘌呤类衍生物，是食品中主要的生物碱类苦味物质，咖啡碱在水中浓度为 150～200 mg/kg 时，显中等苦味，它存在于咖啡、茶叶和可可豆中，能溶于水、乙醇、乙醚、氯仿，易溶于热水。可可碱类似咖啡碱，在可可中含量最高，是可可产生苦味的原因。可可碱能溶于热水，难溶于冷水、乙醇，不溶于醚。咖啡碱和可可碱都具有兴奋中枢神经的作用。

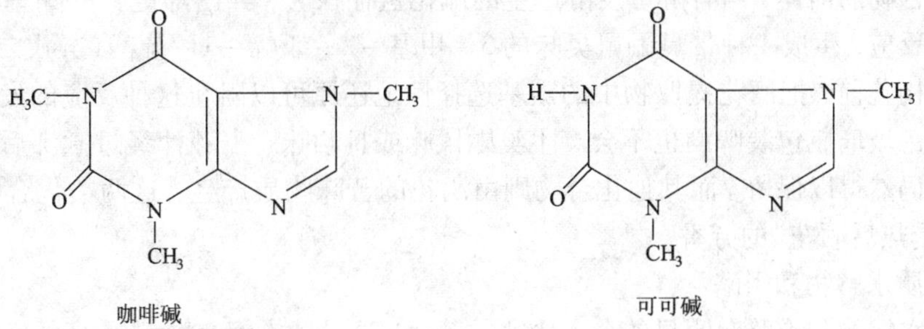

图 9-9　咖啡碱和可可碱的化学结构

2）苦杏仁苷

苦杏仁苷是由氰苯甲醇与龙胆二糖所形成的苷，存在于许多蔷薇科植物，如桃、李、杏、樱桃、苦扁桃、苹果等的果核、种仁及叶子中，尤以苦扁桃中最多。种仁中同时含有分解它的酶。苦杏仁苷本身无毒，具镇咳作用。生食杏仁、桃仁过多引起中毒的原因是摄入的苦杏仁苷在同时摄入体内的苦杏仁酶的作用下，分解为葡萄糖、苯甲醛及氢氰酸之故。

3）柚皮苷及新橙皮苷

柚皮苷及新橙皮苷是柑橘类果皮中的主要苦味物质。柚皮苷纯品的苦味比奎宁还要苦，检出阈值可低达 0.002%。黄酮苷类分子中糖苷基的种类与其是否具有苦味有决定性的关系。芸香糖与新橙皮糖都是鼠李糖葡萄糖苷，但前者是鼠李糖（1→6）葡萄糖，后者是鼠李糖（1→2）葡萄糖。凡与芸香糖成苷的黄酮类没有苦味，而以新橙皮糖为糖苷基的都有苦味，当新橙皮糖苷基水解后，则苦味消失。根据这一发现，可利用酶制剂来分解柚皮苷与新橙皮苷以脱去橙汁的苦味。如柠檬苦素也是柑橘中主要的苦味物质，它是一个由多环构成的内酯化合物，在完整的水果中不存在，但在水果汁榨取过程中，由于酸性条件可以将其前体通过成环反应而转化为柠檬苦素；对柠檬苦素的脱苦，就可以通过酶的作用将其转化为不能再形成环的化合物，从而达到不可逆的脱苦目的，此外，还可以利用吸附剂的方式进行吸附脱苦。

4）胆汁

胆汁是动物肝脏分泌并贮存于胆囊中的一种液体。味极苦，初分泌的胆汁是清澈而略具黏性的金黄色液体，pH 为 7.8~8.5，在胆囊中由于脱水、氧化等原因，色泽变绿，pH 下降至5.5。胆汁中的主要成分是胆酸、鹅胆酸及脱氧胆酸。

5）奎宁

奎宁是一种广泛作为苦味感的标准物质，盐酸奎宁的苦味阈值大约是 10 mg/kg。一般来说，苦味物质比其他呈味物质的味觉阈值低，比其他味觉活性物质难溶于水。食品卫生法允许奎宁作为饮料添加剂，如在有酸甜味特性的软饮料中，苦味能跟其他味感调和，使这类饮料具有清凉兴奋作用。

6）苦味酒花

酒花大量用于啤酒工业，使啤酒具有特征风味。酒花的苦味物质是葎草酮或蛇麻酮的衍生物，分别称为 α-酸和 β-酸。啤酒中葎草酮最丰富，在麦芽汁煮沸时，它通过异构化反应转变为异葎草酮。异葎草酮等对啤酒的风味产生重要的影响。如果啤酒花与麦芽汁共同煮沸时间不够时，则苦味物质溶出量不足，不能达到加工的质量要求；如果煮沸时间太长，则又有过量的苦味物质分解，造成苦味的消失。异葎草酮是啤酒在光照射下所产生的臭鼬鼠臭味和日晒味化合物的前体，当有酵母发酵产生的硫化氢存在时，异己烯链上的酮基邻位碳原子发生光催化反应，生成一种带臭鼬鼠臭味的 3-甲基-2-丁烯-1-硫醇（异戊二烯硫醇）化合物。在异构化前，把酒花提取物中的羰基选择性地还原可以阻止这种反应的发生，并且采用清洁的棕色玻璃瓶包装啤酒也不会产生臭鼬鼠味或日晒味。麦芽汁经过煮沸后，酒花中挥发性化合物仍然得以保留，而其他化合物则由酒花的苦味物质产生，这两类化合物共同产生了啤酒的"受热后酒花"的芳香。

7）蛋白质水解物和干酪

蛋白质水解物和干酪有明显的令人厌恶的苦味，这是肽类氨基酸侧链的总疏水性所引起的。所有肽类都含有相当数量的 AH 型极性基团，能满足极性感受器位置的要求，但各个肽链的大小和它们的疏水基团的性质极不相同，因此，这些疏水基团和苦味感觉器主要疏水位置相互作用的能力大小也不相同。已证明肽类的苦味可以通过计算其疏水值来预测。

8）羟基化脂肪酸

羟基化脂肪酸常常带有苦味，可以用分子中的碳原子数与羟基数的比值或 R 值来表示这些物质的苦味。甜味化合物的 R 值是 1.00~1.99，苦味化合物为 2.00~6.99，大于 7.00 时则无苦味。

9）盐类的苦味

盐类的苦味与盐类阴离子和阳离子的离子直径的和有关。离子直径的和小于 0.65 nm 的盐，显示纯咸味（LiCl = 0.498 nm，NaCl = 0.556 nm，KCl = 0.628 nm）。因此，KCl 稍有苦味。随着离子直径的和的增大（CsCl = 0.696 nm，CsI = 0.774 nm），其盐的苦味逐渐增强，因此氯化镁 0.850 nm 是相当苦的盐。

9.2.6　咸味和咸味物质

咸味是中性盐呈现的味道，咸味是人类的最基本味感。没有咸味就没有美味佳肴，可见咸味在调味中的作用。在所有中性盐中，氯化钠的咸味最纯正，未精制的粗食盐中因含有 KCl、MgCl$_2$ 和 MgSO$_4$，而略带苦味。在中性盐中，正负离子半径小的盐以咸味为主；正负离子半径大的盐以苦味为主。苹果酸钠和葡萄糖酸钠也具有纯正的咸味，可用于无盐酱油和肾脏病人的特殊需要。一些盐类的味觉特征见表9-4。

表9-4　一些盐类的味觉特征

味　觉	盐　类
咸味	氯化锂、溴化锂、碘化锂、硝酸钠、氯化钠、溴化钠、碘化钠、氯化钾
咸味带苦	溴化钾、碘化铵
苦味	氯化铯、溴化铯、碘化铯、硫酸镁
甜味	醋酸铅、醋酸铍(均有剧毒)

1. 咸味模式

咸味是由离解后的阴阳离子所共同决定的。咸味的产生虽与阳离子互相依存有关，但阳离子易被味感受器的蛋白质的羧基或磷酸基吸附而呈咸味，因此，咸味与盐离解出的阳离子关系更为密切，而阴离子则影响咸味的强弱和副味，也就是说阳离子是盐的定位基，阴离子是为助味基。咸味强弱与味神经对阴离子感应的相对大小有关，一般来说，盐的阳、阴离子半径、原子量小的有咸味，大的呈现苦味。

2. 常见的咸味物质

虽然不少中性盐都显示出咸味，但其味感均不如氯化钠纯正，多数兼具有苦味或其他味道。因而氯化钠是主要的食品咸味剂，俗称食盐，在味感性质上，食盐的主要作用是起风味增强或调味作用。在体内有调节渗透压和维持电介质平衡。摄入过少会引起乏力甚至虚脱；饮食中长期摄入过量可引起高血压。食品调味料中，专用食盐产生咸味，其阈值一般在0.2%，在液态食品中最适浓度为0.8%～1.2%。由于过量摄入食盐会带来健康方面的不利影响，所以现在提倡低盐食品。目前作为食盐替代物的化合物主要有氯化钾，如20%的氯化钾和80%的氯化钠混合制成低钠盐。然而，目前所使用食盐替代物的食品味感与使用氯化钠的食品味感仍有较大的差别，这将限制食盐替代物的使用。

9.2.7　酸味和酸味物质

酸味是对人类具有较强刺激性的一种味感，可以给人一种爽快感并促进食欲。酸味物质是食品和饮料中的重要成份或调味料。酸味能促进消化、防止腐败、增加食欲、改良风味。酸味是由酸类化合物离解出来的质子同味觉感受器结合所引起的刺激，是由质子(H^+)与存在于味蕾中的磷脂相互作用而产生的味感。因此，凡是在溶液中能离解出氢离子的化合物都具有酸味。其典型的代表物是柠檬酸，通常以它的酸度为100，其他酸味剂的相对酸度如表9-5所示。

表 9 – 5 常用酸味剂的酸度（柠檬酸做基准）

酸味剂	酸度	酸味剂	酸度
维生素 C	50	富马酸	180 ~ 260
乳酸	110 ~ 120	苹果酸	100 ~ 120
葡萄糖酸	50	乙酸	100 ~ 120
酒石酸	120 ~ 130	磷酸	200 ~ 230

1. 呈酸机理

目前普遍认为，酸味是由 H^+ 刺激舌黏膜而引起的味感，阳离子 H^+ 是酸味剂 HA 定味基，阴离子 A^- 是助味基。定味基 H^+ 在受体的磷脂头部相互发生交换反应，从而引起酸味感。在 pH 相同时，有机酸的酸味之所以大于无机酸，是由于有机酸的助味基 A^- 在磷脂受体的表面有较强的吸附性，能减少膜表面正电荷的密度，亦即减少了对 H^+ 的排斥力。二元酸的酸味随碳链延长而增强，主要是由于其阴离子 A^- 能形成吸附于脂膜的内氢键环状螯合物或金属螯合物，磷脂受体的表面有较强的吸附性，减少膜表面正电荷的密度。若在 A^- 结构上增加疏水基团，则有利于 A^- 在脂膜上吸附，使膜增加对 H^+ 的引力，酸味增强。若 A^- 结构上增加羧基或羟基等亲水基团，则不利于 A^- 在脂膜上吸附，减弱 A^- 的亲脂性，酸味减弱。

以上酸味模式虽说明了不少酸味现象，但目前所得到的研究数据，尚不足以说明究竟是 H^+、A^-，还是 HA 对酸感最有影响，酸味剂分子的许多性质如分子质量、分子的空间结构和极性对酸味的影响有待进一步研究，有关酸味的学说还有待进一步发展。

2. 重要的酸味料及其应用

1）食醋

食醋是我国最常用的酸味料，食醋除含 3% ~ 5% 的醋酸外，还含有丰富的钙、氨基酸、琥珀酸、葡萄酸、苹果酸、乳酸、B 族维生素及盐类等对身体有益的营养成分。食醋的味酸而醇厚，液香而柔和，它是烹饪中一种必不可少的调味品。

醋酸挥发性，酸味强。由工业生产的醋酸为无色的刺激性液体，能与水任意混合，可用于人工调配合成醋，但缺乏食醋风味。浓度在 98% 以上的醋酸能冻成冰状固体，称为冰醋酸，我国允许醋酸在食品中使用，可根据生产需要量添加。

2）柠檬酸

柠檬酸是一种重要的有机酸，又名枸橼酸，无色晶体，常含一分子结晶水，无臭，有很强的酸味，易溶于水。从结构上讲柠檬酸是一种三羧酸类化合物，并因此而与其他羧酸有相似的物理和化学性质。加热至 175 ℃ 时它会分解产生二氧化碳和水，剩余一些白色晶体。

柠檬酸可形成 3 种形式的盐，除碱金属盐外，其他柠檬酸盐大多不溶或难溶于水，其酸味圆润、滋美、爽快可口，入口即达最高酸感，后味延续时间短，广泛用于清凉饮料、水果罐头、糖果等的调配，通常用量为 0.1% ~ 1.0%。柠檬酸具有良好的防腐性能和抗氧化增效功能，安全性高，我国允许按生产正常需要量添加。

3）苹果酸

苹果酸多与柠檬酸共存，为无色或白色结晶，易溶于水和乙醇，20 ℃ 时可溶解 55.5%。苹果酸的酸味较柠檬酸强，为其 1.2 倍，爽口，略带刺激性，稍有苦涩感，呈味时间长，与柠檬酸合用时有强化酸味的效果。苹果酸安全性高，我国允许按生产正常需要量添加，通常使用量为 0.05% ~ 0.5%。

4）酒石酸

酒石酸广泛存在于许多水果中，为无色晶体，易溶于水及乙醇，20 ℃时在水中可溶解120%。酒石酸的酸味更强，为柠檬酸的1.3倍，稍有涩感，多与其他酸使用。酒石酸安全性高，我国允许按生产正常需要量添加，通常使用量为0.1% ~ 0.2%。它不适合于配制起泡的饮料或用作食品膨胀剂。

5）乳酸

乳酸在水果蔬菜中很少存在，现多为人工合成品，溶于水及乙醇，有防腐作用，其酸味稍强于柠檬酸，可用作 pH 调节剂，可用于清凉饮料、合成酒、合成醋和辣酱油等。用其制作的泡菜或酸菜，不仅调味，还可防止杂菌繁殖。

6）葡萄糖酸

葡萄糖酸为无色或淡黄色液体，易溶于水，微溶于醇，不溶于乙醚及大多数有机溶剂。因不易结晶，其产品多为50%的液体。干燥时易脱水生成 γ - 或 δ - 葡萄糖酸内酯，反应可逆，利用这一特性可将其用于某些最初不能有酸性而在水中受热后又需要酸性的食品中。如将葡萄糖酸内酯加入豆浆中，遇热即会生成葡萄糖酸而使大豆蛋白凝固，得到内酯豆腐。此外，将葡萄糖酸内酯加入饼干中，烘烤时即为膨胀剂。葡萄糖酸可直接用于调配清凉饮料、食醋等，还可用作方便面的防腐调味剂。

9.2.8 鲜味和鲜味物质

鲜味是一种复杂综合味觉，它是能够使人产生食欲、增加食物可口性的味觉。一些化合物在用量较大时能增加食品的鲜味，但在用量较少时只增加食品的风味，所以鲜味剂也被称之为呈味剂、风味增强剂，它被定义为能增强食品的风味、使之呈现鲜味感的一种物质。

常用的鲜味物质从化学结构特征上区分，可分为氨基酸类、核苷酸类、有机酸类。氨基酸类典型代表物是谷氨酸钠（MSG）；核苷酸类典型代表物有 5′- 肌苷酸（IMP）、5′- 鸟苷酸（GMP）等。MSG、IMP、GMP 阈值分别为140 mg/kg、120 mg/kg、35 mg/kg。当鲜味物质使用量高于阈值时，表现出鲜味，低于阈值时则增强其他物质的风味。谷氨酸钠（MSG）是最早被发现和实现工业化生产的鲜味剂，在自然界广泛分布，海带中含量丰富，是味精的主要成分。5′- 肌苷酸（IMP）广泛分布于鸡、鱼、肉汁中，主要来自于动物肌肉中 ATP 降解。5′- 鸟苷酸（GMP）是香菇为代表的蕈类鲜味的主要成分。另外，IMP、GMP 与合用时可明显提高谷氨酸钠（MSG）的鲜味，如1% IMP +1% GMP +98% MSG 的鲜味是单纯 MSG 的四倍。

9.2.9 辣味和辣味物质

辣味是调味料和蔬菜中存在的某些化合物所引起的辛辣刺激感觉，不属于味觉，是刺激口腔黏膜、鼻腔黏膜、皮肤、三叉神经而引起的一种痛觉。适当的辣味可增进食欲，促进消化液的分泌，在食品烹调中经常使用辣味物质作调味品。辛辣化合物有以下主要来源。

1）辣椒

辣椒的主要辣味物质是辣椒素，辣椒素化学结构如图 9 - 10 所示，主要是一类碳链长度不等（$C_8 \sim C_{11}$）的不饱和一元羧酸的香草酰胺，同时还含有少量饱和直链羧酸的二氢辣椒素。二氢辣椒素已可以人工合成，不同辣椒品种中总辣椒素含量变化非常大，例如，红辣椒含0.06%，牛角红辣椒含0.2%，印度的萨姆辣椒含0.3%，非洲的乌干达辣椒中含0.85%。

2）胡椒

胡椒中的主要辣味成分是胡椒碱，胡椒碱化学结构如图 9 - 10 所示，它是一种酰胺化合物，有三种异构体，差别在于 2，4 - 双键的顺、反异构上，顺式双键越多越辣。胡椒在光照和储藏时辣味会损失，这主要是由于这些双键异构化作用所造成的。

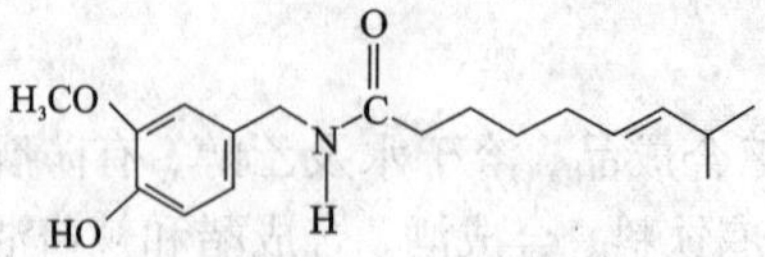

辣椒素 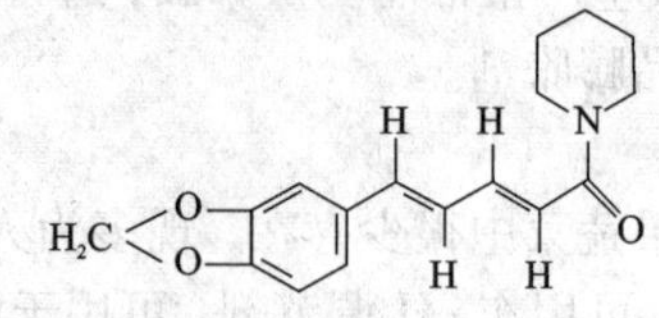　　　　　　　　　　　　　胡椒碱

图 9 - 10　辣椒和胡椒碱化学结构

3）花椒

花椒主要辣味成分是花椒素，是酰胺类化合物。它与胡椒、辣椒一样，除辣味成分外还含有一些挥发性成分。

4）姜

姜是一种多年生的块茎植物，含有辣味成分和某些挥发性芳香成分。姜中辣味成分，如图 9 - 11 所示。新鲜生姜的辣味是由姜醇所产生的，其中 6 - 姜醇活性最强。在干燥和储存时，姜醇脱水形成一个和酮基共轭的外部双键，反应的结果是生成一种姜酚的化合物，它比姜醇辣味更强。6 - 姜醇加热时会导致所连接的羟基裂解成酮基，生成甲基酮、姜酮，从而显示出温和的辣味。

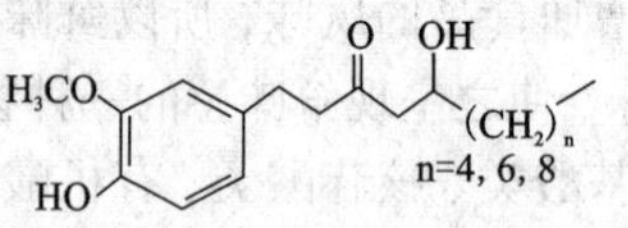

姜醇 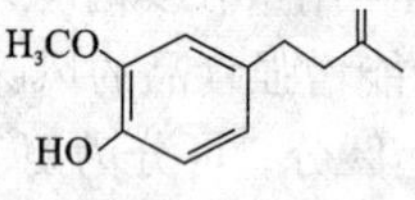　　　　　　　　　　姜酮 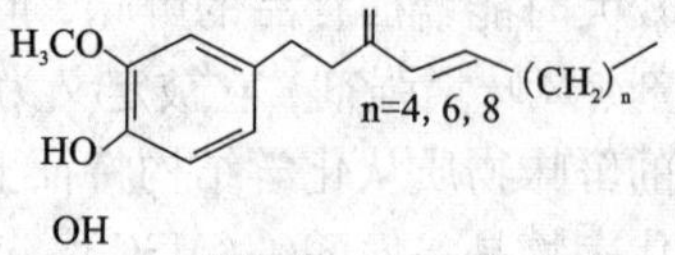　　　　　　　　　　姜烯酚

图 9 - 11　姜中辣味成分

5）蒜、葱、韭菜

蒜的主要辣味成分为蒜素、二烯丙基二硫化物、丙基烯丙基二硫化物 3 种，其中蒜素的生理活性最大。大葱、洋葱的主要辣味成分则是二丙基二硫化物、甲基丙基二硫化物等。韭菜中也含有少量上述二硫化物。这些二硫化物受热后会分解生成相应的硫醇，所以葱、蒜加热后辛辣味减弱且有甜味。

6）芥末、萝卜、辣根

芥末、萝卜、辣根的刺激性辣味物质是芥子苷水解产生的芥子油，它是异硫氰酸酯类的总称，芥末、萝卜、辣根中辣味成分，如图 9 - 12 所示主要有以下几种。

$$CH_2=CHCH_2—NCS \qquad CH_3CH=CH—NCS$$

异硫氰酸烯丙酯　　　　　　　　　异硫氰酸烯丙酯

$$CH_3 (CH_2)_3—NCS \qquad C_6H_5CH_2—NCS$$

异硫氰酸丁酯　　　　　　　　　异硫氰酸苄酯

图 9 - 12　芥末、萝卜、辣根中辣味成分

9.2.10　涩味和涩味物质

涩味可使人口腔中有干燥的感觉，同时能使口腔组织粗糙收缩。涩味通常是由于单宁、金属盐、醛类、多酚与唾液中的蛋白质缔合而产生沉淀或聚集体而引起的。另外有些难溶解的蛋白质(如某些干奶粉中存在的蛋白质)与唾液的蛋白质和黏多糖结合也产生涩味。有些未成熟的水果如柿子、苹果、香蕉及一些蔬菜如菠菜、春笋等常有涩味。

涩味对形成食品特定的风味是有益的(如茶叶的涩味、红葡萄酒的涩味等)，但作为一种有收敛感的味觉，消费者对涩味的阈值很低，因此需要降低涩味物质的浓度或掩蔽涩味。如在茶中加入牛乳或稀奶油，多酚便可和牛乳蛋白质结合，去除涩味；红茶经发酵后，由于多酚物质被氧化，所以涩味低于绿茶；涩味也是红葡萄酒所特有的风味，是由多酚引起的。一般葡萄酒中涩味不宜太重，因此通常要采取措施降低多酚类物质的含量。

9.2.11　金属味

由于与食品接触的金属与食品之间可能存在着离子交换关系，存放时间长的罐头食品中常有一种令人不快的金属味，有些食品也会因原料引入金属而带有异味。

9.3　食品的嗅觉效应

嗅觉主要是指食品中的挥发性物质刺激鼻腔内的嗅觉神经细胞而在中枢神经中引起的一种感觉。其中，将令人愉快的嗅觉称为香味，令人厌恶的嗅觉称为臭味。嗅觉是一种比味觉更复杂、更敏感的感觉现象。

9.3.1　嗅觉理论

关于嗅觉的理论较多，对嗅觉产生的一些问题了解较多，例如对呈香物质与鼻黏膜之间作用所引起的变化，而对刺激信号的传递和嗅觉的产生还不太了解，嗅觉理论还有待进一步发展，有关嗅觉理论解释有较多，其中嗅觉立体化学理论和振动理论最著名的。

1)嗅觉立体化学理论

嗅觉立体化学理论是在 1952 年由 Amoore 提出，也称为主香理论。该理论认为：不同呈香物质的立体分子大小、形状、电荷分布不同，在人嗅觉受体上也存在各种各样的空间位置；一旦一种呈香分子嵌入受体空间，就能够产生相应的刺激信号，人就能够捕捉这种物质的特征风味。根据香味化合物的大小和形状，有 5 个嗅觉感受器位点同香味化合物作用，有两个嗅觉感受器位点是基于电荷而产生作用的。嗅觉立体化学理论从一定程度上解释了分子形状相似的物质，气味之所以可能差别很大的原因是它们具有不同的功能基团。

2)嗅觉振动理论

嗅觉振动理论由 Dyson 于 1937 年第一次提出，在随后的 1950—1960 年又得到 Wright 的进一步发展。该理论认为嗅觉受体分子能与气味分子发生共振。这一理论主要基于对光学异构体和同位素取代物质气味的对比研究。对映异构体具有相同的远红外光谱，但它们的气味可能差别很大。而用氘取代气味分子则能改变分子的振动频率，但对该物质的气味影响很小。

3)膜刺激理论

该理论认为呈香物质分子被吸附在受体的柱状神经脂膜界面上,神经周围有水分子存在,分子的亲水基团向水排列,并使水形成空穴;如果有离子进入此空穴便会产生信号。

9.3.2　水果中的香气成分

水果的香气成分主要以有机酸酯类、醛类、萜类和挥发性酚类为主,其次是醇类、酮类和挥发性酸等。水果的香气成分产生于植物体内的代谢过程中,因而随着果实的成熟而增加。人工催熟的果实则不及自然成熟水果的香气浓郁。

苹果、草莓、梨、甜瓜、香蕉和甜樱桃等许多果实香气的主要成分是小分子酯类物质。苹果挥发性物质中,小分子酯类物质占78%~92%,以乙酸、丁酸和己酸分别与乙醇、丁醇和己醇形成的酯类为主。菠萝挥发性成分中酯类物质占44.9%。构成草莓香气的酯类以甲酯和乙酯为主。厚皮甜瓜挥发性物质中乙酸乙酯占50%以上。在构成果实香气的小分子酯类中,一部分为甲基或甲硫基支链酯,如苹果挥发性物质中含有较多的乙酸-3-甲基丁酯、3-甲基丁酸乙酯和3-甲基丁酸丁酯等,它们具有典型的苹果香味,且阈值很低,其中3-甲基丁酸乙酯的阈值仅为1×10^{-7} mg/kg,被认为是苹果的重要香气成分之一。甲硫基乙酸甲酯、甲硫基乙酸乙酯、乙酸-2-甲硫基乙酯、3-甲硫基丙酸甲酯、3-甲硫基丙酸乙酯和乙酸-3-甲硫基丙酯等6种硫酯被认为是甜瓜的重要香气成分。3-甲硫基丙酸甲酯和3-甲硫基丙酸乙酯对菠萝香气影响较大。某些草莓品种和柑橘挥发性物质中也含有硫酯。苹果中的醇类物质占总挥发性物质的6%~12%,主要醇类为丁醇和己醇。甜瓜未成熟果实中存在大量中链醇和醛类物质。丁香醇、丁香醇甲酯及其衍生物等酚类物质大量存在于成熟香蕉果实的挥发性物质中。葡萄挥发性物质中含有苯甲醇、苯乙醇、香草醛、香草酮及其衍生物。草莓成熟果实中也发现有肉桂酸的衍生酯,以甲酯和乙酯为主,它们的前体物质为1-O-反式肉桂酰-β-D-吡喃葡萄糖。萜类物质是葡萄香气的重要组成部分,从葡萄挥发性物质中鉴定出36种单萜类物质,并认为沉香醇和牦牛儿醇为其主要香气成分。梨的香气物质主要为乙酸乙酯、丁酸乙酯、己酸乙酯、己醛、棕榈酸异丙酯等。杏果实的香气成分主要有醇类、醛类、内酯类、酮类化合物、紫罗酮、己醛、己醇、己烯醛、己烯醇、内酯类、萜烯醇类等。紫罗酮和芳樟醇与果实的花香相关,内酯类则与果香相关,它们共同构成杏果实的清香,但其含量的差异导致了品种间果实香气的差异。

9.3.3　蔬菜中的香气成分

蔬菜类的香气不如水果类的香气浓郁,但有些蔬菜具有特殊的香辣气味,如蒜、洋葱等,主要是一些含硫化合物。当组织细胞受损时,风味酶释出,与细胞质中的香味前体底物结合,催化产生挥发性香气物质。风味酶常为多酶复合体或多酶体系,具有作物种类和品种差异,如用洋葱中的风味酶处理干制的甘蓝,得到的是洋葱气味而不是甘蓝气味;若用芥菜风味酶处理干制甘蓝,则可产生芥菜气味。

1)葱属植物的香气成分

葱属植物以具有强扩散香气为特征。主要种类有葱头、大蒜、韭葱、细香葱和青葱。在这些植物组织受到破碎或酶作用时,它们产生强烈的特征香味,这说明风味前体可以转化为香味挥发物。在葱头中,引起这种风味和香味化合物的前体是S-(1-丙烯基)-L-半胱氨酸亚砜,韭葱中也有这种前体存在。在蒜酶作用下可迅速水解前体,产生丙烯基次磺酸和丙酮酸。丙烯基次磺酸再重排即生成催泪物硫代丙醛亚砜，同时，不稳定的次磺酸还可以重排和分解成大量的硫醇、二硫化物、三硫化物和噻吩等化合物，这些化合物对洋葱的香味起到重要作用，共同形成洋葱的特征香气。

大蒜的风味形成一般与葱头风味形成机理相同。除前体 S-(1-丙烯基)-L-半胱氨酸亚砜外，二烯丙基硫代亚磺酸盐(蒜素)使鲜大蒜呈现特有风味，而不能形成葱头中具有催泪作用的 S-氧化物。大蒜中的硫代亚磺酸盐风味化合物的分解和重排几乎与葱头中化合物的分解和重排相同，生成的甲基丙烯基和二丙烯基二硫化物，使蒜油和熟大蒜产生风味。

2)十字花科植物

十字花科植物如甘蓝、芥末、水田芥菜、小萝卜和辣根有强烈的辛辣芳香气味，辣味常有刺激感觉，有催泪性或对鼻腔有刺激性。这种芳香味主要是由异硫氰酸酯产生(如 2-乙烯基异硫氰酸酯、3-丙烯基异硫氰酸酯、2-苯乙烯基异硫氰酸酯)，异硫氰酸酯是由硫代葡萄糖苷经酶水解产生，除异硫氰酸酯外，还可以生成硫氰酸酯和氰类。

小萝卜中的轻度辣味是由香味化合物 4-甲硫基-3-叔丁烯基异硫氰酸酯产生的。辣根、黑芥末、甘蓝含有烯丙基异硫氰酸酯和烯丙基腈，各种物质浓度的高低随生长期、可食用部位和加工条件不同而有所不同。几种芳香异硫氰酸酯存在于十字花科植物中，例如，2-苯乙基异硫氰酸酯是水田芥菜中一种主要香味化合物，这种化合物能使人产生一种兴奋的辣味感觉。

3)其他蔬菜的香气成分

黄瓜中的香味化合物主要是羰基化合物和醇类，特征香味化合物有 2-反-6-顺-壬二烯醛、反-2-壬烯醛和 2-反-6-顺-壬二烯醇，而 3-顺-己烯醛、2-反-己烯醛、2-反-壬烯醛等也对黄瓜的香气产生影响。这些风味化合物是由亚油酸、亚麻酸等为风味前体合成的。

胡萝卜挥发由中存在大量的萜烯，主要成分有 γ-红没药烯、石竹烯、萜品油烯，其他特征香气化合物为顺、反-γ-红没药烯和胡萝卜醇。

番茄果实挥发性物质以醇类、酮类和酸类物质为主，主要有顺-3-己烯醛、β-紫罗酮、己醛、β-大马酮、1-戊烯-3-酮、3-甲基丁醛、丙酮、2-庚烯醛等。在加热产品例如番茄酱中，由于形成了二甲基硫，以及 β-紫罗酮、β-大马酮的增加和顺-3-己烯醛、己醛的减少，所以风味发生了一些变化。

马铃薯中香气成分含量极微，新鲜马铃薯中主要风味化合物是吡嗪类，2-异丙基-3-甲氧基吡嗪、3-乙基-2-甲氧基吡嗪、2,5-二甲氧基吡嗪对马铃薯风味的产生具有重要影响。经烹调的马铃薯含有挥发性化合物主要有：羰基化合物(饱和、不饱和醛、酮和芳香醛)、醇类($C_3 \sim C_8$ 醇、芳樟醇、橙花醇、香叶醇)、硫化物(硫醇、硫醚、噻唑)及呋喃类化合物。

芹菜的香气成分主要有柠檬烯、α-蒎烯、β-蒎烯、β-石竹烯、α-葎草烯、β-葎草烯、3-己烯醇、癸醇、α-松油醇、香芹醇、戊醛、己醛、辛醛、癸醛、月桂醛、香茅醛、柠檬醛、丙酮、2-丁酮、香芹酮、2,3-丁二酮、α-紫罗兰酮、乙酸、丙酮酸、异丁酸、乙酸叶醇酯、乙酸芳樟酯、乙酸松油酯、乙酸香叶酯、乙酸香茅酯、乙酸香芹酯、丙酸松油酯、苯甲酸苄酯、3-丁酰苯酞、2-甲氧基-3-丁基吡嗪等。

蘑菇的香味成分主要有辛烯、3-甲基丁醇、己醇、1-庚烯-3-醇、2-庚烯-4-醇、

3-辛醇、环辛醇、1-辛烯-3-醇、糠醛、大茴香醛、1-辛烯-3-酮、己酸、α-羟基庚酸、肉桂酸甲酯、大茴香酸甲酯、1，2，4，6-四硫杂环庚烷、香菇素、硫氰酸苯乙酯、异硫氰酸苄酯、3-甲基噻吩、三乙胺、苯乙胺、乙酰胺、对甲基亚硝氨基苯甲醛、2-甲基吡嗪、2，3-二甲基吡嗪、2，5-二甲基吡嗪、2，6-二甲基吡嗪、三甲基吡嗪、四甲基吡嗪、2-乙基-5-甲基吡嗪、2-乙基-2，5-二甲基吡嗪、2-乙基-3，5，6-三甲基吡嗪等。

9.3.4 茶叶中的香气成分

茶叶具有特别的清香气，茶叶的香气是决定茶叶品质高低的重要因素，不同的茶叶香型和特征香气化合物与茶树品种、生长条件、采摘季节、成熟度、加工方法等均有很大的关系，鲜茶叶中原有的芳香物质只有几十种，而茶叶香气化合物有 500 种以上。因此，茶叶的香气成分大多形成于其后的鲜叶加工过程中。主要的成分有醇、醛、酸、酯、酚以及部分高沸点的芳香物质。

1）绿茶

绿茶是不发酵茶，有典型的烘炒香气和鲜清香气。绿茶加工的第一步是杀青，使鲜茶叶中的酶失活，因此，绿茶的香气成分大部分是鲜叶中原有的，少部分是在加工过程中形成的。鲜茶叶主要的挥发性成分是青叶醇(3-顺-已烯醇、2-顺-已烯醇)、青叶醛(3-顺-已烯醛、2-顺-已烯醛)等，具有强烈的青草味。在杀青过程中，一部分低沸点的青叶醇、青叶醛挥发，使部分青叶醇、青叶醛异构化生成具有清香的反式青叶醇(醛)，成为茶叶清香的主体。高沸点的芳香物质加芳樟醇、苯甲醇、苯乙醇、苯乙酮等，随着低沸点物质的挥发而显露出来，特别是芳樟醇，占到绿茶芳香成分的 10%，这类高沸点的芳香物质具有良好的香气，是构成绿茶香气的重要成分。清明前后采摘的春茶特有的新茶香是二硫甲醚与青叶醇共同形成的，这种特殊的新茶香随着茶叶的储藏期的延长而消失。

2）半发酵茶

乌龙茶是半发酵茶的代表，香气特点介于绿茶和红茶之间。其茶香成分主要是香叶醇、顺茉莉酮、茉莉内酯、茉莉酮酸甲酯、橙花叔醇、苯甲醇氰醇、乙酸乙酯等。

3）红茶

红茶是发酵茶，其茶香浓郁，红茶在加工中会发生各种变化，生成几百种香气成分，使红茶的茶香与绿茶明显不同。在红茶的茶香中，醇、醛、酸、酯的含量较高，特别是紫罗兰酮类化合物对红茶的特征茶香起重要作用。

生成红茶风味化合物的前体主要有类胡萝卜素、氨基酸、不饱和脂肪酸等。红茶在加工中，β-胡萝卜素氧化降解产生紫罗兰酮等化合物，再进一步氧化生成二氢海葵内酯和茶螺烯酮，后两者是红茶香气的特征成分。

9.3.5 畜禽肉类的风味物质

新鲜的畜禽肉一般都带有腥膻气味，风味物质主要由硫化氢(H_2S)、硫醇(CH_3SH、C_2H_5SH)、羰基类化合物(CH_3CHO、CH_3COCH_3、$CH_3CH_2COCH_3$)、甲(乙)醇和氨等挥发性化合物组成，有典型的血腥味。不同动物的生肉各自有其特征气味，主要与所含脂肪酸有关，如羊肉的膻味主要与甲基支链脂肪酸如 4-甲基辛酸、4-甲基壬酸、4-甲基癸酸有关，狗肉的腥味与三甲胺、低级脂肪酸有关。性成熟的公畜由于性腺的分泌物而含有特殊的气味，如没阉割的公猪肉有强烈的异味，产生这种异味的是 $5\alpha-$雄$-16-$烯$-3-$酮和 $5\alpha-$雄$-16-$烯$-3\alpha-$醇两种化合物。

在动物肌肉组织的加热过程中，香味化合物的形成主要来自三种途径：①脂质氧化、水解等反应形成的醛、酮、酯等化合物，是烹煮或烧烤肉时挥发性香味的重要来源之一。其中不饱和脂肪酸如油酸、亚油酸和花生四烯酸中的双键，在加热过程中发生氧化反应，生成过氧化物，继而进一步分解为香气阈值很低的酮、醛、酸等挥发性羰基化合物；羟基脂肪酸水解为羟基酸，经过加热、脱水、环化生成内酯化合物，具有肉香味。②氨基酸、蛋白质与还原糖之间的美拉德反应是肉香味的最主要来源。氨基酸和还原糖的种类不同，香气成分也不同。③不同风味化合物的进一步分解或者相互之间反应生成的新风味化合物。经过加热处理，畜禽肉产生特有的香气（风味前体形成风味化合物），并且香气的组成与烹调加工时的温度、加工方法有关，因此肉汤、烤肉和煎肉的香味不同。

煮肉香气化合物主要是中性的，香气特征成分是异硫化物、呋喃类化合物和苯环型化合物；烤肉时则主要生成碱性化合物，特征成分是吡嗪、吡咯、吡啶等碱性化合物及异戊醛等羰基化合物，以吡嗪类化合物为主。不论采用何种加热方式，含硫化合物都是肉类香气最重要的成分。肉类加热香气中，硫化氢的含量对香气有影响，含量过高会产生硫臭味，含量过低会使肉的风味下降。

脂类物质在畜肉的风味形成过程中具有重要作用。牛脂肪在加热时生成的醛类、烃类、醇类、羰基化合物、苯环化合物、内酯类、吡嗪类和呋喃化合物等对牛肉香气有重大影响；猪脂肪加热时也能检出相同的香气化合物。这些物质是通过脂质（脂肪和磷脂）的降解、氧化或其他反应而生成的，在低温下（$<100\,^{\circ}\mathrm{C}$）烹饪的猪肉中，由脂肪衍生出的风味化合物占熟肉中风味化合物的大部分。

9.3.6　水产品的风味物质

1）生鲜水产品的风味物质

一般情况下，新鲜的海水鱼、淡水鱼类的气味非常低，主要是由挥发性羰基化合物、醇类产生；淡水鱼的土腥味是由于某些淡水浮游生物如颤藻、微囊藻、念珠藻、放线菌等分泌的一种泥土味物质排入水中，而后通过鳃和皮肤渗透进入鱼体，使鱼产生泥土味。如鲤鱼常在底泥中觅食，鱼体内带有许多放线菌而产生泥土味。

随着水产品新鲜度的下降，逐渐呈现出一种特殊的鱼腥味，它的特征成分是鱼皮黏液中含有的 $\delta-$氨基戊醛、$\delta-$氨基戊酸和六氢吡啶类化合物，它们是由碱性氨基酸生成的，具有强烈的腥味，鱼类血液中因含有 $\delta-$氨基戊醛，因此具有强烈的腥臭味。

2）鲜度降低时的风味物质

水产品在新鲜度下降时还会产生令人厌恶的腐臭味，臭气成分包括氨、二甲胺（DMA）、三甲胺（TMA）、甲硫醇、吲哚、粪臭素及脂肪酸氧化产物。由于这些都是碱性物质，添加食醋等酸性物质可以使其中和，降低臭气。

三甲胺是海产鱼腐败臭气主要代表，新鲜鱼体内不含三甲胺，只有氧化三甲胺（TMAO）。氧化三甲胺没有气味，是海水鱼在咸水环境中用于调节渗透压的物质，淡水鱼不存在氧化三甲胺。三甲胺是氧化三甲胺在酶或微生物作用下还原而产生的。三甲胺的阈值很低（$300\sim600$ $\mu\mathrm{g/kg}$），本身气味类似氨味，一旦与脂肪作用就产生所谓的"陈旧鱼味"。三甲胺常被用作未冷冻鱼的腐败指标。二甲胺和甲醛则是由鱼肌肉中的酶催化氧化三甲胺的分解产生的，相比之下，二甲胺的气味较低。

鲜度降低的鱼肉中发现有硫化氢(H_2S)、甲硫醇(CH_3SH)、二甲基硫[$(CH_3)_2S$]、二乙基硫[$(C_2H_5)_2S$]等，这些含硫化合物与臭气关系很大。吲哚、粪臭素是蛋白质和氨基酸在微生物作用下产生的。

海水鱼在贮存过程中产生"氧化鱼油味"或"鱼肝油味"，是因为 ω - 3 多不饱和脂肪酸发生自动氧化的结果。如亚麻酸、花生四烯酸、二十二碳六烯酸等是鱼油的主要不饱和脂肪酸，其自动氧化反应产物早期为清香味或黄瓜味，后来转变为鱼肝油味。

9.3.7 乳品的风味物质

新鲜优质的牛乳具有鲜美可口的香味，其香味成分主要是低级脂肪酸和羰基化合物，如2 - 己酮、2 - 戊酮、丁酮、丙酮、乙醛、甲醛等以及极微量的乙醚、乙醇、氯仿、乙腈、氯化乙烯和甲硫醚等。甲硫醚在牛乳中虽然含量微少，然而却是牛乳香气的主香成分。甲硫醚香气阈值在蒸馏水中大约为 1.2×10^{-4} mg/L。如果微高于阈值，就会产生牛乳的异臭味和麦芽臭味。乳中脂肪、乳糖吸收外界异味的能力较强，在温度为35℃左右时，其吸收能力最强，刚挤出的牛乳温度恰好在这个范围，此时要防止牛乳与有异味的物料接触。

牛乳中存在有脂肪水解酶，能够使脂肪水解生成低级脂肪酸，其中丁酸最具有强烈的酸败臭味。乳牛用青饲料饲养时，可抑制牛乳发生水解型酸败臭味，这与饲料中含有较多的胡萝卜素有关，因为胡萝卜素具有抑制水解的作用。采用干饲料喂养时，牛乳易发生水解型酸败现象。引起牛乳水解型酸败臭味除了与饲养因素有关外，牛乳如果温度波动太大，没有及时冷却，长时间搅拌等都促进乳脂肪水解，使牛乳产生酸败臭气。

牛乳及乳制品长时间暴露在空气中，也会产生酸败气味，又称为氧化臭，这是由乳脂中不饱和脂肪酸的自动氧化后产生 α - 、β - 不饱和醛（RCH = CHCHO）和具有 2 个双键的不饱和醛引起的。其中以碳原子数为 8 的辛二烯醛和碳原子数为 9 的壬二烯醛最为突出，两者即使在 1 mg/kg 以下，也能闻到乳制品有氧化臭。微量的金属、抗坏血酸和光线等都促进乳制品产生氧化臭，尤其是二价铜离子催化作用最强。

牛乳暴露于日光中，则会产生日晒气味，这是由于牛乳中蛋氨酸在维生素 B_2 作用下，经过氧化分解而生成 β - 甲硫基丙醛所致。β - 甲硫基丙醛有一种甘蓝气味，如果将其高度稀释，则具有日晒味。牛乳产生日晒气味必须具备下列 4 个因素：光能、游离氨基酸或肽类、氧和维生素 B_2。β - 甲硫基丙醛可分解生成甲硫醇和二甲基二硫化物等有刺激性气味化合物。

另外，细菌的在牛乳中生长繁殖，作用于亮氨酸生成 3 - 甲基丁醛，使牛乳产生麦芽气味。其反应过程如图 9 - 13 所示。

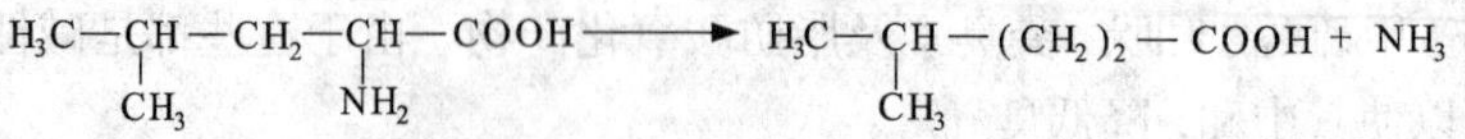

$$H_3C-CH-CH_2-CH-COOH \longrightarrow H_3C-CH-(CH_2)_2-COOH + NH_3$$
$$\qquad\ |\qquad\qquad\ |\qquad\qquad\qquad\qquad\qquad |$$
$$\qquad\ CH_3\qquad\quad NH_2\qquad\qquad\qquad\qquad CH_3$$

图 9 - 13　牛乳麦芽气味形成机理

发酵乳制品主要有酸奶和奶酪。发酵乳制品的风味物质与所利用的微生物有关，乳酸菌产生的香气主要有异戊醛、$C_2 \sim C_8$的挥发性酸，特征风味成分有3-羟基丁酮、丁二酮，它们由乙酰乳酸分解而成，都有较好的清香气味。在发酵奶油中主要的香气成分为丁二酮、酸奶的风味由乳酸味、乳糖的甜味及上述香气组成。奶酪品种400种以上，一般熟化过程长，有各种微生物、酶参与反应。其中乳酸菌产生乳酸香气，其他微生物产生脂酶、蛋白酶分解脂肪与蛋白质，奶酪的加工处理不同，风味差别很大。奶酪主要味感物质有乙酸、丙酸、丁酸，香气物有甲基酮、醛、甲酯、乙酯、内酯等。从干酪的风味物质中鉴别出了许多含硫化合物，包括甲基硫醇、3-甲基硫基丙醛、二甲基硫、二甲基三硫、二甲基四硫、硫代羰基化合物等，其中甲基硫醇被认为是品质优良的切达干酪的重要风味化合物。

9.3.8 果酒的风味物质

最重要的果酒是葡萄酒，葡萄酒的种类很多，按颜色分为红葡萄酒（用果皮带色的葡萄制成）；白葡萄酒（用白葡萄或红葡萄果汁制成）。按含糖量分为干葡萄酒（残糖量小于4 g/L）、半干葡萄酒（含糖量4~12 g/L）、半甜葡萄酒（含糖量12~50 g/L）和甜葡萄酒（含糖量大于50 g/L）。

葡萄酒的香气，包括芳香和花香两大类：芳香来自果实本身，是果酒的特征香气；花香是在发酵、陈化过程中产生的。葡萄酒的香气物质特点如下。

1）醇类化合物

葡萄酒中的高碳醇含量以红葡萄酒较多，但较白酒少，主要的高级醇有异戊醇、其他的如异丁醇、仲戊醇的含量很少。这些高级醇主要是发酵过程中由微生物生物合成，高级醇的含量和品种对其风味有重要影响，较少的高级醇会给葡萄酒带来良好的风味，如葡萄牙的包尔德葡萄酒中含较少的高级醇，很受各国欢迎。果酒中还有些醇是来自果实，例如：麝香葡萄的香气成分中含有芳樟醇、香茅醇等萜烯类化合物，用这种葡萄酿成的酒中也含有这种成分，使酒呈麝香气味。

2）酯类化合物

葡萄酒中的酯类化合物比啤酒多，而比白酒少。主要是乙酸乙酯、其次是己酸乙酯和辛酸乙酯。由于酒中含酯类化合物少，故香气较淡。在发酵过程中除生成酯类还会生成内酯类，如γ-内酯等，这些成分与葡萄酒的花香有关。如5-乙酰基-2-二氢呋喃酮是雪梨葡萄酒香气的主要成分之一。另外葡萄酒在陈化期间4,5-二羟基己酸-γ-内酯含量会明显增加，故该化合物常作为葡萄酒是否陈化的指标。

3）羰基化合物

葡萄酒中的羰基化合物主要是乙醛，有的酒可高达100 mg/kg，当乙醛和乙醇缩合形成乙缩醛后，香气就会变得很柔和，葡萄酒中也含有微量的2,3-戊二酮。

4）酸类及其他化合物

葡萄酒中含有多种有机酸，如酒石酸、葡萄酸、乙酸、乳酸、琥珀酸、柠檬酸、葡萄糖酸等，含酸总量比白酒大，其中酒石酸含量相对较高，它们主要来自果汁。在酿造过程中，酒石酸会以酒石酸氢钾形式沉淀，部分苹果酸在乳酸菌的作用下变成乳酸，使葡萄酒的酸度降低。葡萄酒中还有微量的酚类化合物，如：对乙基苯酚、对乙烯基苯酚呈木香味；4-乙基（乙烯基）-2-甲氧基苯酚呈丁香气味，为使葡萄酒的风味更加浓厚，陈化时的容器最好使用橡木桶。从果皮溶出的花色苷、黄酮及儿茶酚、单宁等多酚类化合物质，含量较高，使葡萄酒产生涩味，甚至苦味，人们不希望葡萄酒的涩味和苦味太强，在生产过程中应设法控制，以降低酒中多酚物质的含量。葡萄酒中的糖类产生甜味，有机酸产生酸味及酒中所含的香气物质，共同组成了它的特殊风味。

9.3.9 酱油的风味物质

以大豆、小麦等为原料经曲霉分解后，在18%的食盐溶液中由乳酸菌、酵母等长期发酵，生成了氨基酸、糖类、酸类、羰基化合物和醇类等成分，共同构成了酱油的风味。酱油的香气成分极为复杂，其中醇类，除1%～2%的乙醇外，还含有微量的各种高级醇类，如正丁醇、异戊醇、β-苯乙醇等；酸类主要有乙酸、丙酸、异戊酸、己酸等；酯类物质有：乙酸戊酯、乙酸丁酯、β-苯乙醇乙酸酯等；羰基化合物主要有乙醛、丙酮、丁醛、异戊醇、糖醛、饱和及不饱和酮醛等。酱油的香气成分中还有含硫氨基酸转化而来的甲硫醇、甲硫氨醛、甲硫氨醇、二甲硫醚等硫化物，甲硫醇是构成酱油特征香气的主要成分，二甲硫醚使酱油产生一种青色紫菜的气味。酱油的整体风味是由它的特征香气和氨基酸、肽类所产生的鲜味，食盐的咸味，有机酸的酸味等的综合味感。

9.4 食品中风味形成途径

风味化合物千差万别，它们的生成途径主要有生物合成和化学反应两类。其中生物合成的基本途径主要是在酶的直接作用或间接催化下进行的，许多食物在生长、成熟和储存过程中产生的香气物质，大多是通过生物合成途径形成的。如苹果、梨、香蕉等水果中香气物质的形成。发酵类食品或调味品如黄酒、酱油、面酱、发酵类面点等，是通过微生物分泌的酶作用于糖、蛋白质、脂类及原料中某些香气前体物质而产生香气物质的。葱、蒜及卷心菜等很多蔬菜中香气物质的形成则是在生长过程中，在自身风味酶作用下生成的。而非生物化学反应的基本途径是非酶化学反应，食物在加工过程中的各种物理、化学因素作用下所生成的香气物质，通常是通过这条基本途径形成的。如花生、芝麻、肉等在生的时候香气很淡，一但加热就会香气四溢。加热产生的香气主要是由于氨基酸和碳水化合物发生了羰氨反应。产生了众多的香气成分。反应的最终结果与温度有很大的关系。而各种氨基酸中，亮氨酸、缬氨酸、赖氨酸、脯氨酸可以产生很好的香气。此外，油脂水解、氧化、分解产生醛、酮、低级脂肪酸等挥发性香气物质，肽、核酸、氨基酸和含氮化合物的分解也能产生各种香气物质。肉、鱼在烹调时形成的香气物质；脂肪被空气氧化时生成的醛、酮、酸等香气成分。

9.4.1 酶促反应

在水果和一些瓜果类蔬菜的香气成分中，常发现含有 C_6 和 C_6 的醇、醛类以及脂肪酸所形成的酯，它们大多数是以脂肪酸为前体通过生物合成而形成的。按其催化酶的不同，主要反应途径有以下几类。

1. 脂肪氧合酶途径

在植物组织中存在脂肪氧合酶，可以催化多不饱和脂肪酸氧化，反应具有底物专一性、作用位置的专一性。生成的过氧化物经过裂解酶作用后，生成的醛、酮、醇等化合物。己醛是苹果、菠萝、香蕉等多种水果的风味物质，它是以亚油酸为前体合成的（图9-14）。大豆是一种重要的油籽作物，大豆加工中由于脂肪氧合酶的作用，亚油酸被氧化并分解产生醛、酮、醇等被认为是具有异味的风味化合物，其中己醛是所谓的"青豆味"的主要原因。番茄、黄瓜中的特征效应化合物，2－反－乙烯醛和2－反－6－顺壬二烯醛分别是以亚麻酸为底物氧化分解而形成的，该途径已通过标记的亚麻酸为前体物质生成得到证实（图9－15）。

脂肪氧合酶途径生成的风味化合物中，C_6化合物气味一般类似新割青草的气味，C_9化合物气味类似黄瓜或西瓜香味，C_8化合物气味类似蘑菇气味。C_6和C_9化合物一般为醛、伯醇，而C_8化合物一般为酮、仲醇。

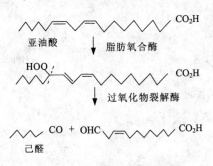

图9－14　亚油酸氧化生成己醛

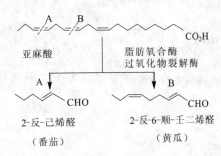

图9－15　番茄和黄瓜中特征风味化合物形成

2. 莽草酸合成途径

莽草酸合成途径中能产生与莽草酸有关的一些芳香族化合物，这个途径对苯丙氨酸和其他芳香氨基酸的合成具有重要作用。生物体内的酪氨酸、苯丙氨酸等是香味物质的重要前体，在酶的作用下，莽草酸途径还产生其他挥发性化合物。如香草醛的生成，莽草酸途径中的衍生物的一些重要的风味化合物如图9－16所示。

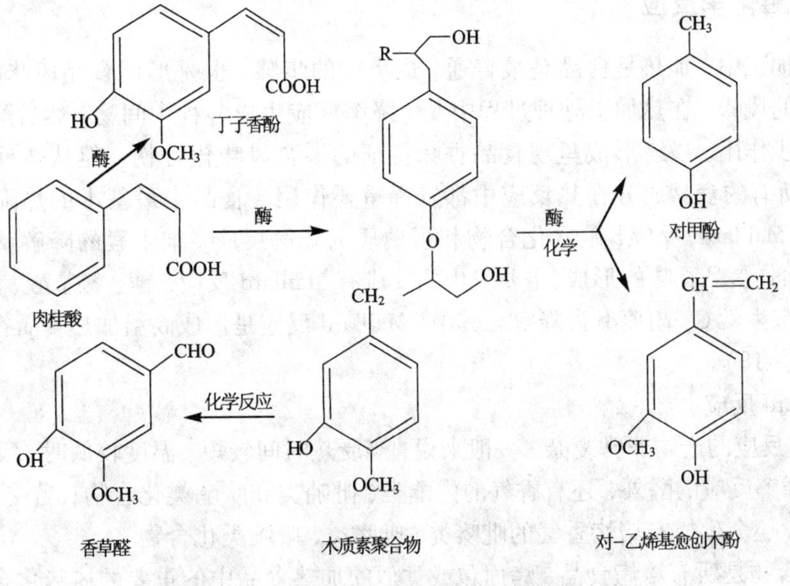

图9－16　莽草酸合成途径形成的风味化合物

3. 萜类化合物的合成

在柑橘类水果中,萜类化合物是重要的芳香物质。萜类在植物中由异戊二烯生物途径合成(图9-17)。萜类化合物至少含有两个异戊二烯单位,倍半萜类化合物中含有15个碳原子,而二萜类化合物由于分子量太大,挥发性低而对风味的直接影响很小。对于萜类化合物来讲,化学结构的不同导致其风味不同。在倍半萜中 β-甜橙醛、努卡酮是橙类、葡萄柚等的特征效应化合物。单萜中的柠檬醛和苧烯分别具有柠檬和酸橙特有的香味。D-香芹酮具有黄蒿的特征气味,而 L-香芹酮具有强烈的留兰香味。

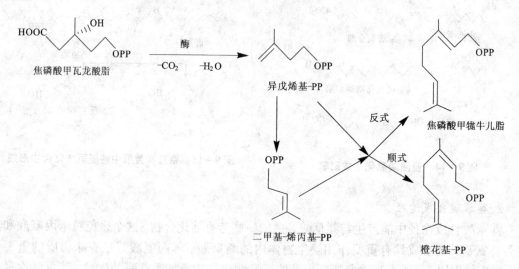

图9-17 萜类的生物合成途径

9.4.2 非酶化学反应

在食品加工中,加热是食品是最普通、最重要的步骤,也是形成食品风味的主要途径。天然食品中的风味,在热加工处理过程中发生降解反应生成各种中间物,然后降解产物同各种物质进一步作用,最终形成呈现食品香味特征的混合风味化合物。但从热反应的角度来看,并不是所有的食品成分在热反应中都发挥重要作用。食品中最基本的热降解反应有三种:美拉德(Maillard)反应、碳水化合物和蛋白质的降解反应、维生素的降解反应。高温烹调、焙烤、油炸食品香味的形成,主要发生的反应有 Maillard 反应,糖、氨基酸、脂肪热氧化,维生素 B_1、维生素 C、胡萝卜素降解。其中,Maillard 反应是形成高温加热食品香气物质的主要途径(图9-18)。

1) Maillard 反应

Maillard 反应的产物非常复杂,一般来说,当受热时间较短、温度较低时,反应主产物除了 Strecker 降解反应的醛外,还有香气的内酯类、吡喃类和呋喃类化合物;当受热时间较长、温度较高时,还会生成有焙烤香气的吡嗪类、吡咯类、吡啶类化合物。

吡嗪化合物是所有焙烤食品、烤面包或类似的加热食品中的重要的风味化合物,一般认为吡嗪化合物的产生与 Maillard 反应相关,它是反应中生成的中间物 α-二羰基化合物与氨基酸通过 Strecker 降解反应而生成。反应中氨基酸的氨基转移到二羰基化合物上,最终通过分子的聚合反应形成吡嗪化合物(图9-18)。反应中同时生成的小分子硫化物也对加工食品起作用,甲二磺醛是煮土豆风味的重要特征化合物。甲二磺醛容易分解为甲烷硫醇和二甲基二硫化物,从而使风味反应中的低相对分子质量硫化物含量增加。

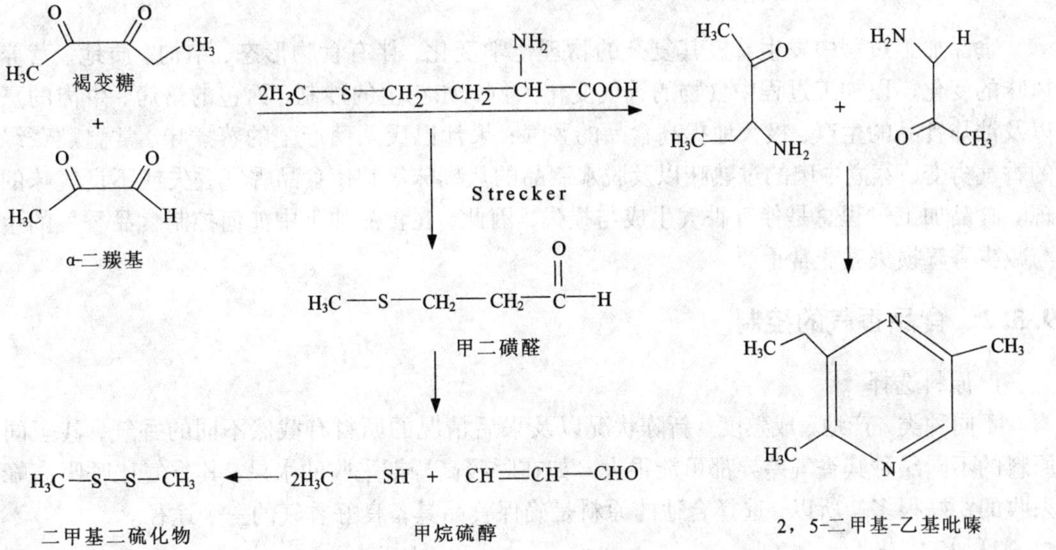

图9-18 吡嗪化合物的一种形成途径

2)热降解反应

单糖和双糖的热分解生成以呋喃类化合物为主的风味物质,并有少量的内酯类、环二酮类等物质。反应途径与 Maillard 反应中生成糠醛的途径相似,继续加热会形成丙酮醛、甘油醛、乙二醛等低分子挥发性化合物。淀粉、纤维素等多糖在高温下直接热分解,400℃以下生成呋喃类、糠醛类化合物,以及麦芽酚、环甘素、有机酸等低分子挥发性化合物。

一般的氨基酸在较高的温度下受热时,都会发生脱羧反应或脱氨、脱羧反应,但这时生成的胺类产物往往具有不好的气味。若继续在热的作用下,其生成的产物可进一步相互作用,生成具有良好的香气化合物。在热处理过程中,对食品香气影响较大的氨基酸是主要是含硫氨基酸和杂环氨基酸。蛋白质或氨基酸的热裂解生成挥发性物质时,会产生硫化氢、氨、吡咯、吡啶类、噻唑类、噻吩类、含硫化合物等,这些化合物大多有强烈的香气物质,不少是熟肉香气的重要组分。对于杂环氨基酸,脯氨酸和羟脯氨酸在受热时会与食品组分生成的丙酮醛进一步作用,形成具有面包、饼干、烘玉米和谷物似的香气成分吡咯和吡啶类化合物。此外,苏氨酸、丝氨酸的热分解产物是以吡嗪类化合物为特征,有烘烤香气;赖氨酸的热分解产物则主要是吡啶类、吡咯类和内酰胺类化合物,也有烘烤和熟肉香气。

3)维生素降解

维生素 B_1 在加热时,反应生成中间体,进一步的反应生成许多含硫化合物、呋喃和噻吩,一些生成物被证实具有肉香味。维生素 C 很不稳定,在有氧条件下热降解,生成糠醛、乙二醛、甘油醛等低分子醛类。反应产生的糠醛类化合物是烘烤后的茶叶、花生香气及熟牛肉香气的重要组成成分之一。

9.5 食品加工过程中的风味控制

9.5.1 食品加工中香气的生成与损失

食品加工过程中发生着极其复杂的物理化学变化,伴有食物形态、结构、质地、营养和风味的变化。以加工过程中食物的香气变化为例,如花生的炒制、面包的焙烤、牛肉的烹调以及油炸食品的生产,极大地提高食品的香气;果汁巴氏杀菌产生的蒸煮味、常温贮藏绿茶的香气劣变、蒸煮牛肉的过熟味以及脱水制品的焦糊味等却使食品香气丢失或不良气味的出现。食品加工过程总是伴有香气生成与损失,因此,在食品加工中如何控制食品香气的生成与减少香气损失就非常重要。

9.5.2 食品香气的控制

1)原料选择

不同种类、产地、成熟度、新陈状况以及采后情况的原料有截然不同的香气,甚至同一原料的不同品种其香气差异都可能很大。如在呼吸高峰期采收的水果,其香气比呼吸高峰前采收的要好很多。所以,选择合适的原料是确保食品具备良好香气的一个途径。

2)加工工艺

食品加工工艺对食品香气形成的影响也是重大的。同样的原料经不同工艺加工可以得到香气截然不同的产品,尤其是加热工艺。对比经超高温瞬时杀菌、巴氏杀菌和冰藏的苹果汁的香气,发现冻藏果汁香气保持最好,其次是超高温瞬时灭菌,而巴氏杀菌的果汁有明显的异味出现。在绿茶炒青茶中,有揉捻工艺的名茶常呈清香型,无揉捻工艺的名茶常呈花香型。揉捻茶中多数的香气成分低于未揉捻茶。杀青和干燥是炒青绿茶香气形成的关键工序,适度摊放能增加茶叶中主要呈香物质游离态的含量,不同干燥方式对茶叶香气的影响是明显的。

3)贮藏条件

茶叶在储存过程中会发生氧化而导致品质劣变,如陈味产生、质量下降。气调贮藏苹果的香气比冷藏的苹果要差,而气调贮藏后再将苹果置于冷藏条件下继续贮藏约半个月,其香气与一直在冷藏条件下贮藏的苹果无明显差异。

包装方式对食品香气的影响主要体现在两个方面,一是通过改变食品所处的环境条件,进而影响食品内部的物质转化或新陈代谢而最终导致食品的香气变化;其次是不同的包装材料对所包装食品的香气物质的选择性吸收。包装方式将会选择性地影响食品的某些代谢过程,如不同类型套袋的苹果中醛、酮、醇类香气物质没有明显差异,而双层套袋的苹果中酯类的含量偏低;脱氧、真空及充氮包装都能有效地减缓包装茶品质劣变。而对油脂含量较高的食品,密闭、真空、充氮包装对其香气劣变有明显的抑制作用。

4)食品添加物

有些食品成分或添加物能与香气成分发生一定的相互作用,如蛋白质与香气物质之间有较强的结合作用。所以,新鲜的牛奶要避免与异味物质接触,否则这些异味物质会被吸附到牛奶中而产生不愉快的气味。β-环糊精具有特殊的分子结构和稳定的化学性质,不易受酶、酸、碱、光和热的作用而分解,可包埋香气物质,减少其挥发损失,香气能够持久。

9.5.3 食品香气的增强

1)香气回收与再添加

香气回收技术是指先将香气物质在低温下萃取出来,再把回收的香气重新添加至产品但其保持原来的香气。香气回收采用的方法主要有:水蒸气汽提、液态 CO_2 抽提、分馏等。超临界 CO_2 流体具有萃取率高、传质快、无毒、无害、无残留、无污染环境等诸多优点,因此,在香气回收中具有广阔的应用前景。

2)添加香精

添加香精是增加食品香气常用的方法,又称为调香。合成香精虽然价格便宜,但由于其安全性,使用范围越来越小。而从天然植物、微生物或动物中获得的香精,具有香气自然,安全性高等待点,越来越受到人们的欢迎。值得注意的是,由于同一个呈香物质在不同浓度时其香味差异非常大,所以,在使用香精时要特别注意香精的添加量。

3)香味增强剂

香味增强剂是一类本身没有香气或很少有香气,但能显著提高或改善原有食品香气的物质。其增香机理不是增加香气物质的含量,而是通过对嗅觉感受器的作用,提高感受器对香气物质的敏感性,即降低了香气物质的感受阈值。目前,在实践中应用较多的主要有:L-谷氨酸钠、$5'$-肌苷酸、$5'$-鸟苷酸、麦芽酚和乙基麦芽酚。香气增强中使用最多的是麦芽酚和乙基麦芽酚。

4)添加香气物质前体

在鲜茶叶杀青之后向凋萎叶中加入胡萝卜素、抗坏血酸等,能增强红茶的香气。添加香气物质前体与直接添加类似香精最大的区别是,添加香气物质前体形成的香气更为自然与和谐。这一方面的研究也是食品风味化学的一个重要领域。

5)酶技术

风味酶是指那些可以添加到食品中能显著增强食品风味的酶类物质。利用风味酶增强食品香气的基本原理主要有两个方面,一方面是根据食品中的香气物质可能是游离态或键合态,而只有游离态香气物质才能引起嗅觉刺激,键合态香气物质对食品香气的呈现是没有贡献的,因此在一定条件下将食品中以键合态形式存在的香气物质释放出来形成游离态香气物质,这无疑会大大提高食品的香气质量;另一方面是食品中存在一些可被酶转化的香气物质前体,在特定酶的作用下,这些前体物质会转化形成香气物质而增强食品的香气。这方面的研究也是当前风味化学的一个热点。

食品中的键合态香气物质主要以糖苷的形式存在,如葡萄、苹果、茶叶、菠萝、芒果、西番莲等很多水果和蔬菜中,都存在一定数量的键合态香气物质。在成品葡萄酒中添加一定量的糖苷酶能显著提高葡萄酒的香气;而在干卷心菜中添加一定量的芥子苷酶能使产品的香气更加浓郁。此外,食品中的一些键合态香气物质也可能是被包埋、吸附或包裹在一些大分子物质上,对于这类键合态香气物质的释放,一般是采用对应的高分子物质水解酶水解的方式来释放,如在绿茶饮品加工中添加果胶酶,可释放大量的芳樟醇和香叶醇。

对食品中香气物质前体进行催化转化的酶很多,但更多的研究集中在多酚氧化酶和过氧化物酶上。有研究表明多酚氧化酶和过氧化物酶可用于红茶的香气改良,效果十分明显。而过氧化氢酶和葡萄糖氧化酶可用于茶饮料中的萜烯类香气物质而对茶饮料有定香作用。

9.6 小结

风味是食品质量的一个重要指标，它不仅能够增进摄食者的食欲，而且对人体的心理和生理有着潜在的影响。食品风味是摄食者对所摄入食品在各个方面感觉的综合，其中最为重要的是味觉和嗅觉。味觉一般是食品中的水溶性化合物刺激舌黏膜中的化学感受器产生的，而嗅觉主要是由食品中的一些挥发性化合物刺激鼻腔内的嗅觉神经元而产生的。在大多数情况下，食品所产生的味觉或嗅觉是众多呈味物质或呈香物质共同作用的结果。从生理学角度看，只有酸、甜、苦、咸属于基本味觉。不同类型的物质具有不同的呈味机理，而不同的味觉之间会相互作用。一般有机酸类物质能产生酸味，糖类物质产生甜味，生物碱类具有苦味，咸味是盐类物质作用的结果。与味觉相比，嗅觉更为复杂，不仅体现在嗅觉产生的机理非常复杂，更为重要的是对食品香气贡献的一个化合物的数量较难确定。食品呈香物质通过酶的作用、非酶化学反应、热分解、食物调香等途径形成。食品加工过程中采取一定的措施增强食品的香气或使食品香气得以长久是可能的，也是非常必要的。

思考题

1. 食品风味物质有哪些特点？
2. 食品味觉是如何产生的？
3. 简述呈味物质的呈甜、呈苦机理。
4. 简述食品的呈香机理及食品香气的形成途径。
5. 简述植物性食品和动物性食品香味主要成分。

参考文献

[1] 阚建全. 食品化学(第二版)[M]. 北京：中国农业大学出版社，2008.

[2] 谢笔钧. 食品化学(第三版)[M]. 北京：科学出版社，2011.

[3] 王璋. 食品化学[M]. 北京：中国轻工业出版社，2007.

[4] 汪东风. 食品化学[M]. 北京：化学工业出版社，2011.

[5] 汪东风. 高级食品化学[M]. 北京：化学工业出版社，2009.

[6] 段红，曹稳根. 果胶及其应用研究进展[J]. 宿州学院学报，2006，21(6)：80-83.

[7] 刘珊，赵谋明. 改性纤维素的性质及其在食品中的应用[J]. 中国食品添加剂，2004(3)：73-76.

[8] 孟凡玲，罗亮，宁辉，等. κ-卡拉胶研究进展[J]. 高分子通报，2013(5)：49-56.

[9] 谭周进，谢达平. 多糖的研究进展[J]. 食品科技，2002(3)：10-12.

[10] 王雪，邱红日. 变性淀粉的研究进展[J]. 中国化工贸易，2013(4)：213.

[11] 殷涌光，韩玉珠，丁宏伟. 动物多糖的研究进展[J]. 食品科学，2006，27(3)：256-263.

[12] 张海艳，董树亭，高荣岐. 植物淀粉研究进展[J]. 中国粮油学报，2006，21(1)：41-46.

[13] 刘庆平. 动脉粥样硬化[M]. 北京：化学工业出版社，2008.

[14] Hui Y. H. 徐生庚，裘爱泳主译. 贝雷：油脂化学与工艺学，第5版. 北京：中国轻工业出版社，2001.

[15] 王璋，许时婴，汤坚. 食品化学[M]. 北京：中国轻工业出版社，1999.

[16] 刘邻渭. 食品化学[M].. 郑州：郑州大学出版社，2011.

[17] 莫文敏，曾庆孝. 蛋白质改性研究进展[J]. 食品科学，2000，21(6)：6-9.

[18] 杨铃. 蛋白质磷酸化改性研究进展[J]. 粮食加工，2007，32(3)：66-69.

[19] 马汉军，王霞，周光宏，等. 高压和热结合处理对牛肉蛋白质变性和脂肪氧化的影响[J]，2004，25(10)：63-68.

[20] 赵健. 蛋白质在食品加工中的变化[J]. 肉类研究，2009，(11)：64-66.

[21] 廖兰，赵谋明，汪少芸，等. 脱酰胺改性蛋白和肽的研究进展[J]. 食品科学，2013，34(9)：340-343.

[22] 曹莹莹，张亮，王鹏，等. 超高压结合热处理对肌球蛋白凝胶特性及蛋白二级结构的影响[J]. 肉类研究，2013，27(1)：1-3.

[23] 孙艳玲，李芳，大豆分离蛋白改性研究进展[J]. 粮食加工，2008，33(5)：61-64.

[24] 涂宗财，汪菁琴，李金林，等. 大豆蛋白动态超高压微射流均质中机械力化学效应[J]. 高等学校化学学报，2007，28(11)：2225-2228.

[25] 赵晓燕，孙秀平，陈锋亮，等. 花生蛋白的研究进展与开发利用现状[J]. 中国粮油学报，2011，26(12)：118-121.

[26] 董新红，赵谋明，蒋跃明. 花生蛋白改性的研究进展[J]. 中国粮油学报，2011，26(12)：109-112

[27] 王学川，宗奕珊，强涛涛. 胶原蛋白的改性原理及其应用研究进展[J]. 陕西科技大学学报，2013，31(5)：28-31.

[28] 贺金梅，叶真铭，程玮璐，等. 胶原蛋白的功能化改性研究进展[J]. 现代化工，2013，33(6)：28-30.

[29] 李二凤，何小维，罗志刚. 胶原蛋白在食品中的应用[J]. 中国乳品工业，2006，34(2)：50-52.

[30] 王雪红，潘泳康. 小麦蛋白加工改性技术的研究进展[J]. 材料导报，2012，26(9)：95－97.

[31] 张锐昌，徐志宏，刘邻渭. 小麦蛋白改性技术的研究进展[J]. 粮食与饲料工业，2006，(2)：25－27.

[32] 韩雪，孙冰. 乳清蛋白的功能特性及应用[J]. 中国乳品工业，2003，31(3)：28－30.

[33] 贺家亮，李开雄. 乳清蛋白在食品工业中的应用[J]. 中国食品添加剂，2008(2)：65－68.

[34] 王伟，李文钊，杨瑞香. 超高压改性对鸡蛋蛋白液起泡及物理性质的影响[J]. 天津科技大学学报，2009，24(3)：35－37.

[35] 李朋，杨伟. 胰蛋白酶处理对花生蛋白起泡性的影响[J]. 安徽农业科学，2009，37(29)：14352－14353，14356.

[36] 李银，李侠，张春晖，等. 羟自由基导致肉类肌原纤维蛋白氧化和凝胶性降低[J]. 农业工程学报，2013，29(12)：286－287.

[37] 张超，马越，赵晓燕，等. 热处理对玉米粉中黄曲霉毒素 B1 含量变化的影响[J]. 中国粮油学报，2012，27(11)：10－13.

[38] 张筱潇，刘俊荣，王伟光，等. 热塑挤压蒸煮处理技术对大豆蛋白基本特性的影响[J]. 粮食与饲料工业，2010，(1)：28－31

[39] 罗永康，张爱荣. 糖基化反应改善蛋白质功能特性的研究进展[J]. 食品科技，2004，(7)：4－6.

[40] 宋春丽，赵新淮. 食品蛋白质的糖基化反应：美拉德反应或转谷氨酰胺酶途径[J]. 食品科学 2013，34(9)：369－371.

[41] Colas B, Caer D, Fournier E. Transglutaminase－catalyzed glycosylation of vegetable proteins. Effect on solubility of pea legumin and wheat gliadins [J]. Journal of Agricultural and Food Chemistry, 1993, 41：1811－1815.

[42] Jiang S J, Zhao X H. Transglutaminase－induced cross－linking and glucosamine conjugation in soybean protein isolates and its impacts on some functional properties of the products[J]. European Food Research and Technology, 2010, 231(5)：679－689.

[43] Jiang S J, Zhao X H. Transglutaminase－induced cross－linking and glucosamine conjugation of casein and some functional properties of the modified product[J]. International Dairy Journal, 2011, 21(4)：198－205.

[44] Jiang S J, Zhao X H. Cross－linking and glucosamine conjugation of casein by transglutaminase and the emulsifying property and digestibility in vitro of the modified product[J]. International Journal of Food Properties, 2012, 15(6)：1286－1299.

[45] Athanasia O M, Shigeru K, Hisataka K, et al. Improving Surface Functional Properties of Tofu Whey－Derived Peptides by Chemical Modification with Fatty Acids [J]. Journal of Food Science, 2012, 77(4)：333－339.

[46] Li C P, Chen D Y, Peng J L, et al. Improvement of functional properties of whey soy protein phosphorylated by dry－heating in the presence of pyrophosphate [J]. LWT－Food Science and Technology, 2010, (43)：919－925.

[47] Li C P, Enomoto H, Hayashi Y, et al. Recent advances in phosphorylation of food proteins：A review[J]. LWT－Food Science and Technology, 2010, (43)：1295－1300.

[48] Zhang K S, Li Y Y, Ren Y X. Research on the phosphorylation of soy protein isolate with sodium tripoly phosphate[J]. Journal of Food Engineering, 2007, (79)：1233－1237.

[49] 谢明勇. 食品化学[M]. 北京：化学工业出版社，2011.

[50] (美)Damodaran S, Parkin K L, Fennema O R. 食品化学[M]. 第4版. 江波等译. 北京：中国轻工业出版社，2013.

[51] 宁正祥. 食品生物化学[M]. 广州：华南理工大学出版社，2013.

[52] 李晓华. 食品应用化学[M]. 北京：高等教育出版社，2002.

［53］赵洪静，杨月欣. 食品加工，烹调中的维生素损失［J］. 国外医学：卫生学分册，2003，30
　　（4）：221－226.

［54］王文君. 食品化学［M］. 武汉：华中科技大学出版社，2014.

［55］Potter. N. N, Hotchkiss . J. H. 食品科学（第五版）［M］. 王璋，钟芳等译. 北京：中国轻工业出版
　　社，2001.

［56］虞俊翔，孙南耀，王光然，等. 微量元素氨基酸螯合物的生物学效价研究进展［J］. 食品科学，2015，36
　　（23）：367－371.

［57］杨晓光. 中国居民膳食微量元素参考摄入量修订进展［C］. 中国营养学会第十一次全国营养科学大会暨
　　国际DRIs研讨会学术报告及论文摘要汇编（上册）——DRIs新进展：循证营养科学与实践学术，杭州，
　　2013，5，15

［58］王璋，许时婴，汤坚. 食品化学［M］. 北京：中国轻工业出版社，1999.

［59］夏延斌. 食品化学［M］. 北京：中国轻工业出版社，2001.

［60］谢笔均，胡慰望. 食品化学［M］. 北京：科学出版社，1992.

［61］宁正祥，赵谋明. 食品生物化学［M］. 广州：华南理工大学出版社，2000.

［62］Ajandouz E H, Tchiakpe L S, Dalle Ore F, et al. Effects ofphon caramelization and Maillard reaction kinetics
　　in fructose－lysine model systems［J］. Journal of Food Science, 2001, 66(7): 926－931.

［63］Baker N R. Chlorophyll fluorescence: A probe of photosynthesis in vivo［J］. Annual Review of Plant Biology,
　　2008, 59: 89－113.

［64］Flögel U, Merx MW, Gödecke A, et al. Myoglobin: A scavenger of bioactive NO. PNAS, 2001, 98
　　(2): 735－740.

［65］Jang J H, Moon K D. Inhibition of polyphenol oxidase and peroxidase activities on fresh－cut apple by simulta-
　　neous treatment of ultrasound and ascorbic acid［J］. Food Chemistry, 2011, 124(2): 444－449.

［66］Jiang Y M. Role of anthocyanins, polyphenol oxidase and phenols in lychee pericarp browning［J］. Journal of
　　the Science of Food and Agriculture, 2000, 80(3): 305－310.

［67］Li C L, Liu F G, Gong Y, et al. Investigation into the Maillard reaction between －polylysine and dextran in
　　subcritical water and evaluation of the functional properties of the conjugates［J］. Food Science and Technolo-
　　gy, 2014, 57(2): 612－617.

［68］Mottram D S, Wedzicha B L, Dodson A T. Food chemistry: Acrylamide is formed in the Maillard reaction［J］.
　　Nature, 2002, 419: 448－449.

［69］Page M, Sultana N, Paszkiewicz K, et al. The influence of ascorbate on anthocyanin accumulation during high
　　light acclimation in Arabidopsis thaliana: further evidence for redox control of anthocyanin synthesis［J］.
　　Plant, Cell & Environment, 2012, 35(2): 388－404.

［70］Patras A, Brunton N P, O'Donnell C, et al. Effect of thermal processing on anthocyanin stability in foods:
　　mechanisms and kinetics of degradation［J］. Trends in Food Science & Technology, 2010, 21(1): 3－11.

［71］Queiroz C, da Silva A J R, Lopes M L M, et al. Polyphenol oxidase activity, phenolic acid composition and
　　browning in cashew apple (Anacardium occidentale, L.) after processing［J］. Food Chemistry, 2011, 125
　　(1): 128－132.

［72］汪东风等. 非酶褐变研究进展［J］. 农产品加工学刊，2006，79(10)：9.

［73］赵新淮. 食品化学［M］. 北京：化学工业出版社，2006.

［74］孙庆杰，李琳. 食品化学［M］. 武汉：华中科技大学出版社，2013.

［75］陈海华，孙庆杰. 食品化学［M］. 北京：化学工业出版社，2016.

图书在版编目（CIP）数据

食品化学 / 孙庆杰，陈海华主编. --长沙：中南大学出版社，
2017.7
ISBN 978 - 7 - 5487 - 2379 - 0

Ⅰ.①食… Ⅱ.①孙… ②陈… Ⅲ.①食品化学－高等学校－教材
Ⅳ.①TS201.2

中国版本图书馆 CIP 数据核字(2016)第 168443 号

食品化学

孙庆杰　陈海华　主编

□责任编辑	韩　雪
□责任印制	易红卫
□出版发行	中南大学出版社
	社址：长沙市麓山南路　　　　邮编：410083
	发行科电话：0731 - 88876770　传真：0731 - 88710482
□印　　装	长沙印通印刷有限公司

□开　　本	787 × 1092　1/16	□印张 17.25	□字数 438 千字
□版　　次	2017 年 7 月第 1 版	□2017 年 7 月第 1 次印刷	
□书　　号	ISBN 978 - 7 - 5487 - 2379 - 0		
□定　　价	52.00 元		

图书出现印装问题，请与经销商调换